U0341552

零点起飞学
FPGA

◎ 高敬鹏 武超群 编著

清华大学出版社
北 京

内 容 简 介

本书以 Verilog HDL 语言为蓝本，结合 Altium Designer 软件、Quartus II 软件与 ModelSim 软件的功能，通过丰富的实例，从实验、实践和实用的角度，详细阐述了 FPGA 在电子系统中的应用。本书共 9 章，主要内容包括 FPGA 基础知识、FPGA 硬件电路的设计、Quartus II 软件操作基础、Verilog HDL 语言概述、面向综合的行为描述语句、ModelSim 仿真工具、面向验证和仿真的行为描述语句、Verilog HDL 语言设计进阶、外设接口和综合系统设计，全面详细地阐述了 FPGA 的设计方法和开发过程。

本书由浅入深，从易到难，各章节既相对独立又前后关联，其最大特点是打破了传统书籍的讲解方法，以图解方式叙述基本功能的应用与操作，并通过提示、技巧和注意的方式指导读者对重点内容的理解，从而达到在实际产品设计中的熟练应用。本书每章配有习题，以指导读者深入地进行学习。

本书既可作为高等学校电子系统设计课程的教材，也可作为电路设计及相关行业工程技术人员的技术参考书。

图书在版编目（CIP）数据

零点起飞学 FPGA / 高敬鹏，武超群编著. —北京：清华大学出版社，2015

（零点起飞）

ISBN 978-7-302-39973-5

Ⅰ. ①零…　Ⅱ. ①高…　②武…　Ⅲ. ①可编程序逻辑器件 – 系统开发　Ⅳ. ①TP332.1

中国版本图书馆 CIP 数据核字（2015）第 086364 号

责任编辑：袁金敏
封面设计：刘新新
责任校对：胡伟民
责任印制：沈　露

出版发行：清华大学出版社
　　　　　网　　　址：http://www.tup.com.cn, http://www.wqbook.com
　　　　　地　　　址：北京清华大学学研大厦 A 座　　　　邮　　编：100084
　　　　　社　总　机：010-62770175　　　　　　　　　邮　　购：010-62786544
　　　　　投稿与读者服务：010-62776969, c-service@tup.tsinghua.edu.cn
　　　　　质量反馈：010-62772015, zhiliang@tup.tsinghua.edu.cn
印　装　者：北京嘉实印刷有限公司
经　　　销：全国新华书店
开　　　本：185mm×260mm　　印　　张：24.75　　字　　数：620 千字
版　　　次：2015 年 7 月第 1 版　　　　　　　印　　次：2015 年 7 月第 1 次印刷
印　　　数：1 ～ 3500
定　　　价：69.00 元

产品编号：056111-01

前　言

电子工业的飞速发展和电子计算机技术的广泛应用，促进了电子设计自动化技术的日新月异。FPGA 是英文 Field Programmable Gate Array 的缩写，即现场可编程门阵列，它是在可编程阵列逻辑(PAL)、通用阵列逻辑(GAL)、复杂可编程逻辑器件(CPLD)等器件的基础上进一步发展的产物。它是作为专用集成电路(ASIC)领域中的一种半定制电路而出现的，既解决了定制电路的不足，又克服了原有可编程器件门电路数有限的缺点，其广泛应用于航空、航天、汽车、造船、通用机械和电子等工业的各个领域。

本书结合 Verilog HDL 硬件描述语言，以 Altera 公司的 Quartus II 软件和 Model Technology 公司的 ModelSim 软件作为 FPGA 软件设计工具；同时，以 Altium Designer 软件作为 FPGA 硬件电路设计工具，详细阐述了 FPGA 软硬件系统的设计方法和开发过程。

本书以 Altium Designer 软件、Quartus II 软件和 ModelSim 软件开发环境为背景，介绍 FPGA 产品开发的完整解决方案。本书共分 9 章，分别从 FPGA 硬件设计和 FPGA 软件设计两个方面进行阐述，主要内容包括 FPGA 基础知识、FPGA 硬件电路的设计、Quartus II 软件操作基础、Verilog HDL 语言概述、面向综合的行为描述语句、ModelSim 仿真工具、面向验证和仿真的行为描述语句、Verilog HDL 语言设计进阶、外设接口和综合系统设计等，最后通过大量的工程实例，将 FPGA 开发语言、开发思想和实际工程进行完美的结合。

为了使初学者迅速入门，提高对电子系统设计的兴趣，并能在短时间内掌握电子系统设计开发的要点，作者在编写过程中注意体现本书的以下特点：

由浅入深，循序渐进。本书在内容编排上遵循由浅入深、由易到难的原则，基础知识与大量实例相结合，边学边练。

实例丰富，涉及面广。本书提供了丰富的 FPGA 程序设计实例，内容涉及电子系统的各个领域。

兼顾原理，注重实用。本书侧重于实际应用，精炼理论讲解内容。考虑到基本原理和基本应用一直是学习 FPGA 技术的基本要求，为了紧随 FPGA 技术的发展，在编写过程中注重知识的新颖性和实用性，因而本书中讲解了 Quartus II 参数化宏功能模块、Quartus II 软件与 ModelSim 软件的联合仿真等。

本书配套资料请到清华大学出版社网站下载，其中包含主要实例源文件、练习文件和电子课件，这些文件都被保存在与章节相对应的文件夹中。

本书第 1～5 章由黑龙江工程学院的武超群编写，第 6～8 章由哈尔滨工程大学的高敬鹏编写，参加本书编写工作的人员还有杨敏、岳立雷、管殿柱、宋一兵、赵景波、张忠林、王献红、曹立文、魏宾、李文秋、初航、郭方方，在此表示衷心的感谢。

感谢您选择了本书，希望我们的努力对您的工作和学习有所帮助，也希望您把对本书的意见和建议告诉我们。

零点工作室网站地址：www.zerobook.net

零点工作室联系信箱：syb33@163.com

目　　录

第 1 章　FPGA 基础知识

FPGA 是 Field Programmable Gate Array 的缩写,即现场可编程门阵列,它是在 PAL、GAL、EPLD 等可编程器件的基础上进一步发展的产物。它是作为专用集成电路(ASIC)领域中的一种半定制电路而出现的,既解决了定制电路的不足,又克服了原有可编程器件门电路数有限的缺点。

1.1　通用数字集成电路

数字集成电路是将元器件和连线集成于同一半导体芯片上而制成的数字逻辑电路或系统。数字逻辑集成电路的发展与半导体工艺紧密相连,因而有必要介绍一下半导体工艺的历史、现状和发展趋势。

1947 年 12 月 23 日,世界上第一个晶体管在美国贝尔(Bell)实验室问世,这标志着人类开始进入半导体时代,其发明者因此获得了 1956 年的诺贝尔奖。由于发明工程器件而获得诺贝尔奖,这还是历史上第一次。20 世纪 50 年代,晶体管在各个方向上全面发展,功能越来越强,尺寸和功耗则越来越小。1958 年,德州仪器公司(Texas Instruments)制造出第一块集成电路(Integrated Circuit:IC),虽然它很原始,但却是半导体工业发展的一个重要里程碑。1960 年,第一个场效应管在贝尔实验室研制成功。1971 年,英特尔公司(Intel)发明了第一个微处理器 4004。第二年,Intel 公司又推出了第一个 8 位微处理器 8008,随之出现了个人计算机。20 世纪 90 年代初,在一片硅芯片上已可做出四百万个晶体管。目前集成度比较高的 FPGA 也是数字集成电路的一种,其内部可集成多达几十万个逻辑单元,由数百万个晶体管构成。

目前,半导体工业的主要材料是硅,数字集成电路制造工艺主要分为两大类:双极型(Bipolar)半导体器件和单极型(Unipolar)半导体器件。双极型半导体器件的特点是速度快、功耗大、集成度相对较小。普遍使用的 TTL 型数字逻辑集成电路和速度很快的 ECL型数字逻辑集成电路都是双极型的。单极型半导体器件的特点是电路制作比较简单,因而集成度较高,同时功耗也小,其不足之处是速度上不如双极型半导体器件快。

数字集成电路从结构工艺上分可以分为厚膜集成电路、薄膜集成电路、混合集成电路、半导体集成电路四大类。

数字集成电路从集成电路的规模上通常可以分为小规模集成电路(SSI)、中规模集成电路(MSI)、大规模集成电路(LSI)、超大规模集成电路(VLSI)和特大规模集成电路(ULSI)。小规模集成电路包含的门电路在 10 个以内,或元器件数不超过 10 个;中规模集成电路包含的门电路在 10~100 个之间,或元器件数在 100~1000 个之间;大规模集成电路包含的门电路在 100 个以上,或元器件数在 1000~10000 个之间;超大规模集成电路包含的门电路在 1 万个以上，或元器件数在 10 万～100 万之间；特大规模集成电路的门电路在 10 万个以上，或元器件数在 100 万～1 000 万之间。

1.1.1 TTL 数字集成电路

TTL 数字逻辑集成电路属于双极型半导体器件，是第一代成熟的数字逻辑集成电路，目前已形成为门类齐全、庞大的数字逻辑集成电路系列。从最早的 74/54 系列，到速度最快的 74/54F 系列和 74/54ALS 系列，应用极其广泛，遍及电子学的所有领域。

- ❑ 74LS 系列（简称 LS、LSTTL 等）。这是现代 TTL 类型的主要应用产品系列，也是逻辑集成电路的重要产品之一，其主要特点是功耗低、品种多、价格便宜。
- ❑ 74S 系列（简称 S、STTL 等）。这是 TTL 的高速型，也是目前应用较多的产品之一，其特点是速度较高，但功耗比 LSTTL 大得多。
- ❑ 74ALS 系列（简称 ALS、ALSTTL 等）。这是 LSTTL 的先进产品，其速度比 LSTTL 提高了一倍以上，功耗降低了一半左右，其特性和 LS 系列近似，所以成为 LS 系列的更新换代产品。
- ❑ 74AS 系列（简称 AS、ALSTTL 等）。这是 STTL（抗饱和 TTL）的先进型，速度比 STTL 提高近一倍，功耗比 STTL 降低一半以上，与 ALSTTL 系列合并起来成为 TTL 类型的新的主要标准产品。
- ❑ 74F 系列（简称 F、FTTL 或 FAST 等）。这是美国（仙童）公司开发的相似于 ALS、AS 的高速类 TTL 产品，性能介于 ALS 和 AS 之间，已成为 TTL 的主流产品之一。

1.1.2 CMOS 数字集成电路

直到 20 世纪 80 年代初期，双极型数字逻辑集成电路仍然是高速数据采集系统设计的唯一选择。CMOS 数字逻辑集成电路虽然功耗极低，但其速度太慢，十倍于双极型电路，因而只能在功耗要求非常优先，速度要求不高的地方上应用。然而随着高性能、短沟道的 CMOS 技术的发展，情况开始发生变化。1982 年，国家半导体公司（National Semiconductor）的前身仙童公司（Fairchild Semiconductor）开始开发新型的 CMOS 器件，经过三年时间的研究，于 1985 年正式推出了新型的 FACT（Fairchild Advanced CMOS Technology）系列。FACT 是一个高速、低功耗的 CMOS 数字逻辑集成电路系列。除了低功耗以外，早期的 FACT 逻辑系列与 74F 系列极其相似。

CMOS 电路的产品主要有 4000B（包括 4500B）、40H、74HC 系列。

（1）4000B 系列。这是国际上流行的 CMOS 通用标准系列，例如，美国无线电公司（RCA）的 CD4000B，摩托罗拉（MOTA）的 4500B 和 MC4000 系列，国家半导体（NS）公司的 MM74C000 系列和 CD4000 系列，德克萨斯公司（TI）的 TP4000 系列，仙童（FS）公司的 F4000 系列，日本东芝公司的 TC4000 系列，日立公司的 HD14000 系列。国内采用 CC4000 标准，这个标准与 CD4000B 系列完全一致，从而使国产 CMOS 电路与国际上的 CMOS 电路兼容。4000B 系列的主要特点是速度低、功耗最小、并且价格低、品种多。

（2）40H 系列。这是日本东芝公司初创的较高速铝栅 CMOS，以后由夏普公司生产，分别用 TC40H-、LR40H-为型号，我国生产的定为 CC40 系列。40H 系列的速度和 N-TTL

相当，但不及 LS-TTL。此系列品种不太多，其优点是引脚与 TTL 类的同序号产品兼容，功耗、价格比较适中。

（3）74HC 系列（简称 HS 或 H-CMOS 等）。这一系列首先由美国 NS，MOTA 公司生产，随后，许多厂家相继成为第二生产源，品种丰富，且引脚和 TTL 兼容，此系列的突出优点是功耗低、速度高。

> 📖　国内外 74HC 系列产品各对应品种的功能和引脚排列相同，性能指标相似，一般都可方便地直接互换及混用。国内产品的型号前缀一般用国标代号 CC，即 CC74HC。

1.1.3　可编程逻辑器件

可编程逻辑器件（Programmable Logic Device，PLD）起源于 20 世纪 70 年代，是在专用集成电路（ASIC）的基础上发展起来的一种新型逻辑器件，是当今数字系统设计的主要硬件平台，其主要特点就是完全由用户通过软件进行配置和编程，从而完成某种特定的功能，且可以反复擦写。在修改和升级 PLD 时，不需额外地改变 PCB 电路板，只是在计算机上修改和更新程序，使硬件设计工作成为软件开发工作，缩短了系统设计的周期，提高了实现的灵活性并降低了成本，因此获得了广大硬件工程师的青睐，形成了巨大的 PLD 产业规模。

1. 可编程逻辑器件的分类

目前常见的 PLD 产品有编程只读存储器（Programmable Read Only Memory，PROM）、现场可编程逻辑阵列（Field Programmable Logic Array，FPLA）、可编程阵列逻辑（Programmable Array Logic，PAL）、通用阵列逻辑（Generic Array Logic，GAL）、可擦除的可编程逻辑器件（Erasable Programmable Logic Array，EPLA），复杂可编程逻辑器件（Complex Programmable Logic Device，CPLD）和现场可编程门阵列（Field Programmable Gate Array，FPGA）等类型。

- ❏ PLD 器件从规模上又可以细分为简单 PLD（SPLD）、复杂 PLD（CPLD）及 FPGA。
- ❏ PLD 器件内部结构的实现方法各不相同。PLD 器件按照颗粒度可以分为小颗粒度、中等颗粒度和大颗粒度三类。
- ❏ PLD 器件按照编程工艺可以分为熔丝（Fuse）和反熔丝（Antifuse）编程器件、可擦除的可编程只读存储器（UEPROM）编程器件、电信号可擦除的可编程只读存储器（EEPROM）编程器件（如 CPLD）、SRAM 编程器件（如 FPGA）。前三类为非易失性器件，编程后，配置数据保留在器件上；第四类为易失性器件，掉电后配置数据会丢失，因此，在每次上电后需要重新进行数据配置。

2. 复杂的可编程逻辑器件（CPLD）

CPLD（Complex Programmable Logic Device）复杂可编程逻辑器件，是从 PAL 和 GAL 器件发展出来的器件，相对而言规模大，结构复杂，属于大规模集成电路范围。是一种用户根据各自需要而自行构造逻辑功能的数字集成电路，其基本设计方法是借助集成开发软件平台，用原理图、硬件描述语言等方法，生成相应的目标文件，通过下载电缆将代码传送到目标芯片中，实现设计的数字系统。

CPLD 主要是由可编程逻辑宏单元（MC，Macro Cell）围绕中心的可编程互连矩阵单元组成。其中，MC 结构较复杂，并具有复杂的 I/O 单元互连结构，可由用户根据需要生成特定的电路结构，完成一定的功能。由于 CPLD 内部采用固定长度的金属线进行各逻辑块的互连，所以设计的逻辑电路具有时间可预测性，避免了分段式互连结构时序不完全预测的缺点。

20 世纪 70 年代，最早的可编程逻辑器件诞生了，其输出结构是可编程的逻辑宏单元，由于硬件结构设计可由软件完成，因此其设计过程比纯硬件的数字电路具有更强的灵活性，但只能实现规模较小的电路。为弥补这一缺陷，20 世纪 80 年代中期，复杂可编程逻辑器件 CPLD 应运而生。目前应用已深入网络、仪器仪表、汽车电子、数控机床、航天测控设备等领域。

复杂可编程逻辑器件具有编程灵活、集成度高、设计开发周期短、适用范围宽、开发工具先进、设计制造成本低、对设计者的硬件经验要求低、标准产品无需测试、保密性强、价格大众化等特点，可实现较大规模的电路设计，因此，被广泛应用于产品的原型设计和产品生产之中。几乎所有应用中小规模通用数字集成电路的场合均可应用 CPLD 器件。CPLD 器件已成为电子产品不可缺少的组成部分，其设计和应用成为电子工程师必备的一种技能。

📖 Altera 公司的 MAX II 系列 CPLD 是有史以来功耗最低、成本最低的 CPLD。常用的 Altera MAXII 系列为 EPM240T100C5N，其拥有逻辑单元 240 个、宏单元 192 个、最大用户 I/O 管脚 80 个、用户 Flash 存储量 8192Bits。

3．现场可编程门阵列（FPGA）

FPGA 是英文 Field Programmable Gate Array 的缩写，即现场可编程门阵列，它是在 PAL、GAL、CPLD 等可编程器件的基础上进一步发展的产物。它是作为专用集成电路（ASIC）领域中的一种半定制电路而出现的，既解决了定制电路的不足，又克服了原有可编程器件门电路数有限的缺点。

相对于 CPLD（Complex Programmable Logic Device，复杂可编程逻辑器件）而言，FPGA 中的寄存器资源比较丰富，更适合同步时序电路较多的数字系统。在这两类可编程逻辑器件中，CPLD 提供的逻辑资源较少，而 FPGA 提供了最高的逻辑密度、最丰富的特性和极高的性能。FPGA 已经在通信、消费电子、医疗、工业和军事等各应用领域中占据了重要地位。

相对于 ASIC（Application Sepcific Intergrated Gircuit，专用集成电路）而言，FPGA 是半定制的通用器件。如果需要改变电路功能，不需要花费重新设计 ASIC 的时间。使用 FPGA 设计电路有以下几个优点。

（1）电路执行速度快。FPGA 内部是通过对电路编程生成逻辑电路来实现功能的，这点与处理器编程是不相同的。处理器是串行执行的，但是 FPGA 通过电路实现功能，是并行执行，因此，FPGA 的运行速度大大高于通用处理器或者 DSP。

（2）上市时间短。由于 FPGA 的在线可编程特性，设计者不用进行 ASIC 设计的冗长构建过程；而且由于设计软件性能不断提高，设计者可以在更高的抽象层级进行设计；不同的 FPGA 生产厂商还提供了大量的 IP Core，这些都使 FPGA 设计更快、更方便。

（3）成本低廉。随着电子技术的发展，基于电子技术的各种应用也在改变。使用 FPGA 可以在不修改电路板的前提下修改电路实现，而且 FPGA 相对 ASIC 的重新开发的费用非常低廉，所以使用 FPGA 进行设计的成本相对较低。

（4）可靠性高。FPGA 都是经过专门验证的半定制通用器件，因而具有较高的可靠性。

（5）易于维护升级。FPGA 芯片具有即时升级（Field-Upgradable）特性，而且可以通过在 FPGA 配置芯片中存储多个配置文件实现多种电路功能，还可以通过网络进行远程配置，这些特性使得 FPGA 易于维护和升级。

FPGA 是由存放在片内 RAM 中的程序来设置其工作状态的。因此，工作时需要对片内的 RAM 进行编程。用户可以根据不同的配置模式，采用不同的编程方式。加电时，FPGA 芯片将 EPROM 中数据读入片内编程 RAM 中，配置完成后，FPGA 进入工作状态。掉电后，FPGA 恢复成白片，内部逻辑关系消失，故 FPGA 能够反复使用同一片 FPGA，不同的编程数据可以产生不同的电路功能。因此，FPGA 的使用非常灵活。

1.2　FPGA 的工艺结构

随着 FPGA 的生产工艺不断提高，各种新技术被广泛应用到 FPGA 芯片的设计生产的各个环境。其中，生产工艺结构决定了 FPGA 芯片的特性和应用场合。

1. 基于SRAM结构的FPGA

目前最大的两个 FPGA 厂商 Altera 公司和 Xilinx 公司的 FPGA 产品都是基于 SRAM 工艺来实现的。这种工艺的优点是可以用较低的成本来实现较高的密度和较高的性能；缺点是掉电后 SRAM 会失去所有配置，导致每次上电都需要重新加载。

重新加载需要外部的器件来实现，不仅增加了整个系统的成本，而且引入了不稳定因素。加载过程容易受外界干扰而导致加载失败，也容易受"监听"而破解加载文件的比特流。

虽然基于 SRAM 结构的 FPGA 存在这些缺点，但是由于其实现成本低，被广泛应用在各个领域，尤其是民用产品方面。

2. 基于反熔丝结构的FPGA

目前 FPGA 厂商 Actel 公司的 FPGA 产品都是基于反熔丝结构的工艺来实现的，这种结构的 FPGA 只能编程一次，编程后和 ASIC 一样成为了固定逻辑器件。Quick Logic 公司也有类似的 FPGA 器件，主要面向军品级应用市场。

这样的 FPGA 失去了反复可编程的灵活性，但是大大提高了系统的稳定性，这种结构的 FPGA 比较适合应用在环境苛刻的场合，如高振动、强电磁辐射等航空航天领域。同时，系统的保密性也得到了提高。这类 FPGA 因为上电后不需要从外部加载配置，所以上电后可以很快进入工作状态，即"瞬间上电"技术，这个特性可以满足一些对上电时间要求苛刻的系统。由于是固定逻辑，这种器件的功耗和体积也要低于 SRAM 结构的 FPGA。

3. 基于Flash结构的FPGA

Flash 具备了反复擦写和掉电后内容非易失特性，因而基于 Flash 结构的 FPGA 同时具备了 SRAM 结构的灵活性和反熔丝结构的可靠性。这种技术是最近几年发展起来的新型 FPGA 实现工艺，目前实现的成本还偏高，没有得到大规模的应用。

从系统安全的角度来看，基于 Flash 结构的 FPGA 具有更高的安全性，硬件出错的几率更小，并能够通过公共网络实现安全性远程升级，经过现场处理即可实现产品的升级换代，该性能减少了现场解决问题所需的昂贵开销。

基于 Flash 结构的 FPGA 在加电时没有像基于 SRAM 结构的 FPGA 那样大的瞬间高峰电流，并且基于 SRAM 结构的 FPGA 通常具有较高的静态功耗和动态功耗。因此，基于 SRAM 结构的 FPGA 功耗问题往往迫使系统设计者不得不增大系统供电电流，并使得整个设计变得更加复杂。

1.3　FPGA 技术的发展方向

FPGA 技术之所以具有巨大的潜在市场，其根本原因在于 FPGA 不仅可以实现电子系统小型化、低功耗、高可靠性等优点，且其开发周期短、投入少，芯片价格不断下降。随着芯片设计工艺水平的不断提高，FPGA 技术呈现出了以下三个主要的发展动向。

1. 基于IP库的设计方案

未来的 FPGA 芯片密度不断提高，传统的基于 HDL 的代码设计方法很难满足超大规模 FPGA 的设计需要。随着专业的 IP 库设计公司不断增多，商业化的 IP 库种类会越来越全面，支持的 FPGA 器件也会越来越广泛。

作为 FPGA 的设计者，主要工作是找到适合项目需要的 IP 库资源，然后将这些 IP 整合起来，完成顶层模块设计。由于商业的 IP 库都是通过验证的，因此，整个项目的仿真和验证工作主要就是验证 IP 库的接口逻辑设计的正确性。

目前，由于国内的知识产权保护的相关法律法规还不尽完善，基于 IP 库的设计方法还没有得到广泛应用。但是随着 FPGA 密度不断提高和 IP 库的价格逐渐趋于合理化，这种设计方案将会成为主流的 FPGA 设计技术。

2. 基于FPGA的嵌入式系统（SOPC）技术正在成熟

片上系统 SoC（System on Chip）技术是指将一个完整产品的功能集成在一个芯片上或芯片组上。SoC 从系统的整体角度出发，以 IP（Intellectual property）核为基础，以硬件描述语言作为系统功能和结构的描述手段，借助于以计算机为平台的 EDA 工具进行开发。由于 SoC 设计能够综合、全盘考虑整个系统的情况，因而可以实现更高的系统性能。SoC 的出现是电子系统设计领域内的一场革命，其影响将是深远和广泛的。

片上可编程系统 SOPC（System on a Programmable Chip）是一种灵活、高效的 SoC 解决方案。它将处理器、存储器、I/O 口和 LVDS 等系统需要的功能模块集成到一片 FPGA

中，构成一个可编程的片上系统。

由于它是可编程系统，具有灵活的设计方式，可裁减、可扩充、可升级，并具备软硬件可编程的功能。

SOPC 保持了 SoC 以系统为中心、基于 IP 模块的多层次、高度复用的特点，而且具有设计周期短、风险投资小和设计成本低的优势，其通过设计软件的综合、分析、裁减，可灵活地重构所需要的嵌入式系统。

这种技术的核心是在 FPGA 芯片内部构建处理器。Xilinx 公司主要提供基于 Power PC 的硬核解决方案，而 Altera 提供的是基于 NIOSII 的软核解决方案。Altera 公司为 NIOSII 软核处理器提供了完整的软硬件解决方案，可以帮助客户短时间完成 SOPC 系统的构建和调试工作。

3．FPGA芯片向高性能、高密度、低压和低功耗的方向发展

随着芯片生产工艺不断改善，FPGA 芯片的性能和密度都在不断提高。早期的 FPGA 主要是完成接口逻辑设计，如 AD/DA 和 DSP 的粘合逻辑。现在的 FPGA 正在成为电路的核心部件，完成关键功能。

在高性能计算和高吞吐量 I/O 应用方面，FPGA 已经取代了专用的 DSP 芯片，成为最佳的实现方案。因此，高性能和高密度也成为衡量 FPGA 芯片厂家设计能力的重要指标。

随着 FPGA 性能和密度的提高，功耗也逐渐成为了 FPGA 应用的瓶颈。虽然 FPGA 比 DSP 等处理器的功耗低，但明显高于专用芯片（ASIC）的功耗。FPGA 的厂家也在采用各种新工艺和技术来降低 FPGA 的功耗，并且已经取得了明显的效果。

1.4 典型的 FPGA 芯片

目前市场上 FPGA 芯片主要来自 Xilinx 公司和 Altera 公司，这两家公司占据了 FPGA 80%以上的市场份额，其他的 FPGA 厂家产品主要是针对某些特定的应用，比如，Actel 公司主要生产反熔丝结构的 FPGA，以满足应用条件极为苛刻的航空、航天领域产品。下面介绍 Altera 和 Xilinx 两家公司的代表产品。

1.4.1 Altera 公司的典型产品

Altera 公司的 FPGA 器件大致分三个系列：一是低端的 Cyclone 系列；二是高端的 Stratix 系列；三是介于二者之间可以方便 ASIC 化的 Arriva 系列。

1．面向高性能的Stratix系列FPGA

Stratix 系列 FPGA 能够帮助用户以更低的风险和更高的效能尽快推出最先进的高性能产品。结合了高密度、高性能及丰富的特性，Stratix 系列 FPGA 能够集成更多的功能，提高系统带宽。Stratix 系列产品代的特性是革命性的，而且还在不断发展。Stratix 系列 FPGA 的推出时间和工艺技术如表 1-1 所示。

表 1-1　Stratix系列表

器件系列	Stratix	Stratix GX	Stratix II	Stratix II GX	Stratix III	Stratix IV	Stratix V	Stratix 10
推出时间	2002	2003	2004	2005	2006	2008	2010	2013
工艺技术	130 nm	130 nm	90 nm	90 nm	65 nm	40 nm	28 nm	14 nm

Stratix FPGA 和 Stratix GX 型号是 Altera 公司 Stratix FPGA 系列中最早的型号产品。这一高性能 FPGA 系列引入了 DSP 硬核知识产权（IP）模块及 Altera 应用广泛的 TriMatrix 片内存储器和灵活的 I/O 结构。

Stratix II FPGA 和 Stratix II GX 型号引入了自适应逻辑模块（ALM）体系结构，采用高性能 8 输入分段式查找表（LUT）替代了 4 输入 LUT。Altera 最新的高端 FPGA 使用了这一创新的 ALM 逻辑结构，可批量提供 Stratix II 和 Stratix II GX FPGA，还是强烈建议新设计使用它们。

Stratix III FPGA 是业界功耗最低的高性能 65nm FPGA。可以借助逻辑型（L）、存储器和 DSP 增强型（E）来综合考虑用户的设计资源要求，而不会采用资源比实际需求大得多的器件进行设计，从而节省了电路板，缩短了编译时间，降低了成本。Stratix III FPGA 主要面向很多应用的高端内核系统处理设计。

Stratix IV FPGA 在任何 40nm FPGA 中都是密度最大、性能最好、功耗最低的。Stratix IV FPGA 系列提供增强型（E）和带有收发器的增强型器件（GX 和 GT），满足了无线和固网通信、军事、广播等众多市场和应用的需求，这一高性能 40nm FPGA 系列包括同类最佳的 11.3 Gbps 收发器。

在所有 28nm FPGA 中，Stratix V FPGA 实现了最大带宽和最高系统集成度，非常灵活。器件系列包括兼容背板、芯片至芯片和芯片至模块功能的 14.1 Gbps（GS 和 GX）型号，以及支持芯片至芯片和芯片至模块的 28G（GT）收发器型号，具有一百多万 LE，以及 4 096 个精度可调 DSP 模块。

采用了 Intel 14nm 三栅极技术的 Altera Stratix 10 FPGA 是任何 FPGA 中性能最好、带宽和系统集成度最高的，而且功耗非常低。Stratix 10 器件具有 56Gbps 收发器、28Gbps 背板、浮点数字信号处理（DSP）性能，支持增强 IEEE 754 单精度浮点，单片管芯中有四百多万逻辑单元（LE），支持多管芯 3D 解决方案，包括 SRAM、DRAM 和 ASIC。Stratix 10 SoC 是 Intel 14nm 三栅极晶体管技术的第一款高端 SoC 系列，具有针对每瓦最佳性能进行了优化的下一代硬核处理器系统。

2. 面向低成本的Cyclone系列FPGA

Cyclone 系列 FPGA 是为了满足用户对低功耗、低成本设计的需求，帮助用户更迅速地将产品推向市场。每一代 Cyclone 系列 FPGA 都致力于解决提高集成度和性能的技术挑战，降低功耗，产品及上市时间的问题，同时满足用户的低成本要求。

Cyclone 系列 FPGA 的推出时间和工艺技术如表 1-2 所示。

表 1-2　Cyclone系列表

器件系列	Cyclone	Cyclone II	Cyclone III	Cyclone IV	Cyclone V
推出时间	2002	2004	2007	2009	2011
工艺技术	130 nm	90 nm	65 nm	60 nm	28 nm

Cyclone FPGA 是第一款低成本 FPGA。对于当今需要高级功能及极低功耗的设计来说，可以考虑密度更高的 Cyclone IV 和 Cyclone III FPGA，这些更新的 Cyclone 系列将继续为用户的大批量、低成本应用提供业界最好的解决方案。

Cyclone II FPGA 从根本上针对低成本进行设计，为大批量低成本应用提供用户需要的各种功能。Cyclone II FPGA 以相当于 ASIC 的成本实现了高性能和低功耗的目标。

Cyclone III FPGA 前所未有地帮助用户同时实现了低成本、高性能和最佳功耗，大大提高了竞争力。Cyclone III FPGA 系列采用台积电（TSMC）的低功耗工艺技术制造，以相当于 ASIC 的价格实现了低功耗的目标。

Cyclone IV FPGA 是市场上成本最低、功耗最低的 FPGA，现在还提供收发器型号产品。Cyclone IV FPGA 系列面向对成本敏感的大批量应用，以满足用户对越来越大的带宽需求，同时降低了成本。

Cyclone V FPGA 为工业、无线、固网、广播和消费类应用提供市场上系统成本最低、功耗最低的 FPGA 解决方案，该系列集成了丰富的硬核知识产权（IP）模块，帮助用户以更低的系统总成本和更短的设计时间完成更多的工作。Cyclone V 系列中的 SoC FPGA 实现了独特的创新技术，例如，以硬核处理器系统（HPS）为中心，采用了双核 ARM CortexTM-A9 MPCoreTM 处理器，以及丰富的硬件外设，从而降低了系统功耗和成本，减小了电路板面积。

1.4.2　Xilinx 公司的典型产品

Xilinx 的主流 FPGA 分为两大类：一种侧重低成本应用，容量中等，性能可以满足一般的逻辑设计要求，如 Spartan 系列；另一种侧重于高性能应用，容量大，性能能满足各类高端应用，如 Virtex 系列，用户可以根据实际应用要求进行选择，在性能可以满足的情况下，优先选择低成本器件。

1. 面向高性能的Virtex系列FPGA

Virtex 系列是 Xilinx 的高端产品，也是业界的顶级产品，Xilinx 公司正是凭借 Virtex 系列产品赢得市场，从而获得 FPGA 供应商领头羊的地位。可以说，Xilinx 以其 Virtex 系列 FPGA 产品引领现场可编程门阵列行业。主要面向电信基础设施、汽车工业、高端消费电子等应用。目前的主流芯片包括 Vitrex-2、Virtex-2 Pro、Virtex-4、Virtex-5、Virtex-6 和 Virtex-7 等种类。

Virtex-2 系列于 2002 年推出，其采用 0.15nm 工艺，1.5V 的内核电压，工作时钟可高达 420MHz，支持 20 多种 I/O 接口标准，具有完全的系统时钟管理功能，且内置 IP 核硬核技术，可以将硬 IP 核分配到芯片的任何地方，具有比 Virtex 系列更多的资源和更高的性能。

Virtex-2 Pro 系列在 Virtex-2 的基础上，增强了嵌入式处理功能，内嵌了 PowerPC405 内核，还包括了先进的主动互联（Active Interconnect）技术，以解决高性能系统所面临的挑战，此外，还增加了高速串行收发器，提供了千兆以太网的解决方案。

Virtex-4 系列是基于高级硅片组合模块（ASMBL）架构的，其具有逻辑密度高，时钟频率高达 500 MHz；具备 DCM 模块、PMCD 相位匹配时钟分频器、片上差分时钟网络；采用了集成 FIFO 控制逻辑的 500MHz SmartRAM 技术，每个 I/O 都集成了 ChipSync 源同步技术的 1 Gbps I/O 和 Xtreme DSP 逻辑片。设计者可以根据需求选择不同的 Virtex-4 子系统，面向逻辑密集的设计：Virtex-4 LX，面向高性能信号处理应用：Virtex-4 SX，面向高速串行连接和嵌入式处理应用：Virtex-4 FX。Virtex-4 系列的各项指标比 VirtexII 均有很大程度的提高，从 2005 年年底开始批量生产，已取代 VirtexII，VirtexII-Pro，是 Xilinx 在当今高端 FPGA 市场中的最重要的产品。

Virtex-5 系列以最先进的 65nm 铜工艺技术为基础，采用第二代 ASMBL（高级硅片组合模块）列式架构，包含五种截然不同的平台（子系列）。每种平台都包含不同的功能配比，以满足诸多高级逻辑设计的需求。除了最先进的高性能逻辑架构外，Virtex-5 FPGA 还包含多种硬 IP 系统级模块，包括强大的 36 Kb Block RAM/FIFO、第二代 25x18 DSP Slice、带有内置数控阻抗的 SelectIO 技术、ChipSync 源同步接口模块、系统监视器功能、带有集成 DCM（数字时钟管理器）和锁相环（PLL）时钟发生器的增强型时钟管理模块及高级配置选项。其他基于平台的功能包括针对增强型串行连接的电源优化高速串行收发器模块、兼容 PCI Express 的集成端点模块、三态以太网 MAC（媒体访问控制器）和高性能 PowerPC 440 微处理器嵌入式模块，这些功能使高级逻辑设计人员能够在其基于 FPGA 的系统中体现最高级别的性能。

Virtex-6 系列为 FPGA 市场提供了最新、最高级的特性。Virtex-6 FPGA 是提供软硬件组件的目标测试平台可编程硅技术基础，可帮助设计人员在开发工作启动后集中精力于创新工作。Virtex-6 系列采用第三代 ASMBL（高级硅片组合模块）柱式架构，包括了多个不同的子系列。本概述将介绍 LXT、SXT 和 HXT 子系列的器件。每个子系列都包含不同的特性组合，可高效满足多种高级逻辑设计需求。除了高性能逻辑结构外，Virtex-6 FPGA 还包括许多内置的系统级模块。上述特性能使逻辑设计人员在 FPGA 系统中构建最高级的性能和功能。Virtex-6 FPGA 采用了尖端的 40nm 铜工艺技术，为定制 ASIC 技术提供了一种可编程的选择方案。Virtex-6 FPGA 还为满足高性能逻辑设计人员、高性能 DSP 设计人员和高性能嵌入式系统设计人员的需求而提供了最佳解决方案，其带来了前所未有的逻辑、DSP、连接和软微处理器功能。

Virtex-7 是 2011 年推出的超高端 FPGA 产品，工艺为 28nm，使客户在功能方面收放自如，既能降低成本和功耗，也能提高性能和容量，从而降低低成本和高性能系列产品的开发部署投资。此外，与 Virtex-6 相比，可确保将成本降低 35%，且无需增量转换或工程投资，从而进一步提高了生产率。

2. 面向低成本的Spartan系列FPGA

Spartan 系列适用于普通的工业、商业等领域，目前主流的芯片包括 Spartan-2、Spartan-2E、Spartan-3、Spartan-3A、Spartan-3E 及 Spartan-6 等种类。

Spartan-2 在 Spartan 系列的基础上继承了更多的逻辑资源，为达到更高的性能，芯片密度高达 20 万系统门。由于采用了成熟的 FPGA 结构，支持流行的接口标准，具有适量的逻辑资源和片内 RAM，并提供灵活的时钟处理，可以运行 8 位的 PicoBlaze 软核，主要应用于各类低端产品中。

Spartan-2E 系列是基于 Virtex-E 架构，具有比 Spartan-2 更多的逻辑门、用户 I/O 和更高的性能。Xilinx 还为其提供了包括存储器控制器、系统接口、DSP、通信及网络等 IP 核，并可以运行 CPU 软核，对 DSP 有一定的支持。

Spartan-3 系列是基于 Virtex-II FPGA 架构，采用 90nm 技术，8 层金属工艺，系统门数超过 5 百万，内嵌了硬核乘法器和数字时钟管理模块。从结构上看，Spartan-3 将逻辑、存储器、数学运算、数字处理器处理器、I/O 及系统管理资源完美地结合在一起，使之有更高层次、更广泛的应用，获得了商业上的成功，占据了较大份额的中低端市场。

Spartan-3E 系列是在 Spartan-3 成功的基础上进一步改进的产品，提供了比 Spartan-3 更多的 I/O 端口和更低的单位成本，是 Xilinx 公司性价比最高的 FPGA 芯片。由于更好地利用了 90nm 技术，在单位成本上实现了更多的功能和处理带宽，是 Xilinx 公司新的低成本产品代表，是 ASIC 的有效替代品，主要面向消费电子应用，如宽带无线接入、家庭网络接入及数字电视设备等。

Spartan-3A 系列在 Spartan-3 和 Spartan-3E 平台的基础上，整合了各种创新特性，帮助客户极大地削减了系统总成本。利用独特的器件 DNA ID 技术，实现业内首款 FPGA 电子序列号；提供了经济、功能强大的机制来防止发生窜改、克隆和过度设计的现象；并且具有集成式看门狗监控功能的增强型多重启动特性；支持商用 flash 存储器，有助于削减系统总成本。

Spartan-6 系列不仅拥有业界领先的系统集成能力，同时还能具有适用于大批量应用的最低总成本；该系列由 13 个成员组成，可提供的密度从 3 840 个逻辑单元到 147 443 个逻辑单元不等。与上一代 Spartan 系列相比，该系列功耗仅为其 50%，且速度更快、连接功能更丰富全面。Spartan-6 系列采用成熟的 45nm 低功耗铜制程技术制造，实现了性价比与功耗的完美平衡，能够提供全新且更高效的双寄存器 6 输入查找表（LUT）逻辑和一系列丰富的内置系统级模块，其中包括 18KB Block RAM、第二代 DSP48A1 Slice、SDRAM 存储器控制器、增强型混合模式时钟管理模块、SelectIO 技术、功率优化的高速串行收发器模块、PCI Express® 兼容端点模块、高级系统级电源管理模式、自动检测配置选项，以及通过 AES 和 Device DNA 保护功能实现的增强型 IP 安全性。这些优异特性以前所未有的易用性为定制 ASIC 产品提供了低成本的可编程替代方案。Spartan-6 FPGA 可为大批量逻辑设计、以消费类为导向的 DSP 设计及成本敏感型嵌入式应用提供最佳解决方案。Spartan-6 FPGA 奠定了坚实的可编程芯片基础，适用于可提供集成软硬件组件的目标设计平台，以使设计人员在开发工作启动之初即可将精力集中到创新工作上。

1.5　FPGA 芯片的应用

FPGA 可以实现各种复杂的逻辑功能，提供在线可编程特性，因而应用范围非常广。目前 FPGA 广泛应用于通信、信号处理、嵌入式处理器、图像处理和工业控制领域。

　　❑　目前 FPGA 广泛应用于通信领域，可以使用 FPGA 实现数字调制解调、编码解码。

因为 FPGA 中各种功能是用硬件并行执行，所以在实现调制解调和编解码时具有比软件更快的速度。可以使用 FPGA 实现通信系统中的各种接口，目前的 FPGA 接口中一般都有实现 DDR 的专用电路，可以使用 FPGA 实现 DDR 控制器，还可以使用 FPGA 实现 PCI 总线、SPI 总线等。

❑ FPGA 在数字信号处理领域的应用也相当广泛。现在的 FPGA 内部都包含专门的乘法器电路、乘累加电路，这些电路都是实现数字信号处理必不可少的，而且都以并行的方式运行，所以更适合实现信号处理。在数字信号处理领域的应用包括频率合成、FIR 滤波器、FFT 和 RS 编解码等。

❑ 在图形处理应用中，FPGA 可以用于实现 JPEG 图像处理，可以用于检测视频信号，可以用于实现图像数据采集等。

❑ 在 Altera 的器件中可以实现 Nios 嵌入式处理器，而在 Xilinx 的器件中可以实现 Power PC 和 Microblaze 嵌入式处理器，所以可以使用 FPGA 实现片上系统。使用 FPGA 实现的片上系统可以运行操作系统，用户的应用软件，省去了专用的处理器，大大减小了电路板的面积，降低了硬件电路的复杂性。

1.6　FPGA 的设计流程

一般来说，完整的 FPGA 设计流程包括电路设计与输入、功能仿真、综合优化、综合后仿真、布局布线、布局布线后仿真、板级仿真与验证、加载配置与在线调试等主要步骤。

（1）电路设计与输入。

电路设计与输入是指通过某些规范的描述方式，将电路构思输入给 EDA 工具。常用的设计输入方法有硬件描述语言和原理图设计输入方法等。原理图设计输入法在早期应用比较广泛，它根据设计要求选用器件、绘制原理图、完成输入过程。这种方法的优点是直观、便于理解、元器件库资源丰富。但是在大型设计中，该方法的可维护性较差，不利于模块构造与重用。目前进行大型工程设计时，常用的设计方法是硬件描述语言设计输入法，其中影响最为广泛的 HDL 语言是 VHDL 和 Verilog HDL。它们的共同特点是利于由顶向下设计，利于模块的划分与复用，可移植性好，通用性好，设计不因芯片的工艺与结构的不同而变化，更利于向 ASIC 的移植。波形输入和状态机输入方法是两种常用的辅助设计输入方法。使用波形输入法时，只要绘制出激励波形和输出波形，EDA 软件就能自动地根据响应关系进行设计。使用状态机输入法时，设计者只需画出状态转移图，EDA 软件就能生成相应的 HDL 代码或者原理图，使用十分方便。

（2）功能仿真。

电路设计完成后，要用专用的仿真工具对设计进行功能仿真，验证电路功能是否符合设计要求。功能仿真有时也被称为前仿真。

（3）综合优化。

综合优化是指将 HDL 语言、原理图等设计输入翻译成由与门、或门、非门、RAM、触发器等基本逻辑单元组成的逻辑连接（网表），并根据目标与要求（约束条件）优化所生成的逻辑连接，输出 edf 和 edn 等标准格式的网表文件，供 FPGA 厂家的布局布线器实现。

（4）综合后仿真。

综合完成后需要检查综合结果是否与原设计一致，做综合后仿真。在仿真时，把综合生成的标准延时文件反标注到综合仿真模型中，可估计门延时带来的影响。综合后仿真虽然比功能仿真更精确，但只能估计门延时，不能估计线延时，仿真结果与布线后的实际情况还有一定的差距，并不十分准确，这种仿真的主要目的是检查综合器的综合结果是否与设计输入一致。目前主流综合工具日益成熟，对于一般性设计，如果设计者确信自己表述明确，没有综合歧义发生，可以省略综合后仿真步骤。但是如果在布局布线后仿真发现有电路结构与设计意图不符的现象，就需要回溯到综合后仿真以确认是否是由于综合歧义造成的问题。

（5）布局布线。

综合结果的本质是一些由与门、或门、非门、触发器和 RAM 等基本逻辑单元组成的逻辑网表，其与芯片实际的配置情况具有较大差距。此时应该使用 FPGA 厂商提供的软件工具，根据所选芯片的型号，将综合输出的逻辑网表适配到具体的 FPGA 器件上，这个过程就叫实现过程。因为只有器件开发商最了解器件的内部结构，所以实现步骤必须选用器件开发商提供的工具。在实现过程中最主要的过程是布局布线，所谓布局是指将逻辑网表中的硬件或底层单元合理地适配到 FPGA 内部的固有硬件结构上，布局的优劣对设计的最终实现结果影响很大。所谓布线是指根据布局的拓扑结构，利用 FPGA 内部的各种连线资源，合理正确地连接各元件的过程。FPGA 的结构相对复杂，为了获得更好的实现结果，特别是保证能够满足设计的时序条件，一般采用时序驱动的引擎进行布局布线。所以对于不同的设计输入，特别是不同的时序约束，获得的布局布线结果一般有较大差异。一般情况下，用户可以通过设置参数指定布局布线的优化准则，总之，优化目标主要有面积和速度两个方面要求。一般根据设计的主要矛盾，选择面积、速度或平衡两者的优化目标。如果当两者冲突时，一般先满足时序约束要求，此时选择速度或时序优化目标效果更好。

6．时序仿真与验证

将布局布线的时延信息反标注到设计网表中，所进行的仿真就叫时序仿真或布局布线后仿真，简称后仿真。布局布线之后生成的仿真时延文件包含的时延信息最全，不仅包含门延时，还包含实际布线延时，所以布线后仿真最准确，能较好地反映芯片的实际工作情况。一般来说，布线后仿真步骤必须进行，通过布局布线后仿真能检查设计时序与 FPGA 实际运行情况是否一致，确保设计的可靠性和稳定性。布局布线后仿真的主要目的在于发现时序是否违规，即是否满足时序约束条件或器件固有时序规则的情况。

7．板级仿真与验证

在有些高速设计中还需要使用第三方的板级验证工具进行仿真与验证。

8．加载配置与在线调试

设计开发的最后步骤是在线调试或将生成的配置文件写入芯片中进行测试。示波器和逻辑分析仪是逻辑设计的主要调试工具。传统的逻辑功能板级验证手段是用逻辑分析仪分析信号，设计时要求 FPGA 和 PCB 设计人员保留一定数量的 FPGA 引脚作为测试引脚，编写 FPGA 代码时需要观察的信号作为模块的输出信号，在综合实现时再把这些输出信号锁定到测试引脚上，然后将逻辑分析仪的探头连接到这些测试脚，设定触发条件，进行观测。

逻辑分析仪的优点是专业、高速、触发逻辑可以相对复杂，缺点是价格昂贵、灵活性差。PCB 布线后测试脚的数量有限，不能灵活增加，当测试脚不够用时影响测试，如果测试脚太多又影响 PCB 布局布线。

对于相对简单一些的设计，使用 Quartus II 内嵌的 SignalTap II 和 Xilinx 提供的 Chip Scope 工具，对设计进行在线逻辑分析可以较好地解决上述矛盾。其主要功能是通过 JTAG 口，在线、实时地读出 FPGA 的内部信号。基本原理是利用 FPGA 中未使用的 Block RAM，根据用户设定的触发条件将信号实时地保存到这些 BlockRAM 中，然后通过 JTAG 口传送到计算机，最后在计算机屏幕上显示出时序波形。任何仿真或验证步骤出现问题，就需要根据错误的定位返回到相应的步骤更改或者重新设计。

1.7　FPGA 的设计开发工具

根据设计流程与功能划分，常用的 FPGA 开发工具主要分为硬件电路的设计、设计输入工具、综合工具、仿真工具、实现与优化工具、后端辅助工具及验证与调试工具等。

1. 硬件电路的设计

硬件电路的设计是整个工程设计的第一步，设计过程包括了硬件原理图的设计和硬件印刷电路板的设计。目前业界最流行的硬件电路设计软件是 Altium 公司的 Altium Designer 软件。

（1）硬件电路原理图的设计。

在整个电子电路设计过程中，电路原理图的设计是最重要的基础性工作。同样，只有在设计好原理图的基础上才可以进行硬件印刷电路板的设计和电路仿真等。

（2）硬件印刷电路板的设计。

硬件印刷电路板的设计是整个硬件工程设计的最终目的。原理图设计得再完美、如果电路板设计得不合理，性能将大打折扣，严重时甚至不能正常工作。制板商要参照用户所设计的印刷电路板图来进行电路板的生产。

2. 设计输入工具

设计输入是工程设计的重要步骤，常用的设计输入方法有 HDL 语言输入、原理图输入、IP Core 输入和其他输入方法。

（1）HDL 语言输入方法应用最广泛，目前业界最流行的 HDL 语言是 Verilog HDL 和 VHDL 语言。一般来说任何文本编辑器都可以完成 HDL 语言输入。

（2）原理图设计输入方式在早期应用广泛，目前已经逐渐被 HDL 语言输入方式所取代，仅仅在有些设计的顶层描述时才会使用。

（3）IP Core 输入方式是 FPGA 设计中的一个重要设计输入方式。所谓 IP Core，是指已经设计好且受知识产权保护的标准模块单元。Quartus II 的 IP Core 生成器是 Megafunctions/MegaWizard，ISE 的 IP Core 生成器是 Core Generator。它们能生成的 IP 和功能繁多，从简单的基本设计模块到复杂的处理器等一应俱全。适当地使用 IP Core，能大幅度地减轻设计者的设计工作量，提高设计效率。

（4）其他辅助性设计输入方法还有状态机输入、真值表输入和波形输入等。

3．综合工具

主流的综合工具主要有 Synplicity 公司的 Synplify/Synplify Pro、Synopsys 公司的 FPGA Complier II/Express、Exemplar Logic 公司的 LenonadoSpectrum。另外，Quartus II 和 ISE 还内嵌了自己的综合工具。

4．仿真工具

业界最流行的仿真工具是 ModelSim。另外，Aldec 公司的 ActiveHDL 也有相当广泛的应用。其他如 Cadence Verilog-XL、NC-Verilog/VHDL、Synopsys VCS/VSS 等仿真工具也有一定的影响力。还有一些小工具和仿真有关，如测试激励生成器。

5．实现与优化工具

实现与优化工具包含的范围比较广。如果能较好地掌握这些工具，将大幅度提高设计者的水平，使设计工作更加游刃有余。

6．后端辅助工具

Quartus II 内嵌的后端辅助工具主要有 Assembler（编程文件生成工具）、Programmer（下载配置工具）和 PowerGauge（功耗仿真器）。ISE 的后端辅助工具有 Programming file generator（编程文件生成工具）、Impact（下载配置工具）等。

7．验证与调试工具

Quartus II 内嵌的调试工具有 SingalTap II（在线逻辑分析仪）和 SingalProbe（信号探针）。ISE 内嵌的调试工具有 ChipScope 和 SingalProbe。常用的板级仿真验证工具还有 Mentor Tau、Synopsys HSPICE 和 Innoveda BLAST 等。

1.8 典型的 FPGA 产品设计软件使用简介

在 FPGA 设计开发的过程中，一般常用的设计软件有 Altium Designer 软件和 Quartus II 软件，其中，Altium Designer 软件用来进行 FPGA 电路板的设计，Quartus II 软件用于 FPGA 芯片内部程序的设计。

1.8.1 Altium Designer Summer 09 的安装

Altium Designer Summer 09 的文件大小大约为 1.8GB，用户可以与当地的 Altium 销售和支持中心或增值代理商联系，获得软件及许可证。拥有 Altium Designer 许可证的用户，可以获得 3 个月免费的无限制电话和 E-mail 支持，以帮助用户快速掌握 Altium Designer 系统的使用方法和有关的细节信息，还可以免费访问 Altium 公司网站定期发布的补丁包，这些补丁包会给用户的 Altium Designer 系统带来更多新技术，以及更多的器件支持和增强功能，以确保用户始终保持最新的设计技术。

Altium 公司英文网站：http：//www.altium.com/

中文网站：http：//www.altium.com.cn/

联系邮件地址：support@Altium.com.cn

Altium Designer Summer 09 的安装过程非常简单、轻松。只需双击 setup.exe 文件，即可启动安装程序，按照提示一步一步执行下去即可安装成功。

【例 1-1】 安装 Altium Designer summer 09

（1）双击安装目录里的 setup.exe 文件，软件开始安装，系统弹出如图 1-1 所示的 Altium Designer Summer 09 安装界面。

（2）单击 Next> 按钮，进入如图 1-2 所示的软件许可界面。

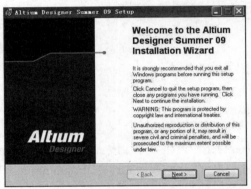

图 1-1　安装界面　　　　　　　　　　　　图 1-2　软件许可界面

（3）选择【I accept the license agreement】（接受授权协议）单选框，单击 Next> 按钮，进入如图 1-3 所示的用户信息对话框。

（4）填写完毕后，单击 Next> 按钮，进入图 1-4 所示的选择安装路径向导。系统默认安装路径是 "C:\Program Files\Altium Designer Summer 09\"。如需更改安装路径，单击 Browse 按钮，在打开的目录对话框中加以指定。

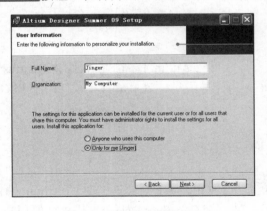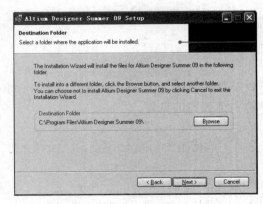

图 1-3　用户信息对话框　　　　　　　　　图 1-4　选择安装路径向导

（5）选择安装路径后，单击 Next> 按钮，系统弹出如图 1-5 所示的界面，供用户选择是否安装 Board-Level Libraries（板级设计集成库）。

📖 Board-Level Libraries 用于支持 Altium Designer Summer 09 以及 Altium Designer 的先前版本，如 Altium Designer 6、Altium Designer Summer 08、Altium Designer Winter 09 等。

（6）单击 Next> 按钮，系统弹出如图 1-6 所示的界面，这是 Altium Designer 收集完安装信息后的安装向导对话框，提示用户可以开始安装了。

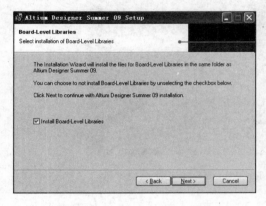

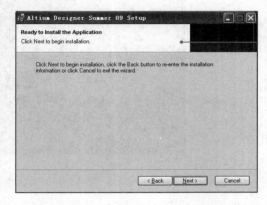

图 1-5　选择安装 Board-Level Libraries　　　　图 1-6　收集完安装信息

（7）单击 Next> 按钮，系统开始安装，如图 1-7 所示，进度条表示了安装过程大体需要的时间。安装完毕后，系统弹出如图 1-8 所示的软件安装结束对话框。单击 Finish 按钮，即完成了 Altium Designer 软件的安装。

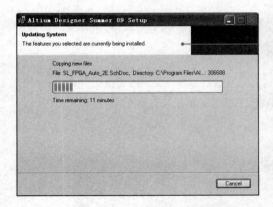

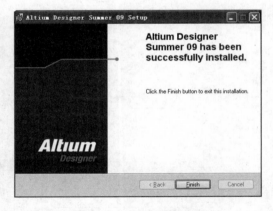

图 1-7　安装 Altium Designer Summer 09　　　　图 1-8　安装结束对话框

1.8.2　Altium Designer Summer 09 的启动

顺利安装 Altium Designer Summer 09 后，系统会在 Windows【开始】菜单栏中加入程序项，用户也可以在桌面上建立 Altium Designer Summer 09 的快捷方式。

【例 1-2】　启动 Altium Designer Summer 09 并激活

（1）在【开始】菜单栏中找到 Altium Designer Summer 09 图标 Altium Designer Summer 09，单击该图标，或者在桌面上双击快捷方式图标，即可初次启动 Altium Designer Summer 09，启动画面如图 1-9 所示。此时，在画面右侧显示"Unlicensed"，表示软件尚未被激活。

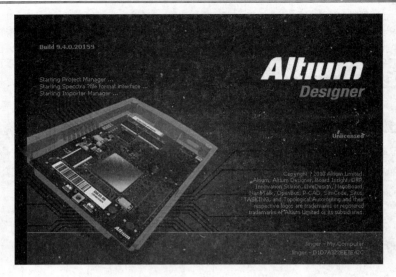

图 1-9　激活前的 Altium Designer Summer 09 启动画面

（2）启动后即进入【My Account】（我的账户）窗口，此时显示状态为"not signed in"（未登录）。单击【Sign In】选项，系统弹出如图 1-10 所示的【Account Sign In】对话框。在输入用户名和密码后，单击 Sign in 按钮，即可登录自己的账户，如图 1-11 所示。

图 1-10　【Account Sign In】对话框

图 1-11　登录账户（Unlicensed）

登录后，所用软件的名称、激活码等参数都显示在"Available License"区域中。同时，以红色显示"You are not using a valid license.Select a license below and click Use or Activate"，提示用户尚未使用有效许可激活软件。

（3）根据系统提示，单击"Activate"，此时红色提示消失，用户获得有效许可，软件被激活，如图 1-12 所示。

图 1-12　使用有效许可激活 Altium Designer Summer 09

（4）单击"产品名称"下方的【保存单机许可证文件】命令，选择合适路径，备份一个单机许可证文件，如图 1-13 所示。

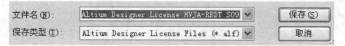

图 1-13　备份许可证文件

📖　当用户需要在另外一台计算机上使用 Altium Designer Summer 09 时，在【My Account】窗口中，单击【添加单机版 License 文件】选项，将备份的许可证文件加入即可，无需登录，也无需重新激活。

（5）执行系统主菜单中的【帮助】/【关于】命令，可以查看此时的 Altium Designer Summer 09 系统信息，如图 1-14 所示。画面右侧明确显示了"Licensed to xx"，表示软件已被激活。

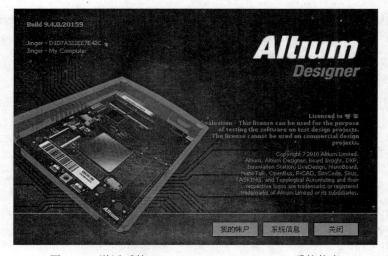

图 1-14　激活后的 Altium Designer Summer 09 系统信息

此时，由于系统的默认设计环境为中文，用户就能够使用该软件开始自己的设计工作了。对于习惯了英文的用户来说，通过设置，也可以进入到熟悉的英文环境中进行各种设计。

Altium Designer Summer 09 为用户提供了共同设计软硬件的统一环境，以帮助用户更轻松地去创建下一代电子设计。它充分利用了 Windows XP SP2 平台的优势，具有超强的图形加速功能和灵活美观的操作环境。

1.8.3 Altium Designer Summer 09 的主页界面管理

单击系统主菜单中的 察看(V) 按钮，在弹出的菜单中选择【Home】项、或者单击导航工具条上的 按钮、或直接使用快捷键【V】/【H】，都可以进入 Altium Designer Summer 09 的主页，如图 1-15 所示。

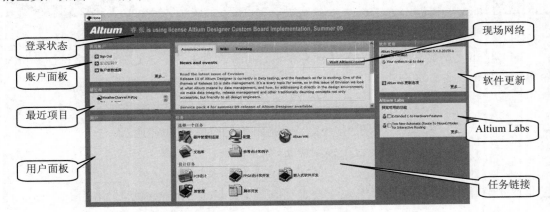

图 1-15　Altium Designer Summer 09 主页

主页面漂亮、简洁，清晰地为设计者展现了各种相关的信息，如"我的账户"、"最近的项目"、"现场网络查看"等，提供了一个可以轻松进入各种任务管理页面及技术支持资源的中心平台。主页主要由以下几部分组成。

❑ 登录状态：位于页面的顶端，专门用来显示用户是否已经登录 Altium 账户。如果已经登录"我的账户"，并使用了有效 license，此时的登录状态显示如图 1-15 中所示。如果用户没有登录，将显示"Not signed in"。

❑ 账户面板：用于控制 Altium 账户的登录或退出。

❑ 单击【账户参数选择】选项，可快速进入【System – Account Management】标签页，从而指定具体的登录详情，包括用户名、密码及所连接的 Altium Account Management 服务器，如图 1-16 所示。

❑ 如果用户忘记了密码，单击图 1-15 中的【忘记密码？】选项，系统会弹出一个【复位密码】对话框，如图 1-17 所示。输入用户名后，单击 复位密码 按钮，即可获得一个新的临时密码。

❑ 最近项目：该区域显示了用户最近打开过的文件、项目、工作区等，简单的双击即可快速进入。

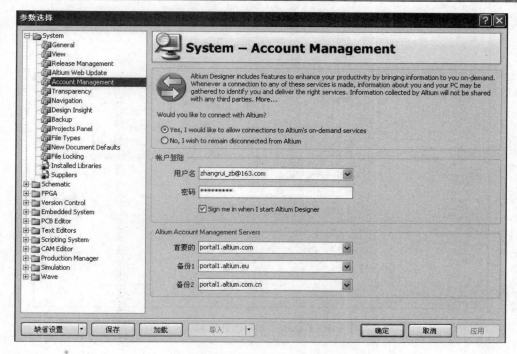

图 1-16　【Account Management】标签页

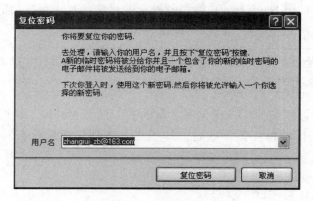

图 1-17　复位密码

❑ 用户面板：对于按需 License 模式，该面板会显示出所有使用这个 License 的用户
名称，用户可由此登录自己的账户。

❑ 现场网络：该区域用于为登录后的用户动态显示各种基于网络的资源，包括相关
的设计问题、相关的解决方案、最新的功能特性、最新的设计新闻、各种视频材
料等，以帮助用户实时地获取各种网络支持。

❑ 软件更新：该区域显示了用户当前使用的 Altium Designer 版本的状况，如是否为
最新等。在用户登录后，如果有软件更新，该区域将会提供一个列表。

❑ 单击【Altium Web 更新选项】，可快速进入【System – Altium Web Update】标签
页，从而进行具体的更新设置，包括选择更新源、设置检测更新的频率等，如图
1-18 所示。

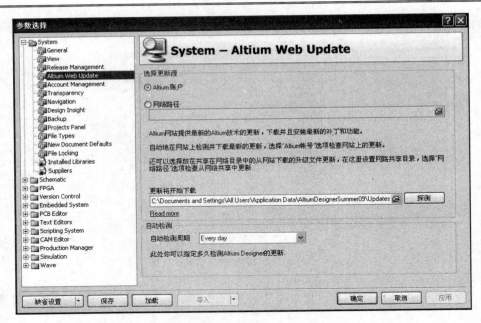

图 1-18 【Altium Web Update】标签页

❑ Altium Labs：该面板上列出了当前寄居在软件中的、尚未正式发布的部分功能特性：扩展的 C-to-Hardware 功能和两种新的自动交互式布线功能。用户只需选中前面的复选框，即可使用相应的功能进行试用。

📖 无论用户是否登录，Altium Labs 面板上的功能列表都会显示。但是，使能或者禁止某一功能，只有在用户登录后方可进行操作。

❑ 任务链接：该区域为用户提供了大量的基于任务的链接，通过链接，用户可以直接快速地执行各种任务，或者快速地进入各种资源进行查看，极大提高了设计效率。

1.8.4 Quartus II 软件的安装

随着 FPGA 和 CPLD 越来越广泛的使用，各种相应的开发工具软件被不断地研发和升级，Quartus II 可编程逻辑开发软件是 Altera 公司为其 FPGA/CPLD 芯片设计的集成化专用开发工具，是 Altera 最新一代功能更强的集成 EDA 开发软件，用户可以通过 Quartus II 完成从设计输入、编译、仿真、适配到编程下载等整个 EDA 设计过程，大大提高了设计效率。Quartus II 软件分为订购版和网络版，订购版需要付费获取软件许可（License）以后才可以使用，而网络版是免费的，Quartus II 网络版软件包括了订购版软件的大部分功能，以及设计 Altera 最新 CPLD 和低成本 FPGA 系列所需的一切，它还支持 Altera 高密度系列中的入门级型号，用户可以到 Altera 公司的官方网站 http://www.altera.com.cn 下载免费的 Quartus II 网络版软件。下载软件后可按照提示一步一步执行下去即可安装成功。

【例 1-3】 安装 Quartus II 13.0 软件

（1）将 Quartus II 设计软件的光盘放入计算机的光驱中，Quartus II 安装光盘将自动启动安装光盘节目，或双击 setup.exe 文件，弹出如图 1-19 所示的安装向导界面。

图 1-19　Quartus II 安装界面

（2）单击 Next> 按钮，进入如图 1-20 所示的 License 界面。

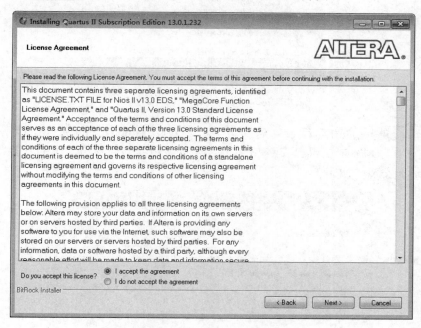

图 1-20　Quartus II 软件的 License 界面

（3）选择 I accept the agreement 并单击 Next> 按钮，出现安装路径设置，可以根据需要更改 Quartus II 软件的安装路径（如 D:\altera\13.0sp1），也可以直接使用默认安装路径，如图 1-21 所示。

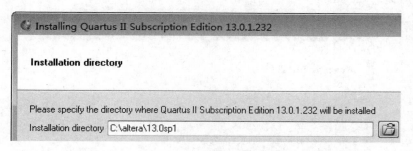

图 1-21　Quartus II 的安装路径

（4）单击 Next> 按钮，进入图 1-22 所示的选择安装部件界面，选择所需的器件系列和所需要安装的 EDA 工具。

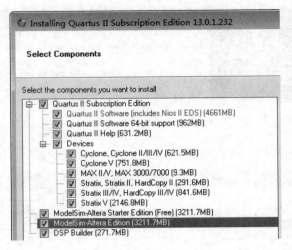

图 1-22　选择安装部件界面

（5）单击 Next> 按钮，若上一步已勾选安装 DSP Builder 组件，则弹出指定 MATLAB 安装路径对话框，则需要主机已安装 MATLAB，可使用安装向导检测出的安装路径，或者忽略 MATLAB 安装，如图 1-23 所示。

图 1-23　安装 DSP Builder 需要选择 Matlab 路径

（6）单击 Next> 按钮，进入如图 1-24 所示的安装所需硬盘空间信息界面，给出了安装选定部件所需的硬盘空间，以及当前指定驱动器上的可用空间。

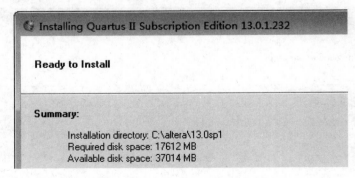

图 1-24　安装所需硬盘空间信息界面

（7）单击 Next> 按钮，即可开始进行 Quartus II 软件的安装。

（8）单击 Finish 按钮，即可完成 Quartus II 软件的安装，如图 1-25 所示。

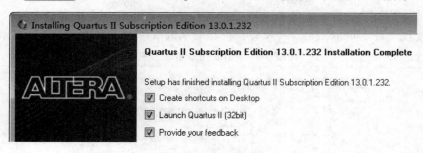

图 1-25　Quartus II 软件安装完成界面

📖　当 Quartus II 软件安装完成后，将给出提示界面，并显示安装成功与否的信息，应当仔细阅读所提示的相关信息。

1.8.5　Quartus II 软件的启动

顺利安装 Quartus II 软件后，系统会在 Windows【开始】菜单栏中加入程序项，用户也可以在桌面上建立 Quartus II 软件的快捷方式。

【例 1-4】　启动 Altium Designer Summer 09 并激活

（1）在【开始】菜单栏中找到 Quartus II 13.0.1.232 文件夹下的 Quartus II 图标 Quartus II 13.0sp1 (32-bit)，单击该图标，或者在桌面上双击快捷方式图标，即可初次启动 Quartus II，启动画面如图 1-26 所示，此界面表示软件尚未被激活。

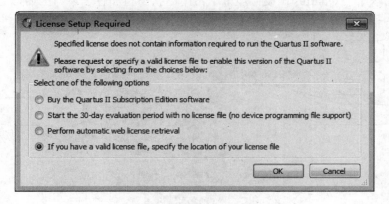

图 1-26　License 安装界面

（2）选择 If you have a valid license file, specify the location of your license file 选项，单击 OK 按钮，进入 License Setup 选项界面，在 License file 文本框中输入 license 文件的存放路径，如 C:\license.dat。则 LicenseAMPP/MegaCore functions 对话框中出现产品授权信息，如图 1-27 所示，单击 OK 按钮，完成产品授权。

📖 Quartus II 软件安装完后，必须进行适当的设置和安装授权文件，Quartus II 软件才能够正常运行。Altera 公司对 Quartus II 软件的授权有两种形式:一种是单用户的授权;另一种是多用户的授权。不管是哪一种授权，Quartus II 都需要有一个有效的、未过期的授权文件 License.dat。授权文件包括对 Altera 综合与仿真的授权。授权文件可以在 Altera 公司的官方网站 http://www.altera.com.cn 申请得到。

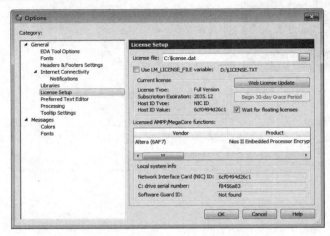

图 1-27　License Setup 选项界面

1.8.6　Quartus II 的主页界面管理

再次启动 Quartus II 软件，Quartus II 设计环境界面如图 1-28 所示，其主要由标题栏、菜单栏、工具栏、资源管理窗口、编译状态显示窗口、信息显示窗口和工程工作区等部分组成，图中标示出了 Quartus II 设计环境中常用的状态栏和各子窗口的名称。

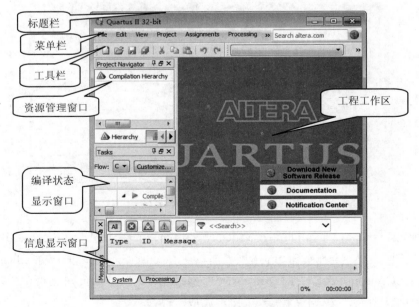

图 1-28　Quarius II 图形用户界面

❑ 标题栏：显示当前工程的路径和工程名。

❑ 菜单栏：主要由文件（File）、编辑（Edit）、视图（View）、工程（Project）、资源分配（Assignments）、操作（Processing）、工具（Tools）、窗口（Window）和帮助（Help）等下拉菜单组成。

❑ 工具栏：包含了常用命令的快捷图标。

❑ 资源管理窗口：用于显示当前工程中所有相关的资源文件。包括了五个可以相互切换的标签。其中，Hierarchy 标签中显示了逻辑单元、寄存器及存储器资源使用等信息；Files 和 Design Units 标签提供了工程文件和设计单元的列表；IP Components 标签显示了工程中所用到的知识产权（IP）信息；Revisions 中显示了工程修订信息。

❑ 工程工作区：当 Quartus II 实现不同的功能时，此区域将打开对应的操作窗口，显示不同的内容，进行不同的操作，如器件设置、定时约束设置、编译报告等均显示在此窗口中。

❑ 编译状态显示窗口：主要显示模块综合、布局布线过程及时间。

❑ 信息显示窗口：该窗口主要显示模块综合、布局布线过程中的信息，如编译中出现的警告、错误等，同时给出警告和错误的具体原因。

📖 上面介绍的所有子窗口均可以在菜单 View->Utility Windows 中进行显示和隐藏切换，也可以在 Status 等子窗口上单击右键，在弹出的快捷菜单中进行显示切换。

1.9　思考与练习

1．概念题

（1）使用 FPGA 设计电路有哪些优点？

（2）简述 FPGA 的工艺结构。

（3）简述 FPGA 技术的发展方向。

（4）简述 FPGA 的设计流程。

2．操作题

（1）动手安装 Altium Designer Summer 09 软件，熟悉其安装过程。

（2）动手安装 Quartus II 13.0 软件，熟悉其安装过程。

（3）启动 Altium Designer Summer 09 软件，了解其 License 管理系统。

（4）启动 Quartus II 13.0 软件，了解其 License 管理系统。

第 2 章　FPGA 硬件电路的设计

电路图是人们为了研究及工程需要，用约定的符号绘制的一种表示电路结构的图形。电路图有电路原理图、方框图、装配图和印刷电路板等形式。在整个 FPGA 开发过程中，硬件电路的设计是最重要的基础性工作。因此，在 Altium Designer 中，只有在设计好原理图与印刷电路板的基础上才可以进行软件仿真与下载等。本章详细介绍了如何设计 FPGA 最小系统电路原理图与印刷电路板。通过本章的学习，掌握 FPGA 硬件电路设计的过程和技巧。

2.1　硬件电路的设计流程

利用 Altium Designer 设计硬件电路时，如果需要设计的印刷电路板比较简单，可以不参照硬件设计流程而直接设计印刷电路板，然后手动连接相应的导线，以完成设计。但对于复杂硬件电路设计时，可按照设计流程进行设计，如图 2-1 所示。

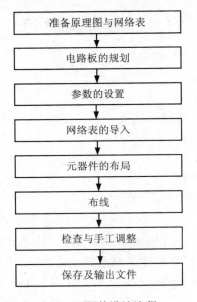

图 2-1　硬件设计流程

1. 准备原理图与网络表

原理图与网络表的设计和生成是电路板设计的前期工作，但有时也可以不用绘制原理图，直接进行印刷电路板的设计。

2．电路板的规划

电路板的规划包括电路板的规格、功能、成本限制、工作环境等诸多要素。在这一步要确定板材的物理尺寸、元器件的封装和电路板的层次，这是极其重要的工作，只有完成了这些工作，才能确定电路板的具体框架。

3．参数的设置

参数的设置可影响印刷电路板的布局和布线的效果。需要设置的参数包括元器件的布置参数、板层参数和布线参数等。

4．网络表的导入

网络表是印刷电路板自动布线的灵魂，是原理图和印刷电路板之间连接的纽带。在导入网络表时，要尽量随时保持原理图和印刷电路板的一致，减少出错的可能。

5．元器件的布局

网络表导入后，所有元器件都会重叠在工作区的零点处，需要把这些元器件分开，按照一些规则进行排列。元器件布局可由系统自动完成，也可以手动完成。

6．布线

布线的方式也有两种，即手动布线和自动布线。Altium Designer 的自动布线采用了 Altium 公司的 Situs 技术，通过生成拓扑图的方式来解决自动布线时遇到的困难。其自动布线的功能十分强大，只要把相关参数设置得当，元器件位置布置合理，自动布线的成功率几乎为 100%。不过自动布线也有布线有误的情况，一般都要做手工调整。

7．检查与手工调整

可以检查的项目包括线间距、连接性、电源层等，如果在检查中出现了错误，则必须手工对布线进行调整。

8．保存及输出文件

在完成印刷电路板的布线之后退出设计之前，要保存印刷电路板文件。需要时，可以利用图形输出设备，输出电路的布线图。如果是多层板，还可以进行分层打印。

2.2　FPGA 最小系统

FPGA 最小系统是可以使 FPGA 正常工作的最简单的系统。它的外围电路尽量最少，只包括 FPGA 必要的控制电路。一般所说的 FPGA 的最小系统主要包括 FPGA 芯片、下载电路、外部时钟、复位电路和电源。如果需要使用 SOPC 软嵌入式处理器还要包括 SDRAM 和 Flash。一般以上这些组件是 FPGA 最小系统的组成部分。本章以 EP2C8Q208C8 为主芯片进行 FPGA 最小系统的设计。

2.1.1 FPGA 芯片管脚介绍

对于需要在印刷电路板上使用大规模 FPGA 器件的设计人员来说，I/O 引脚分配是必须面对的众多挑战之一。其既可能帮助设计快速完成，也有可能造成设计失败。在此过程中必须平衡 FPGA 和 PCB 两方面的要求，同时还要并行完成两者的设计。如果仅仅针对 PCB 或 FPGA 进行引脚布局优化，那么可能在另一方面引起设计问题。因此，在设计 FPGA 电路之前，需要认真阅读相应 FPGA 的芯片手册。FPGA 的管脚主要包括配置管脚、电源、时钟、用户 I/O 及特殊应用管脚等。

1. 电源管脚

- ❑ VCCINT：内核电压。通常与 FPGA 芯片所采用的工艺有关，如 130nm 工艺为 1.5V、90nm 工艺为 1.2V。
- ❑ VCCIO：端口电压。一般为 3.3V，还可以支持选择多种电压，如 5V、1.8V、1.5V 等。
- ❑ VREF：参考电压。
- ❑ GND：信号地。

2. 时钟管脚

- ❑ VCC_PLL：锁相环管脚电压，直接连 VCCIO。
- ❑ VCCA_PLL：锁相环模拟电压，一般通过滤波器接到 VCCINT 上。
- ❑ GNDA_PLL：锁相环模拟地。
- ❑ GNDD_PLL：锁相环数字地。
- ❑ CLK[n]：锁相环时钟输入，其中 n 表示锁相环序号。
- ❑ PLL[n]_OUT：锁相环时钟输出，其中 n 表示锁相环序号。

3. 配置管脚

- ❑ MSEL[1..0]：用于选择配置模式。FPGA 有多种配置模式，如主动、被动、快速、正常、串行、并行等，可以对此管脚进行选择。
- ❑ DATA0：FPGA 串行数据输入，连接至配置器件的串行数据输出管脚。
- ❑ DCLK：FPGA 串行时钟输出，为配置器件提供串行时钟。
- ❑ nCSO（I/O）：FPGA 片选信号输出，连接至配置器件的 nCS 管脚。
- ❑ ASDO（I/O）：FPGA 串行数据输出，连接至配置器件的 ASDI 管脚。
- ❑ nCEO：下载链器件使能输出。在一条下载链（Chain）中，当第一个器件配置完成后，此信号将使能下一个器件开始进行配置。下载链的最后一个器件的 nCEO 应悬空。
- ❑ nCE：下载链器件使能输入，连接至上一个器件的 nCEO。下载链第一个器件的 nCE 接地。
- ❑ nCONFIG：用户模式配置起始信号。
- ❑ nSTATUS：配置状态信号。
- ❑ CONF_DONE：配置结束信号。

4. 用户I/O

I/O[n]：可用作输入或输出，或者双向口，同时可作为 LVDS 差分对的负端。其中 n

表示管脚序号。

5．特殊管脚

- ❑ VCCPD：用于选择驱动电压。
- ❑ VCCSEL：用于控制配置管脚和锁相环相关的输入缓冲电压。
- ❑ PORSEL：上电复位选项。
- ❑ NIOPULLUP：用于控制配置时所使用的用户 I/O 的内部上拉电阻是否工作。
- ❑ TEMPDIODEn/p：用于关联温度敏感二极管。

FPGA 开发板的主芯片 EP2C8Q208C8 如图 2-2 所示。

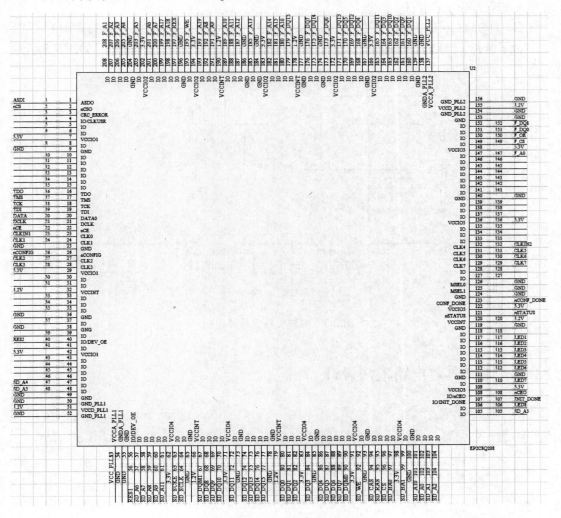

图 2-2　EP2C8Q208C8 管脚图

2.2.2　电源电路设计

电源是整个系统能够正常工作的基本保证，如果电源电路设计得不好，系统有可能不能正常工作，或者即使能正常工作但是散热条件不好，导致系统不稳定等异常情况。所以如何选用合适的电源芯片，以及如何合理地对电源进行布局布线，都是值得下大工夫研究的。

在选用电源之前要仔细阅读 FPGA 的芯片手册，一般来说，FPGA 用到的管脚和资源越多，所需要的电流就越大，当电路启动时 FPGA 的瞬间电流也比较大。通过数据手册中提供的电气参数，确定 FPGA 最大需要多大的电流才能工作。下面是几种常使用的 FPGA 参考电源芯片。

- ❑ AMS1117 系列稳压器可以提供 1A 电流，线型电源（适用 208 管脚以下、5 万逻辑门以下的 FPGA）。
- ❑ AS2830（或 LT1085/6）稳压器可以提供 3A 电流，线性电源（适用 240 管脚以下、30 万逻辑门以下的 FPGA）。
- ❑ TPS54350 稳压器可以提供 3A 电流，开关电源（适用大封装大规模的高端 FPGA）。

为了降低 FPGA 电路成本，电源电路采用 ASM1117 电源芯片进行设计，如图 2-3 所示。

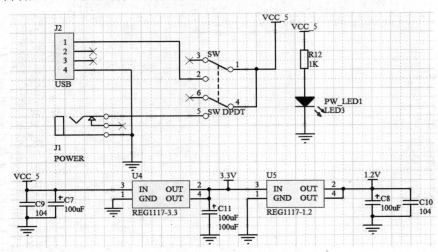

图 2-3　电源电路设计原理图

2.2.3　滤波电容电路模块设计

为了保证 FPGA 芯片正常工作，其每一个内核电压 VCCINT 和端口电压 VCCIO 引脚都需添加一个电容，以滤除外电路对 FPGA 主芯片的影响，其典型电路如图 2-4 所示。

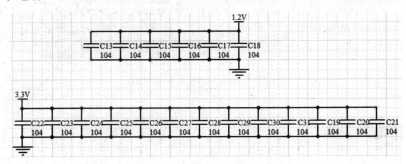

图 2-4　电源电路设计原理图

2.2.4　JTAG 调试与 AS 下载电路的设计

FPGA 是 SRAM 型结构，本身并不能固化程序。因此，FPGA 需要一片 Flash 结构的配置芯片来存储逻辑配置信息，用于进行上电配置。以 Altera 公司的 FPGA 为例，配置芯片分为串行（EPCSx 系列）和并行（EPCx 系列）两种。其中 EPCx 系列为老款配置芯片，体积较大，价格高。而 EPCSx 系列芯片与之相比，体积小、价格低。在把程序固化到配置芯片之前，一般先使用 JTAG 模式去调试程序，也就是把程序直接下载到 FPGA 芯片上运行。虽然这种方式在断电以后程序会丢失，但是充分利用了 FPGA 的无限擦写性。所以一般 FPGA 有两个下载接口：JTAG 调试接口和 AS 下载接口。所不同的是前者下载至 FPGA，后者是编程配置芯片（如 EPCSx），然后上电复位再配置 FPGA。如图 2-5 所示是 JTAG 模式和 AS 模式的电路原理图。

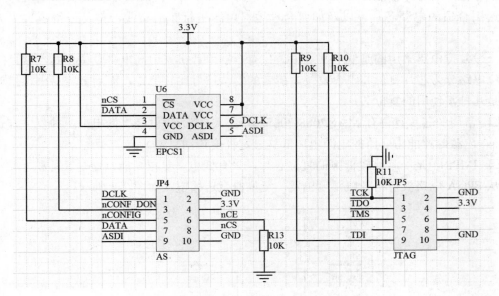

图 2-5　JTAG 模式和 AS 模式电路设计原理图

2.2.5　时钟电路设计

FPGA 的全局时钟应该是从晶振分出来的，最原始的频率。其他需要的各种频率都是在这个基础上利用 PLL 或其他分频手段得到的。晶振可以分为无源晶振和有源晶振。无源晶振有 2 个引脚的无极性元件，需要借助于外接设备内部的振荡时钟电路才能产生振荡信号，自身无法振荡起来。有源晶振有 4 只引脚，是一个完整的振荡器，器件内部除了石英晶体外，还有晶体管和阻容元件。因 FPGA 内部不存在振荡时钟电路，故需采用有源晶振进行时钟电路设计，同时在输出端串接了一个 100 欧姆和一个 0 欧姆电阻，以方便时钟电路调试，如图 2-6 所示是时钟电路原理图。

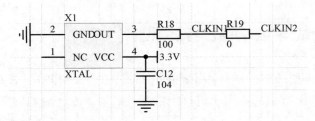

图 2-6　时钟电路原理图

2.2.6　复位电路的设计

电源是整个系统能够正常工作的基本保证，如果电源电路设计得不好，系统有可能不能正常工作，或者即使能正常工作但是散热条件不好，导致系统不稳定等异常情况。所以如何选用合适的电源芯片，以及如何合理地对电源进行布局布线，都是值得下大工夫研究的。

一般复位电路采用的是低电平复位，只有个别单片机采用高电平复位方式。常见的电平复位电路分为芯片复位和阻容复位。前者的复位信号比较稳定，而后者容易出现抖动。下面是几种常使用的复位芯片。

- ❑ 常用的芯片复位有 MAX708S/706S 系列，它们可提供高、低电平两种复位方式和电源监控能力（监控电源电压低到一定程度自动复位）。
- ❑ IMP811 是一款比较低廉的复位芯片，只有低电平复位功能，但是其体积非常小。

从 FPGA 电路板价格低廉角度出发，复位典型连接电路如图 2-7 所示。

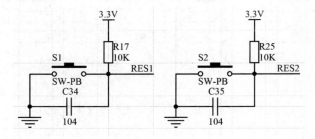

图 2-7　复位电路设计原理图

2.2.7　锁相环外围电路的设计

Altera 公司的 FPGA 内嵌模拟锁相环，但为了使锁相环正常工作，其外围必须加入一个 10mH 的电感、一个 0.1uF 和一个 0.01uF 的瓷片电容，以及一个 10uF 的电解电容，如图 2-8 所示为锁相环外围电路原理图。FPGA 的锁相环可以通过反馈路径来消除时钟分布路径的延时，可以做频率综合（如分频和倍频），也可在去抖动、修正占空比移相等应用中使用。

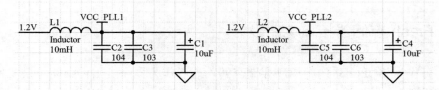

图 2-8　锁相环外围电路原理图

2.2.8　LED 电路的设计

为了便于验证 FPGA 最小系统时钟电路和主芯片是否可以正常工作，一般系统都需接入 8 位 LED 等，如图 2-9 所示为 LED 电路设计原理图。

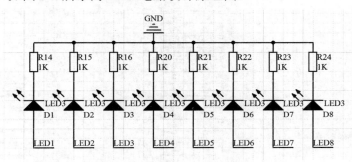

图 2-9　LED 电路设计原理图

2.2.9　高速 SDRAM 存储器接口电路设计

SDRAM 可作为软嵌入式系统（SOPC）的程序运行空间，或者作为大量数据的缓冲区。SDRAM 是通用的存储设备，只要容量和数据位宽相同，不同公司生产的芯片都是兼容的。一般比较常用的 SDRAM 包括现代 HY57V 系列、三星 K4S 系列和美光 MT48LC 系列。例如，4M×32 位的 SDRAM，现代公司的芯片型号为 HY57V283220，三星公司的为 K4S283232，美光公司的为 MT48LC4M32。这几个型号的芯片可以相互替换。SDRAM 典型电路如图 2-10 所示。

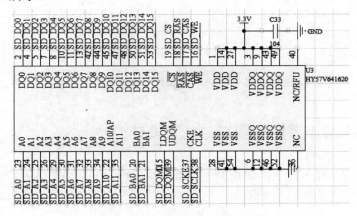

图 2-10　高速 SDRAM 存储器接口原理图

2.2.10　Flash 存储器接口电路设计

Flash 可作为 SOPC 系统的程序存储空间，或者作为程序的固件空间。最常使用的是 AMD 公司或者 Intel 公司的 Flash。在小容量的 Flash 选择上，AMD 公司的 Flash 性价比较高，而高容量的 Flash 选择上，Intel 公司的 Flash 性价比较高。Flash 同样也可以通过设置实现 8 位和 16 位的数据位宽，典型的 16 位模式下的 Flash 连接如图 2-11 所示。

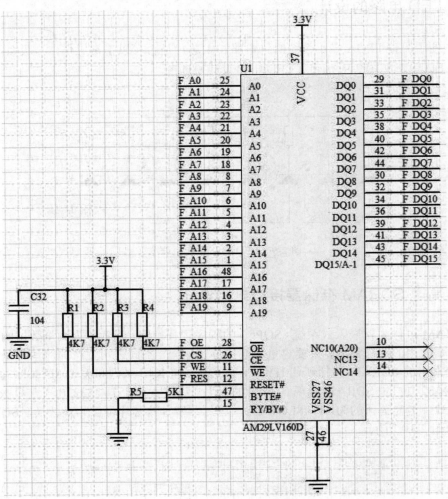

图 2-11　Flash 存储器接口电路原理图

2.2.11　FPGA 最小系统扩展接口电路设计

为了完成 FPGA 对外围电路的控制，一般来说，FPGA 最小系统都需要使用扩展接口电路来外接其他外围设备，同时也需要将电压 5V、3.3V、GND 引出，其典型电路如图 2-12 所示。

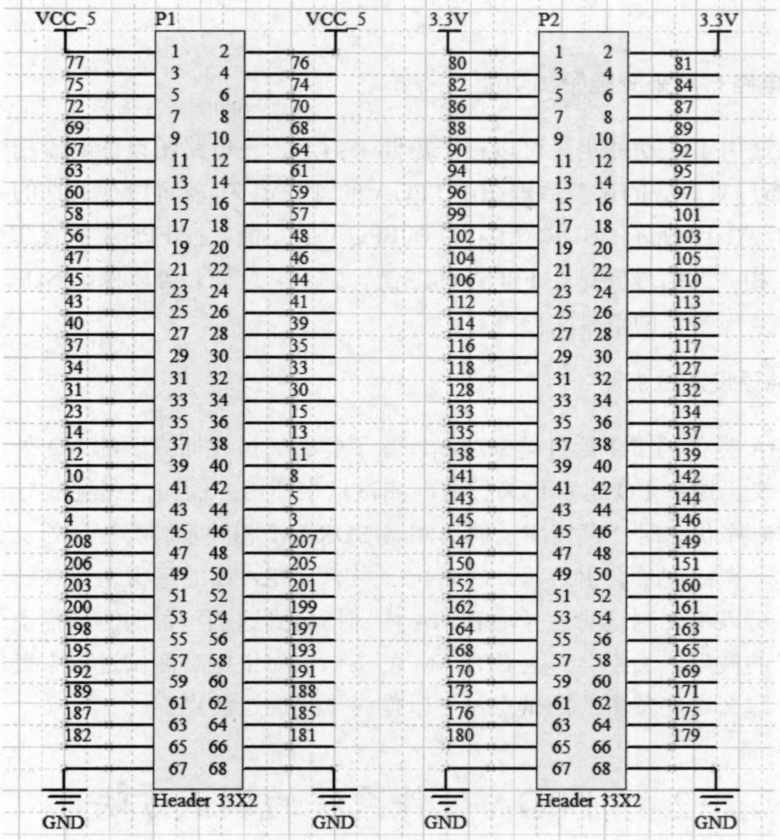

P1 (Header 33X2)

VCC_5	奇	偶	VCC_5
77	1	2	76
75	3	4	74
72	5	6	70
69	7	8	68
67	9	10	64
63	11	12	61
60	13	14	59
58	15	16	57
56	17	18	48
47	19	20	46
45	21	22	44
43	23	24	41
40	25	26	39
37	27	28	35
34	29	30	33
31	31	32	30
23	33	34	15
14	35	36	13
12	37	38	11
10	39	40	8
6	41	42	5
4	43	44	3
208	45	46	207
206	47	48	205
203	49	50	201
200	51	52	199
198	53	54	197
195	55	56	193
192	57	58	191
189	59	60	188
187	61	62	185
182	63	64	181
GND	65	66	GND
	67	68	

P2 (Header 33X2)

3.3V	奇	偶	3.3V
80	1	2	81
82	3	4	84
86	5	6	87
88	7	8	89
90	9	10	92
94	11	12	95
96	13	14	97
99	15	16	101
102	17	18	103
104	19	20	105
106	21	22	110
112	23	24	113
114	25	26	115
116	27	28	117
118	29	30	127
128	31	32	132
133	33	34	134
135	35	36	137
138	37	38	139
141	39	40	142
143	41	42	144
145	43	44	146
147	45	46	149
150	47	48	151
152	49	50	160
162	51	52	161
164	53	54	163
168	55	56	165
170	57	58	169
173	59	60	171
176	61	62	175
180	63	64	179
GND	65	66	GND
	67	68	

图 2-12　FPGA 最小系统扩展接口电路原理图

2.3　FPGA 硬件系统的设计技巧

FPGA 的硬件设计不同于 DSP 和 ARM 系统，比较灵活和自由。只要设计好专用管脚的电路，通用 I/O 的连接可以自己定义。因此，FPGA 的电路设计中会有一些特殊的技巧可以参考。

1. FPGA管脚兼容性设计

FPGA 在芯片选项时要尽量选择兼容性好的封装。那么，在硬件电路设计时，就要考虑如何兼容多种芯片的问题。例如，EP2C8Q208C8 和 EP2C5Q208 这两个型号的 FPGA。其芯片仅有十几个 I/O 管脚定义是不同的。在 EP2C5Q208 芯片上，这几个 I/O 是通用 I/O 管脚，而在 EP2C8Q208C8 芯片上，它们是电源和地信号。为了能保证两个芯片在相同的电路板上都能工作，我们就必须按照 EP2C5Q208 的要求来把对应管脚连接到电源和地平面。因为，通用的 I/O 可以连接到电源或者地信号，但是电源或地信号却不能作为通用 I/O。在相同封装、兼容多个型号 FPGA 的设计中，一般原则就按照通用 I/O 数量少的芯片来设计电路。

2．根据电路布局来分配管脚功能

FPGA 的通用 I/O 功能定义可以根据需要来指定。在电路图设计的流程中，如果能够根据 PCB 的布局来对应的调整原理图中 FPGA 的管脚定义，就可以使后期的布线工作更顺利。例如，如图 2-10 所示，SDRAM 芯片在 FPGA 的左侧。在 FPGA 的管脚分配时，应该把与 SDRAM 相关的信号安排在 FPGA 的左侧管脚上。这样，可以保证 SDRAM 信号的布线距离最短，实现最佳的信号完整性。

3．FPGA 预设测试点

目前 FPGA 提供的 I/O 数量越来越多，除了能够满足设计需要的 I/O 外，还有一些剩余 I/O 没有定义。这些 I/O 可以作为预留的测试点来使用。例如，在测试与 FPGA 相连的 SDRAM 工作时序状态时，直接用示波器测量 SDRAM 相关管脚会很困难。而且 SDRAM 工作频率较高，直接测量会引入额外的阻抗，影响 SDRAM 的正常工作。如果 FPGA 有预留的测试点，可以将要测试的信号从 FPGA 内部指定到这些预留的测试点上。这样既能测试到这些信号的波形，又不会影响 SDRAM 的工作。如果电路测试过程中发现需要飞线才能解决问题，那么这些预留的测试点还可以作为飞线的过渡点。

2.4　FPGA 硬件系统的调试方法

随着 FPGA 芯片的密度和性能不断提高，调试的复杂程度也越来越高。BGA 封装的大量使用更增加了板子调试的难度。所以在调试 FPGA 电路时要遵循一定的原则和技巧，才能减少调试时间，避免误操作损坏电路。

一般情况下，可以参考以下步骤进行 FPGA 硬件系统的调试。

（1）在焊接硬件电路时，只焊接电源部分。使用万用表进行测试，排除电源短路等情况后，上电测量电压是否正确。

（2）焊接 FPGA 及相关的下载电路。再次测量电源地之间是否有短路现象，上电测试电压是否正确，然后将手排除静电后触摸 FPGA 有无发烫现象。

如果此时出现短路，一般是去耦电容短路造成的，所以在焊接时一般先不焊去耦电容。FPGA 的管脚粘连也可能造成短路，这时需要对比电路图和焊接仔细查找有无管脚黏连。如果出现电压值错误，一般是电源芯片的外围调压电阻焊错，或者电源的承载力不够造成的。若是后者，则需要选用负载能力更强的电源模块进行替换。如果 FPGA 的 I/O 管脚与电源管脚粘连，也可能出现电压值错误的现象。

如果出现 FPGA 发烫，一般是出现总线冲突的现象。这种情况下需要仔细检查外围总线是否出现竞争问题。

特别是多片存储器共用总线时，如 SDRAM 和 Flash 芯片复用一套总线，如果片选信号同时有效就出现总线的冲突。

（3）完成以上调试后，将电路板上电运行。然后把下载电缆连接到 JTAG 接口上，在 PC 机上运行 Quartus II 软件的 Programmer 编程器，单击其中的"Auto Detect"按钮进行 FPGA 下载链路自动检测。若能正确检测到 FPGA，说明配置电路是正确连接的。自动检测 FPGA 下载链路如图 2-13 所示。

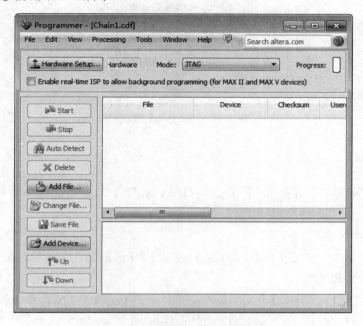

图 2-13　自动检测 FPGA 下载链路界面

（4）焊接时钟电路、复位电路及数码管电路，并向 FPGA 下载一个数码管跑马灯程序。若程序能够正确运行，说明 FPGA 已经可以正常工作了。

（5）焊接所有其他电路，并进行整体功能测试。

2.5　综合实例：FPGA 最小硬件系统的设计

FPGA 最小硬件系统的设计包括创建项目文件、制作元件、绘制原理图、印刷电路板的设计、将原理图信息同步到 PCB 和 FPGA 印刷电路板的设计，下面逐一进行介绍。

1. 创建项目文件

【例 2-1】　创建项目文件

（1）启动 Altium Designer Summer 09，单击菜单栏中【文件】/【新建】/【工程】/【PCB 工程】命令，新建一个项目文件。然后单击菜单栏中的【文件】/【保存工程为】命令，将新建的项目文件保存在 Example 文件夹中，并命名为"FPGA.PrjPCB"。

（2）单击菜单栏中的【文件】/【新建】/【原理图】命令，新建一个原理图文件。然后单击菜单栏中的【文件】/【保存为】命令，将新建的原理图文件保存在工程文件夹中，并命名为"FPGA.SchDoc"。【Projects】面板如图 2-14 所示。

图 2-14 【Projects】面板

2．制作元件

下面以编程配置芯片 EPCS1 和 Flash 存储器 AM29LV160D 的制作为例，说明制作元件的过程。

【例 2-2】 制作 EPCS1 元件

（1）单击菜单栏中的【文件】/【新建】/【库】/【原理图库】命令，新建元件库文件，名称为"Schlib1.SchLib"。

（2）切换到【SCH Library】面板，单击菜单栏中的【工具】/【新器件】命令，弹出【New Component Name】窗口。输入新元件名称为"EPCS1"，如图 2-15 所示。单击 确定 按钮，进入库元件编辑器界面。

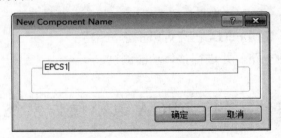

图 2-15 【New Component Name】窗口

（3）单击原理图符号绘制工具栏 中的放置矩形图标 ，放完矩形，随后会出现一个新的矩形虚框，可以连续放置。右击或按<Esc>键退出该操作。

（4）单击放置引脚图标 ，放置引脚。EPCS1 一共有 8 个引脚，在【SCH Library】面板的【Pins】选项栏中，单击 添加 按钮，添加引脚。在放置引脚的过程中，按下<Tab>键会弹出如图 2-16 所示的【Pin 特性】对话框。在该对话框中可以设置引脚标识符的起始编号及显示文字等。放置的引脚，如图 2-17 所示。

（5）单击【SCH Library】面板【模型】选项栏中的 添加 按钮，系统将弹出如图 2-18 所示的【添加新模型】对话框，选择"Footprint"为 EPCS1 添加封装。打开【PCB 模型】对话框，如图 2-19 所示。

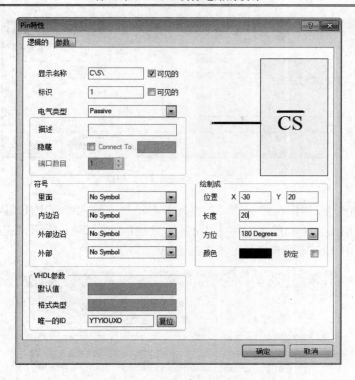

图 2-16　【Pin 特性】对话框

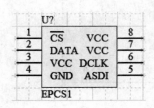

图 2-17　放置引脚图

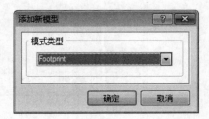

图 2-18　【添加新模型】对话框

图 2-19　【PCB 模型】对话框

（6）单击 [浏览] 按钮，系统将弹出如图 2-20 所示的【浏览库】对话框。

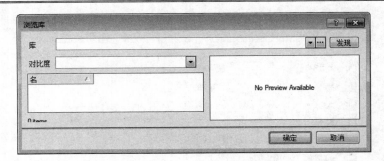

图 2-20 【浏览库】对话框

（7）单击 发现 按钮，在弹出的【搜索库】对话框中输入 "SOIC127P600-8L" 或者查询字符串，然后单击左下角的 搜索 按钮开始查找，如图 2-21 所示。在搜索出来的封装类型中选择 "SOIC127P600-8L"，如图 2-22 所示。

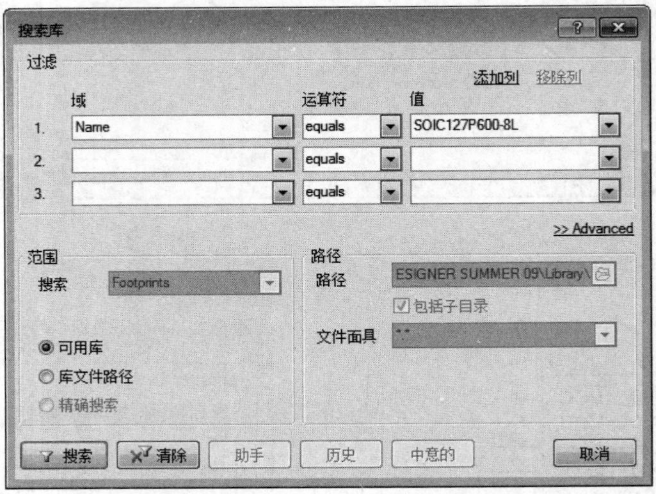

图 2-21 【搜索库】对话框

（图 2-22 对应的浏览库对话框）

图 2-22 在搜索结果中选择 SOIC127P600-8L

（8）单击 确定 按钮，把选定的封装库装入以后，会弹出【PCB 模型】对话框，在【PCB 模型】对话框中的【PCB 库】标签内，选择 "库路径"，文本框内添加 "D:\Program Files\Altium Designer Summer 09\Library\ Miscellaneous Devices.IntLib"，【PCB 模型】对话框如图 2-23 所示。

图 2-23 变化后的【PCB 模型】对话框

（9）单击 确定 按钮，关闭该对话框。然后单击 按钮，保存库元件。在【SCH Library】面板中，单击【元件】选项栏中的 放置 按钮，将其放置到原理图中。

【例 2-3】 Flash 存储器 AM29LV160D

（1）打开库元件设计文档"Schlib1.SchLib"，单击【实用】工具栏中的新建元件图标，或在【SCH Library】面板中，单击【元件】选项栏中的 添加 按钮，系统将弹出【New Components Name】对话框，输入元件名称 "AM29LV160D"。

（2）单击菜单栏中的【放置】/【矩形】命令，绘制元件边框。

（3）单击放置引脚图标，放置引脚。AM29LV160D 一共有 48 个引脚，在【SCH Library】面板的【Pins】选项栏中，单击 添加 按钮，添加引脚。在放置引脚的过程中，按下 Tab 键会弹出【Pin 特性】对话框。在该对话框中可以设置引脚标识符的起始编号及显示文字等。放置的引脚，如图 2-24 所示。

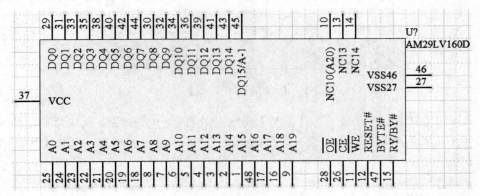

图 2-24 放置引脚

📖 由于元件引脚较多，分别修改很麻烦，可以在引脚编辑器中修改引脚的属性，这样比较方便直观。

（4）在【SCH Library】面板中，选定刚刚创建的 AM29LV160D 元件，然后单击右下角的 [编辑] 按钮，弹出如图 2-25 所示的【Library Component Properties】对话框。单击其中的 [编辑Pin] 按钮，弹出【元件管脚编辑器】对话框。在该对话框中，可以同时修改元件引脚的各种属性，包括标识、名、类型等。【元件管脚编辑器】对话框如图 2-26 所示。

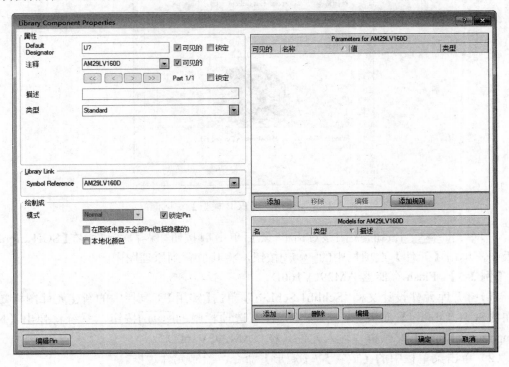

图 2-25 【Library Component Properties】对话框

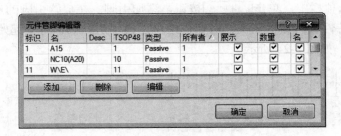

图 2-26 【元件管脚编辑器】对话框

（5）单击【SCH Library】面板【模型】选项栏中的 [添加] 按钮，系统将弹出如图 2-18 所示的【添加新模型】对话框，选择 "Footprint" 为 Flash 添加封装。打开【PCB 模型】对话框，如图 2-19 所示。

（6）单击 [浏览] 按钮，系统将弹出如图 2-20 所示的【浏览库】对话框。

（7）单击 [发现] 按钮，在弹出的【搜索库】对话框中输入 "TSOP48" 或者查询字符串，

然后单击左下角的 □ ▽ 搜索 □ 按钮开始查找，如图 2-27 所示。在搜索出来的封装类型中选择
"TSOP48"，如图 2-28 所示。

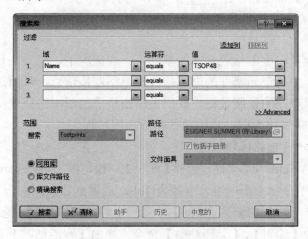

图 2-27　【搜索库】对话框

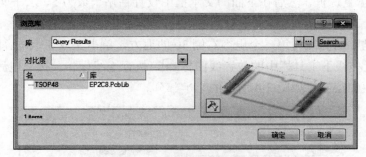

图 2-28　在搜索结果中选择 TSOP48

（8）单击 □ 确定 □ 按钮，把选定的封装库装入以后，会在【PCB 模型】对话框中看到
被选定的封装示意图，如图 2-29 所示。

图 2-29　【PCB 模型】对话框

（9）单击 ┌─确定─┐ 按钮，关闭该对话框。然后单击 ⊡ 按钮，保存库元件。在【SCH Library】面板中，单击【元件】选项栏中的 ┌─放置─┐ 按钮，将其放置到原理图中。

3. 绘制原理图

电路原理图设计是印刷电路板设计的基础。一般情况下，只有先设计好电路原理图，才能通过网络表文件来确定元器件的电器特性和电路连接信息，从而设计出印刷电路板。为了更清晰地说明原理图的绘制过程，我们采用模块法绘制电路原理图。下面以滤波电容电路模块和 Flash 电路模块为例，来说明绘制原理图过程。

【例 2-4】 滤波电容电路模块设计

（1）打开"FPGA.SchDoc"文件，选择【库…】面板，在"Miscellaneous Devices.IntLib"（常用分立元件库）中选择一个电容，修改为 1uF，放置到原理图中。

（2）选中该电容，单击【原理图标准】工具栏上的拷贝图标 ⧉，选好放置元件的位置，然后单击菜单栏中的【编辑】/【灵巧粘贴】命令，弹出【智能粘贴】对话框。勾选右侧的【使能粘贴阵列】复选框，然后在下面的文本框中设置粘贴个数为 5、水平间距为 30、垂直间距为 0，如图 2-30 所示，单击 ┌─确定─┐ 按钮关闭对话框。

（3）选择粘贴的起点为第一个电容右侧 30 的地方，单击完成 5 个电容的放置。

（4）单击【布线】工具栏中的放置线图标 ⧉，执行连线操作，接上电源和地，完成滤波电容电路模块的绘制，如图 2-4 所示的上半部分。

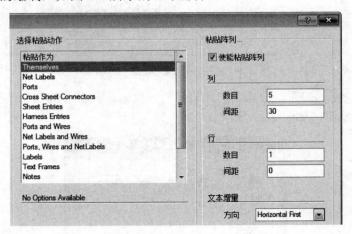

图 2-30 【智能粘贴】对话框

【例 2-5】 Flash 电路模块设计

（1）选择【库…】面板，在自建库中选择 AM29LV160D 元件，将其放置在原理图中，在"Miscellaneous Devices.IntLib"（常用分立元件库）中选择电容元件、电阻元件并放置好，接着对元件进行属性设置，然后进行布局。

（2）单击【布线】工具栏中的放置线图标 ⧉，进行连线。单击【布线】工具栏中的放置网络标号图标 ⧉，标注电气网络标号。至此，Flash 电路模块设计完成，其电路原理图如图 2-11 所示。

4．印刷电路板外形的设计

【例 2-6】 创建 PCB 文件

（1）启动 Altium Designer Summer 09，在集成设计环境中执行【文件】/【新建】/【PCB】命令，如图 2-31 所示。

（2）系统在当前工程中新建了一个默认名为"PCB1.PcbDoc"的 PCB 文件，同时启动了【PCB Editor】，进入了 PCB 设计环境中，如图 2-32 所示。

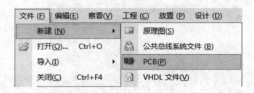

图 2-31　使用菜单新建 PCB 文件

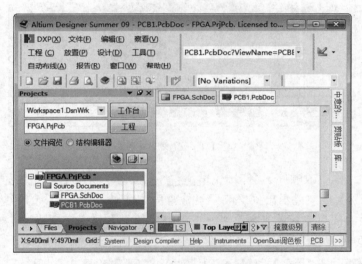

图 2-32　新建一个 PCB 文件

（3）单击菜单栏中的【设计】/【板子形状】/【重新定义板子外形】命令，重新定义 PCB 板的尺寸。

5．将原理图信息同步到PCB

【例 2-7】 将原理图信息同步到 PCB 设计环境中

（1）工程中的原理图文件"FPGA.SCHDOC"，进入原理图编辑环境。执行【工程】菜单中的【Compile Document FPGA.SCHDOC】命令，对原理图进行编译，如图 2-33 所示。编译后的结果在【Messages】面板中有明确的显示，若【Messages】面板显示为空白，则表明所绘制的电路图已通过电气检查。

（2）在原理图环境中，执行【设计】/【Update PCB Document PCB1.PcbDoc】命令，系统打开【工程更改顺序】窗口，该窗口内显示了参与 PCB 板设计的受影响元器件、网络、Room 等，以及受影响文档信息，如图 2-34 所示。

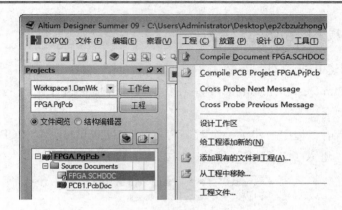

图 2-33　编译原理图

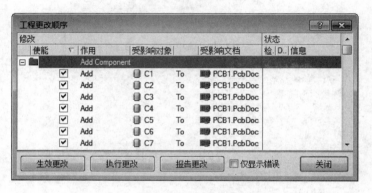

图 2-34　【工程更改顺序】窗口

（3）单击【工程更改顺序】窗口中的 生效更改 按钮，则在【工程更改顺序】窗口的右侧【检测】、【信息】栏中显示出受影响元素检查后的结果。检查无误的信息以绿色的"√"表示，检查出错的信息以红色"×"表示，并在【信息】栏中详细描述了检测不能通过的原因，如图 2-35 所示。

图 2-35　检查受影响对象结果

（4）根据检查结果重新更改原理图中存在的缺陷，直到检查结果全部通过为止。单击 执行更改 按钮，将元器件、网络表装载到 PCB 文件中，如图 2-36 所示，实现了将原理图信息同步到 PCB 设计文件中的目的。

图 2-36　将原理图信息同步到 PCB 设计文件

6．FPGA印刷电路板的设计

【例 2-8】　FPGA 印刷电路板的设计

（1）关闭【工程更改】窗口，系统跳转到 PCB 设计环境中，可以看到，装载的元器件和网络表集中在一个名为"FPGA"的 Room 空间内，放置在 PCB 电气边界以外。装载的元器件间的连接关系以预拉线的形式显示，这种连接关系就是元器件网络表的一种具体体现，如图 2-37 所示。

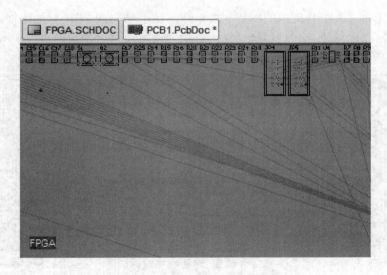

图 2-37　装入的元器件和网络表

Room 空间只是一个逻辑空间，用于将元件进行分组放置，同一个 Room 空间内的所有元件将作为一个整体被移动、放置或编辑。执行【设计】/【Room 空间】命令，会打开系统提供的 Room 空间操作命令菜单。

（2）根据 PCB 板的结构，手动调整元件封装的放置位置。手动布局后的 PCB 板如图 2-38 所示。

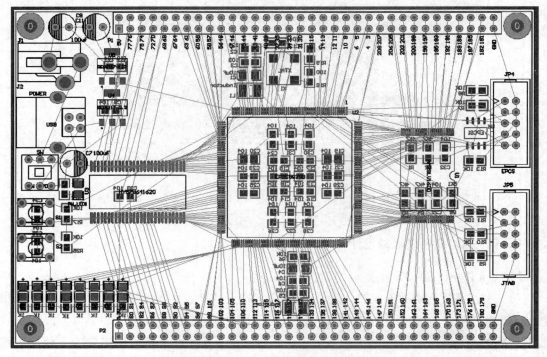

图 2-38　手动布局后的 PCB 板

（3）单击【布线】工具栏中的图标，根据原理图手动完成 PCB 导线连接。在连接导线前，需要设置好布线规则，一旦出现错误，系统会提示出错信息。手动布线后的 PCB 板如图 2-39 所示。至此，FPGA 最小系统的印刷电路板就绘制完成了。

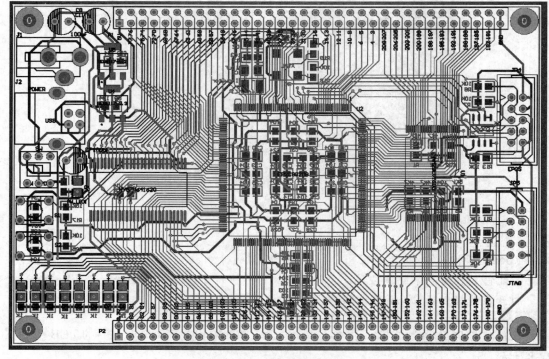

图 2-39　手动布线后的 PCB 板

2.6　思考与练习

1．概念题

（1）简述硬件电路的设计流程。
（2）FPGA 最小系统主要由哪些电路构成？
（3）简述 FPGA 硬件系统的设计技巧。
（4）简述 FPGA 硬件系统的调试方法。

2．操作题

（1）动手绘制一张 FPGA 硬件最小系统的原理图。
（2）动手绘制一张 FPGA 硬件最小系统的 PCB 图。

第 3 章　Quartus II 软件操作基础

本章将结合 Quartus II 13.0 版本软件介绍 Altera 公司 FPGA 的设计流程。读者可以跟随本章内容，完成设计工程建立、设计输入、综合与编译、编程下载的全过程，从而掌握软件基本操作方法，熟悉 Quartus II 软件的基本操作。

3.1　Quartus II 基本设计流程

Quartus II 软件的设计流程，主要包括创建工程、设计输入、设计编译、设计仿真、引脚分配和编程下载等，其基本设计流程如图 3-1 所示。

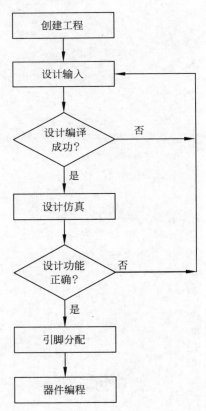

图 3-1　Quartus II 的基本设计流程

如果设计还有时序要求，那么必须在引脚分配后进行时序分析和仿真，若不符合时序要求则要重新进行引脚分配直到达到要求。

3.2　Quartus II 基本设计操作

Quartus II 基本设计操作主要包括工程创建、设计输入、编译项目、设计文件的仿真、引脚分配、器件编程等，下面逐一进行介绍。

3.2.1　工程创建

使用 Quartus II 设计的电路被称为项目或工程。Quartus II 每次只进行一个项目，并将该项目的所有信息保存在同一个文件夹中。Quartus II 在开始新的电路设计前，首先要创建项目，其具体步骤如下。

【例 3-1】　Quartus II 软件创建工程

（1）双击桌面上的 Quartus II 图标，打开 Quartus II 主界面，如图 3-2 所示。

图 3-2　Quartus II 主界面

（2）在 Quartus II 主界面中执行【File】/【New Project Wizard】命令，弹出如图 3-3 所示的项目向导首页即介绍页面。

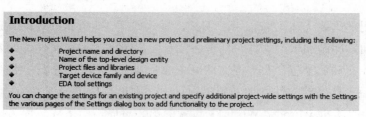

图 3-3　Quartus II 项目向导首页

该页介绍了【New Project Wizard】的五项功能，包括设置工程名称和工作文件夹、指定顶层实体的名称、工程中要包含的设计文件及库文件、该设计要使用的 FPGA/CPLD 目标器件的器件家族和具体器件型号、EDA 仿真工具的设置，这五项功能将在后续的设置页中，每页完成一项。另外，该页还提示，用户可以在系统主菜单中的【Assignments】菜单中的【Settings】对话框中更改工程的各项设置，或者添加一些不同的工程设置。也就是说，本向导帮助用户建立初步的工程设置，用户可以方便地利用菜单命令和对话框修订设置项或添加功能设置。本书将在后续介绍中说明这些菜单命令和对话框功能。由于该页只是信息介绍页，用户熟悉这些内容后，可以选中底部的复选框，不再显示该介绍信息。

（3）单击 Next > 按钮，进入如图 3-4 所示的【New Project Wizard】设置的第 1 页面，即项目基本信息对话框（新建项目对话框共 5 个页面）。此页面中的三个输入文本框分别用于设置设计项目的地址（文件夹）、设计项目的名称和顶层文件实体名。

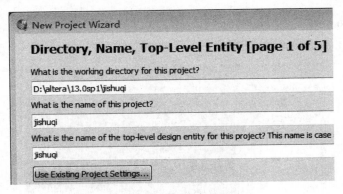

图 3-4　项目基本信息对话框

📖　一般在多层次系统设计中，设计项目的名称和顶层文件实体名应一致。

（4）输入完毕后单击下方的 Next > 按钮，弹出文件目录不存在，是否创建询问对话框，如图 3-5 所示。

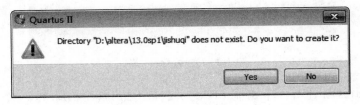

图 3-5　询问对话框

（5）根据用户需要选择"Yes"或"No"，进入如图 3-6 所示的【New Project Wizard】设置的第 2 页面，即添加项目文件对话框。此页面用于增加设计文件，如果顶层设计文件和其他底层设计文件已经包含在工程文件夹中，则在此页中将这些文件增加到新建项目中。如果无需将已经设计好的文件增加到新建项目中，则可直接单击下方的 Next > 按钮，进入如图 3-7 所示的【New Project Wizard】设置的第 3 页面，即下载芯片选择对话框。

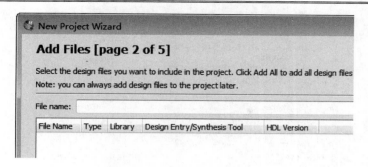

图 3-6　添加项目文件对话框

（6）在如图 3-7 所示对话框中的"Family"和"Available devices"窗口中分别选择编程下载的目标芯片的系列和型号，下载的目标芯片的选择要根据硬件开发系统来确定。本书采用 EP2C8Q208C8 作为下载主芯片，则下载的目标芯片应选择 CycloneII 系列 EP2C8Q208C8 型号的可编程器件。【Family】栏选择【CycloneII】项，在【Available devices】栏选择芯片【EP2C8Q208C8】。

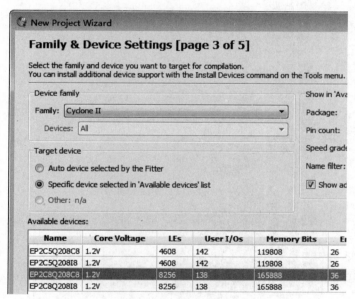

图 3-7　下载芯片选择对话框

（7）单击下方的 Next > 按钮，进入如图 3-8 所示的【New Project Wizard】设置的第 4 页面即 EDA 工具选择对话框，此页面用于选择第三方 EDA 工具软件的使用，如果不需要选择，那么文本框中即为默认值〈None〉。

（8）单击 Next > 按钮，进入如图 3-9 所示的【New Project Wizard】设置的第 5 页面，即显示生成项目的信息摘要，从图中可看到新建项目的名称、选择的器件和选择的第三方工具等信息。

（9）如果无误的话，单击下方的 Finish 按钮，出现如图 3-10 所示的窗口，完成新项目的建立。从图 3-10 可看出新建项目的名称为 jishuqi。

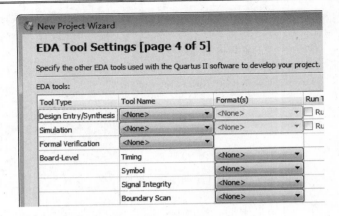

图 3-8　EDA 工具选择对话框

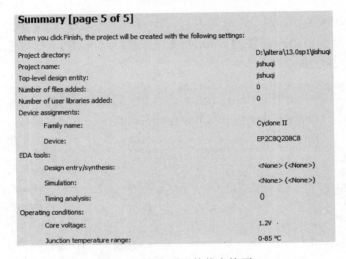

图 3-9　生成项目的信息摘要

图 3-10　新项目建立完成后的工程

3.2.2　设计输入

新项目建立后，便可进行设计的输入。Quartus II 具有多种设计输入方法。常用的两种设计输入法是图形（原理图）输入法和文本输入法。下面以图形输入法为例介绍设计输入的具体步骤。

（1）建立设计文件。

执行【File】/【New】命令，或者在工具栏中单击 按钮，弹出如图 3-11 所示的新建设计文件对话框，在【Design Files】标签页下共有 9 种输入编辑方式，本例中选择双击【Block Diagram/Schematic File】选项（或选中该项后单击 OK 按钮），打开如图 3-12 所示的原理图/图表模块编辑器窗口。

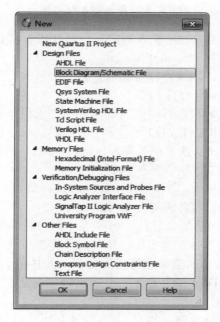

图 3-11　新建设计文件

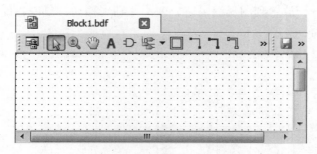

图 3-12　原理图/图表模块编辑器窗口

（2）放置元件符号。

① 在原理图编辑器窗口的空白处双击（或在工具栏中单击 按钮），弹出如图 3-13 所示的元件符号选择对话框。

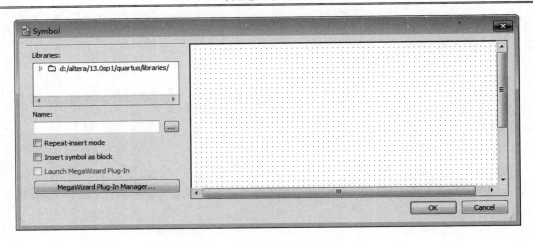

图 3-13　【Symbol】对话框

② 可直接在【Name】文本栏中输入所需元件名（或者在 Libraries 列表框中选择元件库名，然后在该库中选择元件名），单击 OK 按钮。此时，光标上黏着被选中的符号，将其移动到合适位置后单击，则元件符号就放置到了图形编辑器窗口中。

Libraries 列表框中的主要元件库如下。

- megafunctions 是参数可设置的强函数元件库（也称作参数化宏功能模块库），包括算术组件、门电路组件、I/O 组件和存储组件。
- others 主要是 Max+plus II 宏函数库，包括门电路、译码器、数据选择器、加法器、触发器、计数器和移位寄存器等 74 系列器件。
- primitives 是基本元件库，它包括缓冲器（buffer）、基本门电路（logic）、电源（other）、输入输出引脚（pin）和各种触发器（storage）。

③ 对符号可进行移动、复制、旋转、删除等操作，其具体方法是在符号上单击左键则符号被选中，选中符号后按住左键拖动可移动符号将其放置到合适位置；选中符号后也可通过按住<Ctrl>+鼠标左键拖动来实现符号的复制；选中符号后在按下翻转工具按钮（或者执行【Edit】/【Rotate by Degress】命令）可实现符号放置方向的变化；用鼠标选中元件后再按<Delete>键也可将其删除。

本例是设计一个八进制计数器，用到的元件符号有计数器 74160、三输入与非门 AND3、固定输入的高电平 VCC 和低电平 GND 及输入引脚 INPUT 和输出引脚 OUPUT，将这些元件符号按上述步骤一一放置到图形编辑窗口中，并利用移动、复制、旋转等功能将符号放置好，如图 3-14 所示。

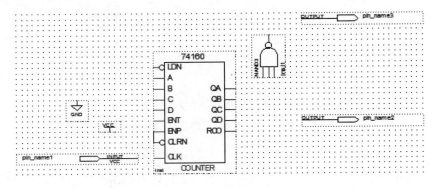

图 3-14　放置元件符号

（3）输入、输出引脚符号的命名。

对输入、输出引脚符号命名的方法是单击左键将引脚符号选中，再用同样方法选中"pin_name"，然后双击"pin_name"使其衬底变色，输入引脚名（或双击引脚符号，弹出【Pin Properties】对话框，在【Pin name】文本栏中填上引脚名称）。本例中的时钟输入和进位输出分别命名为 CP 和 CO，而计数器 74160 的 4 个状态输出 QD、QC、QB、QA 以总线的形式输出，对应一个"output"引脚符号，将其命名为 q[3..0]数组的形式。

（4）连接线的画法和命名。

① 利用选择工具 的画线方法。

在 3-14 所示图中如果要把输入引脚符号 CP 与计数器符号中的时钟引脚"clk"连接起来，先将鼠标移到"CP"端口处（连线的起始位置），待光标变成十字形时按下鼠标左键，再将鼠标移动到"clk"端口处（连线的结束位置），待连接点上出现小方块后释放鼠标左键，即可看到"CP"和"clk"之间有一条连线生成，用此方法将所有连接线画好。

② 利用画线工具 的画线方法。

选择画线工具后，将鼠标移动到连线的起点处，按下鼠标左键将其拖动到连线的终点处松开，起点与终点间即出现一条连线。

③ 连线的命名。

连线命名的方法是单击要命名的连线将其选中，此时导线边有光标闪烁，输入连线的名称即可。要修改连线的名称时，只要双击连线的名称，使它变色后直接输入新的名称即可。

④ 总线的画法和命名。

总线的一种画法是利用总线画线工具 直接画出总线形式的连接线；另外一种画法是用单击连接线将其选中，然后在原位置单击右键，弹出快捷菜单，选择"Bus Line"命令，则原来的较细的单线就变成了较粗的总线。

对于 n 位总线，命名时可采用 A[n-1..0]的数组形式。如将本例中计数器 74160 的 4 个状态输出 QD、QC、QB、QA 以总线的形式输出，命名为 q[3..0]，那么就必须将每个单线输出 QD、QC、QB、QA 对应命名为 q[3]、q[2]、q[1]、q[0]，其具体的连接和命名如图 3-14 所示。另外，还可以将单线和总线一一对应命名后，而不需要将其直接相连；因为在软件中，如果不相连的连线具有相同的命名，那么它们的逻辑连接就已经存在了，即相同名称的连线本设计软件都认为是物理连接的。

本例进行完图形设计输入后的完整逻辑电路图，如图 3-15 所示。

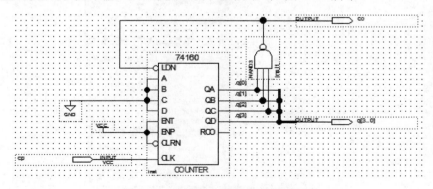

图 3-15　八进制计数器的逻辑原理图

（5）保存文件。

设计文件输入完成后，执行【File】/【Save】命令（或在工具栏中单击 按钮），弹出如图 3-16 所示的对话框，在默认的情况下，文件名为项目名"jishuqi"，单击保存按钮即可保存图形设计文件（文件类型是*.bdf）。

图 3-16　保存设计文件

3.2.3　编译项目

Quartus II 软件的编译器包括多个独立的模块，各模块可以单独运行，也可以执行【Processing】/【Start Compilation】命令启动全编译过程。

编译一个设计的步骤如下。

（1）执行【Processing】/【Start Compilation】命令，或单击工具条上的▶按钮启动全编译过程。

在设计项目的编译过程中，状态窗口和消息窗口自动显示出来。在状态窗口中将显示全编译过程中各个模块和整个编译进程的进度及所用时间；在消息窗口中将显示编译过程中的信息，如图 3-17 所示。最后的编译结果在编译报告窗口中显示出来，整个编译过程在后台完成。

图 3-17　设计的全编译过程

（2）在编译过程中如果出现设计上的错误，可以在消息窗口选择错误信息，在错误信息上双击，或单击鼠标右键，从弹出的右键菜单中选择 Locate in Design File，在设计文件中定位错误所在的地方。在右键菜单中选择 Help，可以查看错误信息的帮助。修改所有错误，直到全编译成功为止。

（3）查看编译报告。在编译过程中，编译报告窗口自动显示出来，如图 3-17 所示。编译报告给出了当前编译过程中各个功能模块的详细信息。可以通过在编译报告左边窗口单击展开要查看的部分，或者用鼠标选择要查看的部分，报告内容在编译报告右边窗口中显示出来，如图 3-18 所示。

图 3-18　查看编译报告

3.2.4　设计文件的仿真

完成了设计项目的编辑、编译等步骤后，可以用 Quartus II 的仿真器对设计进行功能仿真和时序仿真。功能仿真仅验证设计的逻辑是否正确，而时序仿真包含了延时信息，它能够较好地反映芯片的实际工作情况。

仿真一般需要经过建立波形文件、输入信号节点、设置波形参量、编辑输入信号、波形文件的保存和运行仿真器等过程。

1．建立波形文件

执行【File】/【New】命令，或者在工具栏中单击 按钮，弹出如图 3-11 所示的新建设计文件对话框，在【Verification/Debugging File】标签页下选择双击【University Program VWF】选项（或选中该项后单击 OK 按钮），打开如图 3-19 所示的波形编辑器窗口。

2．添加输入、输出节点（引脚）

（1）在图 3-19 中双击【Name】标签下方空白处，弹出【Insert Node or Bus】对话框，如图 3-20 所示。

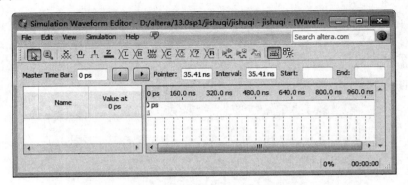

图 3-19　波形编辑器窗口

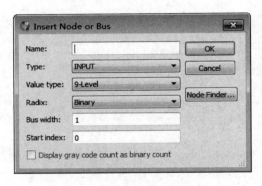

图 3-20　输入节点或总线对话框

（2）单击 Node Finder... 按钮，弹出【Node Finder】对话框，在【Filter】下拉列表中选择【Pins:all】，然后单击 List 按钮，则在左侧的【Nodes Found】窗口中列出设计的所有输入、输出节点，如图 3-21 所示。

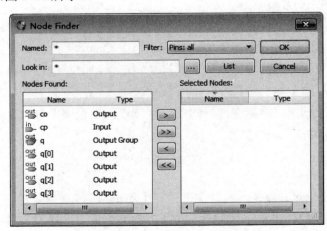

图 3-21　列出输入、输出引脚（节点）

（3）单击【Nodes Found】窗口中间的 >> 按钮，则将所有的引脚复制到右边【Selected Nodes】窗口，也可以选中部分引脚后，单击 > 按钮，则将被选中的引脚进行了复制，如图 3-22 所示。

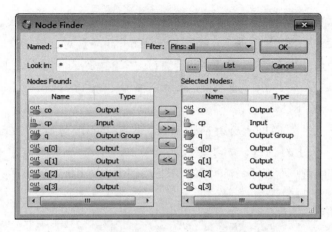

图 3-22　选择添加到波形编辑器的节点

（4）单击 OK 按钮，返回到【Insert Node or Bus】对话框，如图 3-23 所示。再单击 OK 按钮，则选中的输入、输出被添加到了波形编辑器中，如图 3-24 所示。

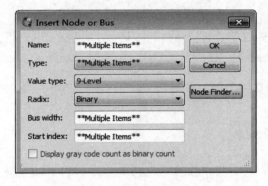

图 3-23　编辑后的输入节点或总线对话框

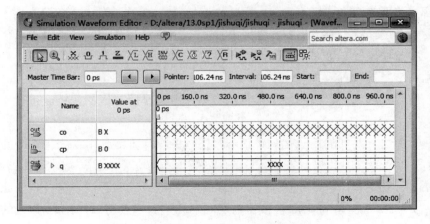

图 3-24　添加节点后的波形编辑器窗口

3. 设置波形参量

（1）仿真时间范围设置。

Quartus II 默认的仿真时间为 1us，如需要观察更长时间的仿真结果，可执行【Edit】/【Set End Time...】命令，弹出如图 3-25 所示的【End Time】对话框，在【End Time】左边的文本栏中输入适当的时间，而在【Time】右边的下拉列表中选择时间单位（如设置为 0.1us），然后单击 ＯＫ 按钮完成设置回到波形编辑器窗口。

（2）仿真时间坐标网格设置。

Quartus II 默认的仿真时间坐标网格为 10ns，如果要更改可执行【Edit】/【Grid Size...】命令，弹出【Grid Size】对话框，如要完成如图 3-26 所示的设置则需在【Priod】左边的文本栏中输入适当的时间，而在【Priod】右边的下拉列表中选择时间单位，完成设置后单击 ＯＫ 按钮回到波形编辑器窗口。

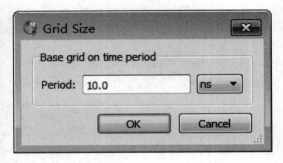

图 3-25　设置仿真时间　　　　　　　图 3-26　设置仿真时间坐标网格

4. 设置输入信号激励波形

波形编辑器窗口分为左右两个窗口，左边为信号区，右边为波形区。在波形编辑窗口的最左上方为波形编辑工具栏，如图 3-24 所示。

（1）信号波形的选择。

在鼠标处于选择状态时（即按下选择工具 按钮），单击某个信号则该输入信号整个波形被选中，而按住鼠标左键在信号区某个区域拖动则该区域被选中。

（2）输入信号的设置。

将输入信号波形选中，然后按下工具栏中要加入激励所对应的按钮，进行输入信号的设置。

本例中输入信号要加的信号是时钟信号，简单的操作方法如下：先用左键在信号区单击 cp 信号将其全部选中，然后按下 按钮，弹出时钟设置对话框，如图 3-27 所示，在【Clock】对话框中可对时钟信号的周期（Period）、相位（Offset）和占空比（Duty cycle）进行设置。设置完成后单击 ＯＫ 按钮，返回到波形编辑器窗口，在 cp 信号的激励波形设置完成，如图 3-28 所示。

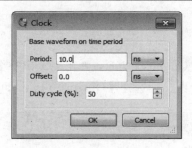

图 3-27　【Clock】对话框

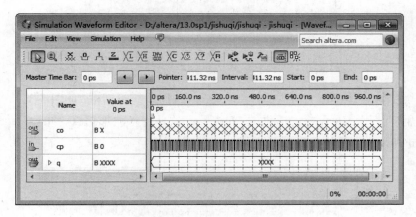

图 3-28　编辑后的波形编辑器窗口

5．保存波形文件

执行【File】/【Save】命令，弹出【Save Vector Waveform File】对话框，如图 3-29 所示，在默认的情况下，文件名为项目名"Waveform"。单击 保存(S) 按钮即可保存波形设计文件（文件类型是*.vwf）。

图 3-29　【Save Vector Waveform File】对话框

6. 运行仿真器

（1）执行【Simulation】/【Options】命令，弹出【Options】对话框，本实例利用 Quartus II 自带的仿真工具进行波形仿真，则选择【Quartus II Simulator】选项，如图 3-30 所示。

图 3-30 【Options】对话框

（2）单击 OK 按钮，完成设置，弹出 Quartus II 系统对话框，如图 3-31 所示，Quartus II 软件建议用户使用 Altera 公司提供的 Modelsim 软件进行波形仿真，单击 OK 按钮，同意使用 Quartus II 自带的仿真工具进行波形仿真。

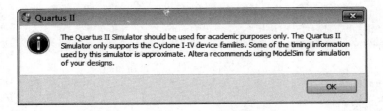

图 3-31 Quartus II 系统对话框

（3）执行【Simulation】/【Run Functional Simulation】命令，弹出仿真后的八进制计数器仿真波形，验证是否与设计结果相同，如图 3-32 所示。

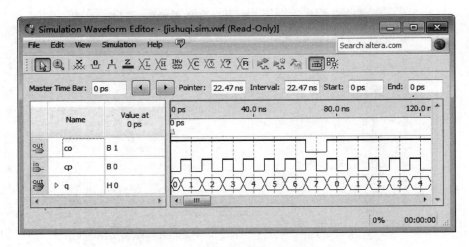

图 3-32 八进制计数器仿真波形

（4）选中仿真波形文件中的输出向量 q，即可打开 q 向量组，如图 3-33 所示。

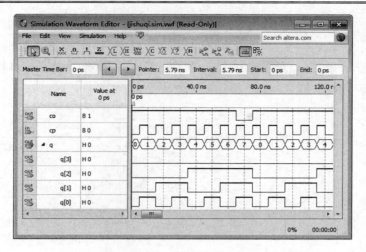

图 3-33 编辑后的八进制计数器仿真波形

3.2.5 引脚分配与器件编译

引脚分配就是将输入、输出引脚信号锁定在下载目标芯片确定的管脚上，目的是将设计下载到芯片中，以便进行硬件验证与测试。因此在引脚分配前，首先要根据硬件开发系统确定分配方案，再进行引脚分配。完成引脚分配后必须重新编译，以便将引脚分配信息编入下载文件中。

1. 引脚分配

（1）在 Quartus II 软件主界面，执行【Assignments】/【Pin Planner】命令，也可以直接在工具栏中单击 按钮，打开分配引脚对话框，如图 3-34 所示，下方的列表中列出了本项目所有的输入、输出引脚名。

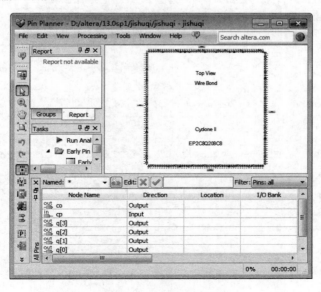

图 3-34 分配引脚对话框

（2）双击要分配引脚对应的【Location】项后弹出下载芯片管脚列表，从中选择合适的管脚（也可直接输入管脚号，然后回车）。例如，将输入 cp 信号引脚分配到芯片的 23 管脚，将 co、q[3]、q[2]、q[1]、q[0]引脚分配到芯片的 117、116、115、114、113 管脚（对应 LED 灯）如图 3-35 所示。

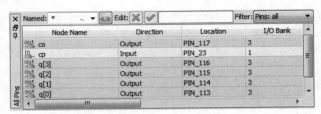

图 3-35　分配 cp 引脚

（3）用上述方法完成所有输入、输出引脚的分配。

2．下载目标器件无关引脚的状态设置

在一个项目的设计中，没有用到的下载目标器件引脚（I/O 口）的状态在软件中被默认为"As output driving ground"，为保证器件的安全使用最好将其设置为"As input tri-stated"，具体设置方法如下。

（1）在 Quartus II 软件主界面，执行【Assignments】/【Device】命令，弹出如图 3-36 所示的器件设置对话框。

（2）单击对话框中的 Device and Pin Options... 按钮，选择【Unused Pins】标签页，在【Reserve all unused pins】下拉列表中选择【As input tri-stated】选项，如图 3-37 所示。然后单击下方的 OK 按钮即完成了设置。

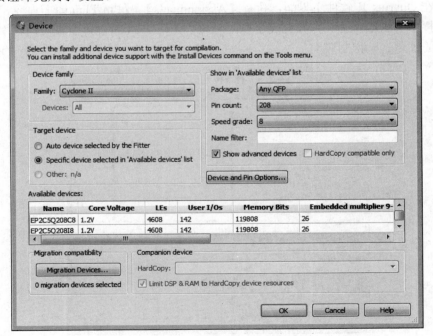

图 3-36　器件设置对话框

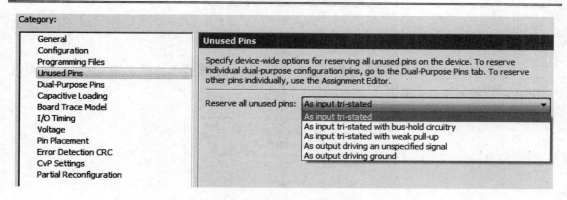

图 3-37　器件引脚状态设置对话框

3．编译

完成了无用引脚的状态设置和输入、输出引脚的分配以后必须重新编译，以便将引脚分配的信息编入下载文件中。在 Quartus II 软件主界面，重新执行【Processing】/【Start Compilation】命令，或单击工具条上的 ▶ 按钮启动全编译过程，如图 3-38 所示。

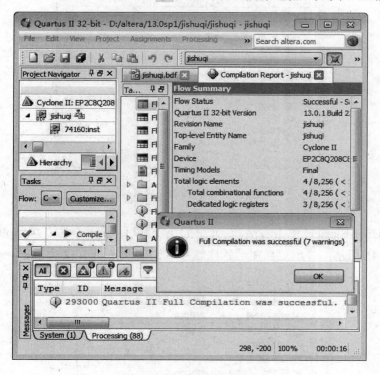

图 3-38　设计的全编译过程

3.2.6　器件编程

如果将设计文件下载到可编程逻辑器件 EP2C8Q208C8 芯片中，则要进行如下几个步骤。

1. 设备连接

首次 PC 机与 USB 下载线连接时，会在 PC 机的右下角弹出如图 3-39 的提示，需要进行 USB 下载线的驱动安装。

图 3-39　Windows 界面提示

【例 3-2】　安装 Altera USB-Blaster 下载器

（1）将连接 USB 下载器的 USB 数据线插入 PC 机 USB 端口，打开电脑的【设备管理器】，查看【其他设备】，发现未正确识别的 USB-Blaster 设备，如图 3-40 所示。

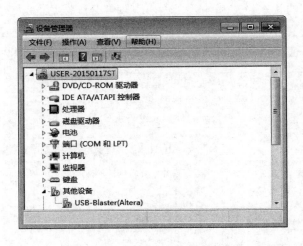

图 3-40　PC 机设备管理器界面

（2）选中 USB-Blaster，单击右键，在弹出的快捷菜单中选择【更新驱动程序软件（P）…】命令，如图 3-41 所示，弹出更新驱动程序软件对话框，如图 3-42 所示。

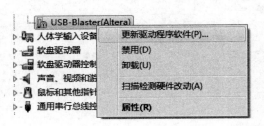

图 3-41　选择【更新驱动程序软件（P）…】界面

（3）选择【浏览计算机以查找驱动程序软件（R）】，单击 浏览(R)... 按钮。找到 Quartus II 的安装路径，同时勾选【包括子文件夹】选项，如果安装在 D 盘，可找到如下目录：D:\altera\13.0sp1\quartus\drivers\usb-blaster，勾选【包括子文件夹（I）】，如图 3-43 所示。

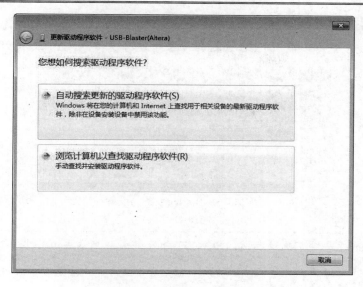

图 3-42　更新驱动程序软件对话框 1

图 3-43　更新驱动程序软件对话框 2

（4）单击 下一步(N) 按钮，进行安装，安装过程弹出【Windows 安全】对话框，单击 安装(I) 按钮，继续安装，如图 3-44 所示。

图 3-44　【Windows 安全】对话框

（5）系统提示 Altera USB-Blaster 安装成功，如图 3-45 所示。

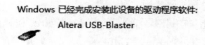

图 3-45　Altera USB-Blaster 安装成功提示

（6）单击 关闭(C) 按钮，查看设备管理器，可找到电脑已识别的 USB-Blaster 设备，如图 3-46 所示，现在就可以使用 USB-Blaster 下载可编程逻辑器件 EP2C8Q208C8 芯片了。

图 3-46　已识别 USB-Blaster 设备的设备管理器界面

USB-Blaster 设备再下次使用时，PC 机可自行识别，无须再次安装。

2．编程下载窗口硬件配置

在 Quartus II 软件主界面，执行【Tool】/【Programmer】命令，或者直接在工具栏中单击 按钮，打开如图 3-47 所示编程下载窗口。

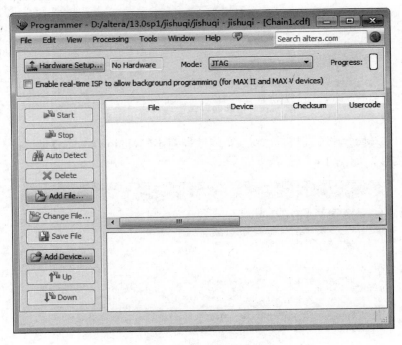

图 3-47　编程下载窗口

对硬件的设置只需在第一次下载时进行，如果下载电路不变换，一次设置就可长期使用而不需要每次都重新设置。进行硬件设置的方法如下。

（1）单击 Hardware Setup... 按钮，弹出如图 3-48 所示【Hardware Setup】对话框，在安装好了 USB 驱动的情况下硬件显示在【Available hardware items】框中，然后在【Currently selected hardware】下拉列表中选择【USB-Blaster[USB-0]】。

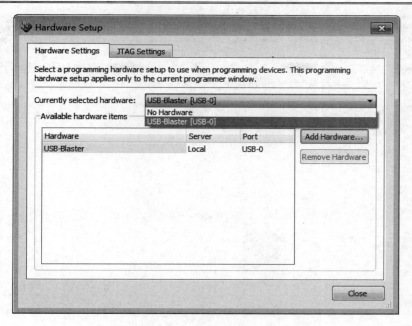

图 3-48　硬件设置对话框

（2）单击 Close 按钮，即完成了硬件的设置回到编程下载窗口。

3．添加编程文件

在编程下载窗口中，单击 Add File... 按钮，添加 jishuqi.sof 编程下载文件到下载窗口，如图 3-49 所示。其中，jishuqi.sof 文件为 JTAG 下载文件，jishuqi.pof 文件为 AS 模型下载文件。

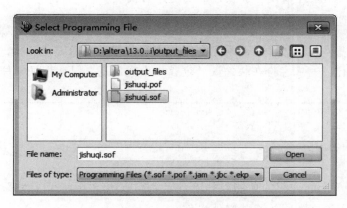

图 3-49　添加编程下载文件

4．编程下载

完成硬件设置后，在如图 3-47 所示的编程下载窗口中，【Mode】栏选择【JTAG】选项，【File】标签下出现【output_files/jishuqi.sof】，单击 Start 按钮，开始下载，当编程下载进程显示 100%时下载结束，如图 3-50 所示。

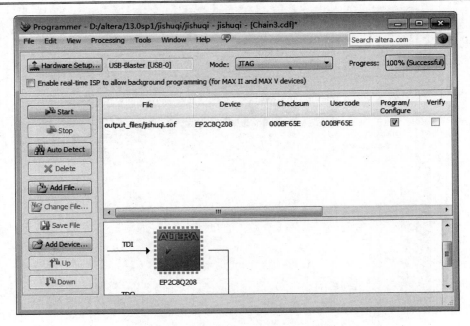

图 3-50　硬件设置完成后的编程下载窗口

如果下载模式不对，可在【Mode】栏中更改；如果下载文件不对，则可通过 ✖ Delete 、
🖑 Add File... 、🖑 Change File... 等按钮进行删除、添加、更改，使其为符合要求的下载文件。

5．硬件测试

下载完成后，需要用硬件对设计的功能进行测试，其方法是加入所有可能的输入，观
测对应的输出显示结果，以便验证设计的功能是否正确。

📖　上面以图形设计输入法为例，介绍了利用 Quartus II 和可编程器件（PLD）进行数字
　　电路设计的基本设计方法。如果完全按照上面介绍的步骤进行实验，就能顺利完成一
　　个项目的设计。一旦实验在软件设计过程中出现问题，则可根据软件给出的一些信息
　　来查找原因。

3.2.7　其他操作

Quartus II 除了上面介绍的功能以外还有很多其他功能，用户可在实际使用过程中不断
学习。下面介绍实验中常用的一些其他操作。

1．打开文件

（1）打开 Quartus II 软件，执行【File】/【Open...】命令（或者直接在工具栏中单击 📂
按钮），弹出如图 3-51 所示对话框。

（2）在【查找范围】栏的下拉菜单中选择文件所在的磁盘，然后在其下方的窗口中选
中文件所在的文件夹，再双击将该文件夹打开。在【文件类型】栏中选择要打开文件的类

型，则在窗口中列出相应的文件。常用几种文件的类型如下：项目文件"*.qpf"、图形文件"*.bdf"、波形文件"*.vwf"、编程下载文件"*.sof"。

图 3-51　打开文件对话框

（3）在窗口中列出的文件中单击要打开的文件，该文件显示在"文件名"栏中，单击 **打开(O)** 按钮，则此文件显示在 Quartus II 窗口中。

2．放大缩小工具按钮的使用方法

在对原理图、波形图进行编辑时，常常要对图形和波形进行放大和缩小操作，具体方法如下。

（1）在执行【View】/【Zoom In】命令（或者直接在工具栏中按下 🔍 按钮，然后将鼠标移到编辑窗口单击），则可将图形或波形进行放大。

（2）执行【View】/【Zoom Out】命令（或者直接在工具栏中按下 🔍 按钮，然后将鼠标移到编辑窗口单击右键），则可将图形或波形进行缩小。

3．在波形文件中数组的建立和取消

如果在图形（原理图）编辑器中，多个输入或输出都是以单变量（单线）的形式连线和命名的，而在波形文件中观察仿真波形时，以数组的形式显示更易于观察，如观察多位数据的输入或计数器计数状态的输出，此时可在波形文件中直接将其合成数组的形式，具体方法如下。

（1）将要合成组的多个变量按高低位自上而下排列好（因为在默认的情况下在上面的变量合成数组时作为高位），然后将其选中，如图 3-52 所示（图中选择了 4 个输入 q[3]、q[2]、q[1]、q[0]），再单击鼠标右键，在弹出的快捷菜单中选择【Grouping】/【Group】命令，弹出如图 3-53 所示的【Group】对话框。

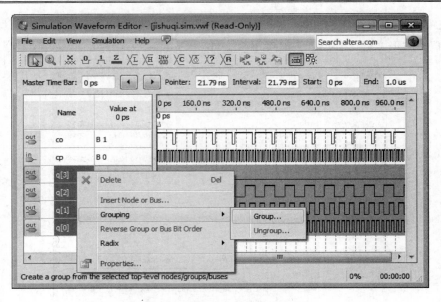

图 3-52　数组的建立操作示意图

图 3-53　【Group】对话框

（2）在【Group name】文本栏中输入数组的名称，然后可在【Radix】下拉列表框中或最下边的选择框中选择数组的显示形式，有 ASCII 码、二进制（Binary）、小数（Fractional）、十六进制（Hexadecimal）、八进制（Octal）、有符号的十进制（Signed Decimal）、无符号的十进制（Unsigned Decimal）以及循环码（gray code）等多种显示形式可供选择。

（3）单击 OK 按钮，即完成了数组 q 的建立。

数组的取消：在波形文件中选中数组，然后单击鼠标右键，在弹出的快捷菜单中，选择【Grouping】/【Ungroup】命令，即可将数组取消显示成多个单个变量的形式。

4．添加文件

（1）在某个项目下打开要添加的图形文件。

（2）执行【Project】/【Add Current File to Project】命令，则将此图形文件添加到该项目中。

（3）在项目向导窗口中选择 即【Files】页，则在此窗口中显示出该项目包含的文件。

（4）选中添加的图形文件，按下左键，在弹出的快捷菜单中执行【Set as Top】/【Level Entity】命令，这样就可以在该项目中对添加的图形文件进行编译处理。

5．创建符号文件

当设计文件经过编译后，可将此设计创建为一个同名的元件符号，以供上层设计调用。其方法是执行【File】/【Create/Update】/【Create Symbol Files for Curent File】命令，弹出创建符号文件【Create Symbol File】对话框，在默认的情况下，单击 **保存(S)** 按钮，生成 jishuqi.bsf 符号文件。这样创建的符号文件的名称（符号名）与设计文件名相同，其类型为 *.bsf，如图 3-54 所示。

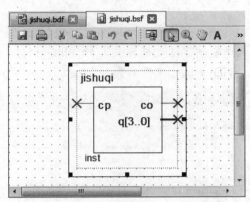

图 3-54　【Create Symbol File】对话框

3.3　Quartus II 参数化宏功能模块及其使用方法

MegaWizard Plug-In Manager 可以帮助设计者建立或修改自定义宏功能模块变量的设计文件，然后可以在自己的设计中对这些模块进行实例化。这些自定义的宏功能模块变量基于 Altera 提供的宏功能模块，包括 LPM（Library Parameterized Megafunction），MegaCore（例如 FFT、FIR 等）和 AMMP（Altera Megafunction Partners Program，如 PCI、 DDS 等）。MegaWizard Plug-In Manager 运行一个向导，帮助设计者轻松地指定自定义宏功能模块变量选项，如模块变量参数和可选端口设置数值。

3.3.1　LPM 计数器的使用方法

计数器可实现计数、定时、分频、控制和运算等功能，是数字系统中使用最广泛的时序电路。因此，下面以 LPM 计数器为例介绍参数化宏功能模块的使用方法。

【例 3-3】　利用 MegaWizard Plug-In Manager 生成 LPM 计数器

（1）按照前面介绍的 Quarters II 使用方法首先完成项目的建立，再打开原理图编辑器窗口，执行【Tools】/【MegaWizard Plug-In Manager】命令，或直接在原理图设计文件的【Symbol】对话框，如图 3-13 所示，单击 **MegaWizard Plug-In Manager...** 按钮在 Quartus II 软件中打开【MegaWizard Plug-In Manager】向导，如图 3-55 所示。

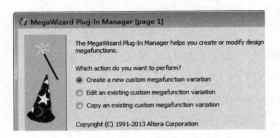

图 3-55 【MegaWizard Plug-In Manager】向导页面

（2）选择创建新的宏功能模块变量选项，单击 Next > 按钮，弹出如图 3-56 所示的对话框。在宏功能模块库中选择要创建的功能模块即【arithmetic】库下的【LPM_COUNTER】，选择输出文件类型为 Verilog HDL，输出文件名为 D:/altera/13.0sp1/lpm_countero/lpm_counter0。

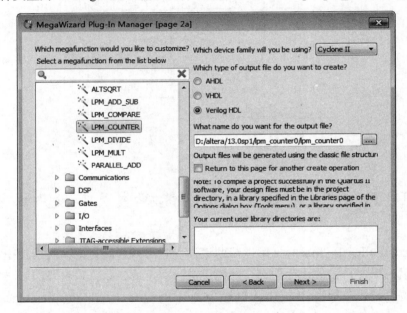

图 3-56 【MegaWizard Plug-In Manager】向导对话框宏功能模块选择页面

（3）单击 Next > 按钮，弹出如图 3-57 所示的计数器参数设置页【MegaWizard Plug-In Manager [page 3 of 7]】。在此页中设置计数器输出 q 的位数（如 8bit，q0～q7），选择时钟的有效边沿（如 Up only 上升沿触发）。

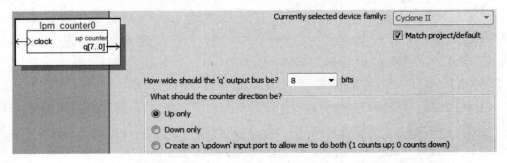

图 3-57 【MegaWizard Plug-In Manager [page 3 of 7]】设置页

（4）单击 Next > 按钮，弹出如图 3-58 所示的计数器参数设置页【MegaWizard Plug-In Manager [page 4 of 7]】。在此页可选择计数器的类型，可为 Plain binary（二进制），也可为任意模值，如 5、12、60 等。另外，还可根据给计数器增加一些端口，如 Clock Enable（时钟使能）、Count Enable（计数器使能）、Carry-in（进位输入）和 Carry-out（进位输出）。

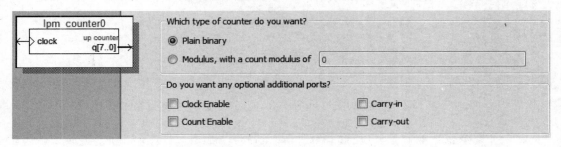

图 3-58　【MegaWizard Plug-In Manager [page 4 of 7]】设置页

（5）单击 Next > 按钮，弹出如图 3-59 所示的计数器参数设置页【MegaWizard Plug-In Manager [page 5 of 7]】。在此页可根据设计需要为计数器添加同步或异步的 Clear（清零）、Load（预置数）等输入控制端（本例添加了一个异步清零）。

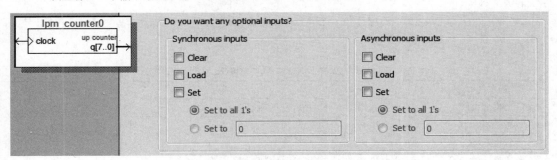

图 3-59　【MegaWizard Plug-In Manager [page 5 of 7]】设置页

（6）单击 Next > 按钮，弹出如图 3-60 所示的计数器参数设置页【MegaWizard Plug-In Manager [page 6 of 7]】。在此页可看到模拟仿真库的信息，并可选择为第三方 EDA 综合工具生成网表，如不使用第三方 EDA 工具，则可直接单击 Next > 按钮，进入如图 3-61 所示的参数设置最后一页【MegaWizard Plug-In Manager [page 7 of 7]】。

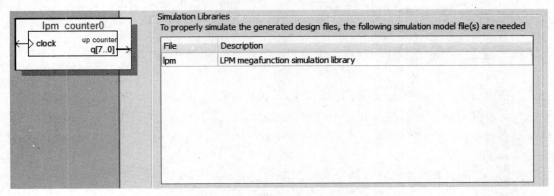

图 3-60　【MegaWizard Plug-In Manager [page 6 of 7]】设置页

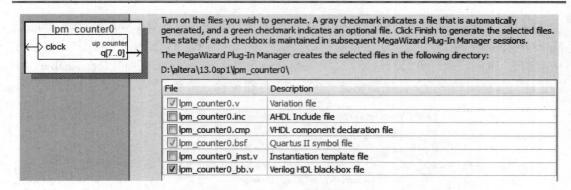

图 3-61 【MegaWizard Plug-In Manager [page 7 of 7]】设置页

（7）在参数设置最后一页可看到创建的计数器多种输出文件，点击 Finish 按钮即可结束设置。

（8）完成计数器参数设置后，将生成的计数器元件符号放置到原理图编辑器窗口中，至此完成了计数器元件的输入。如果想更改计数器的设置可直接双击元件符号，直接进入如图 3-57 所示的计数器参数设置页（页数显示变为第一页），按照上面介绍的方法依次进行设置更改。

表 3-1 列出了 MegaWizard Plug-In Manager 生成自定义宏功能模块变量的同时产生的文件。

表 3-1　MegaWizard Plug-In Manager生成的文件对照表

文 件 名	描 述
<输出文件>.bsf	图形编辑器中使用的宏功能模块符号
<输出文件>.cmp	VHDL 组件声明文件（可选）
<输出文件>.inc	AHDL 包含文件（可选）
<输出文件>.tdf	AHDL 实例化的宏功能模块包装文件
<输出文件>.vhd	VHDL 实例化的宏功能模块包装文件
<输出文件>.v	Verilog HDL 实例化的宏功能模块包装文件
<输出文件>_bb.v	Verilog HDL 实例化宏功能模块包装文件中端口声明部分（称为 Hollow body 或 Black box），用于在使用 EDA 综合工具时指定端口方向
<输出文件>_inst.tdf	宏功能模块包装文件中子设计的 AHDL 实例化示例（可选）
<输出文件>_inst.vhd	宏功能模块包装文件中实体的 VHDL 实例化示例（可选）
<输出文件>_inst.v	宏功能模块包装文件中模块的 Verilog HDL 实例化示例（可选）

3.3.2　建立存储器文件

当在设计中使用 FPGA 器件内部的存储器模块（作为 RAM、ROM 或双口 RAM 等）时，有时需要对存储器模块的储存内容进行初始化。在 Quartus II 软件中，可以直接利用存储器编辑器（Memory Editor）建立或编辑 Intel Hex 格式（.hex）或 Altera 储存器初始化格式（.mif）文件。

使用 Quartus II 软件创建存储器文件，步骤如下。

【例 3-4】　Quartus II 创建存储器初始化文件

（1）在 Quartus II 环境中执行【File】\【New】命令，在新建对话框中选择【Memory Files】标签页中的【Memory Initialization File】选项，即（MIF）文件格式，如图 3-11 所示，单击 OK 按钮，在弹出的对话框中输入字数（Number of words）和字长（Word size），单击 OK 按钮，如图 3-62 所示。

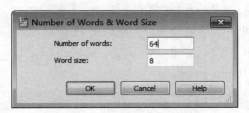

图 3-62　设置页字数和字长设置对话框

（2）单击 OK 按钮，生成 Mif1.mif 文件，如图 3-63 所示，其中表格初始数据均为 0；表中各单元对应的地址为对应的左列和顶行显示的地址数之和。

（3）在地址栏中的某个地址处单击鼠标右键，在弹出的快捷菜单中，如图 3-64 所示。可通过选择对地址基数（Address Radix）和存储单元中的数据基数进行设置。地址有 2、16、8、10 进制这四种显示方式供选择；数据除了有 2、16、8 进制外，还有带符号 10 进制和无符号 10 进制共五种显示方式供选择。

（4）选中单元输入对应的数据，执行【File】/【Save】命令，给初始化文件命名（本例为 zishe_rom），文件类型为*.mif，并将其保存。

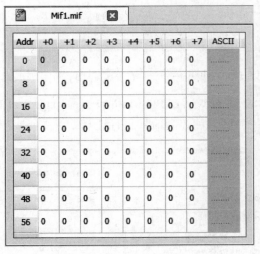

图 3-63　Mif1.mif 文件

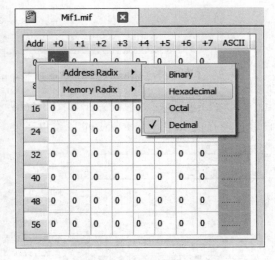

图 3-64　快捷菜单选项

3.3.3　LPM 存储器 ROM 的使用方法

使用 MegaWizard Plug-In Manager 向导建立一个 64*8 的 ROM 存储器模块，其中 8 表示每个字的位宽。

【例 3-5】　利用 MegaWizard Plug-In Manager 生成 ROM 存储器

（1）按照前面介绍的 Quartus II 使用方法首先完成工程 lpm_rom0 的建立，再打开原理图编辑器窗口，执行【Tools】/【MegaWizard Plug-In Manager】，或直接在原理图设计文件的【Symbol】对话框，如图 3-13 所示，单击 [MegaWizard Plug-In Manager...] 按钮在 Quartus II 软件中打开【MegaWizard Plug-In Manager】向导，如图 3-55 所示。

（2）选择创建新的宏功能模块变量选项，单击 [Next >] 按钮，则弹出如图 3-65 所示的对话框。在宏功能模块库中选择要创建的功能模块即【Memory Compiler】库下的【ROM:1-PORT】，选择输出文件类型为 Verilog HDL，输入输出文件名为 D:/altera/13.0sp1/lpm_rom0/lpm_rom0。

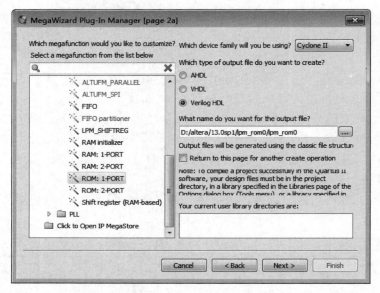

图 3-65 【MegaWizard Plug-In Manager】向导对话框宏功能模块选择页面

（3）单击 [Next >] 按钮，弹出如图 3-66 所示的 MegaWizard Plug-In Manager [page 3 of 7] 设置页。在此页中设置 ROM 的字数和字长，并可对时钟控制信号进行选择。

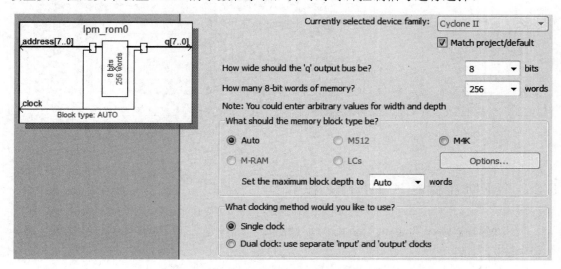

图 3-66 ROM 的字数、字长设置页

（4）单击 Next > 按钮，弹出如图 3-67 所示的 MegaWizard Plug-In Manager [page 4 of 7] 设置页。在此页中可设置时钟使能和输出清零控制输入端。

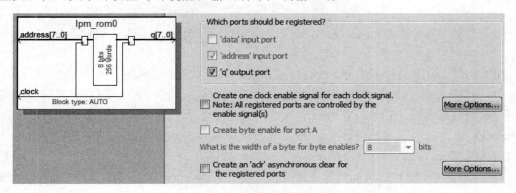

图 3-67　ROM 控制输入端设置页

（5）单击 Next > 按钮，弹出如图 3-68 所示的 MegaWizard Plug-In Manager [page 5 of 7] 设置页，在【Do you want to specify the initial content of the memory?】一栏中，通过单击 Browse... 按钮选择初始化数据文件（如 zishe_rom.mif），使其显示在【File name】文本框中（如./zishe_rom.mif）。同时选中【Allow In-System Memory …】选项，表示允许 Quartus II 通过 JTAG 口对下载于 FPGA 中的 ROM 进行测试和读/写，还可在【The'Instance ID'of this ROM is:】文本框中输入此 ROM 的身份名称（如 rom0），在使用多个 ROM 时可作为识别名称。

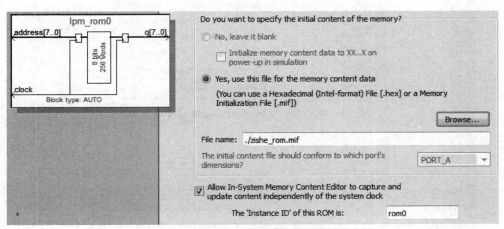

图 3-68　ROM 初始化数据加载设置页

（6）单击 Next > 按钮，弹出类似图 3-60 所示的设置页；然后再单击 Next > 按钮，弹出类似图 3-62 所示的最后一页设置页，单击 Finish 按钮结束存储器的设置。

（7）完成存储器设置后，将生成的元件符号放置到原理图编辑器窗口中，至此完成了存储器元件的输入。如果想更改存储数据可直接打开初始化文件（如 zishe_rom.mif）进行更改，并将文件再次保存。如果想更改存储器的设置可直接双击元件符号，直接进入图 3-66 所示的参数设置页（页数显示变为第一页），按照上面介绍的方法依次进行共 5 页的设置更改。

3.3.4 LPM 存储器 RAM 的使用方法

使用 MegaWizard Plug-In Manager 向导建立一个 256*8 的 RAM 存储器模块，其中 8 表示每个字的位宽。

【例 3-6】 利用 MegaWizard Plug-In Manager 生成 RAM 存储器

（1）按照前面介绍的 Quartus II 使用方法首先完成项目的建立，再打开原理图编辑器窗口，执行【Tools】/【MegaWizard Plug-In Manager】命令，或直接在原理图设计文件的【Symbol】对话框，如图 3-13 所示，单击 MegaWizard Plug-In Manager... 按钮，在 Quartus II 软件中打开【MegaWizard Plug-In Manager】向导，如图 3-55 所示。

（2）选择创建新的宏功能模块变量选项，单击 Next > 按钮，弹出如图 3-69 所示的对话框。在宏功能模块库中选择要创建的功能模块，即【Memory Compiler】库下的【RAM:2-PORT】。

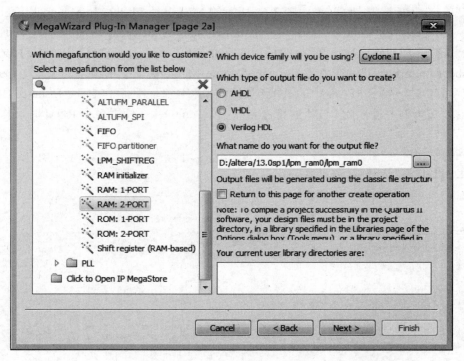

图 3-69 【MegaWizard Plug-In Manager】向导对话框宏功能模块选择页面

（3）在图 3-69 中，单击右上角器件系列选择下拉框，从中选取项目所用的器件系列（如选择 Cyclone II 系列），选择参数化模块输出文件的类型（如选择 Verilog HDL），在【What name do you want for the output file?】栏中输入输出模块的名字 "D:/altera/13.0sp1/lpm_ram0/lpm_ram0"。

📖 RAM:2-PORT 是双端口 RAM 宏功能模块。Altera 建议使用 Cyclone、Cyclone II、Stratix 及 Stratix GX 等新型器件进行设计时，使用 altsyncram 宏功能模块，且建议使用同步 RAM 宏功能。

（4）单击 Next > 按钮，则弹出 MegaWizard Plug-In Manager [page 3 of 12]设置页，在对话框中选择【With one read port and one write port】项，在存储容量中选择【As a number of words】项。

（5）单击 Next > 按钮，弹出如图 3-70 所示的 MegaWizard Plug-In Manager [page 4 of 12]设置页。在对话框中选择存储器字数为 256，在字的宽度中选择 8 位。

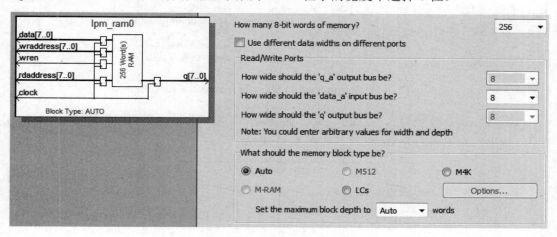

图 3-70　RAM 的字数、字长设置页

（6）单击 Next > 按钮，弹出 MegaWizard Plug-In Manager [page 5 of 12]设置页。在对话框中，时钟使用方法选择单时钟【Single clock】项。

（7）单击 Next > 按钮，弹出 MegaWizard Plug-In Manager [page 7 of 12]设置页。在对话框中勾选 Read output port(s) 'q'，设置端口是否为寄存器类型。单击 Next > 按钮，则弹出 MegaWizard Plug-In Manager [page 8 of 12]设置页，在对话框中选择默认设置。

（8）单击 Next > 按钮，弹出 MegaWizard Plug-In Manager [page 10 of 12]设置页。在对话框中，在是否指定存储器初始内容栏中选择【Yes, use this file for the memorycontent data】项，并单击【File name】栏上方的 Browse... 按钮，将前面建立的.mif 或.hex 文件作为存储器内容的初始化文件，如图 3-71 所示。

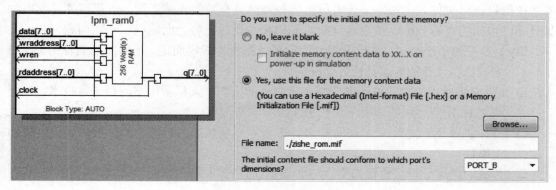

图 3-71　在设计中使用存储器文件

（9）单击 Finish 按钮，弹出 MegaWizard Plug-In Manager [page 12 of 12]设置页。在对话框中选择需要输出的文件，按默认设置输出，如图 3-72 所示。

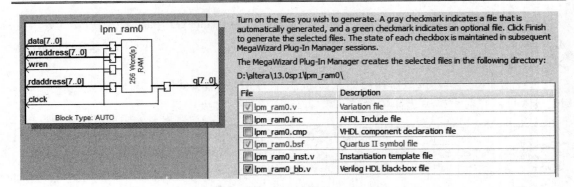

图 3-72　MegaWizard Plug-In Manager [page 12 of 12]设置页

（10）单击 Finish 按钮，完成 RAM 存储器模块的实例化。在图形编辑的 Symbol 对话框中，调出前面生成的 RAM 模块，如图 3-73 所示。

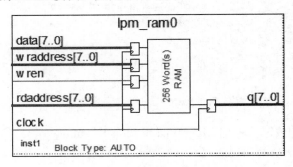

图 3-73　从 Project 库中调入 RAM 模块

3.4　SignalTap II 在线逻辑分析仪的使用方法

随着 FPGA 容量的增大，FPGA 的设计日益复杂，设计调试成为一个很繁重的任务。为了使得设计尽快投入市场，设计人员需要一种简易有效的测试工具，以尽可能地缩短测试时间。传统的逻辑分析仪在测试复杂的 FPGA 设计时，将会面临以下几点问题。

❑ 缺少空余 I/O 引脚。设计中器件的选择依据设计规模而定，通常所选器件的 I/O 引脚数目和设计的需求是恰好匹配的。

❑ I/O 引脚难以引出。设计者为减小电路板的面积，大都采用细间距工艺技术，在不改变 PCB 板布线的情况下引出 I/O 引脚非常困难。

❑ 外接逻辑分析仪有改变 FPGA 设计中信号原来状态的可能，因此难以保证信号的正确性。

❑ 传统的逻辑分析仪价格昂贵，将会加重设计方的经济负担。

3.4.1　SignalTap II 介绍

伴随着 FPGA 开发工具的快速发展，新的调试工具 Quartus II 内的 SignalTap II 满足了硬件开发调试的要求，其具有无干扰、便于升级、使用简单、价格低廉等特点。

SignalTap II 允许设计者在 FPGA 运行期间同时监视内部信号。通过下载电缆或传统的分析设备连接到用户的 PC 板卡上，便可以观察到这些信号的波形。使用 SingnalTap II 类似于使用逻辑分析仪，能够设置初始化、触发（内部或外部）和显示条件及观察的内部信号，用户以此可以研究设计的运行状态。用户的分析参数可以被编译为嵌入逻辑分析仪（ELA），它和设计的其他数据一起配置 FPGA。Altera 全系列 FPGA 器件支持 SignalTap II，采用 Byteblaster II 或者 USB blaster 作为器件的下载电缆。

若没有采用 SignalTap II 接口，用户必须更改设计以探测内部逻辑的连线。设计的内部连线必须连接到顶层设计的管脚上。如果结点处于庞大分级设计的下层，改起来很复杂，同时很耗时，而且破坏了设计的完整性。ELA 接口支持拖放选择用于逻辑分析的连线，该接口根本就无需改变设计。选择了 ELA 的输入通道之后，需要重新编译设计把 ELA 配置加入期间配置文件中。重新编译只是把一个 ELA 实例添加到现有的设计中，而无需改变已有的设计。更新后的配置文件重新配置器件后，标准逻辑分析仪就会可以检测那些被连接到器件管脚的内部信号了。

输入通道的样值存储在器件的嵌入存储块内，ELA 功能监测输入通道是否发生触发事件。一旦 ELA 存储了满足触发状态的足够数据，ELA 停止采样监测输入通道。然后数据上载到主机，显示在 Quartus II 的波形编程器中。数据的主载速率取决于 JTAG TCK 信号的速率。ELA 功能会使用设计本身占用以外的器件资源。ELA 是可参数化的，因此能够使用有效的资源。

SignalTap II 支持以用户指定的格式识别和显示总线使所捕获的数据更加易懂。SignalTap II 嵌入式逻辑分析仪能够以等价的十六进制、无符号十进制、二元补码形式的符号十进制，符号大小表示法表示的符号十进制、八进制、二进制、8 比特 ASCII 等格式来显示总线。用户还可以选择条形图或线性图表示总线时间关系。

SignalTap II 支持多文件输出数据结果，嵌入式逻辑分析仪可以采用矢量波形（vwf）、矢量表（tbl）、矢量文件（vec）、逗号分割数据（csv）和 Verilog 数值更改转存（vcd）文件格式输出所捕获的数据，这些文件格式可以被第三方验证工具读入，显示和分析 SignalTap II 嵌入式逻辑分析仪所捕获的数据。

3.4.2　使用 SignalTap II 操作流程

若要使用 SignalTap II 逻辑分析器，必须先建立 SignalTap II 文件（stp），此文件包括所有配置设置并以波形显示捕获到的信号。一旦设置了 SignalTap II 文件，就可以编译工程，对器件进行编程并使用逻辑分析器采集和分析数据，以下步骤描述设置 SignalTap II 文件和采集信号数据的基本流程。

- ❑ 建立新的 SignalTap II 文件。
- ❑ 向 SignalTap II 文件添加实例，并向每个实例添加节点。可以使用 Node Finder 中的 SignalTap II 滤波器查找所有预综合和布局布线后的 SignalTap II 节点。
- ❑ 分配一个采样时钟。
- ❑ 设置其他选项，如采样深度和触发级别等。

❑ 完全编译工程文件。

❑ 下载程序到 FPGA 中。

❑ 运行硬件并打开 SignalTap II 观察信号波形。

3.4.3 SignalTap II 逻辑分析仪的使用

使用 SignalTap II 逻辑分析仪对例 3-7 按键 LED 显示电路进行分析。

【例 3-7】 按键 LED 显示电路

按键 LED 显示电路由 INPUT（输入端口）、OUTPUT（输出端口）、VCC、GND、74153（双 4 选 1 数据选择器）和 DFF（D 触发器）构成，如图 3-74 所示。

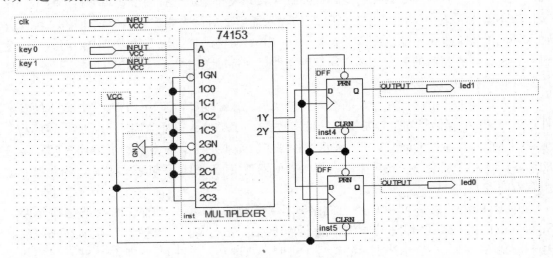

图 3-74　按键 LED 显示电路

此电路把 FPGA 开发板上的前两个按键与两个 LED 灯建立连接，实现了随着不同按键的按下，对应 LED 灯点亮，而当两个按键同时按下时，LED 灯熄灭的功能。

首先按照电路，建立工程，输入设计，分配引脚，编译整个工程等，此处不再赘述。其中，clk 接 FPGA 的 23 管脚，led1 接 FPGA 的 116 管脚，led0 接 FPGA 的 117 管脚，key1 接 FPGA 的 40 管脚，key0 接 FPGA 的 56 管脚。

【例 3-8】 使用 SignalTap II 软件分析实例 3-7

（1）在 Quartus II 环境中执行【File】/【New】命令，在新建对话框中选择【Verification/Debugging File】标签页中的【SignalTap II Logic Analyzer File】选项，即选择 SignalTap II 逻辑分析仪文件（STP 文件）格式，如图 3-11 所示，单击 OK 按钮，弹出 SignalTap II 界面，如图 3-75 所示。

（2）在 SignalTap II 界面，执行【File】/【Save】命令，保存文件并命名为 key.stp，弹出如图 3-76 所示的对话框，提示数据和触发器还未设置，单击 OK 按钮，弹出如图 3-77 所示对话框，内容为 "Do you want to enable SignalTap II file "key.stp" for the current project?"，询问是否在当前工程中使用 SignalTap II，单击 Yes 按钮，SignalTap II 文件 key.stp 已经与当前工程相关联了。

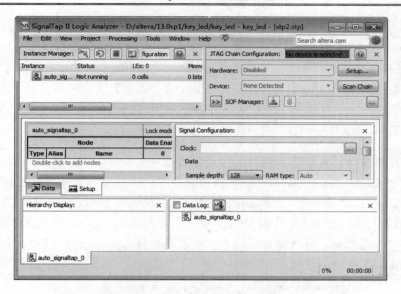

图 3-75　SignalTap II 界面

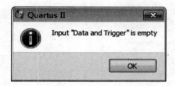

图 3-76　Quartus II 提示对话框

图 3-77　【是否在当前工程中使用 SignalTap II】对话框

如果用户需要在工程中不使用该 SignalTap II 文件，或者不使用 SignalTap II 逻辑分析仪，在 Quartus II 界面中执行【Assignments】/【Settings】命令。然后在打开窗口左边的分类列表中选择【SignalTap II Logic Analyzer】，如图 3-78 所示。可以把【Enable SignalTap II Logic Analyzer】前面的勾去掉来关闭逻辑分析仪。在一个工程中可能同时会有多个 SignalTap 文件，但在同一时刻只能有一个有效。多个 SignalTap II 文件是非常有用的，比如工程很大，在工程中不同的部分都需要用 SignalTap II 来捕捉信号，这样探测不同的部分时我们只需要使用不同的 SignalTap II 文件就可以了，避免反复设定 SignalTap II 文件。按照上两步操作可以建立新的 SignalTap II 文件，不同的 SignalTap II 文件拥有不同的文件名。如果要改变当前工程中已经关联的 SignalTap II 文件，在图 3-78 中的【SignalTap II File name】选择框中单击右边的 按钮，选择所需要的 SignalTap II 文件，然后单击 打开(O) 按钮，最后单击 OK 按钮就可以了。在本实例中，选中【Enable SignalTap II Logic Analyzer】选项并选择 switches1.stp 文件。设定好后单击 OK 按钮关闭设置窗口。

图 3-78　【SignalTap II Logic Analyzer】选项界面

（3）把工程中想要观察的信号结点添加进逻辑分析仪，在 SignalTap II 窗口中的【Setup】标签页中，双击如图 3-75 SignalTap II 界面的灰色字体记号【Double-click to add nodes】的区域，弹出【Node Finder】窗口，如图 3-79 所示。在【Filter】区域中，选择【SignalTap II: pre-synthesis】，然后单击 List 按钮，在【Nodes Found】区域中将会显示在工程中能被观察到的节点列表。这里选中 key0 和 key1，然后单击 > 按钮，这样就把要观察的按键节点添加到 SignalTap II 中，最后单击 OK 按钮。

📖 在逻辑分析仪中，可以添加两种类型的数据信号：一种是 Pre-synthesis，该信号在对设计进行【Analysis & Elaboration】操作后存在，这些信号表示寄存器传输级信号。在 SignalTap II 中要分配 Pre-synthesis 信号，应在执行【Processing】/【Start】/【Start Analysis & Elaboration】命令后使用；另一种是 Post-fitting：该信号在对设计进行物理综合优化以及布局、布线操作后存在，应在执行【Processing】/【Start】/【Start Compilation】命令后使用。

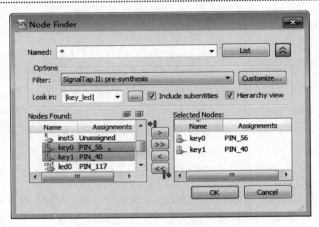

图 3-79 【Node Finder】窗口的 sw 设置

（4）在 SignalTap II 逻辑分析仪能正常工作之前，需要为 SignalTap II 模块指定驱动时钟。在 SignalTap 窗口【Signal Configuration】面板中的单击 Clock 部分右边的 … 按钮，打开【Node Finder】窗口。单击 List 按钮，显示所有能被添加为时钟的信号节点，然后双击 clk，结果如图 3-80 所示，最后单击 OK 按钮关闭设置窗口。

📖 在使用 SignalTap II 逻辑分析仪进行数据采集之前，首先应该设置采集时钟。采集时钟在上升沿处采集数据。设计者可以使用设计中的任意信号作为采集时钟，但 Altera 建议最好使用全局时钟，而不要使用门控时钟。使用门控时钟作为采集时钟，有时会得到不能准确反映设计的不期望数据状态。Quartus II 时序分析结果给出设计的最大采集时钟频率。用户如果在 SignalTap II 窗口中没有分配采集时钟，Quartus II 软件会自动建立一个名为 auto_stp_external_clk 的时钟引脚。在设计中用户必须为这个引脚单独分配一个器件引脚，则在用户的印刷电路板上必须有一个外部时钟信号驱动该引脚。

（5）在 SignalTap 窗口中【Setup】标签页中，选中【Trigger Conditions】列中的单选框，然后在单选框右边的下拉菜单中选择【Basic AND】。右键节点 key0 相对应的【Trigger

Conditions】单元，选择 Low，即为低电平，key1 选择默认值 Don't Care，即触发条件和 key1 的值无关，如图 3-81 所示。

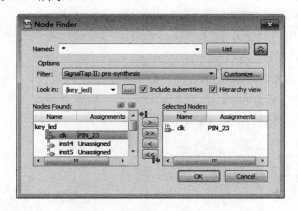

图 3-80　【Node Finder】窗口的 clk 设置

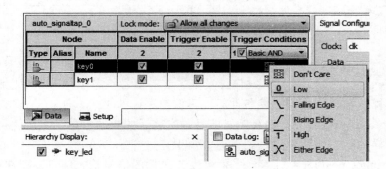

图 3-81　设置边沿触发条件

📖　这样设置以后，当 FPGA 开发板上对应的第一个按键被设置为低电平时，逻辑分析仪将会开始运行捕捉数据。可以对【Trigger Conditions】单元中添加进来的任何信号节点右击，并选择一系列不同的触发条件。当所有这些条件都同时满足时实际的触发条件才成立。

逻辑分析仪触发控制包括设置触发类型和触发级数。

如果触发类型选择 Basic，在 SignalTap 窗口中必须为每个信号设置触发模式（Trigger Pattern）。SignalTap II 逻辑分析仪中的触发模式包括 Don't Care（无关项触发）、Low（低电平触发）、High（高电平触发）、Falling Edge（下降沿触发）、Rising Edge（上升沿触发）及 Either Edge（双沿触发）。

如果触发类型选择 Advanced，则设计者必须为逻辑分析仪建立触发条件表达式。一个逻辑分析仪最关键的特点就是它的触发能力。如果不能很好地为数据捕获建立相应的触发条件，逻辑分析仪就可能无法帮助设计者调试设计。在 SignalTap II 逻辑分析仪中，使用高级触发条件编辑器（Advanced Trigger Condition Editor），用户可以在简单的图形界面中建立非常复杂的触发条件。设计者只需要将运算符拖动到触发条件编辑器窗口中，即可建立复杂的触发条件。

　　SignalTap II 逻辑分析仪的多级触发特性为设计者提供了更精确的触发条件设置功能。在多级触发中，SignalTap II 逻辑分析仪首先对第一级触发模式进行触发；当第一级触发表达式满足条件，测试结果为 TRUE 时，SignalTap II 逻辑分析仪对第二级触发表达式进行测试；依次类推，直到所有触发级完成测试，并且最后一级触发条件测试结果为 TRUE 时，SignalTap II 逻辑分析仪开始捕获信号状态。SignalTap II 逻辑分析仪最大可以选择触发级数为 10 级。其设置方法是单击 SignalTap II 窗口中的 Setup 标签页，在【Signal Configuration】面板中，在【Trigger Conditions】下拉菜单中选择触发级数，若设置触发级数为 3 的话，将在节点列表窗口中看到 3 个新的触发条件列表，如图 3-82 所示。

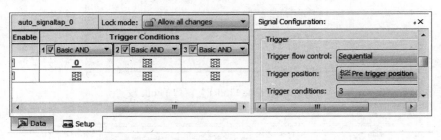

图 3-82　触发级数变化后的 SignalTap II 界面

　　图 3-82 右侧的【Trigger position】栏可以选择触发位置，其中

　　① Pre trigger position：保存触发信号发生之前的信号状态信息，即在达到触发条件前，保存所发生采样的 88%，达到触发条件后，再保存采样的 12%。

　　② Center trigger position：保存触发信号发生前后的数据信息，即在达到触发条件前，保存所发生采样的 50%，达到触发条件后，再保存采样的 50%。

　　③ Post trigger position：保存触发信号发生之后的信号状态信息，即在达到触发条件前，保存所发生采样的 12%，达到触发条件后，再保存采样的 88%。

　　（6）接下来还需要正确地建立硬件环境。首先，确保 FPGA 开发板已经和电脑连接好且电源已经开启。然后，在 SignalTap II 窗口右上方中的【Hardware】栏，单击 Setup... 按钮，打开如图 3-83 所示窗口，在【Available hardware items】栏中双击【USB-Blaster】项，最后单击 Close 按钮完成设置。

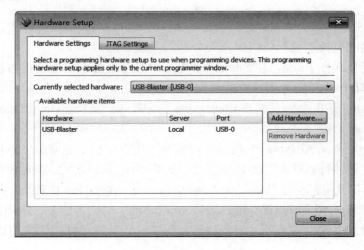

图 3-83　设置下载线

（7）重新编译整个工程。在 Quartus II 窗口中，执行【Processing】/【Start Compilation】命令，弹出如图 3-84 所示的提示对话框，需要保存改动，单击 Yes 按钮，重新编译整个工程。

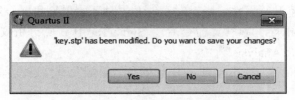

图 3-84　Quartus II 提示对话框

（8）编译完成后，在 SignalTap II 窗口右上方【SOF Manager】部分右边的 按钮，弹出选择编程文件对话框，选择 key.sof 下载文件，单击 Open 按钮，完成 JTAG 链配置面板设置，如图 3-85 所示。

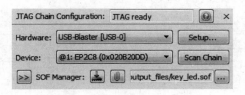

图 3-85　JTAG 链配置面板设置

（9）在 Quartus II 窗口中执行【Tools】/【Programmer】命令，或者在 SignalTap II 窗口单击 按钮，加载 SignalTap II 逻辑分析仪到 FPGA 开发板，就可以像使用外部的逻辑分析仪一样使用 SignalTap II 逻辑分析仪来观察信号。

（10）在 SignalTap 窗口，执行【Processing】/【Run Analysis】命令或者单击 SignalTap II 逻辑分析仪的 按钮。接着，单击 SignalTap II 窗口中的【Data】标签页。这时，得到如图 3-86 的界面。这时 SignalTap II 的【Instance Manager】面板中状态 Status 中显示"Waiting for trigger"，这是因为触发条件（按键的值 1 变为 0）没有满足。

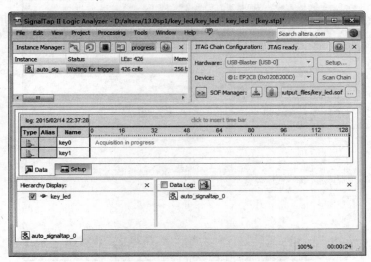

图 3-86　SignalTap II 运行分析界面

SignalTap II 执行逻辑分析工具条有四个选项：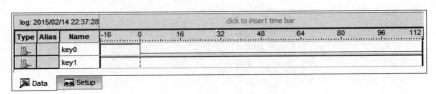，从左到右，依次为 Run Analysis、AutoRun Analysis、Stop Analysis 和 Read Data 按钮。

- ❏ Run Analysis：单步执行 SignalTap II 辑分析仪，即执行该命令后，SignalTap II 逻辑分析仪等待触发事件，当触发事件发生时开始采集数据，然后停止。
- ❏ AutoRun Analysis：执行该命令后，SignalTap II 逻辑分析仪连续捕获数据，直到用户按下 Stop Analysis 为止。
- ❏ Stop Analysis：停止 SignalTap II 分析。如果触发事件还没有发生，则没有接收数据显示出来。
- ❏ Read Data：显示捕获的数据。如果触发事件还没有发生，用户可以单击该按钮查看当前捕获的数据。

（11）按下 FPGA 开发板的按键 S1，即让 key0 的值由 1 变为 0，启动逻辑分析仪的触发条件，得到如图 3-87 所示的数据。数据窗口中不仅显示了两个开关节点在满足触发条件之后的数据值，还包含触发之前的一段数据值。

图 3-87 SignalTap II 分析数据界面

与上述的 SignalTap II 的基本触发控制相比，有时在一个设计中可能会需要一个更复杂的触发条件，这时需要使用高级触发条件来设置更复杂的触发条件。

（1）打开 SignalTap II 窗口中的【Setup】标签页，在信号节点列表中的【Trigger Conditions】列中，确认【Trigger Conditions】复选框已经选中，然后在下拉菜单中选择【Advanced】，弹出如图 3-88 所示的窗口，该窗口允许你使用 SignalTap 中观察的信号节点中的不同信号来建立一个逻辑电路，作为触发条件。

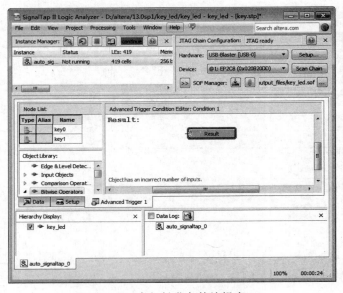

图 3-88 高级触发条件编辑窗口

（2）在图 3-88 所示窗口的【Node List】栏中，高亮选中 key0 和 key1，然后将其拖曳到右边空白处的【Advanced Trigger Condition Editor】窗口。同样，也可以单独地对每个信号节点进行拉入和拖出。

（3）添加必须的逻辑运算符到电路中。其中需要一个 OR 门和两个边沿检测器。单击左侧【Object Library】窗口【Logical Operators】左边的箭头，可以找到 OR 门，然后把 OR 门拖入到【Advanced Trigger Condition Editor】中。单击 Edge & Level Edtector，并把它拖入编辑窗口中。重复两次，然后把这些元件组成如图 3-89 所示的电路。两个输入 key0 和 key1 分别和两个 Edge & Level Edtector 连接，两个边沿检测器的输出再和 OR 门相连。OR 门的输出连接到输出脚 Result。

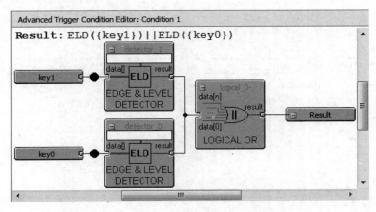

图 3-89　高级触发条件连接电路

（4）设置每个边沿检测器，让其都能检测到下降沿或上升沿，双击边沿检测器，打开如图 3-90 所示窗口，在 Setting 输入框中输入 E，然后单击　OK　按钮。这代表着当输入出现下降沿或上升沿时，边沿检测器的输出为 1，重复步骤设置第二个检测器。

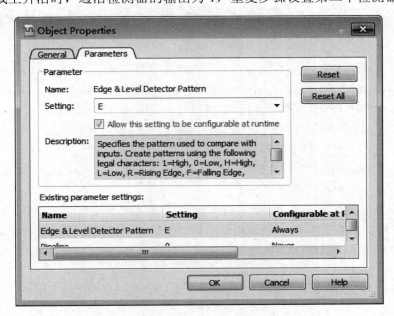

图 3-90　边沿检测器设置对话框

（5）高级触发条件设置完成后，重新编译工程，然后重新配置 FPGA 开发板。接下来按照之前步骤运行 SignalTap。每当 FPGA 开发板上的按键 S1 和 S2，其中一个的值发生改变时，SignalTap II 逻辑分析仪都将会被触发。FPGA 开发板按下按键 S2 后，得到如图 3-91 所示的数据。

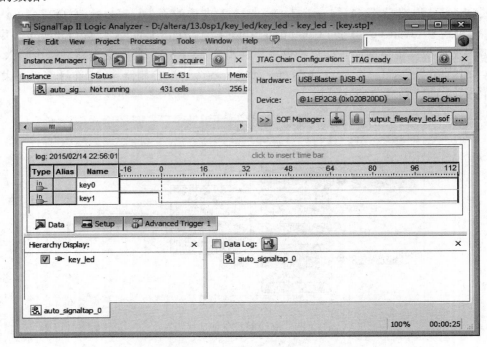

图 3-91　SignalTap II 分析数据界面

3.5　典型实例：正弦波发生器及 SignalTap II 的使用

本实例旨在通过给定的工程实例——"正弦波发生器"来熟悉 Quartus II 参数化宏功能模块的使用、Altera Quartus II 高级调试功能 SignalTap II 和 Intent Memory Content Editor 的使用方法。同时使用 FPGA 开发板将该实例进行下载验证，完成工程设计的硬件实现。通过这些知识点，按照实例的流程，读者可以迅速地掌握使用 Quartus II 软件的高级调试技巧。

本实例使用 Quartus II 自带的宏模块（MegaWizard Plug-in Manager）来设计逻辑功能，并使用嵌入式硬件逻辑分析仪观察结果。

正弦波发生器的原理比较简单，硬件实现也比较简单：首先设计一个分频器来对主时钟信号进行分频，用以获得正弦函数发生器需要的频率，其次设计一个 ROM 用来存放正弦函数的幅度数据；最后用一个计数器来指定 ROM 地址（也就是相位）的增加，输出相应的幅度值。这样在连续的时间内显示的就是一个完整的正弦波形。

【例 3-9】　建立系统工程

（1）双击桌面上的 Quartus II 图标，打开 Quartus II 主界面，如图 3-92 所示。

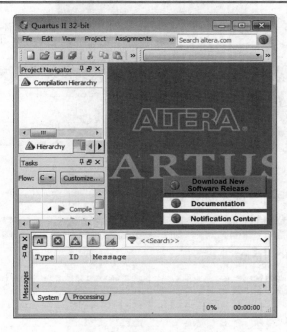

图 3-92　Quartus II 主界面

（2）在 Quartus II 主界面中执行【File】/【New Project Wizard】命令，弹出如图 3-93
所示的项目向导首页即介绍页面。

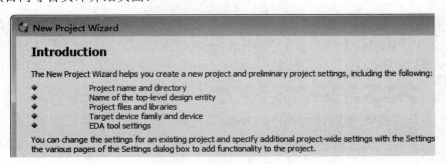

图 3-93　Quartus II 项目向导首页

（3）单击 Next > 按钮，进入如图 3-94 所示的项目基本信息对话框，设置设计项目的
地址为 D:\altera\13.0sp1\wave、设计项目的名称为 wave 和顶层文件实体名为 wave。

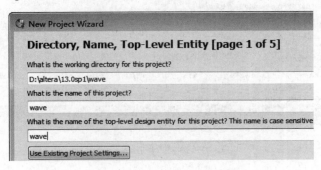

图 3-94　项目基本信息对话框

（4）输入完毕后单击下方的 Next > 按钮，弹出文件目录不存在，是否创建询问对话框，如图 3-95 所示。

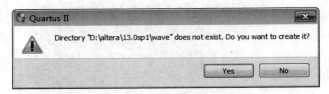

图 3-95　询问对话框

（5）单击 Yes 按钮，进入如图 3-96 所示的添加项目文件对话框，不进行任何操作。

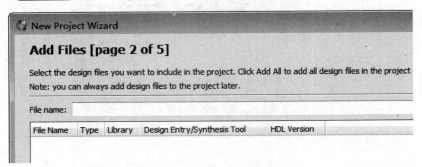

图 3-96　添加项目文件对话框

（6）直接单击 Next > 按钮，进入如图 3-97 所示的下载芯片选择对话框。在【Family】栏选择【CycloneII】项，【Package】栏选择【Any QFP】项，【Pin count】栏选择【208】项，【Speed grade】栏选择【8】项，在【Available devices】栏选择芯片【EP2C8Q208C8】。

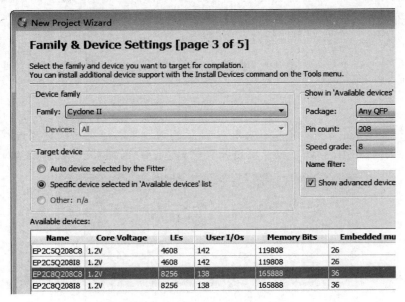

图 3-97　下载芯片选择对话框

（7）单击 Next > 按钮，进入 EDA 工具选择对话框，选择默认设置。

（8）单击 Next > 按钮，进入显示生成项目的信息摘要，单击 Finish 按钮，完成新项目的建立，出现如图 3-98 所示的工程界面，从图中可看出新建项目的名称为 wave。

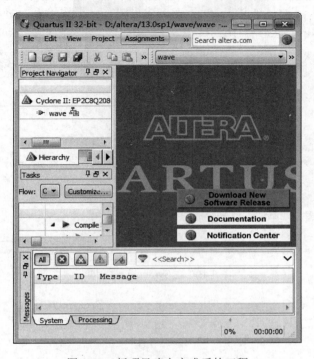

图 3-98　新项目建立完成后的工程

【例 3-10】　分频器的设计

（1）执行【File】/【New】命令，弹出新建设计文件对话框，在【Design Files】标签页下选中【Block Diagram/Schematic File】选项，单击 OK 按钮，打开如图 3-99 所示的原理图编辑器窗口。

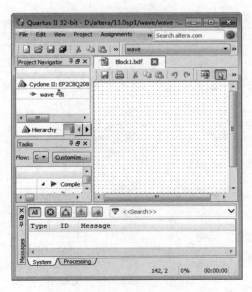

图 3-99　新建原理图编辑器窗口

（2）在原理图编辑器窗口的空白处双击，弹出如图 3-100 所示的元件符号选择对话框。直接在【Name】栏输入 dff（D 触发器）、not（非门）、Input（输入引脚）、Output（输出引脚）和 vcc（高电平）。通过连线工具 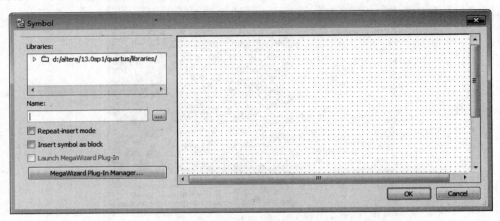 连接逻辑电路，更改输入引脚名字为 clk50，更改输出引脚名字为 clkdiv，如图 3-101 所示。

图 3-100　【Symbol】对话框

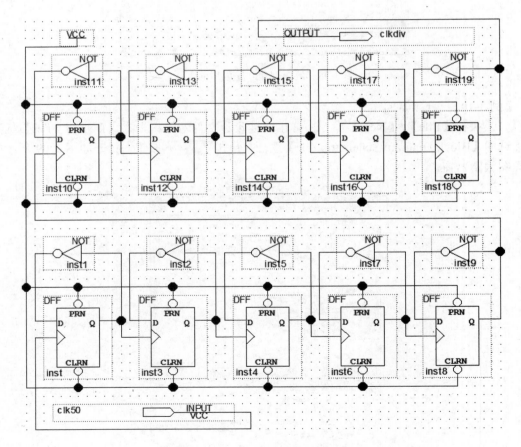

图 3-101　分频器的逻辑原理图

（3）在原理图编辑器窗口，执行【File】/【Save】命令，保存文件为"div.bdf"。再执行【File】/【Create/Update】/【Create Symbol Files for Current File】命令，软件会自动分析 div. bdf 文件的语法错误，若语法正确，软件会自动生成 div.bsf 文件，此文件为原理图中的模块图形，在原理图文件中单击 ⬡ 按钮，就可以加入刚刚建立的模块，如图 3-102 所示。

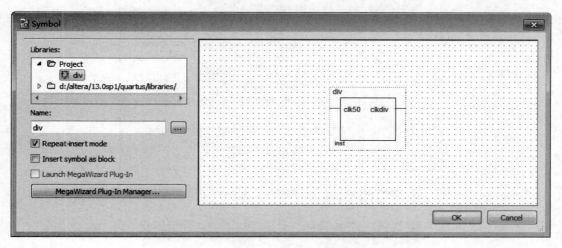

图 3-102 在原理图中添加分频器模块

【例 3-11】 计数器的设计

（1）执行【Tools】/【MegaWizard Plug-In Manager】命令，在 Quartus II 软件中打开【MegaWizard Plug-In Manager】向导，如图 3-103 所示。选择【Create a new custom megafunction variation】项目。

（2）单击 Next > 按钮，弹出如图 3-104 所示的对话框。在【arithmetic】库下选择【LPM_COUNTER】，在【which device family will you be using?】栏选择【Cyclone II】，在【What type of output file do you want to create？】选择【Verilog HDL】，在【What name do you want for the output file?】栏中键入"D:/altera/13.0sp1/wave/lpm_counter0"。

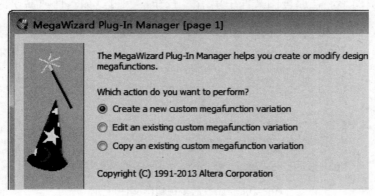

图 3-103 【MegaWizard Plug-In Manager】向导页面

（3）单击 Next > 按钮，弹出如图 3-105 所示的计数器输出参数设置页面，在此页中设置计数器输出 q 的位数为 6。

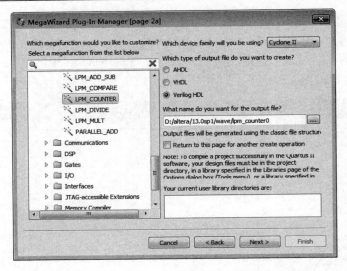

图 3-104 【MegaWizard Plug-In Manager】向导对话框宏功能模块选择页面

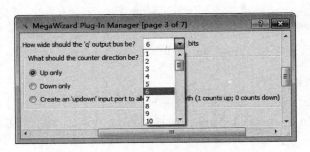

图 3-105 计数器输出参数设置页面

（4）单击 Finish 按钮，弹出如图 3-106 所示的计数器多种输出文件页面，选择系统默认设置，单击 Finish 按钮，完成设置。软件会自动生成 lpm_counter0.bsf 文件，此文件为原理图中的模块图形，在原理图文件中单击 Ð 按钮，就可以加入计数器模块。

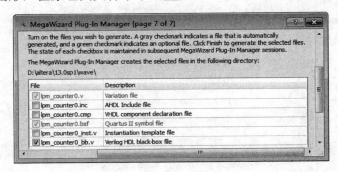

图 3-106 计数器多种输出文件页面

【例 3-12】 存储器文件的设计

设计波形存储器 ROM 模块之前，应先创建一个存储器初始化文件。ROM 模块中波形数据可通过 Matlab 软件计算产生。此处利用 Matlab 软件给出生成波形数据的 Matlab 实现程序，同时将数据直接写入 sin.mif 文件。

```
%%mif.m 文件
%-------------产生 sin.mif 文件 Matlab 程序----------------
fh=fopen('sin.mif','w+');%建立 sin.mif 文件
fprintf(fh,'WIDTH=8;\r\n');   %数据宽度设置
fprintf(fh,'DEPTH=64;\r\n'); %存储单元数设置
fprintf(fh,'ADDRESS_RADIX=HEX;\r\n');%地址显示格式
fprintf(fh,'DATA_RADIX=HEX;\r\n');%数据显示格式
fprintf(fh,'CONTENT BEGIN\r\n');
for i=0:63
    fprintf(fh,'%4x:%4x;\n',i,floor((0.5+0.5*sin(2*pi*i/63))* 256));%正弦
信号
end
fprintf(fh,'end;\n');
fclose(fh);
```

【例 3-13】　存储器的设计

（1）执行【Tools】/【MegaWizard Plug-In Manager】命令，在 Quartus II 软件中打开【MegaWizard Plug-In Manager】向导，如图 3-103 所示。选择【Create a new custom megafunction variation】项目。

（2）单击 Next > 按钮，弹出如图 3-107 所示的对话框。在【Memory Compiler】库下选择【ROM:1-PORT】，在【Which device family will you be using?】栏选择【Cyclone II】，在【What type of output file do you want to create？】选择【Verilog HDL】，在【What name do you want for the output file?】栏中输入"D:/altera/13.0sp1/wave/lpm_rom0"。

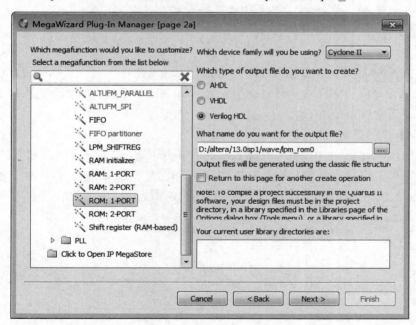

图 3-107　【MegaWizard Plug-In Manager】向导对话框宏功能模块选择页面

（3）单击 Next > 按钮，弹出如图 3-108 所示的 ROM 的字数、字宽设置页设置页。设置 ROM 的字宽为 8 和字数为 64。

（4）单击 Next > 按钮，则弹出输出设置页，选择系统默认设置。

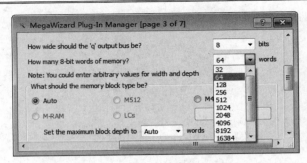

图 3-108　ROM 的字数、字宽设置页

（5）单击 Next > 按钮，则弹出如图 3-109 所示的储存文件设置页，在【Do you want to specify the initial content of the memory?】一栏中，通过单击 Browse... 按钮选择初始化数据文件(sin.mif)，使其显示在【File name】文本框中（如./sin.mif）。同时勾选【Allow In-System Memory …】项。

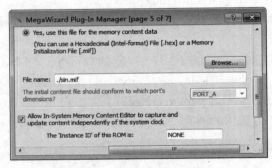

图 3-109　储存文件设置页

（6）单击 Finish 按钮，弹出 ROM 存储器多种输出文件页面，选择系统默认设置，点击 Finish 按钮，完成设置。软件会自动生成 lpm_rom0.bsf 文件，此文件为原理图中的模块图形，在原理图文件中单击 ▷ 按钮，就可以加入存储器模块。

【例 3-14】　工程顶层的设计

新建原理图文件后，调出 div、lpm_counter0 和 lpm_rom0 模块，调入输入、输出引脚，添加后双击端口，给端口命名，输入命名为 clk，输出分频频率命名为 clkout，输出地址命名为 address[5..0]，输出数据命名为 q[7..0]，完成顶层原理图的设计并存盘（文件名为 wave.bdf），如图 3-110 所示。

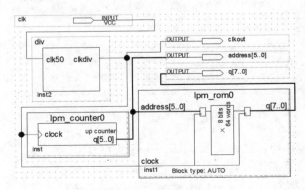

图 3-110　工程顶层文件

【**例 3-15**】　编译工程及引脚分配

（1）执行【Processing】/【Start】/【Start Analysis&Synthesis】命令，编译工程，检查项目文件是否存在语法错误。

（2）执行【Assignments】/【Pin Planner】命令，如图 3-111 所示，下方的列表中列出了本项目所有的输入、输出引脚名。双击要分配引脚对应的【Location】项后弹出下载芯片管脚列表，将输入 clk 信号引脚分配到芯片的 23 管脚，将 q[7]到 q[0]引脚分配到芯片的 106、110、112、113、114、115、116 和 117 管脚（对应 LED 灯）。

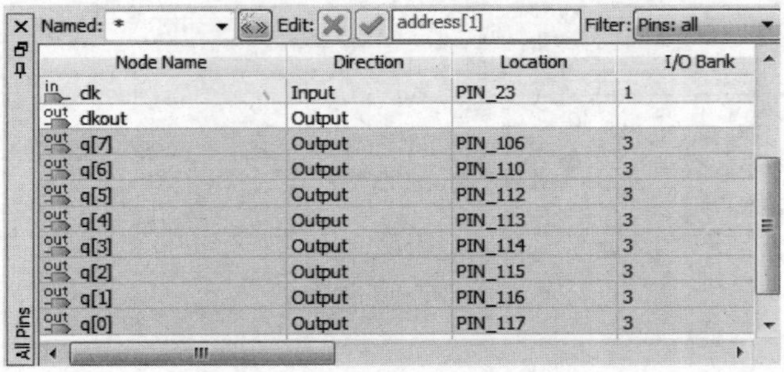

图 3-111　分配引脚对话框

（3）执行【Processing】/【Start Compilation】命令，编译报告窗口自动显示出来，如图 3-112 所示。

图 3-112　编译工程结果

【**例 3-16**】　使用 SignalTap II 观察波形

（1）在 Quartus II 环境中执行【Tools】/【SignalTap II Logic Analyzer】命令，弹出如图

3-113 所示的 SignalTap II 界面。

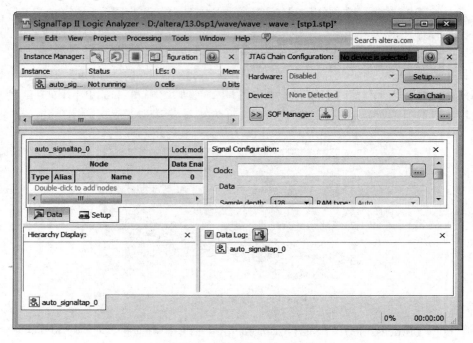

图 3-113　SignalTap II 界面

（2）在 SignalTap II 窗口中的【Setup】标签页中，双击灰色字体记号【Double-click to add nodes】的区域，弹出【Node Finder】窗口，如图 3-114 所示。在【Filter】区域中，选择【SignalTap II：pre-synthesis】，然后单击 List 按钮，在【Nodes Found】区域中将会显示在工程中能被观察到的节点列表选择 address 和 q，然后单击 > 按钮，单击 OK 按钮，将观察的节点添加到 SignalTap II 中。

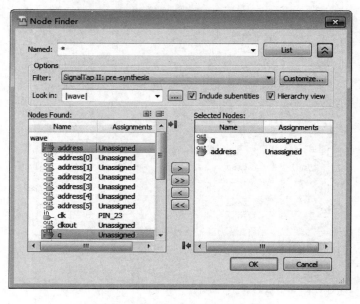

图 3-114　【Node Finder】窗口设置

（3）在 SignalTap 窗口【Signal Configuration】面板中的单击 Clock 部分右边的 [...] 按钮，打开【Node Finder】窗口。单击 [List] 按钮，选择 clkout 信号并双击，然后单击单击 [OK] 按钮关闭设置窗口。在【Signal Configuration】面板中的【Sample depth】下拉菜单中选择【512】项，在【Trigger position】下拉菜单中选择【Center trigger position】项，结果如图 3-115 所示。

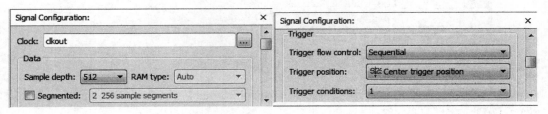

图 3-115　【Signal Configuration】面板设置

（4）在 SignalTap 窗口中【Setup】标签页中，选中【Trigger Conditions】列中的单选框，然后在单选框右边的下拉菜单中选择【Advanced】，弹出高级触发设置页面。从【Node List】栏中拖入 address 信号，在【Object Library】窗口【Comparison Operator】中加入 Equality，【Input Objects】中加入 Bus Value，设置为当地址信号 address＝0 时开始触发，得到如图 3-116 所示的触发条件。

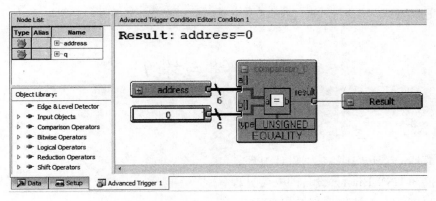

图 3-116　SignalTap II 高级触发设置结果

（5）在 Quartus II 环境下，再次整体编译工程，在菜单栏中单击 ▶ 按钮，开始编译。打开 SignalTap II 文件，在【Hardware】栏单击 [Setup...] 按钮，在【Available hardware items】栏中双击选择【USB-Blaster】项，在【SOF Manager】栏单击 [...] 按钮，选择 D:/altera/13.0sp1/wave/output_files 下的 wave.sof 文件，单击 ⬇ 按钮，加载 SignalTap II 逻辑分析仪到 FPGA 开发板，JTAG 链配置面板设置如图 3-117 所示。

图 3-117　JTAG 链配置面板设置

（6）在【Instance Manager】中单击 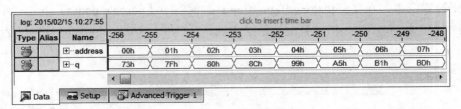 按钮进行一次触发，将会得到如图 3-118 所示的数字分析信息。

图 3-118　观察采样数据数字显示波形

（7）在信号 q 上单击右键，选择【Bus Display Format】/【Unsigned Line Chart】选项，如图 3-119 所示的波形分析信息。

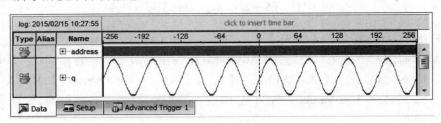

图 3-119　观察采样数据模拟显示波形结果图

3.6　思考与练习

1. 概念题

（1）简述 Quartus II 的基本设计流程。
（2）简述 USB-Blaster 设备的安装过程。
（3）简述 FPGA 器件编程过程。
（4）简述 SignalTap II 在线逻辑分析仪的使用方法。

2. 操作题

（1）利用 Quartus II 参数化宏功能模块，动手设计一个 8 位的计数器。
（2）利用 Quartus II 参数化宏功能模块，动手设计一个直接数字频率合成器，其中输入频率控制字位宽为 32，输出 ROM 数据位宽为 10。

第 4 章　Verilog HDL 语言概述

Verilog HDL 语言是 FPGA 工具软件的主要输入方式，在可编程逻辑器件和专用集成电路设计中有着广泛的应用。本章主要对硬件描述语言、Verilog HDL 的历史、Verilog HDL 的程序设计模式、Verilog HDL 语言的基本框架及基本要素进行简要说明，为后续章节的学习奠定基础。

4.1　硬件描述语言的概念

硬件描述语言（Hardware Discription Language, HDL）以文本形式描述数字系统硬件结构和行为，是一种用形式化方法来描述数字电路和系统的语言，可以从上层到下层来逐层描述自己的设计思想，即用一系列分层次的模块来表示复杂的数字系统，并逐层进行验证仿真，再把具体的模块组合，由综合工具转化成门级网表，接着利用布局布线工具把网表转化为具体电路结构的实现。目前，这种自顶向下的方法已被广泛使用。概括地讲，HDL 语言包含以下主要特征。

- ❑ HDL 语言既包含一些高级程序设计语言的结构形式，同时也兼顾描述硬件线路连接的具体结构。
- ❑ 通过使用结构级行为描述，可以在不同的抽象层次描述设计。HDL 语言采用自顶向下的数字电路设计方法，主要包括 3 个领域 5 个抽象层次。
- ❑ HDL 语言是并行处理的，具有同一时刻执行多任务的能力，这和一般高级设计语言（例如 C 语言等）串行执行的特征是不同的。
- ❑ HDL 语言具有时序的概念。一般的高级编程语言是没有时序概念的，但在硬件电路中从输入到输出总是有延时存在的，为了描述这一特征，需要引入时延的概念。HDL 语言不仅可以描述硬件电路的功能，还可以描述电路的时序。

Verilog HDL 和 VHDL 是目前世界上最流行的两种硬件描述语言（HDL：Hardware Description Language），以 IEEE 为标准，被广泛地应用于基于可编程逻辑器件的项目开发。二者都是在 20 世纪 80 年代中期开发出来的，前者由 Gateway Design Automation 公司（该公司于 1989 年被 Cadence 公司收购）开发，后者由美国军方研发。

传统的数字逻辑硬件电路的描述方式是基于原理图设计的，根据设计要求选择器件，绘制原理图，完成输入过程，这种方法在早期得到了广泛应用，其优点是直观、便于理解；但在大型设计中，其维护性很差，不利于设计建设和复用。此外，原理图设计法有一个最致命的缺点：当所用芯片停产或升级换代后，相关的设计都需要做出改动甚至是重新开始。

HDL 以文本形式来描述数字系统硬件结构和行为的语言，不仅可以表示逻辑电路图、逻辑表达式，还可以表示数字逻辑系统所完成的逻辑功能。随着人们对数十万门、数百万门乃至数千万门电路设计需求的增加，依靠传统的原理图输入已经不能满足设计人员的要求，和原理图设计方法相比，Verilog HDL 语言设计法利用高级的设计方法，有利于将系统划分为子模块，便于团队开发；且与芯片的工艺和结构无关，通用性和可移植强。

4.2　Verilog HDL 的产生与发展

　　Verilog HDL 是硬件描述语言的一种，用于数字电子系统设计。它允许设计者用它来进行各种级别的逻辑设计，可以用它进行数字逻辑系统的仿真验证、时序分析、逻辑综合。它是目前应用最广泛的一种硬件描述语言。据有关文献报道，目前在美国使用 Verilog HDL 进行设计的工程师大约有 60 000 人，全美国有 200 多所大学教授用 Verilog HDL 硬件描述语言的设计方法。在我国台湾地区几乎所有著名大学的电子和计算机工程系都讲授 Verilog 有关的课程。

　　1983 年，Gateway Design Automation（GDA）硬件描述语言公司的 Philip Moorby 首创了 Verilog HDL。后来 Moorby 成为 Verilog HDL-XL 的主要设计者和 Cadence 公司的第一合伙人。1984 至 1986 年，Moorby 设计出第一个关于 Verilog HDL 的仿真器，并提出了用于快速门级仿真的 XL 算法，使 Verilog HDL 语言得到迅速发展。1987 年，Synonsys 公司开始使用 Verilog HDL 行为语言作为综合工具的输入。1989 年，Cadence 公司收购了 Gateway 公司，Verilog HDL 成为 Cadence 公司的私有财产。1990 年年初，Cadence 公司把 Verilog HDL 和 Verilog HDL-XL 分开，并公开发布了 Verilog HDL。随后成立的 OVI（Open Verilog HDL International）组织负责 Verilog HDL 的发展并制定有关标准，OVI 由 Verilog HDL 的使用者和 CAE 供应商组成。1993 年，几乎所有 ASIC 厂商都开始支持 Verilog HDL，并且认为 Verilog HDL-XL 是最好的仿真器。同时，OVI 推出 2.0 版本的 Verilong HDL 规范，IEEE 则将 OVI 的 Verilog HDL 2.0 作为 IEEE 标准的提案。1995 年 12 月，IEEE 制定了 Verilog HDL 的标准 IEEE 1364-1995。

　　设计人员在使用这个版本的 Verilog 的过程中发现了一些可改进之处。为了解决用户在使用此版本 Verilog 过程中反映的问题，Verilog 进行了修正和扩展，这部分内容后来再次被提交给电气电子工程师学会。这个扩展后的版本后来成为了电气电子工程师学会 1364-2001 标准，即通常所说的 Verilog-2001。Verilog-2001 是对 Verilog-95 的一个重大改进版本，它具备一些新的实用功能，如敏感列表、多维数组、生成语句块、命名端口连接等。目前，Verilog-2001 是 Verilog 的最主流版本，被大多数商业电子设计自动化软件包支持，其大幅度地提高了系统级和可综合性能。

　　2005 年，Verilog 再次进行了更新，即电气电子工程师学会 1364-2005 标准，该版本只是对上一版本的细微修正。这个版本还包括了一个相对独立的新部分，即 Verilog-AMS。这个扩展使得传统的 Verilog 可以对集成的模拟和混合信号系统进行建模。容易与 IEEE 1364-2005 标准混淆的是加强硬件验证语言特性的 SystemVerilog（IEEE 1800-2005 标准），它是 Verilog-2005 的一个超集，它是硬件描述语言、硬件验证语言（针对验证的需求，特别加强了面向对象特性）的一个集成。

　　2009 年，IEEE 1364-2005 和 IEEE 1800-2005 两个部分合并为 IEEE 1800-2009，成为

了一个新的、统一的 SystemVerilog 硬件描述验证语言（Hardware Description and Verification Language, HDVL）。

4.3　Verilog HDL 语言的魅力

　　Verilog HDL 既是一种行为描述语言，也是一种结构描述语言。按照一定的规则和风格编写代码，就可以将功能行为模块通过工具自动转化为门级互连的结构模块。这意味着利用 Verilog HDL 语言所提供的功能，可以构造一个模块间的清晰结构来描述复杂的大型设计，并对所需的逻辑电路进行严格的设计。下面列出的是 Verilog HDL 语言的主要特点。

- ❏ 可描述顺序执行或并行执行的程序结构；
- ❏ 用延迟表达式或事件表达式来明确地控制过程的启动时间；
- ❏ 通过命名的事件来触发其他过程里的激活行为或停止行为；
- ❏ 提供了可带参数且非零延续时间的任务程序结构；
- ❏ 提供了可定义新的操作符的函数结构；
- ❏ 提供了用于建立表达式的算术运算符、逻辑运算符和位运算符；
- ❏ 提供了一套完整的表示组合逻辑基本元件的原语；
- ❏ 提供了双向通路和电阻器件的描述；
- ❏ 可建立 MOS 器件的电荷分享和衰减模型；
- ❏ 可以通过构造性语句精确地建立信号模型；
- ❏ 在行为级描述中，Verilog HDL 语言不仅能够在 RTL 级上进行设计描述，而且能够在体系结构级描述及其算法级行为上进行设计描述；
- ❏ 能够使用门和模块实例化语句在结构级进行结构描述；
- ❏ 对高级编程语言结构，如条件语句、情况语句和循环语句，语言中都可以使用；
- ❏ 可以显式地对并发和定时进行建模；
- ❏ 提供强有力的文件读写能力；
- ❏ 语言在特定情况下是非确定性的，即在不同的模拟器上模型可以产生不同的结果。例如，事件队列上的事件顺序在标准中没有定义。

　　此外，Verilog HDL 语言还有一个重要特征是与 C 语言风格有很多的相似之处，学习起来比较容易。

4.3.1　Verilog HDL 语言与 VHDL 语言的比较

　　VHDL 是 Very-High-Speed Integrated Circuit Hardware Description Language 的缩写，其诞生于 1982 年。1987 年年底，VHDL 被 IEEE 和美国国防部确认为标准硬件描述语言。此后，各 EDA 公司相继推出自己的 VHDL 设计环境，或宣布自己的设计工具可以和 VHDL 接口。1993 年，IEEE 对 VHDL 进行了修订，从更高的抽象层次和系统描述能力上扩展 VHDL 的内容，公布了新版本的 VHDL，即 IEEE 标准的 1076-1993 版本。目前，1076-1993 版本是 VHDL 的最主流版本。

　　VHDL 主要用于描述数字系统的结构、行为、功能和接口。除了含有许多具有硬件特征的语句外，VHDL 的语言形式和描述风格与语法类似于一般的计算机高级语言。VHDL 的程序结构特点是将一项工程设计，或称设计实体（可以是一个元件，一个电路模块或一个系统）分成外部（或称可视部分，及端口）和内部（或称不可视部分），既涉及实体的内部功能和算法完成部分。在对一个设计实体定义了外部界面后，一旦其内部开发完成后，其他的设计就可以直接调用这个实体，这种将设计实体分成内外部分的概念是 VHDL 系统设计的基本点。

1. 语言之间的共同点

Verilog HDL 语言和 VHDL 语言作为描述硬件电路设计的语言，其共同的特点如下。

- ❑ 能形式化地抽象表示电路的结构和行为；
- ❑ 支持逻辑设计中层次与领域的描述；
- ❑ 可借用高级语言的精巧结构来简化电路的描述；
- ❑ 具有电路仿真与验证机制以保证设计的正确性；
- ❑ 支持电路描述由高层到低层的综合转换；
- ❑ 硬件描述与实现工艺无关（有关工艺参数可通过语言提供的属性包括进去）；
- ❑ 便于文档管理，易于理解和设计重用。

2. 语言之间的不共同点

Verilog HDL 和 VHDL 最大的差别在语法上，Verilog HDL 是一种类 C 语言，而 VHDL 是一种类通用程序设计语言。由于 C 语言简单宜用且应用广泛，因此也使得 Verilog HDL 语言容易学习，如果具有 C 语言学习的基础，很快就能够掌握；相比之下，VHDL 语句较为晦涩，使用难度较大，一般需要半年以上的专业培训才能够掌握。

此外，Verilog HDL 和 VHDL 又有各自的特点，由于 Verilog HDL 推出较早，因而拥有更广泛的客户群体、更丰富的资源。传统观点认为 Verilog HDL 在系统级抽象方面较弱，不太适合特大型的系统。大多数业界学者和工程师认为 VHDL 侧重于系统级描述，从而更多地为系统级设计人员所采用；Verilog HDL 侧重于电路级描述，从而更多地为电路级设计人员所采用，但这两种语言也仍处于不断完善的过程中，都在朝着更高级、更强大描述语言的方向前进；其中，经过 IEEE Verilog 2001 标准的补充后，Verilog HDL 语言的系统级表述性能和可综合性能有了大幅度提高。

4.3.2 Verilog HDL 与 C 语言的比较

虽然 Verilog HDL 的某些语法与 C 语言接近，但存在本质上的区别。Verilog HDL 是一种硬件语言，最终是为了产生实际的硬件电路或对硬件电路进行仿真；C 语言是一种软件语言，是控制硬件来实现某些功能。利用 Verilog HDL 编程时，要时刻记得 Verilog HDL 是硬件语言，要时刻将 Verilog HDL 与硬件电路对应起来。二者的异同点如下。

- ❑ C 语言是由函数组成的，而 Verilog HDL 则是由称之为 module 的模块组成的。
- ❑ C 语言中的函数调用通过函数名相关联，函数之间的传值是通过端口变量实现的。相应地，Verilog HDL 中的模块调用也通过模块名相关联，模块之间的联系同样通过端口之间的连接实现，和 C 语言中端口变量所不同的是，模块间连接反映的是硬件之间的实际物理连接。

❑ C 语言中，整个程序的执行从 main 函数开始。Verilog HDL 没有相应的专门命名模块，每一个 module 模块都是等价的，但必定存在一个顶层模块，它的端口中包含了芯片系统与外界的所有 I/O 信号。这个顶层模块从程序的组织结构上讲，类似于 C 语言中的 main 函数，但 Verilog HDL 中所有 module 模块都是并发运行的，这一点必须从本质上与 C 语言加以区别。

❑ C 语言是运行在 CPU 平台上的，是串行执行的。Verilog HDL 语言用于 CPLD/FPGA 开发，或者 IC 设计，对应着门逻辑，所有模块是并行执行的。

❑ Verilog HDL 中对注释语句的定义与 C 语言类似。

4.3.3　Verilog HDL 的应用

几年以来，EDA 界一直对在数字逻辑设计中究竟采用哪一种硬件描述语言争论不休。在美国，在高层逻辑电路设计领域 Verilog HDL 和 VHDL 的应用比率是 60% 和 40%，在台湾省各为 50%，在中国大陆目前 Verilog HDL 的应用比率较高。Verilog HDL 是专门为复杂数字逻辑电路和系统的设计仿真而开发的，本身适合复杂数字逻辑电路和系统的仿真和综合。由于 Verilog HDL 在其门级描述的底层，也就是在晶体管开关的描述方面比 VHDL 有强得多的功能，所以即使是 VHDL 的设计环境，在底层实质上也是由 Verilog HDL 描述的器件库所支持的。另外，目前 Verilog HDL-A 标准还支持模拟电路的描述，目前，Verilog HDL 新标准将把 Verilog HDL-A 并入其中，使其不仅支持数字逻辑电路的描述还支持模拟电路的描述，因此在混合信号的电路系统的设计中，它必将会有更广泛的应用。在亚微米和深亚微米 ASIC 和高密度 FPGA 已成为电子设计主流的今天，Verilog HDL 的发展前景是非常远大的。因此，Verilog HDL 较为适合系统级（System）、算法级（Alogrithem）、寄存器传输级（RTL）、逻辑级（Logic）、门级（Gate）、电路开关级（Switch）设计，而对于特大型（几百万门级以上）的系统级（System）设计，则 VHDL 更为适合，由于这两种 HDL 语言还在不断地发展过程中，它们都会逐步地完善自己。

综上所述，Verilog HDL 语言作为学习 HDL 设计方法入门和基础是非常合适的。掌握了 Verilog HDL 语言建模、综合和仿真技术，不仅可以增加读者对数字电路设计技术的深入了解，还可以为后续阶段的高级学习打好基础，包括数字信号处理和无线通信的 FPGA 实现、IC 设计等领域。

4.4　采用 Verilog HDL 设计复杂数字电路的优点

在 FPGA 设计中，如果按照第 3 章所述采用电路原理图输入法进行设计，存在设计周期长，需要专门设计工具，需手工布线等缺陷。而采用 Verilog HDL 输入法时，由于 Verilog HDL 的标准化，可以很容易地把完成的设计移植到不同的厂家的不同的芯片中去，并在不同规模应用时可以较容易地作修改。这不仅是因为用 Verilog HDL 所完成的设计，它的信号位数是很容易改变的，可以很容易地对它进行修改，来适应不同规模的应用，在仿真验证时，仿真测试矢量还可以用同一种描述语言来完成，而且还因为采用 Verilog HDL 综合器生成的数字逻辑是一种标准的电子设计互换格式（Electronic Design Interchange Format, EDIF）文件，独立于所采用的实现工艺。有关工艺参数的描述可以通过 Verilog HDL 提供的属性包括进去，然后利用不同厂家的布局布线工具，在不同工艺的芯片上实现。

采用 Verilog HDL 输入法最大的优点是其与工艺无关性，这使得工程师在功能设计、逻辑验证阶段，可以不必过多考虑门级及工艺实现的具体细节，只需要利用系统设计时对芯片的要求，施加不同的约束条件，即可设计出实际电路。实际上这是利用了计算机的巨大能力在 EDA 工具的帮助下，把逻辑验证与具体工艺库匹配、布线及时延计算分成不同的阶段来实现，从而减轻了人们的繁琐劳动。

Verilog HDL 的标准化大大加快了 Verilog HDL 的推广和发展。由于 Verilog HDL 设计方法的与工艺无关性，因而大大提高了 Verilog HDL 模型的可重用性。我们把功能经过验证的、可综合的、实现后电路结构总门数在 5 000 门以上的 Verilog HDL 模型称之为"软核"（Soft Core）。而把由软核构成的器件称为虚拟器件，在新电路的研制过程中，软核和虚拟器件可以很容易地借助 EDA 综合工具与其他外部逻辑结合为一体。这样软核和虚拟器件的重用性就可大大缩短设计周期，加快了复杂电路的设计。目前国际上有一个叫作虚拟接口联盟的组织（Virtual Socket Interface Alliance）来协调这方面的工作。

我们把在某一种现场可编程门阵列（Field Programmable Gate Array, FPGA）器件上实现的，经验证是正确的总门数在 5 000 门以上电路结构编码文件，称之为"固核（Firm Core）"。把在某一种专用半导体集成电路工艺的（ASIC）器件上实现的经验证是正确的总门数在 5 000 门以上的电路结构掩膜，称之为"硬核（Hard Core）"。

显而易见，在具体实现手段和工艺技术尚未确定的逻辑设计阶段，软核具有最大的灵活性，它可以很容易地借助 EDA 综合工具与其他外部逻辑结合为一体。当然，由于实现技术的不确定性，有可能要做一些改动以适应相应的工艺。相比之下固核和硬核与其他外部逻辑结合为一体的灵活性要差得多，特别是电路实现工艺技术改变时更是如此。而近年来电路实现工艺技术的发展是相当迅速的，为了逻辑电路设计成果的积累，和更快更好地设计更大规模的电路，发展软核的设计和推广软核的重用技术是非常有必要的。新一代的数字逻辑电路设计师必须掌握这方面的知识和技术。

4.5　Verilog HDL 程序设计模式

现代集成电路制造工艺技术的改进，使得在一个芯片上集成数十乃至数百万个器件成为可能，但我们很难设想仅由一个设计师独立设计如此大规模的电路而不出现错误。利用层次化、结构化的设计方法，一个完整的硬件设计任务首先由总设计师划分为若干个可操作的模块，编制出相应的模型（行为的或结构的），通过仿真加以验证后，再把这些模块分配给下一层的设计师，这就允许多个设计者同时设计一个硬件系统中的不同模块，其中每个设计者负责自己所承担的部分；而由上一层设计师对其下层设计者完成的设计用行为级上层模块对其所做的设计进行验证。如图 4-1 所示为自顶向下的 FPGA 设计开发流程的示意图，以设计树的形式绘出。

自顶向下的设计（即 TOP-DOWN 设计）从系统级开始，把系统划分为基本单元，然后把每个基本单元划分为下一层次的基本单元，一直这样做下去，直到可以直接用 EDA

元件库中的元件来实现为止。

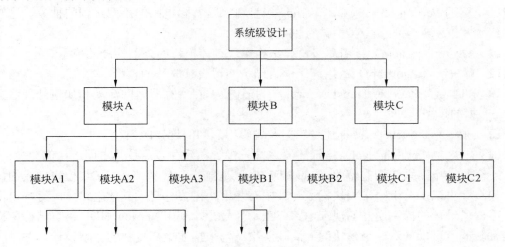

图 4-1　自顶向下的 FPGA 设计开发流程

对于设计开发整机电子产品的单位和个人来说，新产品的开发总是从系统设计入手，先进行方案的总体论证、功能描述、任务和指标的分配。随着系统变得复杂和庞大，特别需要在样机问世之前，对产品的全貌有一定的预见性。目前，主流的可编程开发工具都提供了自顶向下的管理功能，可以有效地梳理错综复杂的层次，能够方便地查看某一层次模块的源代码以修改错误。

复杂数字逻辑电路和系统的层次化、结构化设计隐含着硬件设计方案的逐次分解。在设计过程中的任意层次，硬件至少有一种描述形式。硬件的描述特别是行为描述通常称为行为建模。在集成电路设计的每一层次，硬件可以分为一些模块，该层次的硬件结构由这些模块的互连描述，该层次的硬件的行为由这些模块的行为描述。这些模块称为该层次的基本单元。而该层次的基本单元又由下一层次的基本单元互连而成。如此进行，完整的硬件设计就可以由图 4-1 所示的设计树描述。在这个设计树上，节点对应着该层次上基本单元的行为描述，树枝对应着基本单元的结构分解。在不同的层次都可以进行仿真以对设计思想进行验证。EDA 工具提供了有效的手段来管理错综复杂的层次，即可以很方便地查看某一层次某模块的源代码或电路图以改正仿真时发现的错误。

在不同的层次做具体模块的设计所用的方法也有所不同，在高层次上往往编写一些行为级的模块通过仿真加以验证，其主要目的是系统性能的总体考虑和各模块的指标分配，并非具体电路的实现。因而综合及其以后的步骤往往不需进行。而当设计的层次比较接近底层时行为描述往往需要用电路逻辑来实现，这时的模块不仅需要通过仿真加以验证，还需进行综合、优化、布线和后仿真等操作。

4.6　Verilog HDL 程序基本结构

Verilog HDL 是一种用于数字逻辑电路设计的语言。用 Verilog HDL 描述的电路设计就是该电路的 Verilog HDL 模型。Verilog HDL 既是一种行为描述的语言，也是一种结构描述的语言。也就是说，既可以用电路的功能描述，也可以用元器件和它们之间的连接来建立所设计电路的 Verilog HDL 模型。Verilog 模型可以是实际电路的不同级别的抽象，这些抽象的级别和它们对应的模型类型共有以下 5 种。

- □ 系统级（system）：用高级语言结构实现设计模块的外部性能的模型。
- □ 算法级（algorithm）：用高级语言结构实现设计算法的模型。
- □ RTL 级（Register Transfer Level）：描述数据在寄存器之间流动和如何处理这些数据的模型。
- □ 门级（gate-level）：描述逻辑门及逻辑门之间的连接的模型。
- □ 开关级（switch-level）：描述器件中三极管和储存节点及其之间连接的模型。

一个复杂电路系统的完整 Verilog HDL 模型是由若干个 Verilog HDL 模块构成的，每一个模块又可以由若干个子模块构成。其中有些模块需要综合成具体电路，而有些模块只是与用户所设计的模块交互的现存电路或激励信号源。利用 Verilog HDL 语言结构所提供的这种功能就可以构造一个模块间的清晰层次结构来描述极其复杂的大型设计，并对所作设计的逻辑电路进行严格的验证。

Verilog HDL 行为描述语言作为一种结构化和过程性的语言，其语法结构非常适合于算法级和 RTL 级的模型设计，这种行为描述语言具有以下功能。

- □ 可描述顺序执行或并行执行的程序结构。
- □ 用延迟表达式或事件表达式来明确地控制过程的启动时间。
- □ 通过命名的事件来触发其他过程中的激活行为或停止行为。
- □ 提供了条件、if-else、case、循环程序结构。
- □ 提供了可带参数且非零延续时间的任务（task）程序结构。
- □ 提供了可定义新的操作符的函数结构（function）。
- □ 提供了用于建立表达式的算术运算符、逻辑运算符、位运算符。

Verilog HDL 语言作为一种结构化的语言也非常适合于门级和开关级的模型设计。因其结构化的特点又使其具有以下功能：提供了完整的一套组合型原语（primitive）；提供了双向通路和电阻器件的原语；可建立 MOS 器件的电荷分享和电荷衰减动态模型。

Verilog HDL 的构造性语句可以精确地建立信号的模型。这是因为在 Verilog HDL 中，提供了延迟和输出强度的原语来建立精确程度很高的信号模型。信号值可以有不同的强度，可以通过设定宽范围的模糊值来降低不确定条件的影响。

4.6.1　Verilog HDL 程序入门

Verilog HDL 作为一种高级的硬件描述编程语言，有着类似 C 语言的风格。其中 if 语句、case 语句等和 C 语言中的对应语句十分相似。如果读者已经掌握 C 语言编程的基础，那么学习 Verilog HDL 并不困难，只要对 Verilog HDL 某些语句的特殊方面着重理解，并加强上机练习就能很好地掌握它，利用它的强大功能来设计复杂的数字逻辑电路。首先来看几个 Verilog HDL 程序，然后从中分析 Verilog HDL 程序的特性。

【例 4-1】　加法器

```
module  adder (count,sum,a,b,cin);        //加法器模块端口声明
input[2:0]  a,b;                          //端口说明
```

```
input  cin;
output  count;
output  [2:0]  sum;
assign  {count,sum} = a + b + cin;           //加法器算法实现
endmodule
```

这个例子通过连续赋值语句描述了一个名为 adder 的三位加法器可以根据两个三比特数 a、b 和进位（cin）计算出和（sum）和进位（count）的过程。从例子中可以看出整个 Verilog HDL 程序是嵌套在 module 和 endmodule 声明语句中的。

【例 4-2】　比较器

```
module  compare (equal,a,b);     //比较器模块端口声明
output  equal;                   //输出信号 equal
input  [1:0]  a,b;               //输入信号 a、b
assign equal=(a==b)?  1: 0;      //如果 a、b 两个输入信号相等,输出为 1,否则为 0
endmodule
```

这个程序通过连续赋值语句描述了一个名为 compare 的比较器。对两比特数 a、b 进行比较，如 a 与 b 相等，则输出 equal 为高电平，否则为低电平。在这个程序中，"/*........*/" 和 "//........."表示注释部分，注释只是为了方便程序员理解程序，对编译是不起作用的。

【例 4-3】　使用原语的三态驱动器

```
module  trist2 (out,in,enable);     //三态启动器模块端口声明
output  out;                        //端口说明
input  in, enable;
bufif1  mybuf (out,in,enable);      //实例化宏模块 bufif1
endmodule
```

这个例子描述了一个名为 trist2 的三态驱动器。程序通过调用一个在 Verilog 语言库中现存的三态驱动器实例元件 bufif1 来实现其功能。

【例 4-4】　自行设计的三态驱动器

```
module  trist1 (out,in,enable);     //三态启动器模块端口声明
output  out;                        //端口说明
input  in, enable;
mytri  tri_inst (out,in,enable);    // 实 例 化 由 mytri 模 块 定 义 的 实 例 元 件
tri_inst
endmodule
module  mytri (out,in,enable);      //三态启动器模块端口声明
output  out; //端口说明
input  in, enable;
assign  out = enable?  in : 'bz;    //三态启动器算法描述
endmodule
```

这个例子通过另一种方法描述了一个三态门。在这个例子中存在着两个模块。模块 trist1 调用由模块 mytri 定义的实例元件 tri_inst。模块 trist1 是顶层模块。模块 mytri 则被称为子模块。

通过上面的例子可以看到

❑ Verilog HDL 程序是由模块构成的。每个模块的内容都是嵌在 module 和 endmodule 两个语句之间。每个模块实现特定的功能。模块是可以进行层次嵌套的。正因为如此，才可以将大型的数字电路设计分割成不同的小模块来实现特定的功能，最

后通过顶层模块调用子模块来实现整体功能。

- ❑ 每个模块要进行端口定义，并说明输入输出口，然后对模块的功能进行行为逻辑描述。
- ❑ Verilog HDL 程序的书写格式自由，一行可以写几个语句，一个语句也可以分写多行。
- ❑ 除了 endmodule 语句外，每个语句和数据定义的最后必须有分号。
- ❑ 可以用 "/*.....*/" 和 "//......." 对 Verilog HDL 程序的任何部分作注释。一个好的、有使用价值的源程序都应当加上必要的注释，以增强程序的可读性和可维护性。

4.6.2 模块的框架

模块的内容包括 I/O 声明、I/O 说明、内部信号声明和功能定义。

1．I/O声明

模块的端口声明了模块的输入输出端口，其格式如下。

```
module 模块名(端口1，端口2，端口3，端口4，…);
```

2．I/O说明

I/O 说明的格式如下。

```
输入口：input 端口名1，端口名2，…，端口名i;   //共有i个输入口
输出口：output 端口名1，端口名2，…，端口名j;   //共有j个输出口
```

I/O 说明也可以写在端口声明语句里，其格式如下。

```
module  module_name(input port1, input port2, …, output port1, output
port2… )
```

3．内部信号声明

在模块内用到的和与端口有关的 wire 和 reg 变量的声明，如下所示。

```
reg [width-1 : 0]  R变量1，R变量2 …;
wire [width-1 : 0] W变量1，W变量2 …;
```

4．功能定义

模块中最重要的部分是逻辑功能定义部分，有三种方法可在模块中产生逻辑。

（1）用 "assign" 声明语句。

```
assign  a = b & c;
```

这种方法的句法很简单，只需写一个 "assign"，后面再加一个方程式即可。例子中的方程式描述了一个有两个输入的与门。

（2）用实例元件。

```
and  and_inst (q, a, b);
```

采用实例元件的方法在电路图输入方式下，调入库元件。键入元件的名字和相连的引脚即可，表示在设计中用到一个跟与门（and）一样的名为 and_inst 的与门，其输入端为 a、b，输出为 q。要求每个实例元件的名字必须是唯一的，以避免与其他调用与门（and）的实例混淆。

（3）用"always"块。

```
always  @(posedge clk or posedge clr)      //时钟上升沿触发，异步清零
    begin
        if(clr)  q <= 0;                   //清零
        else if(en) q <= d;                //使能赋值
    end
```

采用"assign"语句是描述组合逻辑最常用的方法之一，而"always"块既可用于描述组合逻辑，也可描述时序逻辑。上面的例子用"always"块生成了一个带有异步清除端的D 触发器。"always"块可用很多种描述手段来表达逻辑，例如上例中就用了"if...else"语句来表达逻辑关系。如按一定的风格来编写"always"块，可以通过综合工具把源代码自动综合成用门级结构表示的组合或时序逻辑电路。

注意，如果用 Verilog 模块实现一定的功能，首先应该清楚哪些是同时发生的，哪些是顺序发生的。上面三个例子分别采用了"assign"语句、实例元件和"always"块。这三个例子描述的逻辑功能是同时执行的。也就是说，如果把这 3 项写到一个 Verilog 模块文件中去，它们的次序不会影响逻辑实现的功能。这 3 项是同时执行的，也就是并发的。然而，在"always"模块内，逻辑是按照指定的顺序执行的。"always"块中的语句称为"顺序语句"，因为它们是顺序执行的。

两个或更多的"always"模块也是同时执行的，但是模块内部的语句是顺序执行的。看一下"always"内的语句，就会明白它是如何实现功能的。"if…else…if"必须顺序执行，否则其功能就没有任何意义。如果 else 语句在 if 语句之前执行，功能就会不符合要求。为了能实现上述描述的功能，"always"模块内部的语句将按照书写的顺序执行。

4.6.3　Verilog HDL 语言的描述形式

Verilog HDL 可以完成实际电路不同抽象级别的建模，具体而言有三种描述形式：如果从电路结构的角度来描述电路模块，则称为结构描述形式；如果对线型变量进行操作，就是数据流描述形式；如果只从功能和行为的角度来描述一个实际电路，就成为行为级描述形式。如前所述，电路具有五种不同模型（系统级、算法级、RTL 级、门级和开关级）。系统级、算法级、RTL 级属于行为描述；门级属于结构描述；开关级涉及模拟电路，在数字电路中一般不考虑，其分类关系如图 4-2 所示。

图 4-2　Verilog HDL 描述层次示意图

1. 结构描述形式

Verilog HDL 中定义了 26 个有关门级的关键字，实现了各类简单的门逻辑。结构化描

述形式通过门级模块进行描述的方法，将 Verilog HDL 预先定义的基本单元实例嵌入到代码中，通过有机组合形成功能完备的设计实体。在实际工程中，简单的逻辑电路由少数逻辑门和开关组成，通过门原语可以直观地描述其结构，类似于传统的手工设计模式。Verilog HDL 语言提供了 12 个门级原语，分为多输入门、多输出门以及三态门三大类，如表 4-1 所列。

表 4-1　门原语关键字说明列表

门　级　单　元		
多　输　入　门	多　输　出　门	三　态　门
and	buf	bufif0
nand	not	bufif1
or	-	notif0
nor	-	notif1
xor	-	-
xnor	-	-

结构描述的每一句话都是模块例化语句，门原语是 Verilog HDL 本身提供的功能模块。其最常用的调用格式为

门类型 <实例名> (输出，输入 1，输入 2，…,输入 N)；

例如，

nand na01 (na_out, a, b, c);

表示一个名字为 na01 的与非门，输出为 na_out，输入为 a, b, c。

（1）多输入门原语。

❑ and 门

and 门是二输入的与门，and 门的输入端口是对等的，无位置、优先级等区别，假设其名称分别为 a、b，则其真值表如表 4-2 所示。

表 4-2　and门原语真值表

and		a			
		0	1	x	z
b	0	0	0	0	0
	1	0	1	x	x
	x	0	x	x	x
	z	0	x	x	x

❑ nand 门

nand 门是二输入的与非门，nand 门的输入端口是对等的，无位置、优先级等区别，假设其名称分别为 a、b，则其真值表如表 4-3 所示。

表 4-3　nand门原语真值表

nand		a			
		0	1	x	z
b	0	1	1	1	1

续表

b	1	1	0	x	x
	x	1	X	x	x
	z	1	X	x	x

❑　or 门

or 门是二输入的或门，or 门的输入端口是对等的，无位置、优先级等区别，假设其名称分别为 a、b，则其真值表如表 4-4 所示。

表 4-4　or门原语真值表

or		a			
		0	1	x	z
b	0	0	1	x	x
	1	1	1	1	1
	x	x	1	x	x
	z	x	1	x	x

❑　nor 门

nor 门是二输入的或非门，nor 门的输入端口是对等的，无位置、优先级等区别，假设其名称分别为 a、b，则其真值表如表 4-5 所示。

表 4-5　nor门原语真值表

nor		a			
		0	1	x	z
b	0	1	0	x	x
	1	0	0	0	0
	x	x	0	x	x
	z	x	0	x	x

❑　xor 门

xor 门是二输入的异或门，xor 门的输入端口是对等的，无位置、优先级等区别，假设其名称分别为 a、b，则其真值表如表 4-6 所示。

表 4-6　xor门原语真值表

xor		a			
		0	1	x	z
b	0	0	1	x	x
	1	1	0	x	x
	x	x	x	x	x
	z	x	x	x	x

❑　xnor 门

xnor 门是二输入的异或非门，xnor 门的输入端口是对等的，无位置、优先级等区别，假设其名称分别为 a、b，则其真值表如表 4-7 所示。

（2）多输出门原语。

❑　buf 门

buf 门是单输入的数据延迟门，buf 门的输入端口是对等的，无位置、优先级等区别，假设其名称分别为 a、b，则其真值表如表 4-8 所示。

表 4-7　xnor门原语真值表

xor		a			
		0	1	x	z
b	0	1	0	x	x
	1	0	1	x	x
	x	x	X	x	x
	z	x	X	x	x

表 4-8　buf门原语真值表

输　　入	输　　出
0	0
1	1
x	x
z	z

❑　not 门

not 门是单输入的反相器，not 门的输入端口是对等的，无位置、优先级等区别，假设其名称分别为 a、b，则其真值表如表 4-9 所示。

表 4-9　not门原语真值表

输　　入	输　　出
0	1
1	0
x	x
z	z

（3）三态门原语。

❑　bufif0 门

bufif0 门是单输入的三态门，控制端低有效，bufif0 门的输入端口是对等的，无位置、优先级等区别，假设其名称分别为 in（输入端）、ctrl（控制端），则其真值表如表 4-10 所示。

表 4-10　bufif0 门原语真值表

bufif0		ctrl			
		0	1	x	z
in	0	0	z	L	L
	1	1	z	H	H
	x	x	z	x	x
	z	x	z	x	x

❑　bufif1 门

bufif1 门是单输入的三态门，控制端高有效，bufif1 门的输入端口是对等的，无位置、优先级等区别，假设其名称分别为 in（输入端）、ctrl（控制端），则其真值表如表 4-11

所示。

表 4-11　bufif1 门原语真值表

bufif1		ctrl			
		0	1	x	z
in	0	z	0	L	L
	1	z	1	H	H
	x	z	x	x	x
	z	z	x	x	x

❑　notif0 门

notif0 门是单输入的三态反相器，控制端低有效，notif0 门的输入端口是对等的，无位置、优先级等区别，假设其名称分别为 in（输入端）、ctrl（控制端），则其真值表如表 4-12 所示。

❑　notif1 门

notif1 门是单输入的三态反相器，控制端高有效，notif1 门的输入端口是对等的，无位置、优先级等区别，假设其名称分别为 in（输入端）、ctrl（控制端），则其真值表如表 4-13 所示。

表 4-12　notif0 门原语真值表

notif0		ctrl			
		0	1	x	z
in	0	1	z	H	H
	1	0	z	L	L
	x	x	x	x	x
	z	x	z	x	x

表 4-13　notif1 门原语真值表

Notif1		ctrl			
		0	1	x	z
in	0	z	1	H	H
	1	z	0	L	L
	x	z	x	x	x
	z	z	x	x	x

基于门原语的设计，要求设计者首先将电路功能转化成逻辑组合，再搭建门原语来实现，是数字电路中最底层的设计手段。下面给出一个基于门原语的全加器设计实例。

【例 4-5】　利用 Verilog HDL 的一个单比特全加器

```
module ADD (A, B, Cin, Sum, Cout);
input  A, B, Cin;
output  Sum, Cout;
wire  S1, T1, T2, T3;          //声明变量
xor  X1 (S1, A, B),        //调用两个或非门
X2 (Sum, S1, Cin);
and  A1 (T3, A, B),        //调用 3 个与门
A2 (T2, B, Cin),
A3 (T1, A, Cin);
```

```
or O1 (Cout, T1, T2, T3);          //调用一个或门
endmodule
```

在这一实例中，模块包含门的实例语句，也就是包含内置门 xor、and 和 or 的实例语句。如图 4-3 所示给出了实例的综合后的原理图，可以通过在 Quartus II 软件中，执行【Tools】/【Netlist Viewers】/【RTL Viewer】命令得到，可以看出门实例由线网型变量 S1、T1、T2 和 T3 互连，和代码语句结构相同。由于未指定顺序，门实例语句可以以任何顺序出现。

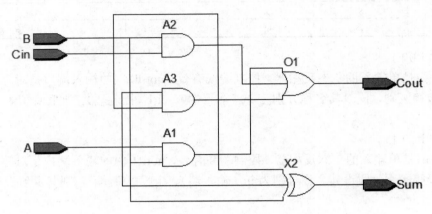

图 4-3　综合后的原理图

门级描述本质上也是一种结构网表，具备较高的设计性能（资源、速度性能）。在实际使用时，需先使用门逻辑构成常用的触发器、选择器、加法器等模块，再利用已经设计的模块构成更高一层的模块，依次重复几次，便可以构成一些结构复杂的电路。其缺点是不易管理，难度较大且需要一定的资源积累。

2．行为描述形式

行为型描述主要包括语句/语句块、过程结构、时序控制、流控制等 4 个方面，是目前 Verilog HDL 中最重要的描述形式。

（1）语句块。

语句就是各条 Verilog HDL 代码。语句块就是位于 begin…end/fork…join 块定义语句之间的一组行为语句，将满足某一条件下的多条语句标记出来，类似于 C 语言中"{}"符号中的内容。

语句块可以有独立的名字，写在块定义语句的第一个关键字之后，即 begin 或 fork 之后，可以唯一地标识出某一语句块。如果有了块名字，则该语句块被称为一个有名块。在有名块内部可以定义内部寄存器变量，且可以使用"disable"中断语句中断。块名提供了唯一标识寄存器的一种方法。

【例 4-6】　语句块使用例子

```
always @ (a or b )
   begin : adder1        //adder1 为语句块说明语句
      c = a + b;
   end
```

实例定义了一个名为 adder1 的语句块，实现输入数据的相加。

语句块按照界定不同分为两种：串行 begin…end 语句块和并行 fork…join 语句块。

❑ 串行 begin…end 语句块

串行 begin…end 语句块用来组合需要顺序执行的语句，因此被称为串行块。例如下面的语句。

【例 4-7】　串行块语句

```
reg [7:0] r;
    begin                    //由一系列延迟产生的波形
        r = 8'h35 ;          //语句 1
        r = 8'hE2 ;          //语句 2
        r = 8'h00 ;          //语句 3
        r = 8'hF7 ;          //语句 4
    end
```

其执行顺序是首先执行语句 1，将 8'h35 赋给变量 r；再执行语句 2，将 8'hE2 再次赋给变量 r，覆盖语句 1 所赋的值；…最后，将 8'hF7 赋给变量 r，形成其最终的值。串行块的执行特点如下。串行块内的各条语句是按它们在块内的语句逐次逐条顺序执行的，当前一条执行完之后，才能执行下一条。例如，上例中语句 1 至语句 4 是顺序执行的；块内每一条语句中的延时控制都是相对于前一条语句结束时刻的延时控制。例如，上例中语句 2 的时延为 2d；在进行仿真时，整个语句块总的执行时间等于所有语句执行时间之和。如上例中语句块中总的执行时间为 4d。

在可综合语句中，begin…end 块内的语句在时序逻辑中本质上是并行执行的，和语句的书写顺序无关。不过，读者可以从 EDA 设计的本质去简单理解，可综合 Verilog HDL 语句描述的是硬件电路，数字电路的各个硬件组成部分就是并列工作的（类似于 PC 机的声卡和显卡就是同时工作的，用户可以同时听到声音，并欣赏图像）。

❑ 并行 fork…join 语句块

并行 fork…join 语句块用来组合需要并行执行的语句，被称为并行块。

【例 4-8】　并行块语句

```
parameter d = 50;
reg[7:0] r1, r2, r3, r4;
    fork                     //由一系列延迟产生的波形
        r1 = ' h35 ;         //语句 1
        r2 = ' hE2 ;         //语句 2
        r3 = ' h00 ;         //语句 3
        r4 = ' hF7 ;         //语句 4
    join
```

并行块的执行特点是并行语句块内各条语句是各自独立地同时开始执行的，各条语句的起始执行时间都等于程序流程进入该语句块的时间。如上例中语句 2 并不需要等语句 1 执行完才开始执行，它与语句 1 是同时开始的；块内每一条语句中的延时控制都是相对于程序流程进入该语句块的时间而言的；在进行仿真时，整个语句块总的执行时间等于执行时间最长的那条语句所需要的执行时间。

注意，其中 begin…end 块是可综合语句，其串行执行特点是从语法结构上讲的。在实际电路中，各条语句之间并不全是串行的，这一点是 Verilog HDL 设计思想的难点之一。至于 fork…join，则是不可综合的，更多地用于仿真代码中。

（2）过程结构。

过程结构采用下面 4 种过程模块来实现，具有强的通用型和有效性。分别为 initial 模块、always 模块、任务（task）模块和函数（function）模块。一个程序可以有多个 initial 模块、always 模块、task 模块和 function 模块。initial 模块和 always 模块都是同时并行执行的，区别在于 initial 模块只执行一次，而 always 模块则是不断重复地运行。initial 模块是不可综合的，常用于仿真代码的变量初始化中；always 模块则是可综合的。下面给出 initial 模块和 always 模块的说明，任务和函数模块将在后续章节进行介绍。

initial 模块是面向仿真的，是不可综合的，通常被用来描述测试模块的初始化、监视、波形生成等功能。在进行仿真时，一个 initial 模块从模拟 0 时刻开始执行，且在仿真过程中只执行一次，在执行完一次后，该 initial 就被挂起，不再执行。如果仿真中有两个 initial 模块，则同时从 0 时刻开始并行执行。

initial 语句的格式如下。

```
initial
    begin
        语句 1;
        语句 2;
        …
        语句 n;
    end
```

【例 4-9】 initial 语句 1

```
initial
    begin
        areg=0;                      //初始化寄存器 areg
        for(index=0; index<size; index=index+1)
            memory [index] =0;  //初始化一个 memory
    end
```

在这个例子中用 initial 语句在仿真开始时对各变量进行初始化。

【例 4-10】 initial 语句 2

```
initial
    begin
        inputs = 'b000000;      //初始时刻为 0
        #10 inputs = 'b011001;    //赋值时刻为 10
        #10 inputs = 'b011011;    //赋值时刻为 20
        #10 inputs = 'b011000;    //赋值时刻为 30
        #10 inputs = 'b001000;    //赋值时刻为 40
    end
```

从这个例子中，我们可以看到 initial 语句的另一个用途，即用 initial 语句来生成激励波形作为电路的测试仿真信号。一个模块中可以有多个 initial 块，它们都是并行运行的。initial 块常用于测试文件和虚拟模块的编写，用来产生仿真测试信号和设置信号记录等仿真环境。

和 initial 模块不同，always 语句在仿真过程中是不断重复执行的，其声明格式如下。

```
always <时序控制> <语句>
```

always 语句由于其不断重复执行的特性，只有和一定的时序控制结合在一起才有用。如果一个 always 语句没有时序控制，则这个 always 语句将会发成一个仿真死锁，例如，

```
always areg =~areg;
```

这个 always 语句将会生成一个 0 延迟的无限循环跳变过程，这时会发生仿真死锁。如果加上时序控制，则这个 always 语句将变为一条非常有用的描述语句，例如，

```
always  #half_period  areg = ~areg;
```

这个例子生成了一个周期为 period（2×half_period）的无限延续的信号波形，常用这种方法来描述时钟信号，作为激励信号来测试所设计的电路。

【例 4-11】 always 语句

```
reg[7:0] counter;
reg tick;
always @(posedge areg)
   begin
      tick = ~tick;              //tick 反相
      counter = counter + 1;     //计数器递增
   end
```

这个例子中，每当 areg 信号的上升沿出现时，把 tick 信号反相，并且把 counter 增加 1，这种时间控制是 always 语句最常用的。

（3）时序控制。

Verilog HDL 提供了两种类型的显示时序控制：一种是延迟控制，在这种类型的时序控制中通过表达式定义开始遇到这一语句和真正执行这一语句之间的延迟时间；另外一种是事件控制，这种时序控制是通过表达式来完成的，只有当某一事件发生时才允许语句继续向下执行。一般来讲，延时控制语句是不可综合的，常用于仿真，而事件控制是可综合的，通过 always 语句来实现，其时间控制可以是沿触发也可以是电平触发的，可以单个信号也可以多个信号，中间需要用关键字 or 连接，例如，

```
always @(posedge clock or posedge reset)
   begin               //由两个沿触发的 always 块
      …
   end
always @( a or b or c)
   begin               //由多个电平触发的 always 块
      …
   end
```

沿触发的 always 块常常描述时序逻辑，如果符合，可综合风格要求，用综合工具自动转换为表示时序逻辑的寄存器组和门级逻辑。

电平触发的 always 块常常用来描述组合逻辑和带锁存器的组合逻辑，如果符合，可综合风格要求，转换为表示组合逻辑的门级逻辑或带锁存器的组合逻辑。

（4）流控制。

流控制描述一般都采用 assign 连续赋值语句来实现，主要用于完成简单的组合逻辑功能。连续赋值语句右边所有的变量受持续监控，只要这些变量有一个发生变化，整个表达式被重新赋值给左端，其语法格式如下。

```
assign L_s = R_s;
```

【例 4-12】 一个利用数据流描述的移位器

```
module mlshift2(a, b);
input a;
output b;
assign b = a<<2;           //数据流描述语句,使用 assign 关键字
endmodule
```

在上述模块中,只要 a 的值发生变化,b 就会被重新赋值,所赋值为 a 左移两位后的值。

3. 混合设计模式

在 Verilog HDL 模块中,结构描述、行为描述可以自由混合。也就是说,模块描述中可以包括实例化的门、模块实例化语句、连续赋值语句及行为描述语句的混合,它们之间可以相互包含。使用 always 语句和 initial 语句(切记只有寄存器类型数据才可以在这两个模块中赋值)来驱动门和开关,而来自于门或连续赋值语句(只能驱动线网型)的输出能够反过来用于触发 always 语句和 initial 语句。

【例 4-13】 利用 Verilog HDL 语言完成一个与非门混合设计

```
module hunhe_demo(A, B, C);
input A, B;
output C;
wire T;                      //定义中间变量
and A1 (T, A, B);            //调用结构化与门
assign C = ~T;               //通过数据流形式对与门输出求反,得到最终的与非门结果
endmodule
```

4.7 Verilog HDL 语言基本要素

Verilog HDL 语言是一种严格的数据类型化语言,规定每一个变量和表达式都要有唯一的数据类型。数据类型需要静态确定,一旦确定不能再在设计中改变。和其他语言一样,Verilog HDL 语言具有多种丰富的数据类型。此外,Verilog HDL 语言具有大量的运算操作符,给设计带来很大的灵活性。

4.7.1 标志符与注释

标志符是赋给对象的唯一名称,通过标志符可以提及相应的对象。标志符可以是一组字母、数字、下划线和符号的组合,且标志符的第一个字符必须是字母或下划线。另外,标志符是区别大小写的。下面给出标志符的几个例子。

```
Clk_100MHz
diag_state
_ce
P_o1_02
```

转义标识符(Escaped identifier)可以在一条标识符中包含任何可打印字符。转义标识

符以\（反斜线）符号开头，以空白结尾（空白可以是一个空格、一个制表字符或换行符）。
下面列举了几个转义标识符。

```
\fg00
\.*.$
\{*+5***}
\~Q
\Verilog //其与 Verilog 相同
```

最后一个例子说明了在一条转义标志符中，反斜线和结束空格并不是转义标志符的一
部分，因此转义标志符\Verilog 和标志符 Verilog 是恒等的。

Verilog HDL 语言预定义了一系列非转义标志符的保留字来说明语言结构，称为关键
字，注意标志符不能和关键字重复。

只有小写的关键字才是保留字，因此在实际开发中，建议将不确定是否是保留字的标
志符首字母大写。例如，标志符 if（关键字）与标志符 IF 是不同的。注意，转义标志符与
关键字是不同的，例如，标志符\initial（非关键词）与标志符 initial（关键词）就是不同的。

在 Verilog HDL 中有两种形式的注释。

（1）一种是以"/*"符号开始，以"*/"符号结束，在两个符号之间的语句都是注释
语句，因此可扩展到多行，例如，

```
/*第一种形式:
可以扩展至
多行 */
```

以上 3 行语句都是注释语句。

（2）另一种是以"//"开头的语句，它表示以"//"开始到本行结束都属于注释语句，
例如，

```
//第二种形式: 在本行结束
```

4.7.2　数字与逻辑数值

数字与逻辑数值是 Verilog HDL 语言中最常使用的基本要素，下面分别对其进行介绍。

1. 逻辑数值

Verilog HDL 有下列四种基本的逻辑数值。

```
0: 逻辑 0 或"假";
1: 逻辑 1 或"真";
x: 未知;
z: 高阻。
```

其中 x、z 是不区分大小写的。Verilog HDL 中的数字由这四类基本数值表示。在 Verilog
HDL 语言中，表达式和逻辑门输入中的 z 通常解释为 x。

2. 常量

（1）整数。

在 Verilog HDL 中，整型常量有以下 4 种进制表示形式。

- □　二进制整数（b 或 B）。
- □　十进制整数（d 或 D）。
- □　十六进制整数（h 或 H）。
- □　八进制整数（o 或 O）。

数字表达方式有以下 3 种格式。

```
<位宽><进制><数字>        //这是一种全面的描述方式。
<进制><数字>             //在这种描述方式中，数字的位宽采用缺省位宽
                        // (这由具体的机器系统决定，但至少 32 位)。
<数字>                  //在这种描述方式中，采用缺省进制十进制。
```

在表达式中，位宽指明了数字的精确位数。例如，一个 4 位二进制数数字的位宽为 4，一个 4 位十六进制数数字的位宽为 16（因为每单个十六进制数要用 4 位二进制数来表示），如下所示。

```
8'b10101100            //位宽为 8 的数的二进制表示，'b 表示二进制
8'ha2                  //位宽为 8 的数的十六进制，'h 表示十六进制。
```

（2）x 和 z 值。

在数字电路中，x 代表不定值，z 代表高阻值。一个 x 可以用来定义十六/八/二进制数的四/三/一位二进制数的状态。z 的表示方式同 x 类似。z 还有一种表达方式是可以写作"?"。在使用 case 表达式时建议使用这种写法，以提高程序的可读性，如下所示。

```
4'b10x0                //位宽为 4 的二进制数从低位数起第二位为不定值
4'b101z                //位宽为 4 的二进制数从低位数起第一位为高阻值
12'dz                  //位宽为 12 的十进制数其值为高阻值（第一种表达方式）
12'd?                  //位宽为 12 的十进制数其值为高阻值（第二种表达方式）
8'h4x                  //位宽为 8 的十六进制数其低四位值为不定值
```

（3）负数。

一个数字可以被定义为负数，只需在位宽表达式前加一个减号，并且减号必须写在数字定义表达式的最前面。注意，减号不可以放在位宽和进制之间，也不可以放在进制和具体的数之间，如下所示。

```
-8'd5                  //这个表达式代表 5 的补数（用 8 位二进制数表示）
8'd-5                  //非法格式
```

（4）下划线（'_'）。

下划线可以用来分隔数字的表达以提高程序可读性。但不可以用在位宽和进制处，只能用在具体的数字之间，如下所示。

```
16'b1010_1011_1111_1010    //合法格式
8'b_0011_1010              //非法格式
```

当常量不声明位数时，默认值是 32 位，每个字母用 8 位的 ASCII 值表示，如下所示。

```
10=32'd10=32'b1010         //十进制和二进制
1=32'd1=32'b1              //十进制和二进制
-1=-32'd1=32'hFFFFFFFF      //十进制和十六进制
```

```
'BX=32'BX=32'BXXXXXXX…X              //默认声明为 32 位
"AB"=16'B01000001_01000010          //每个字母用 8 位表示
```

3．定义的常量

在 Verilog HDL 中用 parameter 来定义常量，即用 parameter 来定义一个标识符代表一个常量，称为符号常量，即标识符形式的常量。采用标识符代表一个常量可提高程序的可读性和可维护性。parameter 型数据是一种常数型的数据，其说明格式如下。

```
parameter  参数名1＝表达式，参数名2＝表达式，…，参数名n＝表达式；
```

parameter 是参数型数据的确认符，确认符后跟着一个用逗号分隔开的赋值语句表。在每一个赋值语句的右边必须是一个常数表达式。也就是说，该表达式只能包含数字或先前已定义过的参数，例如，

```
parameter  msb=7;                          //定义参数 msb 为常量 7
parameter  e=25, f=29;                      //定义两个常数参数
parameter  r=5.7;                           //声明 r 为一个实型参数
parameter  byte_size=8, byte_msb=byte_size-1; //用常数表达式赋值
parameter  average_delay = (r+f)/2;        //用常数表达式赋值
```

参数值也可以在编译时被改变。改变参数值可以使用参数定义语句或通过在模块初始化语句中定义参数值。

4.7.3　数据类型

数据类型用来表示数字电路硬件中的数据存储和传送元素。Verilog HDL 中总共有两大类数据类型：线网类型和寄存器类型。

线网类型主要表示 Verilog HDL 中结构化元件之间的物理连线，其数值由驱动元件决定；如果没有驱动元件连接到线网上，则其缺省值为高阻值 z。寄存器类型主要表示数据的存储单元，其缺省值为不定值 x。二者最大的区别在于寄存器类型数据保持最后一次的赋值，而线网型数据则需要持续的驱动。

1．线网类型

线网型数据常用来表示以 assign 关键字指定的组合逻辑信号。Verilog 程序模块中输入、输出信号类型默认为 wire 型。wire 型信号可以用做方程式的输入，也可以用做"assign"语句或实例元件的输出。

线网数据类型包含下述不同种类的线网子类型，其中只有 wire、tri、supply0 和 supply1 是可综合的，其余都是不可综合的，只能用于仿真语句。注意，wire 是最常用的线网型变量。

- ❑ wire：标准连线（缺省为该类型）；
- ❑ tri：具备高阻状态的标准连线；
- ❑ wor：线或类型驱动；
- ❑ trior：三态线或特性的连线；
- ❑ wand 线与类型驱动；
- ❑ triand：三态线与特性的连线；

- ❑ trireg：具有电荷保持特性的连线；
- ❑ tri1：上拉电阻（pullup）；
- ❑ tri0：下拉电阻（pulldown）；
- ❑ supply0：地线，逻辑 0；
- ❑ supply1：电源线，逻辑 1。

线网数据类型的通用说明语法如下。

```
net_kind [msb:lsb] net1, net2, … , netN;
```

其中，net_kind 是上述线网类型的一种。msb 和 lsb 是用于定义线网范围的常量表达式；范围定义是可选的；如果没有定义范围，缺省的线网类型为 1 位。下面给出一些线网类型说明实例。

```
wire [7:0] data1, data2;        //两个 8 比特位宽的线网
wire ce;                        //1 个 1 比特位宽的线网
```

线网类型变量的赋值（也就是驱动）只能通过数据流"assign"操作来完成，不能用于 always 语句中，如

```
assign  ce = 1'b1;
```

（1）wire 线网。

wire 线网是最常用的线网型数据类型，wire 型变量常用来表示用于以 assign 关键字指定的组合逻辑信号。Verilog 程序模块中输入/输出信号类型缺省时自动定义为 wire 型。wire 型变量可以用作任何方程式的输入，也可以用作"assign"语句或实例元件的输出。wire 型变量的声明格式如下。

```
wire [n-1:0] 变量名1,变量名2,…,变量名i;  //共有 i 条总线，每条总线内有 n 条线路
```

也可以如下表示。

```
wire [n:1] 变量名1,变量名2,…,变量名i;  //共有 i 条总线，每条总线内有 n 条线路
```

其中，wire 是 wire 型变量的确认符，[n-1:0]和[n:1]代表该变量的位宽，即该变量有几位，最后跟着的是变量的名字。如果一次定义多个变量，变量名之间用逗号隔开。声明语句的最后要用分号表示语句结束，如下所示。

```
wire a;                 //定义了一个一位的 wire 型变量
wire [7:0] b;           //定义了一个八位的 wire 型变量
wire [4:1] c, d;        //定义了两个四位的 wire 型变量
```

根据 Verilog HDL 语法，wire 型信号的取值可以为 0、1、x、z，wire 型变量可以有多个驱动源。表 4-14 所示给出了两个驱动源驱动同一根 wire 线网的真值表。

表 4-14　wire线网的真值表

驱动源 1 驱动源 2	0	1	x	z
0	0	x	x	0
1	x	1	x	1
x	x	x	x	x
z	0	1	x	z

虽然，Verilog HDL 语法规定可以对 wire 型变量有多个驱动，但其仅用于仿真程序中。在实际电路中，对任何信号有多个驱动都会造成一些不确定的后果，因此在面向综合的设计中，对任何变量连接多个驱动都是错误。

【例 4-14】 wire 型变量两驱动实例

```
module net_demo(a, b, c);
input a, b;
output c;
wire temp;
assign temp = a;
assign temp = b;
assign c = temp;
endmodule
```

对上述程序，在 Quartus II 软件中对两驱动的程序进行综合，则会给出如图 4-4 所示的错误。因此，在面向综合的程序中，不要出现任何形式的多驱动代码。

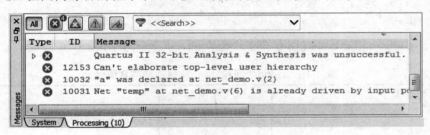

图 4-4　两驱动线网综合提示错误信息

（2）tri 线网。

在 Verilog HDL 语言的定义中，tri 与 wire 的功能是完全一致的，唯一的差别就是名称书写上的不同。提供这两种不同名称的作用只是为了增加可读性。例如，为了强调总线具有高阻态的特征，将其命名为 tri 型，以便与普通的 wire 连线加以区别。事实上，wire 型也具备描述信号的高阻特征。同样，tri 信号也可以有多个驱动源，其真值表和 wire 类型一致，如表 4-14 所示。

（3）supply0 和 supply1 线网。

supply0 用于对"地"建模，即低电平 0；supply1 网用于对电源建模，即高电平 1。其声明示例如下。

```
supply0 Gnd_FPGA;
supply1 [2:0] Vcc_Bank;
```

（4）wor 和 trior 线网。

wor 线网和 trior 线网专门用于单信号多驱动，如果某个驱动源为 1，那么线网的值也为 1，因此 wor 被称为线或类型，trior 被称为三态线或类型，二者在语法和功能上是一致的，其关系类似于 wire 和 tri，并无本质区别，仅仅为了增加可读性，trior 用于表征高阻状态，其定义示例如下。

```
wor [10:4] A;
trior [3:0] B, C, D;
```

如果多个驱动源驱动 wor 线网和 trior 线网，其有效值由表 4-15 决定。

表 4-15　wor线网和trior线网驱动的真值表

驱动源 1 / 驱动源 2	0	1	x	z
0	0	1	x	0
1	1	1	1	1
x	x	1	x	x
z	0	1	x	z

wor 线网和 trior 线网只能用于仿真，而不能用于综合代码。

（5）wand 线网和 triand 线网。

wand 线网和 triand 线网也是专门用于多驱动源情况，如果某个驱动源为 0，那么线网的值为 0，因此 wand 线网被称为线与类型，triand 线网被称为三态线与类型。二者语法和功能上是一致的。triand 仅用于从名称上表征高阻特征。其定义示例如下。

```
wand [-7:0] Dbus;
triand Reset, Clk;
```

如果 wand 线网和 triand 线网存在多个驱动源，其有效值由表 4-16 决定。

表 4-16　wand线网和triand线网驱动的真值表

驱动源 1 / 驱动源 2	0	1	x	z
0	0	0	0	0
1	0	1	x	1
x	0	x	x	x
z	0	1	x	z

同样，wand 线网和 triand 线网只能用于仿真，而不能用于综合代码。

（6）trireg 线网。

trireg 线网用于存储数值（类似于寄存器）及电容节点的建模。当三态寄存器（trireg）的所有驱动源都处于高阻态，也就是说，输入值为 z 时，三态寄存器线网将保存作用在线网上的最后一个值。此外，三态寄存器线网的缺省初始值为 x，其定义示例如下

```
trireg [1:8] Dbus, Abus;
```

trireg 线网只能用于仿真，而不能用于综合代码。

（7）tri0 线网和 tri1 线网。

tri0 线网和 tri1 线网用于线逻辑的建模，即线网有多于一个驱动源。tri0（tri1）线网的特征是，若无驱动源驱动，其值为 0（tri1 的值为 1），其示例定义语句如下。

```
tri0 [0:3] D;
tri1 [0:5] B, C, A;
```

表 4-17 给出了在多个驱动源情况下 tri0 线网或 tri1 线网的有效值。

表 4-17　tri0 线网和tri1 线网驱动的真值表

驱动源 1 / 驱动源 2	0	1	x	z
0	0	x	x	0

驱动源 1 ＼ 驱动源 2	**0**	**1**	**x**	**z**
1	x	1	x	1
x	x	x	x	x
z	0	1	x	0 或 1

同样，tri0 线网和 tri1 线网只能用于仿真，而不能用于综合代码。

2．寄存器类型

寄存器型变量，都有"寄存"性，即在接受下一次赋值前，将保持原值不变。寄存器型变量没有强度之分，且所有寄存器类变量都必须明确给出类型说明（无缺省状态）。寄存器数据类型包含下列 4 类数据类型。

reg：常用的寄存器型变量。用于行为描述中对寄存器类的说明，由过程赋值语句赋值；

❑ integer：32 位带符号整型变量；

❑ time：64 位无符号时间变量；

❑ real：64 位浮点、双精度、带符号实型变量；

❑ realtime：其特征和 real 型变量一致。

（1）reg 寄存器类型。

寄存器数据类型 reg 是最常见的数据类型。reg 类型使用保留字 reg 加以说明，形式如下。

```
reg [msb:lsb] reg1, reg2,…,regN;
```

其中，msb 和 lsb 定义了范围，并且均为常数值表达式。范围定义是可选的；如果没有定义范围，缺省值为 1 位寄存器，例如，

```
reg [3:0] Sat;          //Sat 为 4 位寄存器。
reg Cnt;                //1 位寄存器。
```

寄存器可以取任意长度。reg 型数据的缺省值是未知的，reg 型数据可以为正值或负值。但当一个 reg 型数据是一个表达式中的操作数时，它的值被当作无符号值，即正值。如果一个 4 位的 reg 型数据被写入-1，在表达式中运算时，其值被认为是+15，例如，

```
reg [3:0] Comb;         //Comb 为 4 位寄存器
…
Comb = -2;              //Comb 的值为 14(1110)，1110 是 2 的补码。
Comb = 5;               //Comb 的值为 15(0101)。
```

（2）integer 寄存器类型。

整数寄存器包含整数值。整数寄存器可以作为普通寄存器使用，典型应用为高层次行为建模。使用整数型说明形式如下。

```
integer integer1, integer2, …, intergerN [msb:lsb] ;
```

其中，msb 和 lsb 是定义整数数组界限的常量表达式，数组界限的定义是可选的。一个整数最少容纳 32 位，但是具体实现可提供更多的位。下面是整数说明的实例。

```
integer A, B, C;          //三个整数型寄存器。
integer Hist [3:6];       //一组四个寄存器。
```

一个整数型寄存器可存储有符号数，并且算术操作符提供 2 的补码运算结果。整数不能作为位向量访问。例如，对于上面的整数 B 的说明，B[6]和 B[20:10]是非法的。一种截取位值的方法是将整数赋值给一般的 reg 类型变量，然后从中选取相应的位，如下所示。

```
reg [31:0] Breg;
integer Bint;
...
//Bint[6]和 Bint[20:10]是不允许的。
...
Breg = Bint;
/*现在，Breg[6]和 Breg[20:10]是允许的，并且从整数 Bint 获取相应的位值。*/
```

上例说明了如何通过简单的赋值将整数转换为位向量。类型转换自动完成，不必使用特定的函数。从位向量到整数的转换也可以通过赋值完成，例如，

```
integer J;
reg [3:0] Bcq;
J = 6;                //J 的值为 32'b0000...00110。
Bcq = J;              //Bcq 的值为 4'b0110。
Bcq = 4'b0101;
J = Bcq;              //J 的值为 32'b0000...00101。
J = -6;               //J 的值为 32'b1111...11010。
Bcq = J;              //Bcq 的值为 4'b1010。
```

注意，赋值总是从最右端的位向最左边的位进行；任何多余的位被截断。由于整数是作为 2 的补码位向量表示的，因而可得到这里的类型转换。

（3）time 类型。

time 类型的寄存器用于存储和处理时间。time 类型的寄存器使用下述方式加以说明。

```
time time_id1, time_id2,…,time_idN [ msb:lsb];
```

其中，msb 和 lsb 是表明范围界限的常量表达式。如果未定义界限，每个标识符存储一个至少 64 位的时间值。时间类型的寄存器只存储无符号数，例如，

```
time Events [0:31];      //时间值数组。
time CurrTime;           //CurrTime 存储一个时间值。
```

（4）real 类型。

实数寄存器（或实数时间寄存器）使用如下方式说明。

```
real real_reg1, real_reg2,…, real_regN;                    //实数说明
realtime realtime_reg1, realtime_reg2,…,realtime_regN;     //实数时间说明
```

realtime 与 real 类型完全相同，例如，

```
real Swing, Top;
realtime CurrTime;
```

real 说明的变量缺省值为 0。不允许对 real 声明值域、位界限或字节界限。当将值 x 和 z 赋予 real 类型寄存器时，这些值作 0 处理，例如，

```
real RamCnt;
...
RamCnt = 'b01x1Z;
RamCnt 在赋值后的值为'b01010。
```

（5）realtime 类型。

realtime 用于定义实数时间寄存器，其使用方式和 real 型变量一致。

（6）reg 的扩展类型-memory 型。

Verilog 通过对 reg 型变量建立数组来对存储器建模，可以描述 RAM、ROM 存储器和寄存器数组。数组中的每一个单元通过一个整数索引进行寻址。memory 型通过扩展 reg 型数据的地址范围来达到二维数组的效果，其定义的格式如下。

```
reg [n-1:0] 存储器名 [m-1:0];
```

其中，reg [n-1:0]定义了存储器中每一个存储单元的大小，即该存储器单元是一个 n 位位宽的寄存器；存储器后面的[m-1:0]则定义了存储器的大小，即该存储器中有多少个这样的寄存器。注意，存储器属于寄存器数组类型。线网数据类型没有相应的存储器类型，例如，

```
reg [15:0] ROMA [7:0];
```

这个例子定义了一个存储位宽为 16 位，存储深度为 8 的一个存储器，该存储器的地址范围是 0 到 8。

存储器数组的维数不能大于 2。单个寄存器说明既能够用于说明寄存器类型，也可以用于说明存储器类型，例如，

```
parameter ADDR_SIZE =16 , WORD_SIZE =8;
reg [1:WORD_SIZE] RamPar [ADDR_SIZE-1:0], DataReg;
```

其中，RamPar 是存储器，是 16 个 8 位寄存器数组，而 DataReg 是 8 位寄存器。注意，对存储器进行地址索引的表达式必须是常数表达式。

尽管 memory 型和 reg 型数据的定义比较接近，但二者还是有很大区别的。例如，一个由 n 个 1 位寄存器构成的存储器是不同于一个 n 位寄存器的。

```
reg [n-1:0] rega;          //一个 n 位的寄存器
reg memb [n-1:0];          //一个由 n 个 1 位寄存器构成的存储器组
```

如果要对 memory 型存储单元进行读写必须要指定地址，例如，

```
memb[0] = 1;            //将 memeb 中的第 0 个单元赋值为 1。
reg [3:0] Xrom [4:1];
Xrom[1] = 4'h0;
Xrom[2] = 4'ha;
Xrom[3] = 4'h9;
Xrom[4] = 4'hf;
```

在赋值语句中需要注意如下区别：存储器赋值不能在一条赋值语句中完成，但是寄存器可以。如一个 n 位的寄存器可以在一条赋值语句中直接进行赋值，而一个完整的存储器则不行。

```
rega = 0;              //合法赋值
memb = 0;              //非法赋值
```

在存储器被赋值时，需要定义一个索引，其区别如下。

```
reg [1:5] Dig;          //Dig 为 5 位寄存器。
...
Dig = 5'b11011;
```

上述赋值都是正确的，但下述赋值不正确。

```
reg Bog[1:5];           //Bog 为 5 个 1 位寄存器的存储器。
...
Bog = 5'b11011;
```

存储器赋值的方法是分别对存储器中的每个字赋值，例如，

```
reg [0:3] Xrom [1:4]
...
Xrom[1]  = 4'hA;
Xrom[2]  = 4'h8;
Xrom[3]  = 4'hF;
Xrom[4]  = 4'h2;
```

4.7.4 常用运算符

Verilog HDL 语言的运算符范围很广，其运算符按其功能可分为以下几类。

❑ 算术运算符：（+,−,×, /,%）。
❑ 赋值运算符：（=,<=）。
❑ 关系运算符：（>,<,>=,<=）。
❑ 逻辑运算符：（&&,||,!）。
❑ 条件运算符：（?:）。
❑ 位运算符：（∼,|,^,&,^∼）。
❑ 移位运算符：（<<,>>）。
❑ 拼接运算符：（{ }）。
❑ 其他：缩减运算。

在 Verilog HDL 语言中运算符所带的操作数是不同的，按其所带操作数的个数运算符可分为以下 3 种。

① 单目运算符（unary operator）：可以带一个操作数，操作数放在运算符的右边。

② 二目运算符（binary operator）：可以带两个操作数，操作数放在运算符的两边。

③ 三目运算符（ternary operator）：可以带三个操作数，这三个操作数用三目运算符分隔开。

例如，

```
clock = ~clock;         // ~ 是一个单目取反运算符,clock 是操作数。
c = a | b;              // | 是一个二目按位或运算符,a 和 b 是操作数。
r = s ? t : u;          // ? : 是一个三目条件运算符,s, t, u 是操作数。
```

下面对常用的几种运算符进行介绍。

1．基本的算术运算符

在 Verilog HDL 语言中，算术运算符又称为二进制运算符，共有下面几种。

- +：（加法运算符或正值运算符,如 ega+regb、+3）。
- −：（减法运算符或负值运算符，如 rega−3、−3）。
- *：（乘法运算符，如 rega*3）。
- /：（除法运算符，如 5/3）。
- %：（模运算符或求余运算符，要求%两侧均为整型数据，如 7%3 的值为 1）。

在进行整数除法运算时，结果值要略去小数部分，只取整数部分，而进行取模运算时，结果值的符号位采用模运算式里第一个操作数的符号位，例如，

```
10%3            //余数为 1
12%3            //余数为 0，即无余数
11%3            //结果取第一个操作数的符号位,所以余数为 2
```

　　在进行算术运算操作时，如果某一个操作数有不确定的值 x，则整个结果也为不定值 x。

2．位运算符

Verilog HDL 作为一种硬件描述语言是针对硬件电路而言的。在硬件电路中信号有 4 种状态值 1、0、x 和 z。在电路中信号进行与或非时，反映在 Verilog HDL 中则是相应的操作数的位运算。Verilog HDL 提供了以下 5 种位运算符。

- ～：（取反）
- &：（按位与）
- |：（按位或）
- ^：（按位异或）
- ^～：（按位同或(异或非)）

说明：位运算符中除了～是单目运算符以外，均为二目运算符，即要求运算符两侧各有一个操作数；位运算符中的二目运算符要求对两个操作数的相应位进行运算操作。下面对各运算符分别进行介绍。

（1）"取反"运算符～。

～是一个单目运算符，用来对一个操作数进行按位取反运算。如表 4-18 所示为单目运算符～的运算规则表。

表 4-18　"取反"运算规则表

操　作　数	结　　果
0	1
1	0
x	x

举例说明：

```
rega='b1010;            //rega 的初值为'b1010
rega=～rega;            //rega 的值进行取反运算后变为'b0101
```

（2）"按位与"运算符&。

按位与运算就是将两个操作数的相应位进行与运算，其运算规则如表 4-19 所示。

表 4-19 "按位与"运算规则表

操作数 2 \ 操作数 1	0	1	x
0	0	0	0
1	0	1	x
x	0	x	x

（3）"按位或"运算符 |。

按位或运算就是将两个操作数的相应位进行或运算，其运算规则如表 4-20 所示。

表 4-20 "按位或"运算规则表

操作数 2 \ 操作数 1	0	1	x
0	0	1	x
1	1	1	1
x	x	1	x

（4）"按位异或"运算符^（也称之为 XOR 运算符）。

按位异或运算就是将两个操作数的相应位进行异或运算，其运算规则如表 4-21 所示。

表 4-21 "按位异或"运算规则表

操作数 2 \ 操作数 1	0	1	x
0	0	1	x
1	1	0	x
x	x	x	x

（5）"按位同或"运算符^～。

按位同或运算就是将两个操作数的相应位先进行异或运算再进行非运算，其运算规则如表 4-22 所示。

表 4-22 "按位同或"运算规则表

操作数 2 \ 操作数 1	0	1	x
0	1	0	x
1	0	1	x
x	x	x	x

📖 两个长度不同的数据进行位运算时，系统会自动将两者按右端对齐。位数少的操作数
会在相应的高位用 0 填满，以使两个操作数按位进行操作。

3．逻辑运算符

在 Verilog HDL 语言中存在 3 种逻辑运算符。

❑ &&：（逻辑与）。

❑ ||：（逻辑或）。

❑ !:（逻辑非）。

"&&"和"||"是二目运算符，它要求有两个操作数，如(a>b)&&(b>c)，(a<b)||(b<c)。"!"是单目运算符，只要求一个操作数，如!(a>b)。如表 4-23 所示为逻辑运算的真值表。它表示当 a 和 b 的值为不同的组合时，各种逻辑运算所得到的值。

表 4-23　逻辑运算真值表

操　作　数		逻辑运算及结果			
a	b	!a	!b	a&&b	a‖b
真	真	假	假	真	真
真	假	假	真	假	真
假	真	真	假	假	真
假	假	真	真	假	假

逻辑运算符中"&&"和"||"的优先级别低于关系运算符，"!"的优先级别高于算术运算符，例如，

```
(a>b)&&(x>y)       //可写成：    a>b && x>y
(a==b)||(x==y)     //可写成：    a==b || x==y
(!a)||(a>b)        //可写成：    !a || a>b
```

为了提高程序的可读性，明确表达各运算符间的优先关系，建议使用括号。

4．关系运算符

关系运算符共有以下 4 种。

❑ a<b：（a 小于 b）。
❑ a>b：（a 大于 b）。
❑ a<=b：（a 小于或等于 b）。
❑ a>=b：（a 大于或等于 b）。

在进行关系运算时，如果声明的关系是假的（false），则返回值是 0；如果声明的关系是真的（true），则返回值是 1；如果某个操作数的值不定，则关系是模糊的，返回值是不定值。所有的关系运算符有着相同的优先级别。关系运算符的优先级别低于算术运算符的优先级别，例如，

```
a<size-1            //这种表达方式等同于下面一行的表达方式
a<(size-1)
size-(1<a)          //这种表达方式不等同于下面一行的表达方式
size-1<a
```

从上面的例子可以看出这两种不同运算符的优先级别。当表达式 size-(1<a) 进行运算时，关系表达式先进行关系运算，然后返回结果值 0 或 1 被 size 减去。而当表达式 size-1<a 进行运算时，size 先被减去 1，然后同 a 相比。

5．等式运算符

在 Verilog HDL 语言中存在 4 种等式运算符。

❑ ==：（等于）。

- != ：（不等于）。
- === ：（等于）。
- !== ：（不等于）。

这 4 个运算符都是二目运算符，它要求有两个操作数。"=="和"!="又称为逻辑等式运算符，其结果由两个操作数的值决定。由于操作数中某些位可能是不定值 x 和高阻值 z，结果可能为不定值 x。"==="和"!=="运算符则不同，它在对操作数进行比较时，对某些位的不定值 x 和高阻值 z 也进行比较。两个操作数必需完全一致其结果才是 1，否则为 0。"==="和"!=="运算符常用于 case 表达式的判别，所以又称为"case 等式运算符"，这 4 个等式运算符的优先级别是相同的。下面画出"=="与"==="的真值表，如表 4-24 和 4-25 所示，帮助理解两者间的区别。

表 4-24 "=="运算符真值表

操作数 2 \ 操作数 1	0	1	x	z
0	1	0	0	0
1	0	1	0	0
x	0	0	1	0
z	0	0	0	1

表 4-25 "==="运算符真值表

操作数 2 \ 操作数 1	0	1	x	z
0	1	0	x	x
1	0	1	x	x
x	x	x	x	x
z	x	x	x	x

6．移位运算符

在 Verilog HDL 中有两种移位运算符。

- <<：（左移位运算符）。
- >>：（右移位运算符）。

其使用方法如下。

```
a >> n;
a << n;
```

a 代表要进行移位的操作数，n 代表要移几位，这两种移位运算都用 0 来填补移出的空位，举例说明如下。

```
module shift;
reg [3:0] start, result;
initial
    begin
        start = 1;          //start 在初始时刻设为值 0001
        result = (start<<2);    //移位后，start 的值 0100，然后赋给 result
    end
endmodule
```

从上面的例子可以看出，start 在移过两位以后，用 0 来填补空出的位。进行移位运算时应注意移位前后变量的位数，举例说明如下。

```
4'b1001<<1 = 5'b10010;      //左移 1 位后用 0 填补低位
4'b1001<<2 = 6'b100100;     //左移 2 位后用 00 填补低位
1<<6 = 32'b1000000;         //左移 6 位后用 000000 填补低位
4'b1001>>1 = 4'b0100;       //右移 1 位后，低 1 位丢失，高 1 位用 0 填补
4'b1001>>4 = 4'b0000;       //右移 4 位后，低 4 位丢失，高 4 位用 0 填补
```

7．位拼接运算符（Concatation）

在 Verilog HDL 语言有一个特殊的运算符：位拼接运算符{}。用这个运算符可以把两个或多个信号的某些位拼接起来进行运算操作，其使用方法如下。

```
{信号 1 的某几位，信号 2 的某几位，..，..，信号 n 的某几位}
```

即把某些信号的某些位详细地列出来，中间用逗号分开，最后用大括号括起来表示一个整体信号，例如，

```
{a, b[3:0], w, 3'b101}
```

也可以写成为

```
{a, b[3], b[2], b[1], b[0], w, 1'b1, 1'b0, 1'b1}
```

在位拼接表达式中不允许存在没有指明位数的信号，这是因为在计算拼接信号的位宽的大小时必须知道其中每个信号的位宽。位拼接也可以用重复法来简化表达式，如下所示。

```
{4{w}} //等同于{w,w,w,w}
```

位拼接还可以用嵌套的方式来表达，如下所示。

```
{b,{3{a,b}}} //等同于{b,a,b,a,b,a,b}
```

用于表示重复的表达式必须是常数表达式。

8．缩减运算符（reduction operator）

缩减运算符是单目运算符，也有与、或、非运算。其与、或、非运算规则类似于位运算符的与、或、非运算规则，但其运算过程不同。位运算是对操作数的相应位进行与、或、非运算，操作数是几位数，则运算结果也是几位数。而缩减运算则不同，缩减运算是对单个操作数进行与、或、非递推运算，最后的运算结果是一位的二进制数。

缩减运算的具体运算过程如下。

先将操作数的第一位与第二位进行与、或、非运算，再将运算结果与第三位进行与、或、非运算，依次类推，直至最后一位。

例如，

```
reg [3:0] B;
reg C;
C = &B;
```

相当于

```
C =(( B[0]&B[1] ) & B[2] ) & B[3];
```

由于缩减运算的与、或、非运算规则类似于位运算符与、或、非运算规则，这里不再详细讲述，可参照位运算符的运算规则介绍。

9. 优先级别

各种运算符的优先级别关系如表 4-26 所示。

表 4-26　运算符优先级别表

优　先　级　别	
!　～	高　优　先　级　别
*　/　%	
+　-	
<<　>>	
<　<=　>　>=	
==　!=　===　!==	
&	
^　^～	
|	
&&	
||	
?:	低　优　先　级　别

4.7.5　Verilog HDL 语言的赋值

在 Verilog HDL 语言中，信号有两种赋值方式：非阻塞（Non_Blocking）赋值方式和阻塞（Blocking）赋值方式。

（1）非阻塞赋值方式。

典型语句如下。

```
b <= a;
```

- ❑　块结束后才完成赋值操作。
- ❑　b 的值并不是立刻就改变的。
- ❑　这是一种比较常用的赋值方法，特别在编写可综合模块时。

（2）阻塞赋值方式。

典型语句如下。

```
b = a;
```

- ❑　赋值语句执行完后，块才结束。
- ❑　b 的值在赋值语句执行完后立刻改变。
- ❑　可能会产生意想不到的结果。

非阻塞赋值方式和阻塞赋值方式的区别常给设计人员带来问题。问题主要是给"always"块内的 reg 型信号的赋值方式不易把握。到目前为止，前面所举的例子中的"always"模块内的 reg 型信号都是采用下面的这种赋值方式。

```
b <= a;
```

这种方式的赋值并不是马上执行的，也就是说"always"块内的下一条语句执行后，b 并不等于 a，而是保持原来的值。"always"块结束后，才进行赋值。而另一种赋值方式阻塞赋值方式，如下所示。

```
b = a;
```

这种赋值方式是马上执行的，也就是说，执行下一条语句时，b 已等于 a。尽管这种方式看起来很直观，但是可能引起麻烦，举例说明如下。

【例 4-15】　非阻塞赋值

```
always @(posedge clk)
    begin
        b<=a;
        c<=b;
    end
```

例 4-15 中的"always"块中用了非阻塞赋值方式，定义了两个 reg 型信号 b 和 c。clk 信号的上升沿到来时，b 就等于 a，c 就等于 b，这里应该用到了两个触发器。注意赋值是在"always"块结束后执行的，c 应为原来 b 的值，这个"always"块实际描述的电路功能如图 4-5 所示。

【例 4-16】　阻塞型赋值

```
always @(posedge clk)
    begin
        b=a;
        c=b;
    end
```

实例 4-16 中的"always"块用了阻塞赋值方式。clk 信号的上升沿到来时，将发生如下变化：b 马上取 a 的值，c 马上取 b 的值（即等于 a）。综合电路如图 4-6 所示。它只用了一个触发器来寄存 a 的值，并同时输出给 b 和 c。这不是设计者的初衷，如果采用实例 4-15 所示的非阻塞赋值方式就可以避免这种错误。

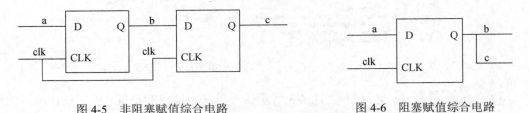

图 4-5　非阻塞赋值综合电路　　　　　　图 4-6　阻塞赋值综合电路

4.7.6　Verilog HDL 语言的关键词

在 Verilog HDL 语言中，所有的关键词是事先定义好的确认符，用来组织语言结构。关键词是用小写字母定义的，因此在编写原程序时要注意关键词的书写，以避免出错。

Verilog HDL 中使用的关键词有：always、and、assign、begin、buf、bufif0、bufif1、case、casex、casez、cmos、deassign、default、defparam、disable、edge、else、end、endcase、 endmodule、endfunction、endprimitive、endspecify、endtable、endtask、event、for、force、forever、fork、function、highz0、highz1、if、initial、inout、input、integer、join、large、macromodule、medium、module、nand、negedge、nmos、nor、not、notif0、notifl、or、output、parameter、pmos、posedge、primitive、pull0、pull1、pullup、pulldown、rcmos、reg、releses、repeat、mmos、rpmos、rtran、rtranif0、rtranif1、scalared、small、specify、specparam、strength、strong0、strong1、supply0、supply1、table、task、time、tran、tranif0、tranif1、tri、tri0、tri1、triand、trior、trireg、vectored、wait、wand、weak0、weak1、while、wire、wor、xnor、xor。

📖 在编写 Verilog HDL 程序时，变量名、端口名、块名等的定义不要与这些关键词冲突。

4.8 典型实例: 利用 Verilog HDL 语言在 FPGA 上实现 LED 流水灯

本实例旨在通过给定的工程实例"LED 流水灯"来熟悉 Quartus II 软件的 Verilog HDL 语言设计输入、管脚分配和编译流程。同时使用 FPGA 开发板将该实例进行下载验证，完成工程设计的硬件实现，熟悉 Altera FPGA 开发板的使用及配置方式。

流水灯的原理比较简单，硬件实现也比较容易：首先设计一个寄存器，其随着主时钟的上升沿变化来进行累加 1 操作，然后取寄存器的高 3 位用以控制 8 位 LED 灯变化，实现 LED 灯的轮流变化，这样就实现了 LED 流水灯。

【例 4-17】 Quartus II 软件内建立系统工程

（1）双击桌面上的 Quartus II 图标，打开 Quartus II 主界面。

（2）在 Quartus II 主界面中执行【File】/【New Project Wizard】命令，弹出如图 4-7 所示的项目向导首页即介绍页面。

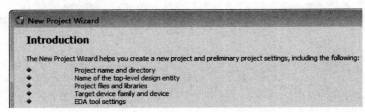

图 4-7　Quartus II 项目向导首页

（3）单击 Next > 按钮，进入如图 4-8 所示的项目基本信息对话框，设置设计项目的地址为 D:\altera\13.0sp1\ledrun，设计项目的名称为 ledrun，顶层文件实体名为 ledrun。

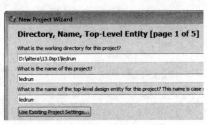

图 4-8　项目基本信息对话框

（4）输入完毕后单击下方的 Next > 按钮，弹出文件目录不存在，是否创建询问对话框，如图 4-9 所示。

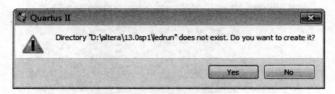

图 4-9　询问对话框

（5）单击 Yes 按钮，进入如图 4-10 所示的添加项目文件对话框，不进行任何操作。

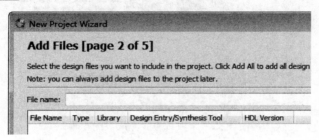

图 4-10　添加项目文件对话框

（6）直接单击 Next > 按钮，进入如图 4-11 所示的下载芯片选择对话框。在【Family】栏选择【CycloneII】项，【Package】栏选择【Any QFP】项，【Pin count】栏选择【208】项，【Speed grade】栏选择【8】项，在【Available device】栏选择芯片【EP2C8Q208C8】。

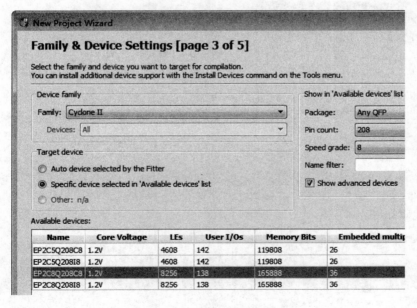

图 4-11　下载芯片选择对话框

（7）单击 Finish 按钮，完成新项目的建立，出现如图 4-12 所示的工程界面。从图 4-12 所示可看出新建项目的名称为 ledrun。

图 4-12　新项目建立完成后的工程

【例 4-18】　Verilog HDL 语言设计输入与语法检查

（1）执行【File】/【New】命令，弹出如图 4-13 所示的新建设计文件对话框，在【Design Files】标签页下选择双击【Verilog HDL File】选项，打开如图 4-14 所示的 Verilog HDL 编辑器窗口。

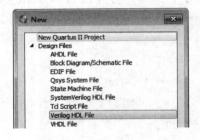

图 4-13　新建设计文件

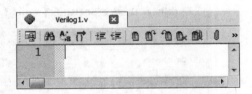

图 4-14　Verilog HDL 编辑器窗口

（2）复制 Verilog HDL 代码到 Verilog HDL 编辑器窗口，执行【File】/【Save】命令，保存 Verilog HDL 文件，命名为"ledrun.v"。

程序代码如下。

```
module ledrun (clk, dataout);
input clk;              //系统时钟50M输入，从23脚输入。
output [7:0] dataout;   //对应8个LED灯
reg [7:0] dataout;      //always内使用需要寄存器型
reg [25:0] count;       //分频计数器
always @ (posedge clk) //分频计数器
    begin        count<=count+1'b1;
    end
always @ (posedge clk)
    begin
```

```
        case( count[25:23] )      //只有给管脚高电平，对应的 LED 灯才亮。
            0: dataout<=8'b0000_0001;
            1: dataout<=8'b0000_0010;
            2: dataout<=8'b0000_0100;
            3: dataout<=8'b0000_1000;
            4: dataout<=8'b0001_0000;
            5: dataout<=8'b0010_0000;
            6: dataout<=8'b0100_0000;
            7: dataout<=8'b1000_0000;
            default dataout<=8'b0000_0000;
        endcase
    end
endmodule
```

（3）执行【Processing】/【Start】/【Start Analysis&Synthesis】命令，编译工程，检查项目文件是否存在语法错误，如图 4-15 所示。

图 4-15　语法检查后结果

📖　在编译过程中如果出现设计上的错误，可以在消息窗口选择错误信息，在错误信息上双击，即可在设计文件中定位错误所在的位置。在右键菜单中选择 Help，可以查看错误信息的帮助。修改所有错误，直到全编译成功为止。

【例 4-19】　FPGA 的管脚分配、工程编译及器件下载

（1）执行【Assignments】/【Pin Planner】命令，如图 4-16 所示，下方的列表中列出了项目所有的输入、输出引脚名。双击要分配引脚对应的【Location】项后弹出下载芯片管脚列表，将输入 clk 信号引脚分配到芯片的 23 管脚，将 q[7]～q[0]信号分配到芯片的 106、110、112、113、114、115、116 和 117 管脚（对应 LED 灯）。

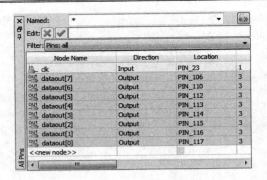

图 4-16 分配引脚对话框

📖 clk 信号和 q[7]~q[0]信号具体分配到 FPGA(EP2C5Q208C8N)的哪个管脚，这是由 FPGA 硬件电路决定的，关于 FPGA 硬件电路部分，请参见本书第 2 章的内容。

（2）执行【Processing】/【Start Compilation】命令，编译报告窗口自动显示出来，如图 4-17 所示。

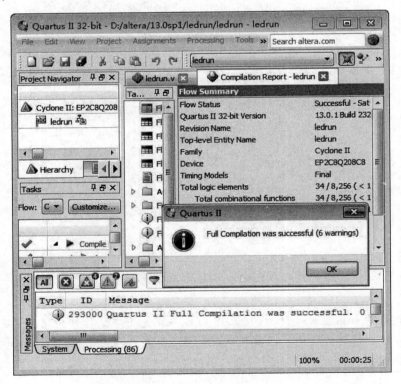

图 4-17 编译工程结果

（3）执行【Tool】/【Programmer】命令，打开如图 4-18 所示编程下载窗口。

（4）在编程下载窗口中，【Mode】栏选择【JTAG】选项，【File】标签下出现【output_files/ledrun.sof】，则单击 ▶Start 按钮，开始下载，当编程下载进程显示 100% 时下载结束，如图 4-19 所示。

📖　在进行编程下载前，需要确定 Altera USB-Blaster 下载器、FPGA 电路板已与 PC 机硬件连接，FPGA 电路板已接通电源，且电源开关打开，还需查看 PC 机的【设备管理器】是否已识别出 Altera USB-Blaster 下载器。

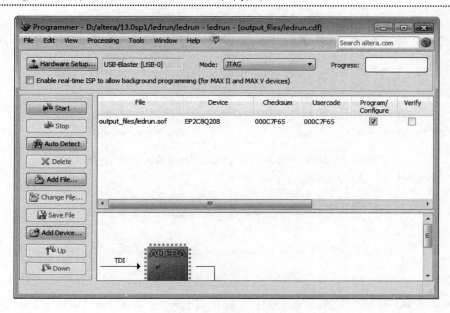

图 4-18　编程下载窗口

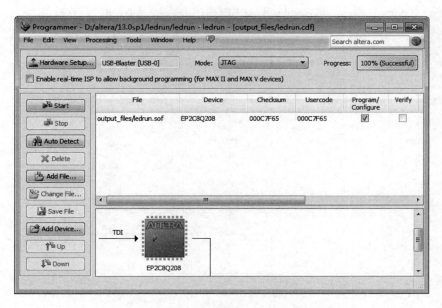

图 4-19　硬件设置完成后的编程下载窗口

（5）观察 FPGA 电路板能看到 8 个 LED 轮流点亮，即实现了流水灯的效果。

【例 4-20】　固化程序到 FPGA 外部存储器

将配置文件下载到 FPGA 中，掉电后 FPGA 中的配置数据将丢失。若需要数据长期保存，则可以将数据用另外的方式，写入掉电保持的外部存储器 EPCS1 中。

（1）执行【Assignments】/【Device…】命令，弹出如图 4-20 所示的【Device】对话框。

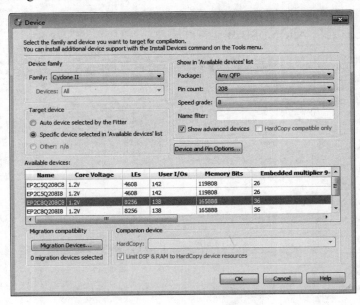

图 4-20 【Device】对话框

（2）单击 Device and Pin Options... 按钮，弹出【Device and Pin Options】对话框，在【Category】栏中，选择【Configuration】项，在【Configuration Device】栏内勾选【Use configuration device】项，下拉菜单选择【EPCS1】命令，如图 4-21 所示。

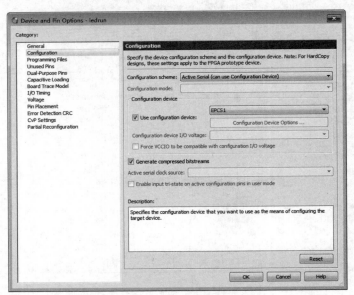

图 4-21 【Device and Pin Options】对话框

（3）单击 OK 按钮，关闭【Device and Pin Options】和【Device】对话框，再次执行【Processing】/【Start Compilation】命令，弹出提示配置文件已更改信息。单击 Yes 按钮，完成对修改后工程的编译。

（4）在编程下载窗口中，【Mode】栏选择【Active Serial Programming】选项，单击 [Add File...] 按钮，选择 ledrun.pof 文件，在【File】标签下出现【output_files/ledrun.pof】，勾选【Program/Configure】项，单击 [Start] 按钮，当编程下载进程显示 100%时下载结束，如图 4-22 所示。

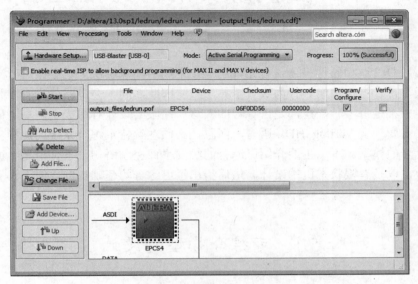

图 4-22　硬件设置完成后的 AS 模型下载窗口

📖　选择 AS 模式进行配置外部芯片时，USB-Blaster 下载器与 FPGA 电路板也要接在 AS 下载端口上（JTAG 模式时，接 JTAG 接口），要不无法进行下载；AS 模式下载完成后，只有拔下 USB-Blaster 下载与 FPGA 电路板连接的连接线，才能观察下载程序效果。

4.9　思考与练习

1. 概念题

（1）什么是硬件描述语言？
（2）什么是 Verilog HDL 语言？
（3）简述 Verilog HDL 语言的发展历程。
（4）简述 Verilog HDL 语言与 VHDL 语言的区别。
（5）简述 Verilog HDL 语言设计复杂数字电路的优点。

2. 操作题

（1）利用 Verilog HDL 语言在 FPGA 上实现点亮一个 LED 灯。
（2）利用 Verilog HDL 语言在 FPGA 上实现按键控制 LED 灯的亮灭。

第 5 章　面向综合的行为描述语句

Verilog HDL 这种硬件描述语言允许用户在不同的抽象层次上对电路进行建模,这些层次从门级、寄存器传输级、行为级直至算法级。因此,同一个电路就会有多种不同的描述方式,但并不是每一种描述都是可综合的,这一局限给设计者造成了严重障碍。因此,设计者不仅需要理解 Verilog HDL 语言,而且还必须理解特定综合系统的建模方式,才能编写出可综合的模型。本章主要介绍可综合的触发事件控制语句、条件语句、循环语句、任务与函数,以及有限状态机的设计,最后给出了可综合的基础实例,便于读者理解综合系统。

5.1　可综合模型的设计

如果程序只用于仿真,那么几乎所有的语法和编程语句都可以使用。但如果程序是用于硬件实现,那么就必须保证程序的可综合性,即所编写的程序能被综合器转化为相应的电路结构。不可综合的 HDL 语句在用综合工具综合时将被忽略或报错。作为设计者,应该对可综合模型的结构有所了解。

1. 可综合模型的结构

虽然不同的综合工具对 Verilog HDL 语法结构的支持不尽相同,但 Verilog HDL 中某些典型的结构是很明确地被所有综合工具支持或不支持的。

❑ 所有综合工具都支持的结构:always,assign,begin,end,case,wire,tri,aupply0,supply1,reg,integer,default,for,function,and,nand,or,nor,xor,xnor,buf,not,bufif0,bufif1,notif0,notif1,if,inout,input,instantitation,module,negedge,posedge,operators,output,parameter。

❑ 所有综合工具都不支持的结构:time,defparam,$finish,fork,join,initial,delays,UDP,wait。

❑ 有些工具支持有些工具不支持的结构:casex,casez,wand,triand,wor,trior,real,disable,forever,arrays,memories,repeat,task,while。

因此,要编写出可综合的模型,应尽量采用所有综合工具都支持的结构来描述,这样才能保证设计的正确性和缩短设计周期。

2. 建立可综合模型的原则

要保证 Verilog HDL 赋值语句的可综合性,在建模时应注意以下要点。

❑ 不使用初始化语句。

- ❑ 不使用带有延时的描述。
- ❑ 不使用循环次数不确定的循环语句，如 forever、while 等。
- ❑ 不使用用户自定义原语（UDP 元件）。
- ❑ 尽量使用同步方式设计电路。
- ❑ 除非是关键路径的设计，一般不采用调用门级元件来描述设计的方法，建议采用行为语句来完成设计。
- ❑ 用 always 过程块描述组合逻辑，应在敏感信号列表中列出所有的输入信号。
- ❑ 所有的内部寄存器都应该能够被复位，在使用 FPGA 实现设计时，应尽量使用器件的全局复位端作为系统总的复位。
- ❑ 对时序逻辑描述和建模，应尽量使用非阻塞赋值方式。对组合逻辑描述和建模，既可以用阻塞赋值，也可以用非阻塞赋值。但在同一个过程块中，最好不要同时用阻塞赋值和非阻塞赋值。
- ❑ 不能在一个以上的 always 过程块中对同一个变量赋值，而对同一个赋值对象不能既使用阻塞式赋值，又使用非阻塞式赋值。
- ❑ 如果不打算把变量推导成锁存器，那么必须在 if 语句或 case 语句的所有条件分支中都对变量明确地赋值。
- ❑ 避免混合使用上升沿和下降沿触发的触发器。
- ❑ 同一个变量的赋值不能受多个时钟控制，也不能受两种不同的时钟条件（或者不同的时钟沿）控制。
- ❑ 避免在 case 语句的分支项中使用 x 值或 z 值。

5.2　触发事件控制

在 Verilog HDL 语言中，事件是指某一个寄存器或线网变量的值发生了变化。事件皆有触发声明语句或块语句的执行。触发事件控制主要包括信号电平事件和信号跳变沿事件，下面分别对其进行介绍。

5.2.1　信号电平事件语句

电平敏感事件是指指定信号的电平发生变化时发生指定的行为。下面是电平触发事件控制的语法格式。

第一种：

```
@(<电平触发事件>) 行为语句;
```

第二种：

```
@(<电平触发事件 1> or <电平触发事件 2> or … or <电平触发事件 n>) 行为语句;
```

【例 5-1】　电平沿触发计数器的实例

```
module counter1(clk, reset, cnt);
input clk, reset;
```

```
output [4:0] cnt;
reg [4:0] cnt;
always @(reset or clk)
    begin
        if (reset)
            cnt = 0;
        else
            cnt = cnt +1;
    end
endmodule
```

其中，只要 a 信号的电平有变化，信号 cnt 的值就会加 1，这可以用于记录信号 a 的变化的次数。实例完成功能为，在 reset 信号电平为低时，只要 clk 的电平发生变化，cnt 的数值就会累加 1。关键字"or"表明事件之间是"或"的关系，在 Verilog HDL 规范中，也可以用标号","来表示或的关系，其相应的语法格式为

```
always @(<电平触发事件 1>,<电平触发事件 2>,…,<电平触发事件 n>) 行为语句;
```

例如，

```
always @(reset or clk) begin … end
```

可以改为

```
always @(reset, clk) begin … end
```

5.2.2　信号跳变沿事件语句

边沿触发事件是指指定信号的边沿信号跳变时发生指定的行为，分为信号的上升沿（x→1 or z→1 or 0→1）和下降沿（x→0 or z→0 or 1→0）控制。上升沿用 posedge 关键词来描述，下降沿用 negedge 关键词描述。边沿触发事件控制的语法格式为
第一种：

```
@(<边沿触发事件>) 行为语句;
```

第二种：

```
@(<边沿触发事件 1> or <边沿触发事件 2> or … or <边沿触发事件 n>) 行为语句;
```

【例 5-2】　基于边沿触发事件的加 1 计数器

```
module counter2(clk, reset, cnt);
input clk, reset;
output [4:0] cnt;
reg [4:0] cnt;
always @(negedge clk)
    begin
        if (reset)
            cnt <= 0;
        else
            cnt <= cnt +1;
    end
endmodule
```

实例完成功能是只要 clk 信号出现下降沿，那么 cnt 信号就会加 1，完成计数的功能。

这种边沿计数器在同步分频电路中有着广泛的应用。同样在 Verilog HDL 规范中，信号沿跳变事件语句中的 "or" 也可以用标号 "," 来代替。

5.3　条　件　语　句

Verilog HDL 语言含有丰富的条件语句，包括 if 语句和 case 语句，在语法上与 C 语言相似。注意条件语句只能用于过程块中，包括 initial 结构块和 always 结构块这两类。由于 initial 语句块主要面向仿真应用，因此，本节主要介绍在 always 块中的应用。

5.3.1　if 语句

Verilog HDL 语言中的 if 语句与 C 语言的十分相似，使用起来也很简单，其使用方法有以下三种。

第一种：

```
if (条件1)        语句块1;
```

第二种：

```
if (条件1)        语句块1;
else             语句块2;
```

第三种：

```
if (条件1)            语句块1;
else if (条件2)       语句块2;
…
else if (条件n)       语句块n;
else                 语句块n+1;
```

在上面三种方式中，"条件" 一般为逻辑表达式或关系表达式，也可以是一位的变量。

如果表达式的值出现 0、x、z，则全部按照 "假" 处理，若为 1，则按 "真" 处理。对于第三种形式，如果条件 1 的表达式为真（或非 0 值），那么语句块 1 被执行，否则语句块不被执行，然后依次判断条件 2 至条件 n 是否满足，如果满足就执行相应的语句块，最后跳出 if 语句，整个模块结束。如果所有的条件都不满足，则执行最后一个 else 分支。语句块若为单句，直接书写即可；若为多句，则需要使用 "begin…end" 块将其括起来。这样便于检查 if 和 else 的匹配，特别是在多重 if 语句嵌套的情况下。

在应用中，else if 分支的语句数目由实际情况决定；else 分支也可以缺省，但在组合逻辑中会产生一些不可预料的逻辑单元，导致设计功能失败，因此应该尽量保持 if 语句分支的完整性。下面给出一个 if 语句的应用实例。

【例 5-3】　通过 if 语句实现一个多路数据选择器

```
module sel(sel_in, a_in, b_in, c_in, d_in, q_out);
input [1:0] sel_in;
input [4:0] a_in, b_in, c_in, d_in;
output [4:0] q_out;
```

```
reg [4:0] q_out;
always @(a_in or b_in or c_in or d_in or sel_in)
    begin
        if(sel_in == 2'b00)
            q_out <= a_in;
        else if (sel_in == 2'b01)
            q_out <= b_in;
        else if (sel_in == 2'b10)
            q_out <= c_in;
        else
            q_out <= d_in;
    end
endmodule
```

实例完成功能为当 sel_in 的值为 2'b00 时,将 a_in 的值赋给 q_out;当 sel_in 的值为 2'b01 时,将 b_in 的值赋给 q_out;当 sel_in 的值为 2'b10 时,将 c_in 的值赋给 q_out;当 sel_in 的值为 2'b11 时,将 d_in 的值赋给 q_out。

5.3.2 case 语句

case 语句是一个多路条件分支形式,常用于多路译码、状态机及微处理器的指令译码等场合,有 case、casez 和 casex 这三种形式。

1. case语句

case 语句的语法格式为

```
case (<条件表达式>)
    <分支 1>: <语句块 1>;
    <分支 2>: <语句块 1>;
    …
    default: <语句块 n>
endcase
```

其中的<分支 n>通常都是一些常量表达式。case 语句首先对条件表达式求值,然后同时并行对各分支项求值并进行比较,这是与 if 语句最大的不同。比较完成后,与条件表达式值相匹配的分支中的语句被执行。可以在 1 个分支中定义多个分支项,但这些值需要互斥,否则会出现逻辑矛盾。缺省分支 default 将覆盖所有没有被分支表达式覆盖的其他分支。此外,当 case 语句跳转到某一分支后,控制指针将转移到 endcase 语句后,其余分支将不再遍历比较,因此不需要类似 C 语言中的 break 语句。

如果几个分支都对应着同一操作,则可以通过逗号将这个不同分支的取值隔开,再将这些情况下需要执行的语句放在这几个分支值之后,其格式为

```
<分支 1>, <分支 2>,…, <分支 n>;
<语句块>;
```

下面给出一个 case 语句的例子,

```
reg [2:0] cnt;
case (cnt)
    3'b000: q = q + 1;
    3'b001: q = q + 2;
```

```
        3'b010: q = q + 3;
        3'b011: q = q + 4;
        3'b100: q = q + 5;
        3'b101: q = q + 6;
        3'b110: q = q + 7;
        3'b111: q = q + 8;
        default: q <= q + 1;
endcase
```

实例完成功能为随着 cnt 的取值，q 和不同的数相加，其功能等效于 q=cnt+q+1。

需要指出的是，case 语句的 default 分支虽然可以缺省，但是一般不要缺省，否则在组合逻辑中，会和 if 语句中缺少 else 分支一样，生成锁存器。

case 语句在执行时，条件表达式和分支之间进行的比较是一种按位进行的全等比较，也就是说，只有在分支项表达式和条件表达式的每一位都彼此相等的情况下，才会认为二者是"相等"的。在进行对应比特的比较时，x、z 这两种逻辑状态也作为合法状态参与比较。各逻辑值在比较时的真值表如表 5-1 所列，其中 Ture 表示比较结果相等，False 表示比较结果不等。

表 5-1　case语句的比较规则

case	0	1	x	z
0	Ture	False	False	False
1	False	Ture	False	False
x	False	False	Ture	False
z	False	False	False	Ture

由于 case 语句有按位进行全等比较的特点，因此 case 语句的条件表达式和分支值必须具备同样的位宽，只有这样才能进行对应位的比较。当各分支取值以常数形式给出时，必须显式地表明其位宽，否则 Verilog HDL 编译器会默认其具有与 PC 机字长相等的位宽。例 5-4 给出了一个实现操作码译码的实例。

【例 5-4】　使用 case 语句实现操作码译码

```
module decode_opmode(a_in, b_in, opmode, q_out);
ipput [7:0] a_in;
input [7:0] b_in;
input [1:0] opmode;
output [7:0] q_out;
reg [7:0] q_out;
always @(a_in or b_in or opmode)
    begin
        case(opmode)
            2'b00: q_out = a_in + b_in;
            2'b01: q_out = a_in + b_in;
            2'b10: q_out = (~a_in) + 1;
            2'b11: q_out = (~b_in) + 1;
        endcase
    end
endmodule
```

实例完成功能为，输入信号 opmode 是宽度为两位的操作码，用于指定输入 a_in 和 b_in 执行的运算类型。当操作码为 2'b00，则取值为 a_in 和 b_in 的和；当操作码为 2'b01，则取值为 a_in 和 b_in 的差；当操作码为 2'b10，则取值为 a_in 的补码；当操作码为 2'b11，则取值为 b_in 的补码。

2．casez和casex语句

casez 和 casex 语句是 case 语句的变体。在 casez 语句中，如果分支取值的某些位为高阻 z，则这些位的比较就不予以考虑，只关注其他位的比较结果；casex 语句则把这种处理方式扩展到对 x 的处理，即如果比较双方有一方的某些位为 x 或 z，那么这些位的比较就不予以考虑。表 5-2、表 5-3 分别给出 casez 和 casex 比较时的真值表。

表 5-2　casez语句的比较规则

casez	0	1	x	z
0	Ture	False	False	Ture
1	False	Ture	False	Ture
x	False	False	Ture	Ture
z	Ture	Ture	Ture	Ture

表 5-3　casex语句的比较规则

case	0	1	x	z
0	Ture	False	Ture	Ture
1	False	Ture	Ture	Ture
x	Ture	Ture	Ture	Ture
z	Ture	Ture	Ture	Ture

在 casez 和 casex 语句中，分支取值的 zz 也可以用符号"?"代替，例如：

```
reg [1:0] a, b;
casez(b)
    2'b1? : a = 2'b00;
    2'b?1 : a = 2'b11;
endcase
```

其与下面的代码是等效的，只要 b 的高比特为 1，则 a 的值为 2'b00；b 的低比特为 1，则 a 的值为 2'b11。

```
reg [1:0] a, b;
casez(b)
    2'b1z : a = 2'b00;
    2'bz1 : a = 2'b11;
endcase
```

从上述内容可以看出，casez 和 casex 的唯一不同就在于对 x 逻辑的处理，其语法规则是完全一致的。下面以 casex 为例，给出一个实现操作码译码的实例。

【例 5-5】　使用 case 语句实现操作码译码

```
module decode_opmodex(a_in, b_in, opmode, q_out);
input [7:0] a_in;
input [7:0] b_in;
input [3:0] opmode;
output [7:0] q_out;
reg [7:0] q_out;
always @(a_in or b_in or opmode)
    begin
```

```
        casex(opmode)
            4'b0001: q_out = a_in + b_in;
            4'b001x: q_out = a_in - b_in;
            4'b01xx: q_out = (~a_in) + 1;
            4'b1zx?: q_out = (~b_in) + 1;
            default: q_out = a_in + b_in;
        endcase
    end
endmodule
```

实例完成功能为操作码 opmode 的取值为 4'b0001，q_out 的数值为两个数相加的和；高三位取值为 1，q_out 的值为 a_in-b_in；高两位为 2'b01，q_out 的值为 a_in 的补码；最高位为 1 时，q_out 的值为 b_in 的补码。上述代码在比较 opmode 和 casex 分支数值时，将分别忽略其中取值为 z、x 以及?的位。

5.3.3　条件语句的深入理解

if 语句指定了一个有优先级的编码逻辑，而 case 语句生成的逻辑是并行的，不具有优先级。if 语句可以包含一系列不同的表达式，而 case 语句比较的是一个公共的控制表达式。通常 if…else 结构速度较慢，但占用的面积小，如果对速度没有特殊要求而对面积有较高要求，则可用 if…else 语句完成编解码。case 结构速度较快，但占用面积较大，所以用 case 语句实现对速度要求较高的编解码电路。嵌套的 if 语句如果使用不当，就会导致设计的更大延时，为了避免较大的路径延时，最好不要使用特别长的嵌套 if 结构。如想利用 if 语句来实现那些对延时要求苛刻的路径时，应将最高优先级给最迟到达的关键信号。有时为了兼顾面积和速度，可以将 if 和 case 语句合用。

下面分别给出两个使用 if 和 case 语句的实例，希望读者从中体会到二者的不同。

【例 5-6】　使用 if 语句实现一个 4 选 1 的数据通路选择器

```
module sdata_if(clk, reset, x, s, y);
input clk;
input reset;
input [3:0] x;
input [1:0] s;
output y;
reg y;
always @(posedge clk)
    begin
        if(!reset) y <= 0 ;
        else
            begin
                if(s == 2'b00) y <= x[0];
                else if (s == 2'b01) y <= x[1];
                else if (s == 2'b10) y <= x[2];
                else y <= x[3];
            end
    end
endmodule
```

上述程序经过综合后，其 RTL 级结构如图 5-1 所示。从中可以看出状态变量 s[1:0]通过 y0、y1、y2 以及 y3 是串行输入到复用器中的，且具有严格的逻辑顺序，其逻辑级数为 4。

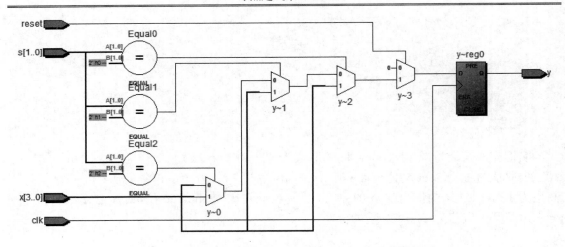

图 5-1 用 if 语句实现的 4 选 1 选择器 RTL 级结构图

【例 5-7】 使用 case 语句实现一个 4 选 1 的 8 位数据选择器

```
module sdata_case(clk, reset, x, s, y);
input clk;
input reset;
input [3:0] x;
input [1:0] s;
output y;
reg y;
always @(posedge clk)
    begin
        if(!reset) y <= 0 ;
        else
            begin
                case(s)
                    2'b00: y <= x[0];
                    2'b01: y <= x[1];
                    2'b10: y <= x[2];
                    2'b11: y <= x[3];
                endcase
            end
    end
endmodule
```

上述程序经过综合后，其中数据选择部分的 RTL 级结构如图 5-2 所示。从中可以看出状态变量 s[1:0]通过 y 并行输入到复用器中的，因此逻辑级数只有 1 级。

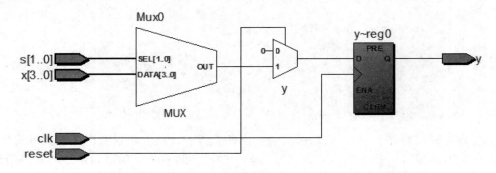

图 5-2 用 case 语句实现的 4 选 1 选择器 RTL 级结构图

5.4　循　环　语　句

Verilog HDL 中提供了 4 种循环语句，可用于控制语句的执行次数，分别为

❑　for 循环：执行给定的循环次数；

❑　while 循环：执行语句直到某个条件不满足；

❑　repeat 循环：连续执行语句 N 次；

❑　forever 循环：连续执行某条语句。

其中，for、while 及 repeat 是"可综合"的，但循环的次数需要在编译之前就确定，动态改变循环次数的语句则是不可综合的；forever 语句是不可综合的，常用于产生各类仿真激励。因此，本节主要介绍 for、while 和 repeat 语句。

5.4.1　repeat 语句

repeat 循环语句执行指定循环数，如果循环计数表达式的值不确定，即为 x 或 z 时，那么循环次数按 0 处理。repeat 循环语句的语法为

```
repeat(循环次数表达式)
    begin
        语句块；
    end
```

其中，"循环次数表达式"用于指定循环次数，可以是一个整数、变量或数值表达式。如果是变量或数值表达式，其数值只在第一次循环时得到计算，从而得以事先确定循环次数；"语句块"为重复执行的循环体。在可综合设计中，"循环次数表达式"必须在程序编译过程中保持不变。下面给出一个利用 repeat 语句实现两个 8 比特数据的乘法。

【例 5-8】　利用 repeat 语句实现两个 8 比特数据的乘法

```
module mult_8b_repeat(a, b, q);
parameter bsize = 8;
input [bsize-1 : 0] a, b;
output [2*bsize-1 : 0] q;
reg [2*bsize-1 : 0] q, a_t;
reg [bsize-1 : 0] b_t;
always @(a or b)
    begin
        q = 0;
        a_t = {{bsize{0}},a};
        b_t = b;
        repeat(bsize)
            begin
                if (b_t[0])q = q + a_t;
                else q = q;
                a_t = a_t << 1;
                b_t = b_t >> 1;
            end
    end
endmodule
```

在程序中，repeat 语句中指定循环次数的是参数"bsize"，其数值为 8，因此循环体将被重复执行 8 次；循环体部分由一个 begin…end 语句块组成，每执行一次就进行一次移位相加操作，在重复执行 8 次后就完成了两个 8 位输入数据的相乘运算。

5.4.2 while 语句

while 循环语句实现的是一种"条件循环"，只有在指定的循环条件为真时才会重复执行循环体，如果表达式条件在开始不为真（包括假、x 以及 z）时，过程语句将永远不会被执行。while 循环的语法为

```
while (循环执行条件表达式)
    begin
        语句块
    end
```

在上述格式中，"循环执行条件表达式"代表了循环体得到继续重复执行时必须满足的条件，通常是一个逻辑表达式。在每一次执行循环体之前，都需要对这个表达式是否成立进行判断。"语句块"代表了被重复执行的部分，可以为单句或多句。

while 语句在执行时，首先判断循环执行条件表达式是否为真，如果真，执行后面的语句块，然后重新判断循环执行条件表达式是否为真，为真的话，再执行一遍后面的语句块，如此不断，直到条件表达式不为真。因此，在执行语句中，必须有改变循环执行条件表达式的值的语句，否则循环就变成死循环。

下面通过 while 语句实现例 5-8 的功能，完成两个 8 比特无符号数相乘的功能。

【例 5-9】 使用 while 语句实现两输入 8 位无符号数据的乘法

```
module mult_8b_while(a, b, q);
parameter bsize = 8;
input [bsize-1 : 0] a, b;
output [2*bsize-1 : 0] q;
reg [2*bsize-1 : 0] q, a_t;
reg [bsize-1 : 0] b_t;
reg [bsize-1 : 0] cnt;
always @(a or b)
    begin
        q = 0;
        a_t = {{bsize{0}},a};
        b_t = b;
        cnt = bsize;
        while(cnt > 0)
            begin
                if (b_t[0])q = q + a_t;
                else q = q;
                cnt = cnt - 1;
                a_t = a_t << 1;
                b_t = b_t >> 1;
            end
    end
endmodule
```

上述程序中，while 语句开始执行时，cnt 的初始值为 8，条件表达式成立，循环体语句开始执行，并将 cnt 的值减 1；再次判断执行条件，执行循环语句，直到经过 8 次循环后，

cnt 的值为 0，这时条件表达式不再成立，循环结束。

5.4.3　for 语句

和 while 循环语句一样，for 循环语句实现的循环也是一种"条件循环"，按照指定的次数重复执行过程赋值语句，其语法格式为

```
for(表达式 1; 表达式 2; 表达式 3) 语句块;
```

for 循环语句最简单的应用形式是很容易理解的，其形式为

```
for(循环变量赋初值; 循环执行条件; 循环变量增值)      循环体语句的语句块;
```

其中，"循环变量赋初值"和"循环变量增值"语句是两条过程赋值语句；"循环执行条件"代表着循环继续执行的条件，通常是一个逻辑表达式，在每一次执行循环体之前都要对这个条件表达式是否成立进行判断；"循环体语句的语句块"是要被重复执行的循环体部分，如果超过多条语句，需要使用"begin…end"语句块将循环体语句括起来。

for 循环语句的执行过程可以分为以下几步。

（1）执行"循环变量赋初值"语句；

（2）执行"循环执行条件"语句，判断循环变量的值是否满足循环执行条件。若结果为真，执行循环体语句，然后继续执行下面的第（3）步；否则，结束循环语句。

（3）执行"循环变量增值"语句，并跳转到第（2）步。

从上面的说明可以看出，"循环变量赋初值"语句只在第一次循环开始之前被执行一次，"循环执行条件"在每次循环开始之前都会被执行，而"循环变量增值"语句在每次循环结束之后被执行。可以发现，如果"循环变量增值"语句不改变循环变量的值，则 for 语句会进入无限次循环的死循环状态，这种情况在程序设计中是要避免的。事实上，for 语句等价于由 while 循环语句构建的如下循环结构。

```
begin
    循环变量赋初值;
    while(循环执行条件)
        begin
            循环体语句的语句块;
            循环变量增值;
        end
end
```

这里需要强调的是，虽然从表面上看来，while 语句需要 3 条语句才能完成一个循环控制，for 循环制需要一条语句就可以实现，但二者对应的逻辑本质是相同的。在代码书写时，由于 for 语句的表述比 while 语句更清晰、简洁，便于阅读，因此推荐使用 for 语句。

目前，大多数 FPGA 工具都支持 for 语句的综合，但要求"循环结束条件"是个常量。下面通过计算数据零比特个数的程序来说明 for 语句的使用。

【例 5-10】　使用 for 语句统计输入数据中所包含零比特的个数

```
module countzeros (a, Count);
input [7:0] a;
output [2:0] Count;
reg [2:0] Count;
```

```
reg [2:0] Count_Aux;
integer i;
always @(a)
    begin
        Count_Aux = 3'b0;
        for (i = 0; i < 8; i = i+1)
            begin
                if (!a[i]) Count_Aux = Count_Aux+1;
            end
        Count = Count_Aux;
    end
endmodule
```

在应用时，repeat、while 及 for 语句三者之间是可以相互转化的，如对于一个简单的 5 次循环，分别用 repeat、while 及 for 书写。

`for( i = 0; i <= 4; i=i+1)` `begin` `...` `end`	`repeat(5)` `begin` `...` `end`	`i = 0;` `while(i<5)` `begin` `...` `i = i + 1;` `end`

为了说明几种循环语句之间可以互换，下面给出用 for 循环实现两个 8 位无符号数相乘的实例。

【例 5-11】 使用 for 语句实现两输入 8 位无符号数据的乘法

```
module mult_8b_for(a, b, q);
parameter bsize = 8;
input [bsize-1 : 0] a, b;
output [2*bsize-1 : 0] q;
reg [2*bsize-1 : 0] q, a_t;
reg [bsize-1 : 0] b_t;
reg [bsize-1 : 0] cnt;
always @(a or b)
    begin
        q = 0;
        a_t = {{bsize{0}},a};
        b_t = b;
        cnt = bsize;
        for(cnt = bsize; cnt>0; cnt = cnt-1)
            begin
                if (b_t[0]) q = q + a_t;
                else q = q;
                a_t = a_t << 1;
                b_t = b_t >> 1;
            end
    end
endmodule
```

  在 Verilog 中不支持 C/C++语言中的 "++" 和 "--" 运算，因此必须通过完整的语句 "i = i + 1" 和 "i = i -1" 来实现类似功能。

Verilog HDL 是一门硬件描述语言，如果期望代码在硬件中实现，则需要经过 FPGA 工具将其最终翻译成基本的门逻辑。而在硬件电路中并没有循环电路的原型，因此在使用循环语句时要十分小心，必须时刻注意其可综合性。

在此介绍硬件设计思想，在硬件系统中，任何 RTL 级的描述都是需要占用资源的。因此必须确保循环是一个有限循环，否则设计将是不可综合的，因为任何硬件实现平台（FPGA、ASIC）的资源都是有限的，这也是 forever 语句是不可综合的原因。当然，循环语句的优势也是明显的，代码简洁明了，便于维护和管理，具有高级语言的普遍特征。

根据作者的设计经验，硬件里的 for 语句不会像软件程序那样频繁地被使用，一方面是因为 for 语句需要占用一定的硬件资源；另一方面是因为在设计中 for 循环可通过计数器来代替。所以，在 Verilog HDL 程序开发中，使用循环语句一定要谨慎，毕竟描述层次越抽象，将其转化成硬件实现的难度就越大，性能就越差，并且占用资源越多。

虽然基于循环语句的 Verilog HDL 设计显得相对精简，阅读起来也比较容易；但面向硬件的设计和软件设计的关注点是不同的，硬件设计并不追求代码的短小，而是设计的时序和面积性能等特征。读者在面向综合的设计中使用循环语句要慎重。

5.5　任务与函数

如果程序中有一段语句需要执行多次，则重复性的语句非常多，代码会变得冗长且难懂，维护难度也很大。任务和函数具备将重复性语句聚合起来的能力，类似于 C 语言的子程序。通过任务和函数来替代重复性语句，也有效简化程序结构，增加代码的可读性。此外，Verilog 的 task 和 function 是可以综合的，不过综合出来的都是组合电路。

5.5.1　任务（task）语句

任务就是一段封装在"task…endtask"之间的程序。任务是通过调用来执行的，而且只有在调用时才执行，如果定义了任务，但是在整个过程中都没有调用它，那么这个任务是不会执行的。调用某个任务时可能需要它处理某些数据并返回操作结果，所以任务应当有接收数据的输入端和返回数据的输出端。另外，任务可以彼此调用，而且任务内还可以调用函数。

1．任务定义

任务定义的形式如下。

```
task task_id;
    [declaration]
    procedural_statement
endtask
```

其中，关键词 task 和 endtask 将它们之间的内容标志成一个任务定义，task 标志着一个任务定义结构的开始；task_id 是任务名；可选项 declaration 是端口声明语句和变量声明语句，任务接收输入值和返回输出值就是通过此处声明的端口进行的；procedural_statement 是一段用来完成这个任务操作的过程语句，如果过程语句多于一条，应将其放在语句块内；endtask 为任务定义结构体结束标志。在定义任务时，有下列六点需要注意。

❑ 在第一行"task"语句中不能列出端口名称。

❑ 任务的输入、输出端口和双向端口数量不受限制，甚至可以没有输入、输出及双向端口。

❑ 在任务定义的描述语句中，可以使用出现不可综合操作符合语句（使用最为频繁的就是延迟控制语句），但这样会造成该任务不可综合。

❑ 在任务中可以调用其他的任务或函数，也可以调用自身。

❑ 在任务定义结构内不能出现 initial 和 always 过程块。

❑ 在任务定义中可以出现"disable 中止语句"，将中断正在执行的任务，但其是不可综合的。当任务被中断后，程序流程将返回到调用任务的地方继续向下执行。

2. 任务调用

虽然任务中不能出现 initial 语句和 always 语句语句，但任务调用语句可以在 initial 语句和 always 语句中使用，其语法形式如下。

```
task_id[(端口 1, 端口 2,…, 端口 N)];
```

其中，task_id 是要调用的任务名，端口 1、端口 2，…是参数列表。参数列表给出传入任务的数据（进入任务的输入端）和接收返回结果的变量（从任务的输出端接收返回结果）。任务调用语句中，参数列表的顺序必须与任务定义中的端口声明顺序相同。任务调用语句是过程性语句，所以任务调用中接收返回数据的变量必须是寄存器类型。下面给出一个任务调用实例。

【例 5-12】 通过 Verilog HDL 的任务调用实现一个 4 比特全加器

```
module EXAMPLE (A, B, CIN, S, COUT);
input [3:0] A, B;
input CIN;
output [3:0] S;
output COUT;
reg [3:0] S;
reg COUT;
reg [1:0] S0, S1, S2, S3;
task ADD;
    input A, B, CIN;
    output [1:0] C;
    reg [1:0] C;
    reg S, COUT;
    begin
        S = A ^ B ^ CIN;
        COUT = (A&B) | (A&CIN) | (B&CIN);
        C = {COUT, S};
    end
endtask
always @(A or B or CIN)
    begin
        ADD (A[0], B[0], CIN, S0);
        ADD (A[1], B[1], S0[1], S1);
        ADD (A[2], B[2], S1[1], S2);
        ADD (A[3], B[3], S2[1], S3);
        S = {S3[0], S2[0], S1[0], S0[0]};
        COUT = S3[1];
    end
endmodule
```

在调用任务时，需要注意以下几点。

❑ 任务调用语句只能出现在过程块内。

❑ 任务调用语句和一条普通的行为描述语句的处理方法一致。

❑ 当被调用输入、输出或双向端口时，任务调用语句必须包含端口名列表，且信号端口顺序和类型必须和任务定义结构中的顺序和类型一致。注意任务的输出端口必须和寄存器类型的数据变量对应。

❑ 可综合任务只能实现组合逻辑，也就是说调用可综合任务的时间为"0"。而在面向仿真的任务中可以带有时序控制，如时延，因此面向仿真的任务的调用时间不为"0"。

5.5.2　函数（function）语句

函数的功能和任务的功能类似，但二者还存在很大的不同。在 Verilog HDL 语法中也存在函数的定义和调用。

1. 函数的定义

函数通过关键词 function 和 endfunction 定义，不允许输出端口声明（包括输出和双向端口），但可以有多个输入端口。函数定义的语法如下。

```
function [range] function_id;
    input_declaration
    other_declarations
    procedural_statement
endfunction
```

其中，function 语句标志着函数定义结构的开始；[range]参数指定函数返回值的类型或位宽，是一个可选项，若没有指定，默认缺省值为 1 比特的寄存器数据；function_id 为所定义函数的名称，对函数的调用也是通过函数名完成的，并在函数结构体内部代表一个内部变量，函数调用的返回值通过函数名变量传递给调用语句；input_declaration 用于对函数各个输入端口的位宽和类型进行说明，在函数定义中至少要有一个输入端口；endfunction 为函数结构体结束标志。函数定义实例如下。

【例 5-13】 定义函数实例

```
function AND;   //定义输入变量
    input A, B;     //定义函数体
    begin
        AND = A && B;
    end
endfunction
```

函数定义在函数内部会隐式定义一个寄存器变量，该寄存器变量和函数同名并且位宽也一致。函数通过在函数定义中对该寄存器的显式赋值来返回函数计算结果。此外，还要注意以下几点。

❑ 函数定义只能在模块中完成，不能出现在过程块中；

❑ 函数至少要有一个输入端口；不能包含输出端口和双向端口；

- □ 在函数结构中,不能使用任何形式的时间控制语句(#、wait 等),也不能使用 disable 中止语句;
- □ 函数定义结构体中不能出现过程块语句（always 语句）;
- □ 函数内部可以调用函数,但不能调用任务。

2. 函数调用

和任务一样,函数也是在被调用时才被执行的,调用函数的语句形式如下。

```
func_id(expr1, expr2,…, exprN)
```

其中, func_id 是要调用的函数名, expr1, expr2,…,exprN 是传递给函数的输入参数列表,该输入参数列表的顺序必须与函数定义时声明其输入的顺序相同。函数调用实例如下。

【例 5-14】 函数调用实例

```
module comb15 (A, B, CIN, S, COUT);
input [3:0] A, B;
input CIN;
output [3:0] S;
output COUT;
wire [1:0] S0, S1, S2, S3;
function signed [1:0] ADD;
   input A, B, CIN;
   reg S, COUT;
   begin
       S = A ^ B ^ CIN;
       COUT = (A&B) | (A&CIN) | (B&CIN);
       ADD = {COUT, S};
   end
endfunction
assign S0 = ADD (A[0], B[0], CIN),
       S1 = ADD (A[1], B[1], S0[1]),
       S2 = ADD (A[2], B[2], S1[1]),
       S3 = ADD (A[3], B[3], S2[1]),
       S = {S3[0], S2[0], S1[0], S0[0]},
       COUT = S3[1];
endmodule
```

在函数调用中,注意下列几点。
- □ 函数调用可以在过程块中完成,也可以在 assign 这样的连续赋值语句中出现。
- □ 函数调用语句不能单独作为一条语句出现,只能作为赋值语句的右端操作数。

5.5.3 任务和函数的深入理解

通过任务和函数可以将较大的行为级设计划分为较小的代码段, 允许 Verilog HDL 程序开发人员将在多个地方使用的相同代码提取出来, 简化程序结构, 提高代码可读性。一般的综合器都是支持了 task 和 function 语句的。

1. 关于task语句的深入说明

根据 Verilog HDL 语言标准, task 比 always 低 1 个等级, 即 task 必须在 always 里面调用, task 本身可以调用 task, 但不能调用 Verilog HDL 模块（module）。module 的调用是与

always、assign 语句并列的，所以在这些语句中均不能直接调用 module，只能采用和 module 端口交互数据的方法达到调用的功能。

task 语句是可综合的，但其中不能包含 always 语句，因此也只能实现组合逻辑。顺序调用 task 对于电路设计来说，就是复制电路功能单元。多次调用 task 语句就是多次复制电路，因此资源会成倍增加，不能达到电路复用的目的；同时用 task 封装的纯逻辑代码会使得电路的处理时间变长，最高频率降低，不能应用于高速场合。

综上所述，可以看出 task 语句的功能就是将代码中重复的组合逻辑封装起来简化程序结构，具备组合逻辑设计的所有优点和缺点；而对于时序设计，task 语句则无法处理，只能通过 Verilog HDL 语言中的层次化设计方法，将其封装成 module，通过端口交换数据达到化简程序结构的目的。

2．关于function语句的深入说明

在面向综合的设计中，function 语句是可综合的，但由于 function 语句中不支持使用 always 语句，因此无法捕获信号跳变沿，所以不可能实现时序逻辑。和 task 语句一样，function 语句具有组合逻辑电路的所有优点和缺点，这里就不再对其进行过多说明。

3．task语句和function语句的比较

task 语句和 function 语句都必须在模块内部定义，除了参数个数不同外，还可以定义内部变量，包括寄存器、时间变量、整型等，但是不能定义线网型变量。此外，二者都只能出现在行为描述中，并且在 task 语句和 function 语句内部不能包含 always 和 initial 语句。表 5-4 列出了 task 和 function 语句的不同点。

表 5-4　task和function语句的不同点

比 较 点	任 务	函 数
输入、输出	可以有任意多个各种类型的参数	至少有一个输入，不能有输出端口，包括 inout 端口
调用	任务只能在过程语句中调用，而不能在连续赋值语句 assign 中调用	函数可作为赋值操作的表达式，用于过程赋值和连续赋值语句
触发事件控制	任务不能出现 always 语句；可以包含延迟控制语句（#），但只能面向仿真，不可综合	函数中不能出现（always、#）这样的语句，要保证函数的执行在零时间内完成
调用其他函数和任务	任务可以调用其他任务和函数	函数只能调用函数，但不能调用任务
返回值	任务没有返回值	函数向调用它的表达式返回一个值
其他说明	任务调用语句可以作为一条完整的语句出现	函数调用语句只能作为赋值操作的表达式，不能作为一条独立的语句出现

5.6　有限状态机的设计

有限状态机（Finite State Machine, FSM）是指输出取决于过去输入部分和当前输入部分的时序逻辑电路。一般来说，除了输入部分和输出部分外，有限状态机还含有一组具有"记忆"功能的寄存器，这些寄存器的功能是记忆有限状态机的内部状态，常被称为状态寄

存器。在有限状态机中，状态寄存器的下一个状态不仅与输入信号有关，而且还与该寄存器的当前状态有关，因此有限状态机又可以认为是组合逻辑和寄存器逻辑的一种组合。其中，寄存器逻辑的功能是存储有限状态机的内部状态；而组合逻辑又可以分为次态逻辑和输出逻辑两部分，次态逻辑的功能是确定有限状态机的下一个状态，输出逻辑的功能是确定有限状态机的输出。

5.6.1 有限状态机的分类

在实际应用中，根据有限状态机是否使用输入信号，设计人员经常将其分为 Moore 型有限状态机和 Mealy 型有限状态机两种类型。Moore 型有限状态机，其输出信号仅与当前状态有关，即可以把 Moore 型有限状态的输出看成是当前状态的函数；Mealy 型有限状态机，其输出信号不仅与当前状态有关，而且还与所有的输入信号有关，即可以把 Mealy 型有限状态机的输出看成是当前状态和所有输入信号的函数。

1. 有限状态机电路模型

根据定义，很容易得到两种状态机的电路模型，如图 5-3、图 5-4 所示两种状态机的电路模型。

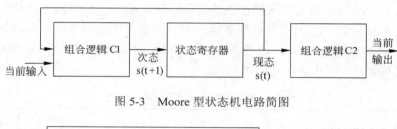

图 5-3　Moore 型状态机电路简图

图 5-4　Mealy 型状态机电路简图

2. 有限状态机的性能比较

通过归纳比较，两种状态机具有如下性能特点。

（1）Mealy 型状态机比 Moore 型状态机"响应"速度快。Mealy 型状态机的输出与当前状态和输入有关，而 Moore 型状态机输出仅与当前状态有关。Mealy 型状态机的输入立即反应在当前周期；Moore 型状态机的输入影响下一状态，通过下一状态影响输出。为此 Mealy 型状态机比 Moore 型状态机输出序列超前一个周期，即"响应速度"较快。Mealy 型状态机的输出在当前周期，具有较长的路径（组合逻辑）；Moore 型状态机的输出具有一个周期的延时，容易利用时钟同步，Moore 型状态机具有较好的时序。

（2）Mealy 型状态机状态少，Moore 型状态机结构简单。由于 Moore 型状态机的输出只与当前的状态有关，一个状态对应一个输出，Moore 型状态机具有更多的状态。Mealy 和 Moore 型状态机之间可以相互转化，对于每个 Mealy 型状态机而言，都有一个等价的 Moore 型状态机，Moore 型状态机状态的上限为所对应的 Mealy 机状态的数量和输出数量的乘积。

（3）状态机的状态通过触发器的数量来反应，Mealy 型状态机具有较少的状态，为此具有较少的触发器。

3．有限状态机的电路转换

对于给定的时序逻辑功能，可以用 Mealy 型状态机实现，也可以用 Moore 型状态机实现。根据 Moore 型状态机比 Mealy 型状态机输出落后一个周期的特性，可以实现两种状态机之间的转换。把 Moore 型状态机转换为 Mealy 型状态机的办法是把次态的输出修改为对应现态的输出，同时合并一些具有等价性能的状态。把 Mealy 型状态机转换为 Moore 型状态机的办法是把当前态的输出修改为对应次态的输出，同时添加一些状态。

4．有限状态机的电路选择

Mealy 型状态机和 Moore 型状态机实现的电路是同步时序逻辑电路的两种不同形式，它们之间不存在功能上的差异，并可以相互转换。Moore 型状态机电路有稳定的输出序列，而 Mealy 型状态机电路的输出序列早 Moore 型状态机电路一个时钟周期产生。在时序设计时，根据实际需要，结合两种电路的特性选择。在时序电路设计中 Mealy 型状态机和 Moore 型状态机电路的选择原则是当要求输出对输入快速响应及希望电路尽量简单时，选择 Mealy 型状态机电路。当要求时序输出稳定，能接受输出序列晚一个周期，及选择 Moore 型状态机电路不增加电路复杂性时，适宜选择 Moore 型状态机电路。

5.6.2　有限状态机的状态编码

有限状态机常用的编码有三种：二进制码（Binary 码）、格雷码（Gray 码）和独热码（One-hot 码）。另外，还可以自定义编码，如在高速设计中以状态编码作为输出。

1．二进制编码

顺序二进制编码，即将状态依次编码为顺序的二进制数。顺序二进制编码是最紧密的编码，优点在于它使用的状态向量位数最少。例如，对于 6 个状态的状态机而言，只需要 3 位二进制数来进行编码，因此，只需要 3 个触发器来实现，节约了逻辑资源（在实际应用中，往往需要较多组合逻辑对状态向量进行解码以产生输出，因此实际节约资源的效果并不明显）。在上面的例子中，3 位二进制数总共有 8 种可能的编码模式，其中 6 种用来表示有效状态，剩下的 2 种是无效编码。

有人认为顺序二进制编码还有一个好处。当芯片受到粒子辐射或由于异步输入等问题可能会造成状态跳转失常时，如果失常中状态机跳转到无效的编码状态则可能会出现死机，除非复位，否则永远无法回到 IDLE 状态。而因为顺序二进制编码最紧密，所以无效编码最少。失常时有更大的概率跳转到有效状态，并最终回到 IDLE 状态。这种预想的好处并不会发生在实际中。首先，失常地跳转到有效状态并不意味着能够最终回到 IDLE 状态。

例如，在某个有效状态，状态机循环等待某输入信号，并作出应答。如果状态机失常地跳转到该状态，同样会陷入死等，因为输入信号并不会到来。其次，失常地跳转到有效状态，意味着可能在不正确的时机产生输出，这样会将故障传播到其他模块。在很多应用中人们宁愿死机不输出任何信号也不愿意输出错误信号。可见使用顺序二进制编码并不能使得状态机具有所想象的容错能力。

2．格雷码

格雷码也叫循环码，是 1880 年由法国工程师波特发明的一种编码，20 世纪 40 年代由贝尔实验室的弗兰克·格雷提出，用来在使用 PCM（Pulse Code Communication）方法传送讯号时避免出错的一种编码机制，并于 1953 年 3 月取得美国专利。

格雷码，它是一种无权码，采用绝对编码方式，典型格雷码是一种具有反射特性和循环特性的单步自补码，它的循环、单步特性消除了随机取数时出现重大误差的可能。格雷码相邻的两个码组之间仅有一位不同，当模拟量发生微小变化而可能引起数字量发生变化时，格雷码仅改变一位，这样可以降低数字电路中很大的尖峰电流脉冲，从而减少出错的可能性。

二进制码与格雷码之间可以相互转换。

二进制码转换为格雷码：从最右边一位起，一次与左边一位"异或"，作为对应格雷码该位的值，最左边的一位不变（相当于最左边是 0）。

格雷码转换为二进制码：从左边第二位起，将每一位与左边一位解码后的值"异或"，作为该解码后的值（最左边的一位依然不变）。

格雷码在发生状态跳转时，状态向量只有一位发生变化。理论上说格雷码状态机在状态跳转时不会有任何毛刺。但实际上综合后的状态机是否还有这个好处也很难说。格雷码状态机设计中最大的问题是在状态机很复杂状态跳转的分支很多时，要合理地分配状态编码保证每个状态跳转都仅有 1 位发生变化，这是很困难的事情。

3．独热码

独热码即 One-Hot 编码，又分为独热 1 码和独热 0 码，是一种特殊的二进制编码方式。当任何一种状态有且仅有一个 1 时，就是独热 1 码，相反任何一种状态有且仅有一个 0 时，就是独热 0 码。

二进制编码、格雷码编码使用最少的触发器，消耗较多的组合逻辑，而独热码编码反之。独热码编码的最大优势在于状态比较时仅仅需要比较一个位，从而一定程度上简化了译码逻辑。虽然在需要表示同样的状态数时，独热编码占用较多的位，也就是消耗较多的触发器，但这些额外触发器占用的面积可与译码电路省下来的面积相抵消。

独热码的最大优势在于状态比较时仅仅需要比较一个 bit，一定程度上简化了比较逻辑，减少了毛刺产生的概率。由于 CPLD 更多地提供组合逻辑资源，而 FPGA 更多地提供触发器资源，所以 CPLD 多使用格雷码，而 FPGA 多使用独热码。另一方面，对于小型设计使用格雷码和二进制码更有效，而大型状态机使用独热码更有效。

5.6.3　有限状态机设计方法

Verilog HDL 中可以用许多种方法来描述有限状态机，最常用的方法是用 always 语句和 case 语句。如图 5-5 所示的状态转移图表示了一个有限状态机，例 5-15 的程序就是该有限状态机的多种 Verilog HDL 模型之一。

图 5-5 的状态转移图表示了一个四状态的有限状态机。它的同步时钟是 Clock，输入信号是 A 和 Reset，输出信号是 F 和 G。状态的转移只能在同步时钟（Clock）的上升沿时发生，往哪个状态的转移则取决于目前所在的状态和输入的信号（Reset 和 A）。下面的例子是该有限状态机的 Verilog HDL 模型之一。

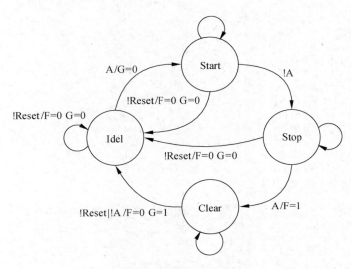

图 5-5 四状态有限状态机

【例 5-15】 格雷码有限状态机 1

```
module fsm (Clock, Reset, A, F, G); //模块声明
input Clock, Reset, A;
output F,G;
reg F,G;
reg [1:0] state ;
parameter  Idle = 2'b00, Start = 2'b01,Stop = 2'b10, Clear = 2'b11; //
状态声明
always @(posedge Clock)
    if (!Reset)
        begin
            state <= Idle; F<=0; G<=0; //默认状态
        end
    else
        case (state)
            idle:
                begin //Idle 状态
                    if (A)
                        begin
                        state <= Start;
                        G<=0;
                        end
                    elsestate <= Idle;
                end
            start: //Start 状态
                if (!A) state <= Stop;
                else state <= Start;
```

```
            Stop:
                begin //Stop 状态
                    if (A)
                        begin
                            state <= Clear;
                            F <= 1;
                        end
                    else state <= Stop;
                end
            Clear:
                begin //Clear 状态
                    if (!A)
                        begin
                            state <=Idle;
                            F <=0; G <=1;
                        end
                    else state <= Clear;
                end
        endcase
endmodule
```

也可以用下面的 Verilog HDL 模型来表示同一个有限状态。

【例 5-16】 独热码有限状态机 2

```
module fsm1 (Clock, Reset, A, F, G); //模块声明
input Clock, Reset, A;
output F,G;
reg F,G;
reg [3:0] state ;
parameter  Idle = 4' b1000,Start = 4' b0100,Stop = 4' b0010,Clear = 4' b0001;
//状态声明
always @(posedge clock)
    if (!Reset)
        begin
            state <= Idle; F<=0; G<=0; //默认状态
        end
    else
        case (state)
            Idle:
                begin //Idel 状态
                    if (A)
                        begin
                            state <= Start;G<=0;
                        end
                    else state <= Idle;
                end
            Start: //Start 状态
                if (!A) state <= Stop;
                else state <= Start;
            Stop:
                begin //Stop 状态
                    if (A)
                        begin
                            state <= Clear;F <= 1;
                        end
                    else state <= Stop;
                end
            Clear:
                begin //Clear 状态
```

```
                    if (!A)
                      begin
                          state <=Idle;F<=0; G<=1;
                      end
                  else state <= Clear;
              end
          default: state <=Idle; //默认状态
      endcase
endmodule
```

例 5-15 与例 5-16 的主要不同点是状态编码方式。例 5-16 采用了独热编码，而例 5-15 则采用格雷码，究竟采用哪一种编码更好需根据具体情况而定。

对于用 FPGA 实现的有限状态机建议采用独热码。因为虽然采用独热编码多用了两个触发器，但所用组合电路可省下许多，因而使电路的速度和可靠性显著提高，而总的单元数并无显著增加。采用了独热码后有了多余的状态，就有一些不可到达的状态，为此在 case 语句的最后需要增加 default 分支项，以确保多余状态能回到 Idle 状态。

另外，还可以用另一种风格的 Verilog HDL 模型来表示同一个有限状态。在这个模型中，用 always 语句和连续赋值语句把状态机的触发器部分和组合逻辑部分分成两部分来描述，如下所示。

【例 5-17】　有限状态机模型 3

```
module fsm2 (Clock, Reset, A, F, G); //模块声明
input Clock, Reset, A;
output F,G;
reg [1:0] state ;
wire [1:0] Nextstate;
parameter //状态声明
Idle = 2'b00, Start = 2'b01,
Stop = 2'b10, Clear = 2'b11;
always @(posedge Clock)
    if (!Reset)
        begin
            state <= Idle; //复位状态
        end
    else
        state <= Nextstate; //状态转换
assign Nextstate = //状态变换条件
        (state == Idle ) ? (A ? Start : Idle):
        (state==Start ) ? (!A ? Stop : Start ):
        (state== Stop ) ? (A ? Clear : Stop ):
        (state== Clear) ? (!A ? Idle : Clear) : Idle;
assign F = (( state == Stop) && A ); //状态输出
assign G = (( state == Clear) && (!A || !Reset)) //状态输出
endmodule
```

下面是第 4 种风格的 Verilog HDL 模型来表示同一个有限状态。在这个模型中，分别用沿触发的 always 语句和电平敏感的 always 语句把状态机的触发器部分和组合逻辑部分分成两部分来描述。

【例 5-18】　有限状态机模型 4

```
module fsm3 (Clock, Reset, A, F, G); //模块声明
input Clock, Reset, A;
output F,G;
```

```
reg [1:0] state, Nextstate;
parameter //状态声明
Idle = 2'b00, Start = 2'b01,
Stop = 2'b10, Clear = 2'b11;
always @(posedge Clock)
    if (!Reset) state <= Idle; //默认状态
    else state <= Nextstate; //状态转换
always @( state or A )
    begin
        F=0;
        G=0;
        if (state == Idle)
            begin //处于 Idel 状态时，对 A 判断
                if (A) Nextstate = Start; //Start 状态
                else Nextstate = Idle; //保持 Idel 状态
                G=1;
                end
        else if (state == Start) //处于 Start 状态时，对 !A 判断
            if (!A) Nextstate = Stop; //Stop 状态
            else Nextstate = Start; //保持 Start 状态
        else if (state == Stop) //处于 Stop 状态时，对 A 判断
            if (A) Nextstate = Clear; //Clear 状态
            else Nextstate = Stop; //保持 Stop 状态
        else if (state == Clear)
            begin //处于 Clear 状态时，对 !A 判断
                if (!A) Nextstate = Idle; //Idel 状态
                else Nextstate = Clear; //保持 Clear 状态
                F=1;
                end
        else
            Nextstate= Idle; //默认状态
    end
endmodule
```

上面 4 个例子是同一个状态机的 4 种不同的 Verilog HDL 模型，它们都是可综合的，在设计复杂程度不同的状态机时有其各自的优势。如用不同的综合器对这 4 个例子进行综合，综合出的逻辑电路可能会有些不同，但逻辑功能是相同的。

有限状态机设计的一般步骤如下。

（1）逻辑抽象，得出状态转换图。

就是把给出的一个实际逻辑关系表示为时序逻辑函数，可以用状态转换表来描述，也可以用状态转换图来描述，这就需要完成以下任务。

❑ 分析给定的逻辑问题，确定输入变量、输出变量及电路的状态数。通常是取原因（或条件）作为输入变量，取结果作为输出变量。

❑ 定义输入、输出逻辑状态的含意，并将电路状态顺序编号。

❑ 按照要求列出电路的状态转换表或画出状态转换图。

这样，就把给定的逻辑问题抽象到一个时序逻辑函数了。

（2）状态化简。

如果在状态转换图中出现这样两个状态，它们在相同的输入下转换到同一状态去，并得到一样的输出，则称为等价状态。显然等价状态是重复的，可以合并为一个。电路的状态数越少，存储电路也就越简单。状态化简的目的在于将等价状态尽可能地合并，以得到

最简的状态转换图。

（3）状态分配。

状态分配又称状态编码。通常有很多编码方法，编码方案选择得当，设计的电路可以很简单。反之，若编码方案选得不好，则设计的电路就会复杂许多。

实际设计时，需综合考虑电路复杂度与电路性能。在触发器资源丰富的 FPGA 或 ASIC 设计中，采用独热编码（one-hot-coding）既可以使电路性能得到保证，又可充分利用其触发器数量多的优势。

（4）选定触发器的类型并求出状态方程、驱动方程和输出方程。

（5）按照方程得出逻辑图。

用 Verilog HDL 来描述有限状态机，可以充分发挥硬件描述语言的抽象建模能力，使用 always 块语句和 case（if）等条件语句及赋值语句即可方便实现。具体的逻辑化简及逻辑电路到触发器映射均可由计算机自动完成。上述设计步骤中的第（2）、（4）、（5）步不再需要很多的人为干预，使电路设计工作得到简化，效率也有很大的提高。

5.6.4　设计可综合状态机的指导原则

为了能够得到有效的可综合电路，我们要对 Verilog HDL 语言设计可综合状态机的原则进行规定。

1．独热码

因为大多数 FPGA 内部的触发器数目相当多，又加上独热码状态机（one hot state machine）的译码逻辑最为简单，所以在设计采用 FPGA 实现的状态机时，往往采用独热码状态机（即每个状态只有一个寄存器置位的状态机）。

2．case语句

建议采用 case、casex 或 casez 语句来建立状态机的模型。因为这些语句表达清晰明了，可以方便地从当前状态分支转向下一个状态并设置输出。

采用这些语句设计状态机时，不要忘记写上 case 语句的最后一个分支 default，并将状态变量设为'bx。这就等于告知综合器：case 语句已经指定了所有的状态。这样，综合器就可以删除不需要的译码电路，使生成的电路简洁，并与设计要求一致。但在有多余状态的情况下还是应将缺省状态设置为某一确定的有效状态，因为这样做能使状态机若偶然进入多余状态后仍能在下一时钟跳变沿时返回正常工作状态，否则会引起死锁。

3．复位

状态机应该有一个异步或同步复位端，以便在通电时将硬件电路复位到有效状态，也可以在操作中将硬件电路复位（大多数 FPGA 结构都允许使用异步复位端）。

4．唯一触发

目前大多数综合器往往不支持在一个 always 块中由多个事件触发的状态机（即隐含状态机，implicit state machines）。因此为了能综合出有效的电路，用 Verilog HDL 描述的状态机应明确地由唯一时钟触发。

5．异步状态机

异步状态机是没有确定时钟的状态机，它的状态转移不是由唯一的时钟跳变沿所触发。目前大多数综合器不能综合采用 Verilog HDL 描述的异步状态机。

因此应尽量不要使用综合工具来设计异步状态机。因为目前大多数综合工具在对异步状态机进行逻辑优化时会胡乱地简化逻辑，使综合后的异步状态机不能正常工作。如果一定要设计异步状态机，建议采用电路图输入的方法，而不要用 Verilog HDL 输入的方法。

6．状态赋值

Verilog HDL 中，状态必须明确赋值，通常使用参数 parameters 或宏定义 define 语句加上赋值语句来实现。使用参数 parameters 语句赋状态值如下所示。

```
parameter state1 = 2 'h1, state2 = 2 'h2;
…
current_state = state2; //把 current state 设置成 2'h2
…
```

使用宏定义 define 语句赋状态值如下所示。

```
'define state1 2 'h1
'define state2 2 'h2
…
current_state = 'state2; //把 current state 设置成 2 'h2
```

5.6.5　有限状态机设计实例

自动售饮料机是一个典型的利用状态机进行电路设计的例子。本例假设自动售饮料机假定每瓶饮料售价为 2.5 元，可使用两种硬币，即 5 角（half_dollar）、1 元（one_dollar），机器有找零功能。机器设有两个投币孔，分别接受 1 元和 5 角两种硬币，因硬币识别装置牵涉传感器，在电路中用两个按键代替。有两个输出口，分别输出饮料和找零，还设有两个灯，提示用户取走饮料和零钱。

【例 5-19】　自动售饮料机

```
module sell(one_dollar,//代表投入 1 元硬币
        half_dollar,//代表投入 5 角硬币
        collect,//该信号用于提示投币者取走饮料
        half_out,//表示找零信号
        dispense,//表示机器售出一瓶饮料
        reset,//为系统复位信号
        clk//时钟输入
        );
//idle,one,half,two,three 为中间状态变量，代表投入币值的几种情况
parameter idle=0,one=2,half=1,two=3,three=4;//状态机编码
input one_dollar,half_dollar,reset,clk;
output half_out,dispense;
output [1:0] collect;
reg half_out,dispense;
```

```
reg [1:0] collect;
reg[2:0] D;
always @(posedge clk)
    begin
        if(reset)
            begin
                dispense=0; collect=2'b00;
                half_out=0; D=idle;
            end
        case(D)
            idle:
                if(half_dollar) D=half;
                else if(one_dollar) D=one;
            half:
                if(half_dollar) D=one;
                else if(one_dollar) D=two;
            one:
                if(half_dollar) D=two;
                else if(one_dollar) D=three;
            two:
                if(half_dollar) D=three;
                else if(one_dollar)
                    begin
                        dispense=1; //售出饮料
                        collect=2'b11; D=idle;
                    end
            three:
                if(half_dollar)
                    begin
                        dispense=1; //售出饮料
                        collect=2'b11; D=idle;
                    end
                else if(one_dollar)
                    begin
                        dispense=1; //售出饮料
                        collect=2'b11;
                        half_out=1; D=idle;
                    end
        endcase
    end
endmodule
```

实例中，parameter 参数定义了 5 个状态，D 代表不同时刻的不同状态。在系统复位后机器开始运行，在每一次出售饮料的过程中由 D 记录其状态，表明投币者已投入钱币数目的变化，程序中用 if…else 语句判断输入币的变化，整个描述用过程块加以表示。

5.7　Quartus II 图形化状态机输入工具使用

Quartus II 自带图形化状态机输入工具，该工具有向导，可以输入状态、输入输出端口、状态转移条件，然后生成 HDL 文件。生成的 HDL 文件中，默认状态编码为二进制。使用该工具生成状态机逻辑，不能使用"&&、||"等操作符和"+、-"等运算符来作为状态转移条件的一部分。条件必须是很简单的高、低电平、比较、取反等符号。如果不希望生成锁存器逻辑，那么需要为每一个状态指定 OTHERS 条件。

【例 5-20】 使用 Quartus II 图形化状态机输入工具生成图 5-5 状态机

（1）建立工程，执行【File】/【New Project Wizard】命令，完成工程建立，如图 5-6 所示。

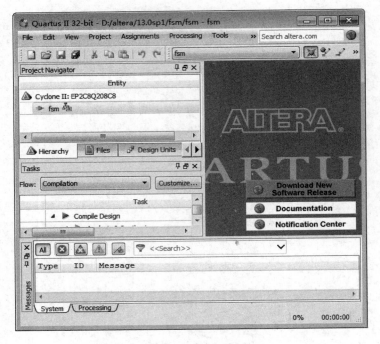

图 5-6 建立工程

（2）建立设计文件，执行【File】/【New】命令，或者在工具栏中单击 按钮，弹出如图 5-7 所示的新建设计文件对话框，在【Design Files】标签页下共有 9 种输入编辑方式，本例中选择双击【State Machine File】选项（或选中该项后单击 OK 按钮），打开如图 5-8 所示的状态机编辑器窗口。

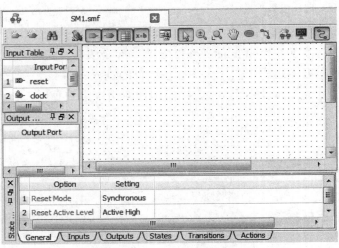

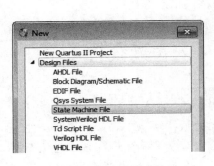

图 5-7 新建设计文件　　　　图 5-8 状态机编辑器窗口

（3）单击工具栏中 （State Machine Wizard）按钮，产生状态机生成向导，弹出如图 5-9 所示的对话框。

图 5-9 状态机生成向导

（4）单击 OK 按钮，弹出状态机【General】标签界面，如图 5-10 所示，可以通过此页面向导指定状态机复位逻辑是同步还是异步复位，以及指定高或低电平复位。去掉【Reset is active-high】的勾选项，其他选择默认。

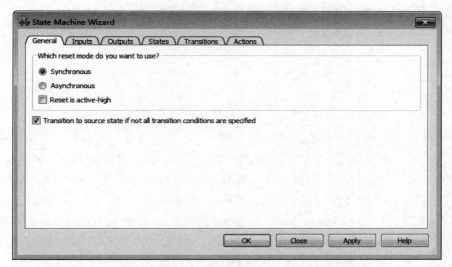

图 5-10 状态机【General】标签界面

（5）切换到状态机【Inputs】标签界面，可以通过此页面向导指定状态机输入管脚，clock 和 reset 是固定的，A 为根据图 5-5 状态机所添加的量，如图 5-11 所示。

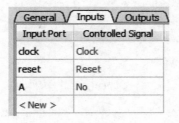

图 5-11 状态机【Inputs】标签界面

（6）切换到状态机【Outputs】标签界面，可以通过此页面向导指定状态机输出管脚，F 和 G 为根据图 5-5 状态机所添加的量，如图 5-12 所示。

Output Port	Registered	Output State
F	No	Current clock cycle
G	No	Current clock cycle
< New >		

图 5-12　状态机【Outputs】标签界面

（7）切换到状态机【States】标签界面，可以通过此页面向导指定状态机状态，Idel、Start、Stop 和 Clear 为根据图 5-5 状态机要求所添加的量，如图 5-13 所示。

State	Reset
Idel	Yes
Start	No
Stop	No
Clear	No
< New >	

图 5-13　状态机【States】标签界面

（8）切换到状态机【Transitions】标签界面，可以通过此页面向导指定状态机状态切换过程，其状态切换根据图 5-5 状态机要求所添加。其中，Idel 切换到 Start，转换条件为 A；Idel 切换到 Idel，转换条件为 OTHERS；Start 切换到 Stop，转换条件为~A；Start 切换到 Start，转换条件为 OTHERS；Stop 切换到 Clear，转换条件为 A；Stop 切换到 Stop，转换条件为 OTHERS；Clear 切换到 Idel，转换条件为~A；Clear 切换到 Clear，转换条件为 OTHERS，如图 5-14 所示。

Source State	Destination State	Transition (In Verilog or VHDL 'OTHERS')
Idel	Start	A
Start	Stop	~A
Stop	Clear	A
Idel	Idel	OTHERS
Stop	Stop	OTHERS
Start	Start	OTHERS
Clear	Idel	~A
Clear	Clear	OTHERS
< New >		

图 5-14　状态机【Transitions】标签界面

（9）切换到状态机【Actions】标签界面，可以通过此页面向导指定状态机状态输出情况，其输出状况根据图 5-5 状态机要求所添加。G 输出 0，在 Idel 状态，附加条件为 A；G 输出 1，在 Clear 状态，附加条件为~A；F 输出 1，在 Stop 状态，附加条件为 A；默认状态输出为 0，如图 5-15 所示。

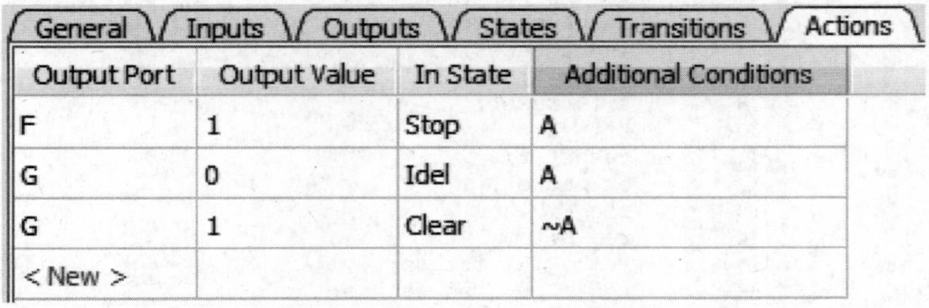

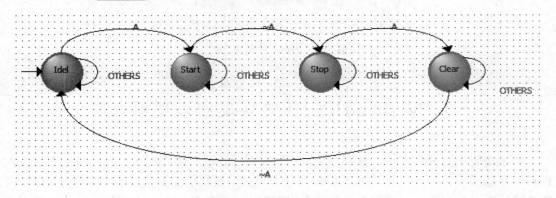

Output Port	Output Value	In State	Additional Conditions
F	1	Stop	A
G	0	Idel	A
G	1	Clear	~A
< New >			

图 5-15　状态机【Actions】标签界面

（10）单击 OK 按钮，生成状态转换图，如图 5-16 所示。

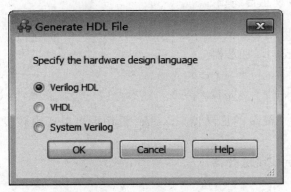

图 5-16　状态转换图图形界面

（11）单击工具栏中 ▦ （Generate HDL File）按钮，弹出【Generate HDL File】对话框，如图 5-17 所示，选择【Verilog HDL】。

图 5-17　【Generate HDL File】对话框

（12）单击 OK 按钮，生成 fsm.v 文件，如图 5-18 所示。

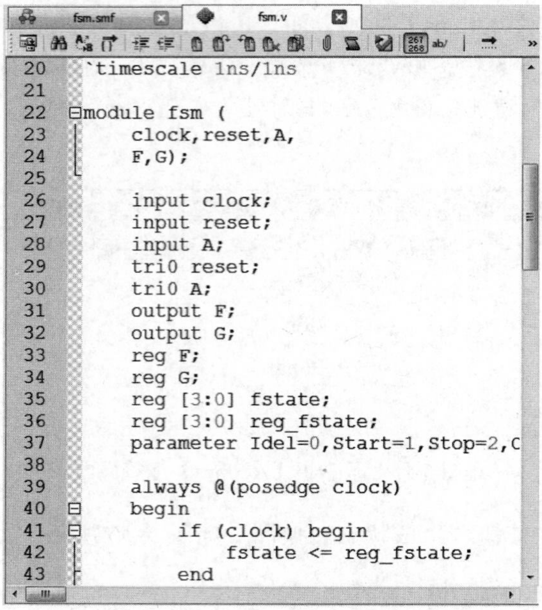

图 5-18　fsm.v 状态机文件

5.8　Verilog HDL 语言实现组合逻辑电路

数字逻辑电路分为两种，分别是组合逻辑与时序逻辑。组合逻辑：输出只是当前输入逻辑电平的函数（有延时），与电路的原始状态无关的逻辑电路。也就是说，当输入信号中的任何一个发生变化时，输出都有可能会根据其变化而变化，但与电路目前所处的状态没有任何关系。其中组合逻辑是由与、或、非门组成的网络。常用的组合电路有多路器、数据通路开关、加法器、乘法器等。

1．assign语句实现组合逻辑

组合逻辑电路可以用 assign 语句实现，例如，

【例 5-21】　assign 实现加法器

```
wire a,b,c;
assign c = a + b; //加法器
```

实例实现的是一个简单的加法器，assign 语句也可以实现较复杂的组合逻辑电路，例如，

【例 5-22】　assign 实现选择器

```
wire a,b,c;
wire ena;
assign c = ena ? a : b; //数据选择器
```

实例实现的是一个数据选择器。如果组合逻辑比较复杂，用 assign 语句书写就会比较

繁琐，可读性较差。例如，用 assign 语句实现一个 8 选 1 数据选择器，如下所示。

【例 5-23】　assign 实现 8 选 1 选择器

```
wire a0,a1,a2,a3,a4,a5,a6,a7,b;
wire [2:0] addr;
assign b =                 //8 选 1 数据选择器
        (addr == 3'd0) ? a0 :(addr == 3'd1) ? a1 :
        (addr == 3'd2) ? a2 :(addr == 3'd3) ? a3 :
        (addr == 3'd4) ? a4 :(addr == 3'd5) ? a5 :
        (addr == 3'd6) ? a6 : a7;
```

在该表达式中，当 addr 不等于 d0～d6 时，b 等于 a7；当 addr 等于 d6 时，b 等于 a6；当 addr 等于 d5 时，b 等于 a5，且优先级，高于 addr 等于 d6 时的情况，依次类推，所以复杂的组合逻辑电路最好用 always 块实现。从上面的几个例子可以看出，使用 assign 语句描述组合逻辑电路时，格式为

```
assign 输出变量=输入变量之间的运算结果;
```

2. always块实现组合逻辑

组合逻辑电路也可以用 assign 语句实现，例如，

【例 5-24】　always 实现加法器

```
wire a,b,c;
always @ (a or b) //当 a 和 b 有变化时，触发加法器操作
   c = a + b;
```

实例实现了一个加法器，如果需要实现一个数据选择器，可以书写如下。

【例 5-25】　always 实现选择器

```
wire a,b,c;
wire ena;
always @ (a or b or ena) //当 a、b 和 ena 有变化时，进行下列操作
   if(ena == 1'b0) c = b;
   else c = a;
```

如果想实现一个比较复杂的组合逻辑电路，例如，

【例 5-26】　always 实现 8 选 1 选择器

```
wire a0,a1,a2,a3,a4,a5,a6,a7,b;
wire [2:0] addr;
always @ (a0 or a1 or a2 or a3 or a4 or a5 or a6 or a7 or addr)
    begin
        case(addr) //使用 case 语句实现 8 选 1 数据选择器
            3'd0: b = a0; //只有当 a0～a7 以及 addr 有变化时，才触发 case 的操作
            3'd1: b = a1;
            3'd2: b = a2;
            3'd3: b = a3;
            3'd4: b = a4;
            3'd5: b = a5;
            3'd6: b = a6;
            3'd7: b = a7;
        endcase
    end
```

由于在 always 块中可以使用 if、case 等语句，所以对于复杂的组合逻辑，使用 always 语句进行描述显得层次更加清楚，可读性更强。从上面几个例子可以看出，使用 always 语句描述组合逻辑电路时，格式为

```
always @ (敏感变量1 or 敏感变量2 or 敏感变量3 or …)
    begin
        各种语句的组合
    end
```

其中的敏感变量包括所有的会引起输出变化的输入变量及相应的控制变量。另外，使用 always 语句描述组合逻辑电路时，应该使用阻塞赋值方式，即"="，而不是"<="。

5.9　Verilog HDL 语言实现时序逻辑电路

在 Verilog HDL 语言中，时序逻辑电路使用 always 语句块来实现。例如，实现一个带有异步复位信号的 D 触发器如下。

【例 5-27】　带异步复位的 D 触发器 1

```
wire Din;
wire clock,rst;
reg Dout;
always @(posedge clock or negedge rst) //带有异步复位
    if(rst == 1'b0) Dout <= 1'b0;
    else Dout <= Din; //D 触发器数据输出
```

实例完成的功能是每当时钟 clock 上升沿到来后，输出信号 Dout 的值便更新为输入信号 Din 的值。当复位信号下降沿到来时，Dout 的值就会变成 0。

注意，在时序逻辑电路中，通常使用非阻塞赋值，即使用"<="。当 always 块整个完成之后，值才会更新，例如，

【例 5-28】　带异步复位的 D 触发器 2

```
wire Din;
wire clock,rst;
reg Dout;
always @ (posedge clock or negedge rst) //带有异步复位
    if(rst == 1'b0) out <= 1'b0;
    else
        begin
            Dout <= Din; //D 触发器输出值还处于锁定状态
            Dout <= 1'b1; //D 触发器输出值依然处于锁定状态
        end //D 触发器的输出为 1
```

实例完成的功能是 Dout 首先被赋值为 Din，此时，Dout 的值并没有发生改变；接着 Dout 又被赋值为 1，此时 Dout 的值依然没发生改变；直到这个 always 模块完成，Dout 的值才变成最后被赋的值，此例中 Dout 的值为 1。

在时序逻辑电路中，always 的时间控制是沿触发的，可以单个信号也可以多个信号，中间需要用关键字"or"连接，例如，

```
always @(posedge clock or posedge reset)
```

```
    begin //由两个沿触发的 always 块
        …
    end
```
其中有一个时钟信号和一个异步复位信号。
```
always @(posedge clock1 or posedge clock2 or posedge reset)
    begin//由 3 个沿触发的 always 块
        …
    end
```

其中有两个时钟信号和一个异步复位信号。一般而言，同步时序逻辑电路更稳定，所以建议尽量使用一个时钟触发。

5.10　硬件描述语言设计基础实例

本节介绍一些硬件描述语言设计基础实例，包括 8-3 编码器、3-8 译码器、数据选择器、多位数值比较器、全加器、D 触发器、寄存器、双向移位寄存器、四位二进制加减法计数器、顺序脉冲发生器和序列信号发生器等实例。通过本节的学习，帮助读者深入学习理解面向综合的行为描述语句的设计思想和方法。

5.10.1　8-3 编码器

在数字系统里，常常需要将某一信息变换为某一特定的代码。把二进制码按一定的规律编排，如 8421 码、格雷码等。使每组代码具有一特定的含义称为编码。具有编码功能的逻辑电路称为编码器。编码器是将 2^n 个分离的信息代码以 n 个二进制码来表示。

【例 5-29】　8-3 编码器

```
module encode_verilog ( a ,b );
input [7:0] a ;
wire [7:0] a;
output [2:0] b ;
reg  [2:0] b;
always @ ( a )
    begin
        case ( a )
            8'b0000_0001 : b<=3'b000;
            8'b0000_0010 : b<=3'b001;
            8'b0000_0100 : b<=3'b010;
            8'b0000_1000 : b<=3'b011;
            8'b0001_0000 : b<=3'b100;
            8'b0010_0000 : b<=3'b101;
            8'b0100_0000 : b<=3'b110;
            8'b1000_0000 : b<=3'b111;
            default : b<= 3'b000;
        endcase
    end
endmodule
```

8-3 编码器的功能仿真结果如图 5-19 所示。观察波形可知，8 个输入信号中，某一时刻只有一个有效的输入信号，这样才能将输入信号码转换成二进制码。

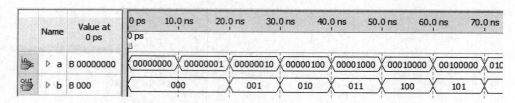

图 5-19　8-3 编码器的功能仿真结果

实例实现了 8-3 编码器的功能，其真值表如表 5-5 所示。

表 5-5　8-3 编码器的功能真值表

输　　入								输　　出		
a[7]	a[6]	a[5]	a[4]	a[3]	a[2]	a[1]	a[0]	b[2]	b[1]	b[0]
L	L	L	L	L	L	L	H	L	L	L
L	L	L	L	L	L	H	L	L	L	H
L	L	L	L	L	H	L	L	L	H	L
L	L	L	L	H	L	L	L	L	H	H
L	L	L	H	L	L	L	L	H	L	L
L	L	H	L	L	L	L	L	H	L	H
L	H	L	L	L	L	L	L	H	H	L
H	L	L	L	L	L	L	L	H	H	H
其他状态								L	L	L

5.10.2　3-8 译码器

译码是编码的逆过程。其功能是将具有特定含义的二进制码进行辨别，并转换成控制信号，具有译码功能的逻辑电路称为译码器。如果有 n 个二进制选择线，则最多可译码转换成 2^n 个数据。

【例 5-30】　3-8 译码器

```verilog
module decoder_verilog ( G1 ,Y ,G2 ,A ,G3 );
input G1;
input G2;
input G3;
wire G1, G2, G3;
input [2:0] A ;
wire [2:0] A ;
output [7:0] Y ;
reg [7:0] Y ;
reg s;
always @ ( A ,G1, G2, G3)
    begin
        s <= G2 | G3 ;
        if ( G1 == 0) Y <= 8'b1111_1111;
        else if ( s) Y <= 8'b1111_1111;
        else
            case ( A )
                3'b000 : Y<= 8'b1111_1110;
                3'b001 : Y<= 8'b1111_1101;
                3'b010 : Y<= 8'b1111_1011;
                3'b011 : Y<= 8'b1111_0111;
```

```
            3'b100 : Y<= 8'b1110_1111;
            3'b101 : Y<= 8'b1101_1111;
            3'b110 : Y<= 8'b1011_1111;
            3'b111 : Y<= 8'b0111_1111;
        endcase
    end
endmodule
```

3-8 译码器的功能仿真结果如图 5-20 所示。观察波形可知，当 G1 为高电平，G2 和 G3 为低电平时，译码器处于工作状态。

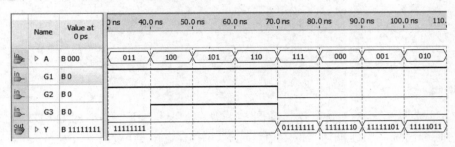

图 5-20　3-8 译码器的功能仿真结果

实例实现了 3-8 译码器的功能，其真值表如表 5-6 所示。

表 5-6　3-8 译码器的功能真值表

输　入					输　出							
G1	G2 | G3	A[2]	A[1]	A[0]	Y[7]	Y[6]	Y[5]	Y[4]	Y[3]	Y[2]	Y[1]	Y[0]
X	H	X	X	X	H	H	H	H	H	H	H	H
L	X	X	X	X	H	H	H	H	H	H	H	H
H	L	L	L	L	L	H	H	H	H	H	H	H
H	L	L	L	H	H	L	H	H	H	H	H	H
H	L	L	H	L	H	H	L	H	H	H	H	H
H	L	L	H	H	H	H	H	L	H	H	H	H
H	L	H	L	L	H	H	H	H	L	H	H	H
H	L	H	L	H	H	H	H	H	H	L	H	H
H	L	H	H	L	H	H	H	H	H	H	L	H
H	L	H	H	H	H	H	H	H	H	H	H	L

5.10.3　数据选择器

数据选择器经过选择，把多个通道的数据传送到唯一的公共数据通道上。实现数据选择功能的逻辑电路称作数据选择器，其作用相当于多个输入的单刀多掷开关。

【例 5-31】　8 选 1 数据选择器

```
module mux8_1_verilog ( Y ,A ,D0, D1, D2, D3, D4, D5, D6, D7 ,G );
input [2:0] A ;
input D0, D1, D2, D3, D4, D5, D6, D7;
input G;
output Y ;
reg Y ;
```

```
always @(G or A or D0 or D1 or D2 or D3 or D4 or D5 or D6 or D7)
    begin
        if (G == 1)
            Y <= 0;
        else
            case (A )
                3'b000 : Y = D0 ;
                3'b001 : Y = D1 ;
                3'b010 : Y = D2 ;
                3'b011 : Y = D3 ;
                3'b100 : Y = D4 ;
                3'b101 : Y = D5;
                3'b110 : Y = D6 ;
                3'b111 : Y = D7 ;
                default : Y = 0;
            endcase
    end
endmodule
```

8 选 1 数据选择器功能仿真结果如图 5-21 所示。观察波形可知，对 D0-D7 端口赋予不同频率的时钟信号，当地址信号的取值变化时，输出端 Y 的值也相应改变，从而实现了 8 选 1 数据选择器。

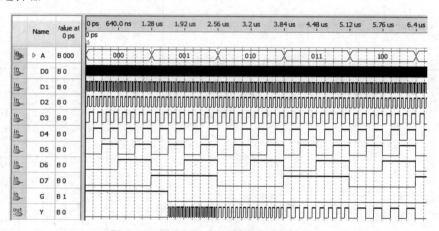

图 5-21 8 选 1 数据选择器功能仿真结果

实例实现了数据选择器的功能，其真值表如 5-7 所示。

表 5-7 数据选择器的功能真值表

输　　入												输出
A[2]	A[1]	A[0]	G	D[7]	D[6]	D[5]	D[4]	D[3]	D[2]	D[1]	D[0]	Y
X	X	X	H	X	X	X	X	X	X	X	X	L
L	L	L	L	X	X	X	X	X	X	X	L/H	L/H
L	L	H	L	X	X	X	X	X	X	L/H	X	L/H
L	H	L	L	X	X	X	X	X	L/H	X	X	L/H
L	H	H	L	X	X	X	X	L/H	X	X	X	L/H
H	L	L	L	X	X	X	L/H	X	X	X	X	L/H
H	L	H	L	X	X	L/H	X	X	X	X	X	L/H
H	H	L	L	X	L/H	X	X	X	X	X	X	L/H
H	H	H	L	L/H	X	X	X	X	X	X	X	L/H

5.10.4　多位数值比较器

在数字系统中，数值比较器就是对两个数 A、B 进行比较，以判断其大小的逻辑电路，比较结果有 A>B、A=B、A<B 三种情况，这三种情况仅有一种其值为真。下面以 4 位数值比较器为例，介绍数值比较器的设计方法。

【例 5-32】　多位数值比较器

```verilog
module compare_verilog ( Y ,A ,B );
input [3:0] A, B ;
wire [3:0] A , B;
output [2:0] Y ;
reg [2:0] Y ;
always @ ( A or B )
    begin
        if ( A > B ) Y <= 3'b001;
        else if ( A == B) Y <= 3'b010;
        else Y <= 3'b100;
    end
endmodule
```

多位数值比较器功能仿真结果如图 5-22 所示。观察波形可知，对 A、B 分别取不同的值时，Y 会有相应的比较结果输出。

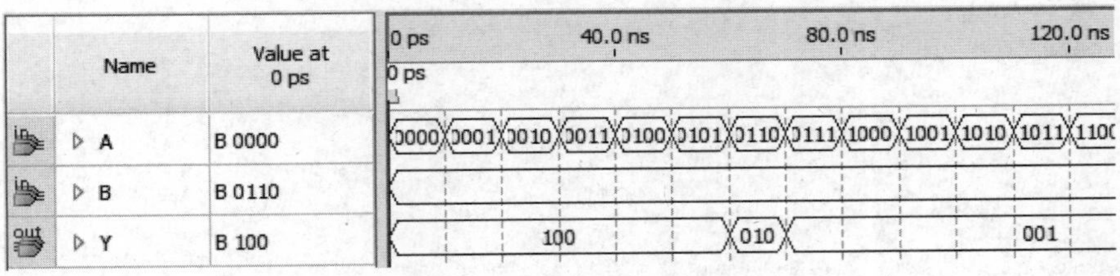

图 5-22　多位数值比较器功能仿真结果

实例实现了多位数值比较器的功能，其真值表如表 5-8 所示。

表 5-8　多位数值比较器的功能真值表

输　入	输　出		
A 与 B 关系	Y[2]	Y[1]	Y[0]
A>B	L	L	H
A=B	L	H	L
A<B	H	L	L

5.10.5　全加器

加法器是一种最基本的算术运算电路，其功能就是实现两个二进制数的加法运算。在多位二进制数相加时，除最低位外，其他各位都需要考虑来自低位的进位，这种对两个本位二进制数连同来自低位的进位一起进行相加的运算称为全加，实现全加运算的电路称为全加器。

【例 5-33】 全加器

```
module sum_verilog ( A ,Co ,B ,S ,Ci );
input A ;
wire A ;
input B ;
wire B ;
input Ci ;
wire Ci ;
output Co ;
reg Co ;
output S ;
reg S ;
always @ ( A or B or Ci)
begin
if ( A== 0 && B == 0 && Ci == 0 )
        begin
            S <= 0;
            Co <= 0;
        end
    else if ( A== 1 && B == 0 && Ci == 0 )
        begin
            S <= 1;
            Co <= 0;
        end
    else if ( A== 0 && B == 1 && Ci == 0 )
        begin
            S <= 1;
            Co <= 0;
        end
    else if ( A==1 && B == 1 && Ci == 0 )
        begin
            S <= 0;
            Co <= 1;
        end
    else if ( A== 0 && B == 0 && Ci == 1 )
        begin
            S <= 1;
            Co <= 0;
        end
    else if ( A== 1 && B == 0 && Ci == 1 )
        begin
            S <= 0;
            Co <= 1;
        end
    else if ( A== 0 && B == 1 && Ci == 1 )
        begin
            S <= 0;
            Co <= 1;
        end
    else
        begin
            S <= 1;
            Co <= 1;
        end
    end
endmodule
```

全加器功能仿真结果如图 5-23 所示。观察波形可知，当被加数 A、加数 B 和进位 Ci 分别取不同的值时，执行 A+B+Ci 操作后，和数 S 和进位 Co 输出值满足全加器的功能。

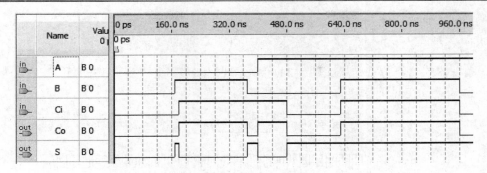

图 5-23　多位数值比较器功能仿真结果

实例实现了全加器的功能，其真值表如表 5-9 所示。

表 5-9　全加器的功能真值表

输　　入			输　　出	
A	B	Ci	Co	S
L	L	L	L	L
L	L	H	L	H
L	H	L	L	H
L	H	H	H	L
H	L	L	L	H
H	L	H	H	L
H	H	L	H	L
H	H	H	H	H

5.10.6　D 触发器

在 JK 触发器的 K 端前面加上一个非门，再接到 J 端使输入端只有一个。在某些场合用这种电路进行逻辑设计可使电路简化，将这种触发器的输入端符号改用"D"表示，称作 D 触发器。主从 JK 触发器是在 CP 脉冲高电平期间接收信号，如果在 CP 高电平期间输入端出现干扰信号，那么就有可能使触发器产生与逻辑功能表不符合的错误状态。D 触发器的电路结构可使触发器在 CP 脉冲有效触发沿到来前一瞬间接收信号，在有效触发沿到来后产生状态转换，这种电路结构的触发器大大提高了抗干扰能力和电路工作的可靠性。下面介绍 D 触发器的设计方法。

【例 5-34】　D 触发器

```
module Dflipflop ( Q ,CLK , RESET ,SET ,D ,Qn );
input CLK, RESET, SET;
input D;
output Q;
output Qn;
reg Q;
assign Qn = ~Q ;
always @ ( posedge CLK)
    begin
        if ( !RESET) Q<= 0 ;
        else if ( ! SET) Q <= 1;
```

```
        else Q <= D;
    end
endmodule
```

D 触发器的功能仿真结果如图 5-24 所示，观察波形可知，当 RESET 和 SET 均为高电平时，输出端 Q 在时钟脉冲的作用下输出 D 的数值。

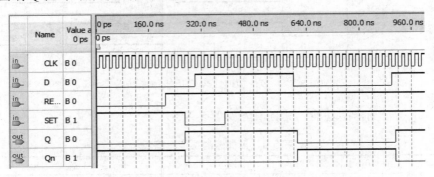

图 5-24　D 触发器的功能仿真结果

实例实现了 D 触发器的功能，其真值表如表 5-10 所示。

表 5-10　D触发器的功能真值表

输　入				输　出	
CLK	RESET	SET	D	Q	Qn
X	0	1	X	0	1
X	1	0	X	1	0
0	1	1	X	保持	保持
上升沿	1	1	0	0	1
上升沿	1	1	1	1	0

5.10.7　寄存器

寄存器是数字系统中的基本模块，许多复杂的时序逻辑电路都是由它构成的。在数字系统中，寄存器是一种在某一特定信号的控制下用于存储一组二进制数据的时序逻辑电路。通常使用触发器构成寄存器，把多个 D 触发器的时钟端连接起来就可以构成个存储多位二进制代码的寄存器。本节以 8 位寄存器为例，介绍寄存器的设计方法。

【例 5-35】　寄存器

```
module reg8 ( clr ,clk ,DOUT ,D );
input clr ;
wire clr;
input  clk ;
wire  clk ;
input [7:0] D ;
wire [7:0] D ;
output [7:0] DOUT ;
reg [7:0] DOUT ;
always @ ( posedge clk)
    begin
        if ( clr == 1'b1) DOUT <= 0;
```

```
        else DOUT <= D ;
    end
endmodule
```

寄存器的功能仿真结果如图 5-25 所示，观察波形可知，输出端 DOUT 是由时钟 clk 的上升沿来控制的。实例实现了寄存器的功能，其真值表如表 5-11 所示。

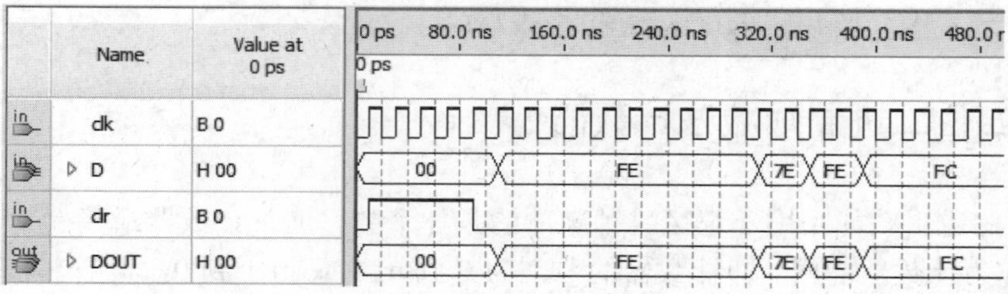

图 5-25　寄存器的功能仿真结果

表 5-11　寄存器的功能真值表

输　　入			输　　出
clr	clk	D[7..0]	DOUT[7..0]
0	上升沿	0/1	0/1
0	0	X	保持
1	X	X	0

5.10.8　双向移位寄存器

移位寄存器是指寄存器里面存储的二进制数据能够在时钟信号的控制下依次左移或右移，在数字电路中通常用于数据的串并转换、并串转换、数值运算等。移位寄存器按照移位方向来进行分类，可以分为左移移位寄存器、右移移位寄存器和双向移位寄存器。双向移位寄存器有两个移位输出端，分别为左移输出端和右移输出端，通过时钟脉冲来控制输出。下面以一个串入/串出双向移位寄存器为例，介绍双向移位寄存器的设计方法。

【例 5-36】　双向移位寄存器

```
module shiftreg(dout_r,dout_l,clk,din,left_right);
output dout_r,dout_l;//右移输出端，左移输出端
input clk,din,left_right;//时钟信号、数据输入端、方向控制信号
reg dout_r, dout_l;
reg [7:0] q_temp;
integer i;
always@(posedge clk)
    begin
        if(left_right)
            begin
                q_temp[7] <=din;
                for(i=7;i>=1;i=i-1) q_temp[i-1] <= q_temp[i];
            end
        else
            begin
                q_temp[0]<=din;
                for ( i=1;i <=7; i=i+1) q_temp[i] <= q_temp[i-1];
```

```
            end
        dout_r<=q_temp[0];
        dout_l<=q_temp[7];
    end
endmodule
```

串入/串出双向移位寄存器的功能仿真结果如图 5-26 所示，观察波形可知，当 left_right 为低电平时为左移，当 left_right 为高电平时为右移。

5.10.9 四位二进制加减法计数器

计数器的逻辑功能是用于记忆时钟脉冲的具体个数。通常计数器最多能记忆时钟的最大数目 m 称为计数器的模，即计数器的范围为 0 到 m-1 或 m-1 到 0，其基本原理就是将几个触发器按照一定的顺序连接起来，然后根据触发器的组合状态，按照一定的计数规律随着时钟脉冲的变化来记忆时钟脉冲的个数。计数器按照不同的分类方法划分为不同的类型，按照计数器的计数方向可以分为加法计数器、减法计数器和加减法计数器等。

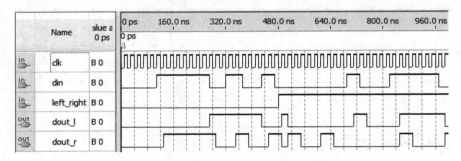

图 5-26 串入/串出双向移位寄存器的功能仿真结果

【例 5-37】 四位二进制加减法计数器

```verilog
module counter4 ( load ,clr ,c ,DOUT ,clk, up_down ,DIN);
input load , clk, clr, up_down;
wire load , clk, clr, up_down;
input [3:0] DIN ;
wire [3:0] DIN ;
output c ;
reg c ;
output [3:0] DOUT ;
wire [3:0] DOUT ;
reg  [3:0] data_r;
assign DOUT = data_r;
always @ ( posedge clk or posedge clr or posedge load)
    begin
        if ( clr == 1) data_r <= 0;//同步清零
        else if ( load == 1) data_r <= DIN;//同步预置
        else
            begin
                if ( up_down ==1)
                    begin
                        if ( data_r == 4'b1111)
                            begin //加计数器
                                data_r <= 4'b0000;
                                c = 1; //出现进位
```

```
                            end
                    else
                        begin
                            data_r <= data_r +1;
                            c = 0 ;
                        end
                end
            else
                begin
                    if ( data_r == 4'b0000)
                    begin //减计数器
                        data_r <= 4'b1111;
                        c = 1;//出现借位
                    end
                else
                    begin
                        data_r <= data_r -1;
                        c = 0 ;
                    end
                end
            end
        end
    end
endmodule
```

四位二进制加减法计数器的功能仿真结果如图 5-27 所示。

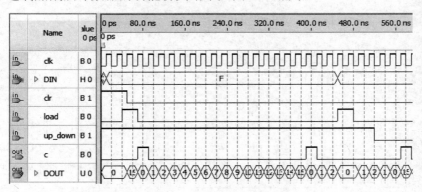

图 5-27　四位二进制加减法计数器的功能仿真结果

观察波形可知，实例实现了四位二进制加减法计数器的功能，其在 clk、clr 和 load 的上升沿时工作，当 clr=1 时，data_r 赋值为 0，实现清零操作；当 load=1 时，data_r 赋值为 DIN，实现置位操作；当 up_down =1 时，实现加法操作，当 data_r=4'b1111 时，输出进位位；当 up_down =0 时，实现减法操作，当 data_r=4'b0000 时，输出借位位。

5.10.10　顺序脉冲发生器

在数字系统中，能按一定时间、一定顺序轮流输出脉冲波形的电路称为顺序脉冲发生器，常用来控制某些设备按照事先规定的顺序进行运算或操作。

顺序脉冲发生器一般是由计数器和译码器组成，作为时间基准的计数脉冲由计数器的输入端送入，译码器即将计数器状态译成输出端上的顺序脉冲，使输出端上的状态按一定时间、一定顺序轮流为 1，或者轮流为 0。顺序脉冲发生器分为计数器顺序脉冲发生器和移位顺序脉冲发生器。

计数器型顺序脉冲发生器一般由按自然态序计数的二进制计数器和译码器构成。移位型顺序脉冲发生器由移位寄存器型计数器和译码电路构成。其中环形计数器的输出就是顺序脉冲，故可以不加译码电路直接作为顺序脉冲发生器。

【例 5-38】 顺序脉冲发生器

```
module pulsegen ( Q ,clr ,clk);
input clr;
wire clr;
input  clk;
wire  clk;
output [7:0] Q;
wire [7:0] Q;
reg [7:0] temp;
reg x;
assign Q =temp;
always @ ( posedge clk or posedge clr )
    begin
        if ( clr==1)
            begin
                temp <= 8'b00000001;
                x= 0;
            end
        else
            begin
                x<= temp[7];
                temp <= temp<<1;
                temp[0] <=x;
            end
    end
endmodule
```

顺序脉冲发生器的功能仿真结果如图 5-28 所示，观察波形可知，实例实现了顺序脉冲发生器的功能，其在 clk 和 clr 上升沿时工作，当 clr=1 时，Q 赋值为 8'b00000001，实现置位操作；其他状态时高位数据移至最低位，其他位左移 1 位，输出顺序脉冲信号。

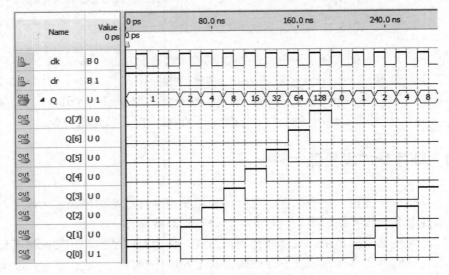

图 5-28 顺序脉冲发生器的功能仿真结果

5.10.11　序列信号发生器

在数字信号的传输和数字系统的测试中，有时需要用到一组特定的串行数字信号。通常把这种串行数字信号称为序列信号。产生序列信号的电路称为序列信号发生器。

【例 5-39】　序列信号发生器

```
module xlgen ( Q ,clk ,res);
input clk, res ;
wire clk, res ;
output Q ;
reg Q ;
reg [7:0] Q_r ;
always @( posedge clk or posedge res)
    begin
        if (res ==1)
            begin
            Q <= 1'b0;
            Q_r <= 8'b11100100;
            end
        else
            begin
                Q <= Q_r[7];
                Q_r <= Q_r<<1;
                Q_r[0] <=Q;
            end
    end
endmodule
```

序列信号发生器的功能仿真结果如图 5-29 所示，观察波形可知，实例实现了序列信号的功能，其在 clk 和 res 上升沿时工作，当 res=1 时，Q 赋值为 8'b11100100，实现置位操作；其他工作状态时，将高位数据串行输出，并将高位数据移至最低位，其他位左移 1 位，即串行输出一组特定的数字信号。

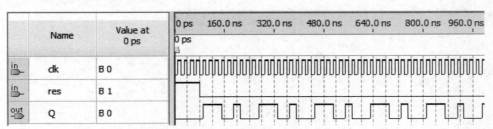

图 5-29　序列信号发生器的功能仿真结果

5.11　思考与练习

1. 概念题

（1）Verilog HDL 的触发事件可以分为哪几类？如何通过 Verilog HDL 语言实现？

（2）if 语句有什么特点？其与 case 语句有什么区别和联系？

（3）简述 case、casex 和 casez 语句之间的不同。

（4）可综合的循环语句包括哪些。

（5）什么是任务，有什么特点。

2. 操作题

（1）利用 Verilog HDL 语言设计一个 T 触发器。

（2）利用 Verilog HDL 语言设计一个四位二进制加法计数器。

第 6 章　ModelSim 仿真工具

在大型的系统设计中,在系统硬件实现前对系统进行仿真是非常必要的。ModelSim 是业界最优秀的 HDL 语言仿真器,提供最友好的调试环境,是唯一的单内核支持 VHDL 和 Verilog 混合仿真的仿真器,是 FPGA/ASIC 设计的 RTL 级和门级电路仿真的首选。本章首先对 ModelSim 仿真工具进行介绍,然后阐述 ModelSim 仿真的流程,对数字系统中常用的存储器 SDRAM 做了初步的介绍,并在 ModelSim 中实现了对 SDRAM 控制器的仿真。通过本章的学习,读者可以轻松使用 ModelSim 软件对自己开发的系统进行性能仿真。

6.1　ModelSim 仿真工具简介

ModelSim 是 Model Technology(Mentor Graphics 的子公司)的 DHL 硬件描述语言的仿真软件,该软件可以用来实现对设计的 VHDL、Verilog 或是两种语言混合的程序进行仿真,同时也支持 IEEE 常见的各种硬件描述语言标准。

无论从友好的使用界面和调试环境来看,还是从仿真速度和仿真效果来看,ModelSim 都可以算得上是业界最优秀的 HDL 语言仿真软件。它是唯一的单内核支持 VHDL 和 Verilog 混合仿真的仿真器,是 FPGA/ASIC 设计的 RTL 级和门级电路仿真的首选;它采用直接优化的编译技术,Tcl/Tk 技术和单一内核仿真技术,具有仿真速度快,编译代码与仿真平台无关,便于 IP 核保护和加快程序错误定位等优点。

- ❑ ModelSim 最大的特点是其强大的调试功能。
- ❑ 先进的数据流窗口,可以迅速追踪到产生错误或不定状态的原因。
- ❑ 性能分析工具帮助分析性能瓶颈,加速仿真。
- ❑ 代码覆盖率检测确保测试的完备。
- ❑ 多种模式的波形比较功能。
- ❑ 先进的 Signal Spy 功能,可以方便地访问 VHDL、Verilog 或两者混合设计中的底层信号。
- ❑ 支持加密 IP。
- ❑ C 和 Tcl/Tk 接口,C 调试。
- ❑ 可以实现与 MATLAB 的 Simulink 的联合仿真。

目前常见的 ModelSim 分为几个不同的版本:ModelSim SE、ModelSim PE、ModelSim LE 和 ModelSim OEM。

在【开始】菜单栏中找到 ModelSim-Altera Edition 13.0.1.232 文件夹下的 ModelSim-Altera 10.1d(Quartus II 13.0sp1)图标 `M ModelSim-Altera 10.1d (Quartus II 13.0sp1)`,单击该图标,或在桌面上双击快捷方式图标,即可启动 ModelSim,启动画面如图 6-1 所示。如果

是第一次启动，还会出现欢迎窗口。ModelSim 的用户界面和一般的 Windows 窗口相似，由上到下依次为菜单栏，工具栏，工作区、MDI 窗口和命令窗口，共五个部分。

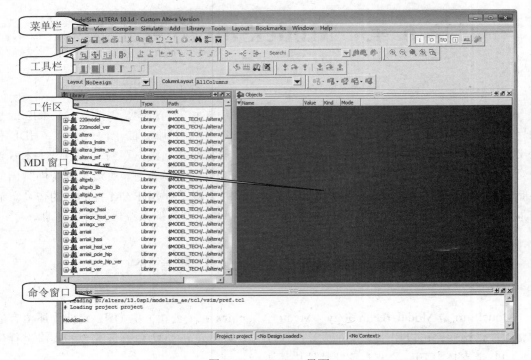

图 6-1　ModelSim 界面

6.1.1　菜单栏

在软件界面的最上端是菜单栏，整体界面图只能看到位置，看不清楚具体内容，这里把菜单栏放大，如图 6-2 所示。图上方 "ModelSim-ALTERA 10.1d-Custom Altera Version 是软件的标题栏，说明软件名称和具体的版本号。标题栏的下方就是菜单栏。菜单栏按功能不同划分了【File】（文件）、【Edit】（编辑）、【View】（视图）、【Compile】（编译）、【Simulate】（仿真）、【Add】（添加）、【Source】（源文件）、【Tools】（工具）、【Layout】（布局）、【Bookmarks】（书签）、【Window】（窗口）、【Help】（帮助）等选项。下面对主要菜单项进行介绍。

图 6-2　菜单栏

📖　菜单栏里并不包含所有 ModelSim 能实现的功能。换言之，有些功能是在 Model Sim 菜单栏中找不到的。如果要运行这些功能，必须采用命令行操作方式，这将会在命令行方式仿真部分介绍。

1.　【File】菜单

【File】菜单顾名思义，包含的功能是对文件进行的管理和操作。单击【File】，会出现如图 6-3 所示的下拉菜单，可以看到包含的具体功能。其中有些功能的文字是黑色的，这些功能是当前可使用的功能；有此功能的文字是浅灰色的，这此功能是当前不可使用的功能，需要编译或仿真进行到一定阶段、或者设计文件中有一些特殊的器件时才可使用。除了【File】菜单，其他菜单也采用这种表示方式，下文不再一一重复。【File】菜单功能较多，这里详细介绍重要的功能，其他功能读者完全可以自己在实际使用过程中掌握。

❑ 【New】（新建）：New 是 File 菜单的第一个命令，也是最常用的命令之一。New 命令有五种新建类型，分别是 Folder（文件夹）、Source（源文件）、Project（工程）、Library（库）和 Debug Archive…（调试存档），如图 6-4 所示。

图 6-3　【File】菜单

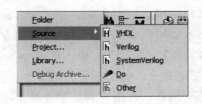

图 6-4　新建文件命令

（1）单击【Folder】（新建文件夹）后，会出现对话框，提示输入新建的文件夹的名字，即可在当前目录下新建一个文件夹。

（2）单击【Source】（新建源文件）后，会出现源文件类型的选项，单击可分别新建对应格式的源文件。源文件类型分别是 VHDL 文件、Verilog 文件、SystemVerilog 文件、Do 文件和 Other 文件。一般情况下，VHDL 文件后缀名是 ".vhd"，Verilog 文件后缀名是 ".v"，SystemVerilog 文件后缀名是 ".sv"，Do 文件后缀名是 ".do"，Other 文件没有确定的文件后缀名。

（3）单击【Project】（新建工程）后，会出现对话框，提示在【Project Name】处输入新建工程的名称，在【Project Location】处指定新建工程的存放路径。在【Default Library Name】处指明默认的设计库的名称，用户设计的文件将编译到该库中。

（4）单击【Library】（新建一个库）后，会出现对话框，提示选择【Create a new library and a logical mapping to it】（新建一个库并建立一个逻辑映像）或【A map to an existing library】（新建一个到已存在库的映像）。在【Library name】处输入新建库的名称，在【Library physical name】处输入存放库的文件名称。

❑ 【Open】（打开文件）：这个命令很简单，单击会执行打开文件操作。ModelSim
具有很好的文件管理功能，在打开文件类型中包含各种常用文件类型，如图 6-5
所示。当选中一种文件类型时，其他类型的文件就会被暂时屏蔽掉，使操作和选
择界面更加简洁。

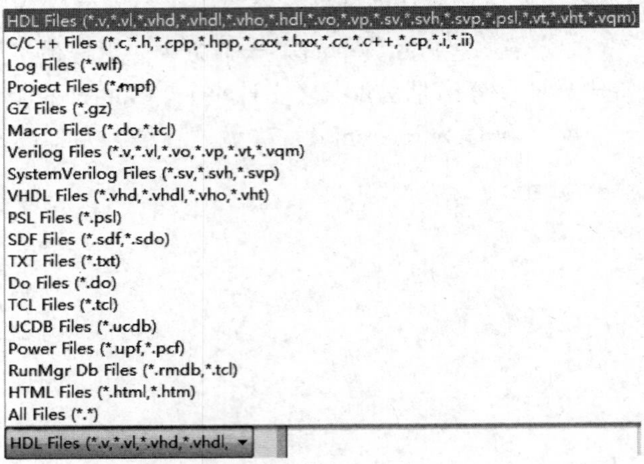

HDL Files (*.v,*.vl,*.vhd,*.vhdl,*.vho,*.hdl,*.vo,*.vp,*.sv,*.svh,*.svp,*.psl,*.vt,*.vht,*.vqm)
C/C++ Files (*.c,*.h,*.cpp,*.hpp,*.cxx,*.hxx,*.cc,*.c++,*.cp,*.i,*.ii)
Log Files (*.wlf)
Project Files (*.mpf)
GZ Files (*.gz)
Macro Files (*.do,*.tcl)
Verilog Files (*.v,*.vl,*.vo,*.vp,*.vt,*.vqm)
SystemVerilog Files (*.sv,*.svh,*.svp)
VHDL Files (*.vhd,*.vhdl,*.vho,*.vht)
PSL Files (*.psl)
SDF Files (*.sdf,*.sdo)
TXT Files (*.txt)
Do Files (*.do)
TCL Files (*.tcl)
UCDB Files (*.ucdb)
Power Files (*.upf,*.pcf)
RunMgr Db Files (*.rmdb,*.tcl)
HTML Files (*.html,*.htm)
All Files (*.*)

HDL Files (*.v,*.vl,*.vhd,*.vhdl, ▼)

图 6-5　常用文件类型

❑ 【Load】（载入）：单击载入命令可以为 ModelSim 载入一个 ".do"或".tcl"后缀的
文件，这些文件一般是一个指令的集合形式。例如，在使用 Wave Window（波形
窗口）时就可以生成一个 "Wave.do"的文件，保存一个波形的信息，使用 Load
指令就可以载入并执行这些顶先存储的文件。

❑ 【Close】（关闭）：单击该命令会关闭选中的目标。例如，选中一个源文件，执行
Close 命令，源文件就会被关闭；选中工程标签，工程就会被关闭。可以被关闭的
还有仿真、波形、列表等齐种形式。

❑ 【Import】（导入）：在 MndelSim 进行仿真时，有时需要将已有的文件导入，这
时可以选择导入命令。Import命令执行导入操作，可以导入三种类型的文件：Library
（库文件）、EVCD（仿真转储文件）和 Memory Data（存储器数据）。选择该命
令会弹出对话框，按照提示一步步选择需要导入的文件即可。

（1）导入库文件命令主要针对 FPGA 器件。适用于 FPGA 的源文件一般都使用到了
FPGA 自带的基本元器件，这些源文件若要在 ModelSim 中仿真，必需要把器件库导入到
ModelSim 中。

（2）导入 EVCD 文件命令只有在波形窗口被激活时才是可选的选项，该命令可以把首
用 ModelSim 波形编辑器编辑的 EVCD 文件导入到波形窗口中。

（3）导入存储器数据命令只在设计中存在存储器的情况下是可选选项，该命令的功能
是导入一个预先存储好的数据文件，初始化设计中的存储器。

📖　ModelSim 安装目录下的 modelsim.ini 文件不能为只读，该文件保存了 ModelSim 的一
些设置信息。

❑ 【Export】（导出）：导出指令与导入指令相对应，只是可导出的文件种类与导入

的种类不同。【Export】指令可以导出【Waveform】（波形）、【Tabular list】（表单）、【Event list】（事件表）、【TSSI list】（TSSI 表）、【Image】（图像）、【Memory Data】（存储器数据）、【Column Layout】（栏布局）和【HTML】（超文本标记语言）共八种文件。

- 【Save】（保存）：保存当前仿真数据。
- 【Save As】（另存为）：与保存命令相同，只是可以重新定义文件名称而已。
- 【Report】（报告）：产生一个文本格式的报告，储存了当前活动窗口的信息。如在仿真过程中选择【Objects】（对象）窗口，生成报告，报告的内容就是【Objects】窗口的内容，包括端口列表和数据值。
- 【Change Directory】（改变路径）：改变当前工作路径，ModelSim 使用的是绝对路径，而不是相对路径。这与 Quartus II 不同。在 Quartus II 中，用户可以将设计的整个目录复制到其他任何地方，只要目录完整，可以直接打开工程文件。而在 ModelSim 中，若将整个目录复制到其他地方，打开工程时其指向仍为原来工程的地址，可以通过更改路径来设置新的路径。
- 【Use Source】（使用源文件）：该命令可以替换一个选中的文件。选中一个源文件，再使用 Use Source 命令，会弹出对话框，让使用者选择一个替换文件。选好后，该替换文件就会替换掉当前的文件。但是这个替换不是永久性的，该替换文件只对当前仿真有效，而且自动出现在工程文件列表当中。
- 【Source Directory】（源文件目录）：选择该命令会弹出对话框，从这个对话框中可以选择一个目录，用来添加或移除源文件。
- 【Datasets】（数据集）：管理当前会话的数据集。
- 【Environment】（环境）：设置不同的窗口应该如何更新，在数据集、进程和文本。
- 【Add to Project】（添加到工程）：单击可以向当前工程添加项目，可以添加的文件有【New File】（新文件）,【Existing File】（已有文件）、【Optimization Configuration】（优化配置）、【Simulation Configuration】（仿真配置）和 Folder（文件夹）。
- 【Page Setup】（页面设置）：【Page Setup】命令只有在新建【Wave】窗口后才会变为可选选项，要用来更改页面显示的配置。
- 【Print】（打印）：打印命令区、源文件窗口或波形窗口的内容。
- 【Print Postscript】（页面打印）：采用页面描述语言打印或保存源文件和波形文件。
- 【Recent Directories】（最近几次工作路径）：可以从中选取最近几次的工作路径。
- 【Recent Projects】（最近几次工程）：可以打开最近几次的工程。
- 【Quit】（退出）：退出 ModelSim。

2. 【Edit】菜单

类似于 Windows 应用程序，在编辑菜单中包含了对文本的一些常用的操作。单击【Edit】，出现如图 6-6 所示的下拉菜单，可以看到包含的具体功能。

- 【Undo】（撤销）：选中的文档还原上一个步骤的操作。
- 【Redo】（重做）：选中的文档重做刚刚被还原的操作。
- 【Cut】（剪切）：选中的文档进行剪切。
- 【Copy】（复制）：复制选中的文档。

❑ 【Paste】（粘贴）：把剪切或复制的文档粘贴到当前插入点之前。

❑ 【Delete】（删除）：选中的文档进行删除。

❑ 【Clear】（清屏）：清除命令区内容。

❑ 【Select All】（全选）：选中主窗口中所有的抄本文档。

❑ 【Unselect All】（取消全选）：取消已选文本的选中状态。

❑ 【Expand】（展开）：展开指令可用于【Workspace】的【sim】标签当中，共有四个指令，分别是【Expand Selected】（展开所选）、【Collapse Selected】（合并所选）、【Expand All】（展开全部）和【Collapse All】（合并全部）。

❑ 【Goto】（跳转）：【Goto】命令用来直接跳转到源文件中的指定行，或者存储器中的指定地址，或者波形文件中的指定时间等。

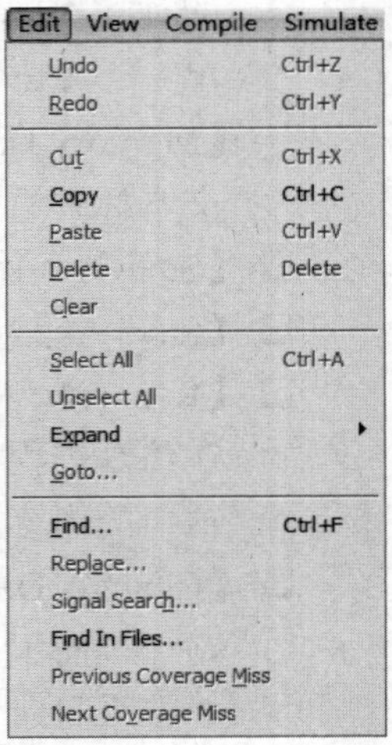

❑ 【Find】（查找）：此命令用于源文件编辑，Find 命令用于在当前的文件窗口内查找一个字符串。

图 6-6　【Edit】菜单

❑ 【Replace】（替换）：此命令用于源文件编辑，【Replace】命令可以在查找的基础上，把查找到的字符串用另一指定的字符串代替。

❑ 【Signal Search】（信号搜索）：这个命令用于搜索波形窗口中某个特定的信号值或特定的信号跳变。可以搜索上升沿、下降沿、特定值、特定表达式等各种信号。

❑ 【Find In Files】（多文件查找）：此命令是【Find】命令的加强版，可以在【Find what】中输入需要查找的字符串。在【File patterns】里指定查找文件的类型，在【In folder】中指定查找文件的目录范围，还可以在指定目录的子目录中继续进行查找。

❑ 【Previous Coverage Miss】（前一个覆盖缺失）：这个命令使用在源文件窗口中，用来显示前一个代码覆盖的缺失行。

❑ 【Next Coverage Miss】（后一个覆盖缺失）：这个命令使用在源文件窗口中，用来显示后一个代码覆盖的缺失行。

3．【View】菜单

类似于其他 Windows 应用程序，视图菜单可以控制在屏幕上显示哪些窗口。单击【View】，会出现如图 6-7 所示的下拉菜单，可以看到包含的具体功能。

❑ 【Call Stack】（调出堆栈）：打开 Call Stack 窗口，在窗口显示堆栈入口。

❑ 【Capacity】（调出存储容量）：打开 Capacity 窗口，在窗口显示各个类型所占存储容量。

❑ 【Class Browser】（类显示）：使用该命令，以树形、图形和实例形显示类。

❑ 【Coverage】（覆盖率）：使用该命令，以对工程覆盖率分析。

❑ 【Dataflow】（数据流）：打开 Dataflow 窗口，在该窗口中显示数据的流向。

❑ 【Files】（文件）：打开文件窗口，在该窗口中显示所有编写的文件。

❑ 【Library】（库）：打开 Library 窗口，在该窗口中显示库内文件。

❑ 【List】（列表）：打开列表窗口。

❑ 【Locals】（局部变量）：打开局部变量窗口。

❑【Message Viewer】（消息查看器）：打开消息查看器窗口。

❑【Memory List】（寄存器列表）：打开寄存器列表窗口。

❑【Objects】（对象）：打开对象窗口，该窗口显示了设计仿真中的对象。

❑【Process】（进程）：打开进程窗口，该窗口显示了设计中的进程所在的位置。

❑【Profiling】（剖面）：打开剖面窗口，以排列、树型、结构、设计单元等剖面显示。

❑【Project】（工程）：打开工程窗口，该窗口显示了设计中工程包含的所有文件。

❑【Schematic】（原理图）：打开原理图窗口。

❑【Transcript】（文本命令）：打开文本命令窗口，该窗口可以进行命令的输入。

❑【Verification Management】（验证管理）：打开验证管理）窗口，该窗口显示了设计包含的验证信息。

❑【Watch】（观察）：打开观察窗口，这是仿真时经常需要查看的窗口，在其中显示了过程信息。

❑【Wave】（波形）：打开波形窗口，这是仿真时经常需要查看的窗口，在其中显示了输入和输出的波形。

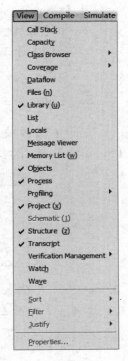

图 6-7　【View】菜单

❑【Sort】（顺序）：改变波窗口的排序顺序。

❑【Filter】（过滤器）：从对象和结构窗口，显示的过滤器信息。

❑【Justify】（两端对齐）：在选择窗口中对齐数据。

❑【Properties】（属性）：显示工作区中选中对象的属性。

4．【Compile】菜单

【Compile】菜单主要包含编译的指令。编译即对源文件进行查错的过程。ModelSim 中只有编译通过的源文件才能被仿真。一个源文件编写后往往存在很多问题，需要进行多次的编译以得到正确的设计，所以编译也是一个重要的操作步骤。单击【Compile】，会出现如图 6-8 所示的下拉菜单，可以看到包含的具体功能。

❑【Compile】（编译）：把 HDL 源文件编译到当前工程的工作库中。

❑【Compile Options】（编译选项）：设置 VHDL 和 Verilog 编译选项，如可以选择编译时采用的语法标准等。

❑【SystemC Link】（SystemC 链接）：该命令用来链接已编译好的 C/C++文件，可以在当前的工作库中建立指向不同设计库文件的链接，链接文件必须是 ".so" 格式。

❑【Compile All】（全编译）：编译当前工程中的所有文件。

❑【Compile Selected】（编译选中的文件）：编译当前工程中选中的文件。

❑【Compile Order】（编译顺序）：设置编译顺序，一般系统会根据设计对 VHDL 自动生成编译顺序，但对于 Verilog 需要指定编译顺序。

❑【Compile Report】（编译报告）：有关工程中已选文件的编译报告。

❑ 【Compile Summary】（编译摘要）：【Compile Summary】命令用来查看当前工程中的所有已编译文件的编译报告，没有被编译的文件是不会出现的，而且所有文件的编译报告会出现在同一个窗口，这些报告还可以以文本的形式保存到指定的目录。

5．【Simulate】菜单

这里的编译及运行命令类似于 Visual C++等高级语言的调试时候的命令。单击【Simulate】，会出现如图 6-9 所示的下拉菜单，可以看到包含的具体功能。

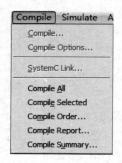

图 6-8 【Compile】菜单   图 6-9 【Simulate】菜单

❑ 【Design Optimization】（设计优化）：这个命令选项可以对当前库中的模块进行优化。
❑ 【Start Simulation】（开始仿真）：Start Simulation 可以选择设计模块进行仿真设计。
❑ 【Runtime Options】（运行时间选项）：设置运行仿真时间选项。
❑ 【Run】（运行）：执行运行操作，有四种执行运行方式，如图 6-10 所示。

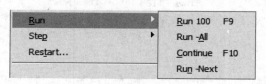

图 6-10 【Run】操作选项

（1）【Run 100】：进行仿真，仿真时间设置为 100ns。若要改变长度，可在 Simulation Options 中设置或在工具栏中修改。
（2）【Run –All】：进行所有仿真，直到用户停止它。
（3）【Continue】：继续仿真。
（4）【Run –Next】：运行到下一个事件发生为止。
❑ 【Step】（单步）：执行单步仿真操作，有六种单步运行方式，如图 6-11 所示。

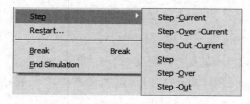

图 6-11 【Step】操作选项

（1）【Step Current Thread】：在线程内单步执行。

（2）【Step Over Current Thread】：在单步执行时，在函数内遇到线程时不会进入线程内单步执行，而是将线程整个执行完再停止，也就是把线程整个作为一步。

（3）【Step Out Current Thread】：单步执行到线程内时，用此命令就可以执行完线程余下部分，并返回到上一层。

（4）【Step】：单步执行，遇到子函数就进入并且继续单步执行。

（5）【Step Over】：在单步执行时，在函数内遇到子函数时不会进入子函数内单步执行，而是将子函数整个执行完再停止，也就是把子函数整个作为一步。

（6）【Step Out】：就是单步执行到子函数内时，用此命令就可以执行完子函数余下部分，并返回到上一层函数。

- 【Restart】（重新开始）：重新开始仿真，重新加载设计模块，并初始化仿真时间为零。

- 【Break】（停止）：停止当前的仿真。Break 命令可以跳出当前运行的仿真，但是仿真的所有设置还会保留，只是将时间暂停住，这个命令适用于没有中断或跳出指令的测试平台。

- 【End Simulation】（结束仿真）：结束当前仿真，该命令在仿真运行时是不可选的，在停上或中断仿真后才变为可选。选择此命令会完全退出仿真界面，同时会关闭与仿真相关的各窗口。

6．【Add】菜单

【Add】菜单向文件中添加各种信号信息，可以向 Wave、List、Log 文件中添加需要的信息，还可以添加数据流、观察变量和新的窗口框。单击【Add】，会出现如图 6-12 所示的下拉菜单，可以看到包含的具体功能。

- 【To Wave】（波形）：在对象窗口进行操作，会出现如图 6-13 所示的下拉菜单，可以选择从对象窗口向波形窗口添加信号。添加模式有三种：【All items in region】（添加当前窗口的信号）、【All items in region and below】（添加所有打开窗口的信号）和【All items in design】（添加设计中的信号）。

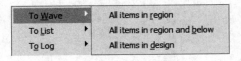

图 6-12　【Add】菜单　　　　　　　　图 6-13　【To Wave】操作选项

- 【To List】（列表）：在对象窗口进行操作，向列表窗口添加信号，三种模式与 To Wave 中命令相同。

- 【To Log】（日志）：在对象窗口进行操作，向日志文件中添加信号，三种模式与 To Wave 中命令相同。

- 【To Dataflow】（数据流）：在对象窗口进行操作，向数据流中添加信号，三种模式与 To Wave 中命令相同。

- 【To Watch】（观察）：在对象窗口进行操作，向观察窗口添加信号，三种模式与 To Wave 中命令相同。
- 【Window Pane】（窗格）：波形窗口激活时可选，把当前的波形窗口划分为两个区域，两个子窗口可以指定不同的波形，便于观察。

7．【Library】菜单

【Library】菜单提供各种对库文件的操作。单击【Library】，会出现如图 6-14 所示的下拉菜单，可以看到包含的具体功能。

- 【Simulate】（仿真）：对库文件进行仿真。
- 【Simulate without Optimization】（未优化仿真）：未执行优化的库文件仿真。
- 【Simulate with full Optimization】（全优化仿真）：执行全优化的库文件仿真。
- 【Edit（编辑）：对库文件进行编辑。
- 【Refresh】（更新）：对库文件进行更新。
- 【Recompile】（重新编译）：对库文件重新编译。
- 【Optimize】（优化）：对库文件进行优化。
- 【Update】（更新）：对库文件进行更新。
- 【CreateWave】（创建波形）：为库文件创建波形。

8．【Tools】菜单

【Tools】菜单提供各种实用的工具。单击【Tools】，会出现如图 6-15 所示的下拉菜单，可以看到包含的具体功能。

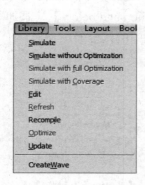

图 6-14　【Library】菜单

图 6-15　【Tools】菜单

（1）【Run Comparison】（运行比较）：选中信号后，运行此命令可以进行开始比较波形的不同。

（2）【End Comparison】（结束比较）：关闭比较标签，并且移除所有比较用到的波形。

（3）【Add】（添加）：这个命令可以添加比较项，可以选择按信号比较或按区域比较。

（4）【Options】（选项）：这个命令可以打开比较的选项，对比较值进行设定。

（5）【Differences】（差别）：具有三个命令，【Clear】、【Show】和【Save】。【Clear】命令用来清除所有的不同并重新开始比较，【Show】命令用来在主窗口的命令区显示出所有的不同，【Save】命令用来把这些不同点保存成一个文件。

（6）【Rules】（规则）：具有两个命令，【Show】和【Save】。【Show】命令用来显示之前已经设置好的比较规则，【Save】命令用来保存比较规则。

（7）【Reload】（重载）：波形的不同或比较的规则可以保存成文件，这个命令可以载入这些文件。

❑ 【Code Coverage】（覆盖率）：代码覆盖命令需要在仿真选项中设置，在【Start Simulation】命令中，选中【Enable Code Coverrage】选项，就可以激活代码覆盖率的仿真，本命令才会变成可选命令。代码覆盖包含如下的子命令。

（1）【Load】（载入）：载入一个预先保存的代码覆盖分析。

（2）【Save】（保存）：保存当前的代码覆盖数据。

（3）【Reports】（报告）：产生一个文本输出，包含代码覆盖信息。

（4）【Clear Date】（清除数据）：清空当前激活的代码覆盖数据库信息。

（5）【Show Coverage Data】（显示覆盖数据）：显示或隐藏源文件窗口中被覆盖的代码行。

（6）【Show Branch Coverage】（显示分支覆盖）：在源文件窗口中显示或隐藏分支覆盖行。

（7）【Show Coverage Numbers】（显示覆盖数目）：在源文件窗口中显示或隐藏覆盖行的数目。

（8）【Show Coverage By Instance】（按实例显示覆盖）：在工作区的结构标签中显示被选中实例的数目。

❑ 【Functional Coverage】（功能覆盖）：该命令与代码覆盖类似。代码覆盖是检测仿真中运行的代码占所有设计代码的比例，功能覆盖是检测仿真中运行到的功能占总设计功能的比例，这个比例是越接近 100%越好，表示仿真验证的功能很全面。

❑ 【Toggle Coverage】（开关覆盖）：开关覆盖用来收集和计算特定节点的状态变化，这些节点包括 Verilng HDL 中的 nets 和 register，还包括 VHDL 中的 bit 和 std_logic_vector 等。开关覆盖的度量方式与其他覆盖的度量方式是完全一致的，也是希望尽量接近 100%。

❑ 【Coverage Save】（覆盖保存）：代码覆盖信息的保存。

❑ 【Coverage Report】（覆盖报告）：打开代码覆盖信息的报告。

❑ 【Coverage Configuration】（覆盖配置）：对代码覆盖信息进行配置。

❑ 【Breakpoints】（中断点）：打开中断点对话框，可以向指定的文件行添加仿真的中断点。

❑ 【Dataset Snapshot】（Dataset 快照）：选中此命令会生成一个 Dataset 的快照，即生成一个.wlf 文件的快照。

❑ 【Trace】（跟踪）：执行信号跟踪操作。

❑ 【Tcl】（可扩充的命令解释语言）：执行或调试 Tcl 宏。

❑ 【Wildcard Filter】（通配符过滤器）：执行通配符过滤器。

❑ 【Edit Preferences】（编辑参数选取）：此命令主要是设置使用者的各种偏好，用来设置 ModelSim 的使用界面。

📖 Tcl 是 Tools Command Language 的缩写，它是一种可扩充的命令解释语言，具有与 C 语言的接口和命令的能力，应用非常广泛。

9. 【Layout】菜单

【Layout】菜单提供对设计布局进行修改。单击【Layout】，出现如图 6-16 所示的下拉菜单，包含的具体功能如下。

❑ 【Reset】：重置 GUI 所选的默认外观布局。

❑ 【Save Layout As…】：存储布局。

❑ 【Configure…】：配置布局。

❑ 【Delete…】：删除自定义布局。

❑ 【Delete All】：删除所有布局。

❑ 【NoDesign】：使 NoDesign 文件显现在窗口最前端。

❑ 【Simulate】：使 Simulate 相关文件显现在窗口最前端。

❑ 【Coverage】：使 Coverage 相关文件显现在窗口最前端。

❑ 【VMgmt】：使验证管理相关文件显现在窗口最前端。

10. 【Bookmarks】菜单

此菜单中的命令可以编辑、添加、删除书签，还可以快速转移到指定的书签。单击【Bookmarks】，会出现如图 6-17 所示的下拉菜单，可以看到包含的具体功能。

图 6-16 【Layout】菜单

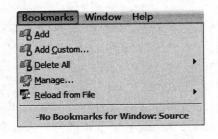

图 6-17 【Bookmarks】菜单

❑ 【Add】：添加书签。

❑ 【Add Custom…】：添加自定义书签。

❑ 【Delete All】：删除所有书签。

❑ 【Manage…】：书签管理。

❑ 【Reload from File】：从文件加载标签。

11.　【Window】菜单

【Window】菜单包含两大部分，第一部分是关于窗口的一些设置选项，第二部分是当前已打开的窗口，如图 6-18 所示。第一部分中包括如下操作。

❑ 【Cascade】：使所有打开的窗口层叠。
❑ 【Tile Horizontally】：水平分隔屏幕，显示所有打开的窗口。
❑ 【Tile Vertically】：垂直分隔屏幕，显示所有打开的窗口。
❑ 【Icon Children】：除了主窗口外，其他窗口都被缩为图标的形式。
❑ 【Icon All】：将所有窗口缩为图标。
❑ 【Deacon All】：将所有缩为图标的窗口还原。
❑ 【Show Toolbar】：显示工具栏。
❑ 【Show Window Headers】：显示窗口标题。
❑ 【Focus Follows Mouse】：焦点跟踪鼠标。

第二部分中包括所有当前打开的窗口，可以利用菜单在窗口之间切换。

12.　【Help】菜单

此菜单中的命令可以编辑、添加、删除书签，还可以快速转移到指定的书签。类似于 Windows 应用程序，在帮助菜单中包含了 ModelSim 相关的技术文本。单击【Help】，会出现如图 6-19 所示的下拉菜单，可以看到包含的具体功能。

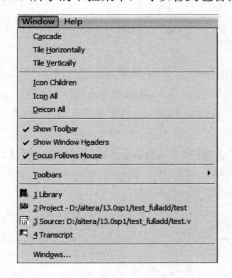

图 6-18　【Window】菜单

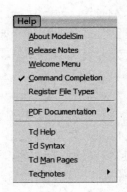

图 6-19　【Help】菜单

❑ 【About ModelSim】：显示 ModelSim 的版本、版权等信息。
❑ 【Release Notes】：显示 ModelSim 的版本发布信息。
❑ 【Welcome Menu】：显示欢迎画面。
❑ 【Command Completion】：提供命令行的简单提示，也只是在输入命令行时提供可选取的各种子命令或提示命令的输入格式。
❑ 【Register File Types】：注册文件类型到 ModelSim。

- 【PDF Documentation】：在子菜单中可以选择 ModelSim 的 PDF 文档。
- 【Tcl Help】：Tcl 帮助文档。
- 【Tcl Syntax】：Tcl 语法主页面。
- 【Tcl Man Pages】：Tcl 主页面。
- 【Technotes】：各种技术文档。

6.1.2 工具栏

工具栏位于菜单栏的下方，提供一些比较常用的操作。一般在最初打开 ModelSim 软件时工具栏包含的内容如图 6-20 所示，随着设计或仿真的进行，当进行到不同阶段时，相关的快捷操作也会出现在工具栏中，这里只介绍最初的工具栏中包含的操作。

如图 6-20 所示。从左到右依次为新建、打开、存储、重置、打印、剪切、复制、粘贴、撤销、重做、添加、查找、合并、ModelSim 介绍、编译、编译所有、仿真、中断仿真。由于这些命令是菜单栏中命令的一个子集，只是把可能经常使用的命令提炼到这里，方便使用者操作，具体的功能和菜单栏中的功能是一致的，这里不再解释。

图 6-20　工具栏

6.1.3 工作区

Workspace 区域〔工作区〕中提供一系列的标签，让使用者可以方便地访问一些功能，如工程、库文件、设计文件、编译好的设计单元、仿真结构、波形比较对象等。工作区的最下方是目前打开的标签，如图 6-1 所示。工作区可以根据使用者的需要被显示或隐藏。在工作区中会出现的标签主要有以下几类。

- 【Library】（库）：在 ModelSim 启动的最初，【Workspace】区域只有【Library】一个标签。【Library】标签内显示最初的设计库。当加入新设计后，【Library】区域内还会加入设计库，内含被编译通过的设计单元。
- 【Project】（工程）：新建一个工程后便会出现，【Project】标签内会显示当前工程包含的所有文件，包括编译过的和未编译过的。可以通过对【Project】标签的文件操作，管理整个工程。
- 【Files】（文件）：包含载入的设计源文件，【Files】标签主要在代码覆盖率方面使用。
- 【Memories】（存储器）：这个标签内包含了所有设计中【Memory】的列表。当选中一个【Memories】标签内的内存时，在 MDI 窗口会显示出一个内部数据的窗口。
- 【Compare】（比较）：进行波形比较时，这个标签会显示被比较的对象。
- 【Sim】（仿真）：这个标签在仿真时会出现，内部包含仿真的模块和线网信息。这个标签也可以被称为结构标签，因为标签内显示的是设计的层次结构。ModelSim 还支持将仿真数据保存为.wlf 文件格式，再调用此文件时。每个.wlf 文件都会打开一个新的标签，标签名由用户定义，作为与 Sim 标签的区别。

6.1.4　命令窗口

Transcript 窗口位于主窗口的下方，如图 6-1 所示。作用是输入操作指令和输出显示信息两大类。ModelSim 的菜单栏并不包含所有的操作命令，这些不在菜单栏中的命令想要使用，就必须采用命令行操作的方式。当然，对于菜单栏中有的操作也可以使用命令行操作的方式执行。

命令输入区域一般在窗口的最低行，以"ModelSim"开头，在后面的光标区域内可以输入命令。如果使用者把 Help 菜单中的 Command Completion 选项打开，在输入命令的同时可以得到提示信息。

各种显示信息也会显示在 Transcript 窗口中。当设计中有一些系统函数，如$display、$monitnr 等，显示或监视的信息就会输出在这个窗口。当输入命令行或执行操作时，各种装载、编译、设计文件信息也会在这个区域内显示。显示信息均以"#"开头。Transcript 窗口的所有输入/输出信息都可以被保存，保存后的文件还可以作为.do 文件进行使用。

6.1.5　MDI 窗口

MDI（Multiple Document Interface），窗口全称为多文档操作界面，如图 6-1 所示。其作用是显示源文件编辑、内存数据、波形和列表窗口。MDI 窗口允许同时显示多个窗口，每个窗口都会配备一个标签，标签上会显示该窗口的文件名称，单击标签可以在各个窗口之间切换。

6.1.6　状态栏

ModelSim 的状态条如图 6-21 所示，其中左面为当前工程的名称，右面为与当前仿真相关的一些参数，如光标位置和仿真变量等。

图 6-21　状态栏

6.1.7　定制用户界面

ModelSim 的界面参数也是可以自定义设置的，执行【Tools】/【Edit Preferences】命令打开设置界面。该界面提供了两种分类方式，分别是按窗口分类和按名称分类，如图 6-22、图 6-23 所示。以按窗口分类为例，在左侧的窗口分类中选择 Wave Window，就会出现 Wave Window 中包含的界面信息，如逻辑 0 值、逻辑 1 值等。选择这些信息，就可以在右侧的调色板中为这些信息配置新的颜色。

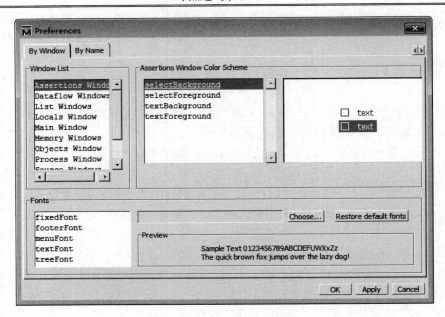

图 6-22　按窗口分类

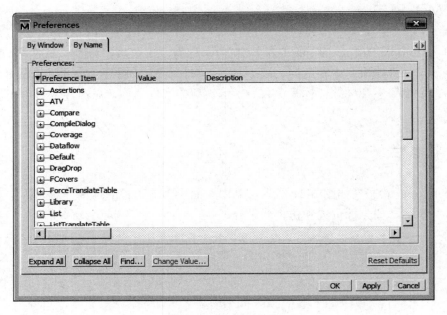

图 6-23　按名称分类

6.2　ModelSim 的命令与文件

ModelSim 图形界面只提供了最常用的功能，很多高级的应用其图形界面都没有涉及，但是 ModelSim 提供很多强大的命令，可以在 ModelSim 界面的命令行窗口中使用这些完成很多高级操作，这些命令又是脚本运行的组成，使用脚本可以实现自动化仿真，熟悉这些命令是很有必要的。

6.2.1　vlib 命令

ModelSim 以库的形式来组织仿真库，库就是目录结构，但是不能用操作系统的命令来新建目录作为库，必须使用 vlib 指定和创建各个仿真库。

vlib 命令格式如下。

```
vlib [-archive [-compact <percent>]] [-help] [-dos | -short | -unix | -long]
<name>
```

包括如下命令参数。

- ❑ -archive [-compact <percent>]。将设计编译的数据库用压缩包形式存放，以替代文件夹格式。-compact <percent>指定一个 0 到 1 的数（百分比）以指明压缩包里多余的空间，默认值是 50%（5）。
- ❑ -help。显示帮助信息，可选参数。如果用户不知道 vlib 命令的使用方法，可以在 ModelSim 的"Transcript"窗口中输入 vlib － help。
- ❑ -dos。指定编译过后的库中的子目录的名字兼容 DOS 格式。在使用 vmake 命令时不推荐。
- ❑ -short。等效-dos 参数。
- ❑ -unix。指定编译过后的库中的子目录的名字不兼容 DOS 格式。
- ❑ -long。等效-unix 参数。
- ❑ <name>。编译库存放的路径名字或压缩包名字，必要参数。

vlib 命令的用法如下。

创建一个 uut 库，库中的设计由压缩包形式存放，压缩包中多余空间为 30%。

```
vlib -archive -compact .3 uut
```

6.2.2　vmap 命令

vmap 命令可以通过修改 modelsim.ini 文件来定义逻辑库和物理文件夹之间的映射。如果不指定参数，vmap 命令会读取 modelsim.ini 文件并打印当前逻辑库和物理文件夹之间的映射关系。

vmap 命令的语法格式如下。

```
vmap [-help] [-c] [-del] [<logical_name>] [<path>]
```

vmap 可以使用如下命令参数。

- ❑ -help。显示帮助信息，可选参数。
- ❑ -c。复制默认的 ModelSim 安装目录的 ModelSim.ini 文件到工作目录，可选参数。
- ❑ -del。删除本映射，可选命令。
- ❑ <logical_name>。指定映射的逻辑名称，一般就是 vlib 创建的库名称，可选参数。
- ❑ <path>。映射的库的物理路径。

6.2.3　vcom 命令

vcom 命令编译 VHDL 源代码到指定的库，默认是编译到 work 库，该命令可以在 ModelSim 的【Transcript】窗口调用，也可以在操作系统的命令行窗口使用。编译后的仿真库和 ModelSim 的主版本对应，也就是说，当 ModelSim 的主版本变化后，需要使用 refresh 参数刷新相应的仿真库。

vcom 命令的语法格式如下，注意编译命令对参数使用是大小写敏感的，如 X_LIB 和 x_lib 是不同的库，但是对命令本身没有限制，可以使用 VCOM，也可以是 vcom，还可以是大小写混合如 Vcom。

```
vcom [-2002] [-93] [-87] [-check_synthesis] [-help] [-f <filename>]
[-norangecheck] [-nodebug][-quiet] [-refresh] [-version] [-work <libname>]
<filename(s)>
```

包括如下命令参数。

- [-2002] [-93] [-87]。指明编译的 VHDL 适用的版本，可选参数。目前 VHDL 的版本有 87 版、93 版、2002 版。版本间有一些区别，可以参考 VHDL 的 IEEE 规范说明。
- -check_synthesis。打开可综合性检查，可选参数，此参数使 vcom 在编译时检查代码是否可综合，并给出相应警告。
- -help。显示帮助信息，可选参数。
- -f <filename>。通过指定文件传递设计的参数，可选参数。如果设计有 VHDL generic 参数，则可通过此命令传递。
- -norangecheck。关闭仿真运行时信号或变量的边界检查，可选参数，此参数关闭对数据类型的边界检查。如一个整型变量定义为范围为 1~8，一般的如果变量超边界，如 9，就会出错，此参数屏蔽此类错误。
- -nodebug。隐藏 vcom 内部的变量和信号，可选参数。vco 编译会产生一些内部信号或变量。
- -novitalcheck。禁止 VITAL95 检查，可选参数。
- -nowarn <#>。关闭 vcom 的警告信息，可选参数。
- -quiet。关闭 vcom 载入 VHDL 时的提示信息，可选参数。
- -refresh。刷新编译的库，可选参数。
- -version。显示 vcom 的版本，可选参数。
- -work <libname>。指定编译 VHDL 设计到所在的库，可选参数。如果不指定，则默认编译带 work 库。
- <filename(s)>。指定编译的文件，可指定多个文件，必要参数。

下面举例说明 vcom 命令的用法。

编译文件 MyDesign.vhd

```
vcom MyDesign.vhd
```

以 VHDL93 的格式编译文件 util.vhd 到库/lib/mylib

```
vcom -93 -work /lib/mylib util.vhd
```

刷新所有已编译的库

```
vcom -refresh
```

6.2.4　vlog 命令

vlog 命令是编译 Verilog 源代码和 System Verilog 代码到指定的工作库的命令，默认的工作库是 work 库，该命令可以在 ModelSim 的【Transcript】窗口调用，也可以在操作系统的命令行窗口使用。编译后的仿真库和 ModelSim 的主版本对应，也就是说，当 ModelSim 的主版本变化后，需要使用 refresh 参数刷新相应的仿真库。

vlog 命令的语法格式如下，注意编译命令对参数使用是大小写敏感的，如 X_LIB 和 x_lib 是不同的库，但是对命令本身没有限制，可以是 VLOG，也可以是 vlog，也可是大小写混合 Vlog。

```
vlog [-vlog95compat] [-93] [-f <filename>] [-hazards] [-help] [-nodebug]
[-quiet] [-R <simargs>][-refresh] [-sv] [-version] [-v <library_file>]
[-work <libname>] <filename(s)>
```

包括如下命令参数。

❑ -vlog95compat。禁止 Verilog95 的关键字，可选参数。

❑ -93。打开 Verilog 模块支持 VHDL 1076-1993 的描述方式，可选参数。

❑ -f <filename>。通过指定文件传递设计的参数，可选参数。如果设计有 VHDL generic 参数，则可通过此命令传递。

❑ -hazards。使能仿真可能出现错误的检查，可选参数。

❑ -help。显示帮助信息，可选参数。

❑ -nodebug。隐藏 vlog 内部的变量和信号，可选参数。vlog 编译会产生一些内部信号或变量。

❑ -quiet。关闭 vlog 载入 VHDL 时的提示信息，可选参数。

❑ -R <simargs>。在编译完成后调用 vsim，<simargs>是 vsim 参数，可选参数。

❑ -refresh。刷新编译的库，可选参数。

❑ -sv。支持 system Verilog 关键字，可选参数。

❑ -version。显示 Vlog 的版本，可选参数。

❑ -v <library_file>。指定 Verilog 源文件的库，可选参数。

❑ -work <libname>。指定编译 VHDL 涉及到的库，可选参数。如果不指定，则默认编译带 work 库。

❑ <filename(s)>。指定编译的文件，可指定多个文件，必要参数。

下面举例说明 Vlog 命令的用法。

编译文件 top.v

```
vlog top.v
```

编译文件 util.v 到库/lib/mylib

```
vlog -work /lib/mylib util.v
```

刷新 mylib 库

```
vlog -work mylib -refresh
```

6.2.5 vsim 命令

vsim 是装载编译后的库，是启动仿真的重要命令。其参数众多，这里仅介绍最常用的参数。使用 vsim 命令还可以查看上一次仿真的结果。在仿真的过程中可以通过单击 ModelSim 主窗口的■按钮来停止仿真，也可以直接按 Ctrl+C 键来停止仿真。当设计很大、仿真很慢时，可以提前结束仿真查看结果。可以在 Windows 操作系统的命令行窗口调用 vsim 命令，此时需要指定 PATH 环境变量，也可以在 ModelSim 主窗口的【Transcript】窗口中调用 vsim 命令。用户还可以在图形界面中执行【Simulate】/【Start Simulation】命令，启动 vsim 命令。这里着重介绍命令行使用 vsim 的方法。

vsim 命令的语法格式如下，因为 vsim 使用的参数非常多，这里只列出部分常用参数。

```
vsim [-c ] [-coverage] [-DO "cmd" | <file>] [-f <filename>] [-g|G<name=value>]
[-help] [-l<logfile>] [+notimingchecks] [-quiet] [-restore <filename>]
[-sdf{min|typ|max}   <region>=   <sdffile>][-t   [<mult>]<unit>]   [-wlf
<filename>] <libname> <design_unit> [-wlfcachesize]
```

关键命令参数如下。
- -c。以命令行形式运行仿真，可选参数。
- -coverage。指定运行仿真时进行仿真覆盖率计算，可选参数。
- -DO"cmd"| <file>。在仿真开始运行批处理脚本，可选参数。
- -f <filename>。通过指定的文件传递参数，可选参数。
- -g|G<name=value>。设置 VHDL Generic 的值，可选参数。
- -help。显示帮助信息，可选参数。vsim 使用的参数非常多，如果设计者需要查看详细的参数信息，可以在 "Transcript" 窗口中使用 "vsim -help" 命令查看。
- -l <logfile>。保存仿真的窗口信息到 log 文件，可选参数。
- +notimingchecks。禁止时序检查，可选参数。
- -quiet。禁止显示载入时的信息，可选参数。
- -restore <filename>。恢复已经结束的仿真，可选参数。
- -sdf{min|typ|max} <region>=<sdffile>]。指定 SDF 时序说明文件，时序仿真时使用，可选参数。
- -t [<mult>]<unit>]。默认的仿真单位时间，必要参数。
- -wlf <filename>。指定仿真的日志 WLF 文件的文件名，必要参数。
- <libname>.<design_unit>。指定仿真的顶层实体/模块所在的库及其名字，必要参数。
- -wlfcachesize。指定 WLF 文件的 cache，可选参数。

下面举例说明 vsim 命令的用法。

启动仿真，仿真实体为 cpu，并且设置 generic VCC。

```
vsim -gedge='"low high"' -gVCC=4.75 cpu
```

指定时序仿真的 SDF 文件 myasic.sdf。

```
vsim -sdfmin /top/u1=myasic.sdf
```

6.2.6　force 命令

设计者在仿真时可以使用 force 命令对信号赋值，使用 force 命令可以在 ModelSim 的【Transcript】窗口中进行交互式的赋值操作，也可以将 force 命令放到 DO 文件中产生复杂的波形。在使用 force 命令时需要注意以下的情况。

❑　不能对 VHDL 或 Verilog 代码中的变量使用 force 命令。

❑　在 VHDL 代码或者混合语言代码中，如果一个代码被例化到更高的层次，不能对该代码的输入端口赋值，只能对调用该代码的模块中的输入端口赋值。

❑　不能对寄存器总线的部分赋值，只能对整个总线赋值。如果只希望修改总线的部分信号线，可以对不需要修改的部分赋原值。

❑　如果在 VHDL 中某信号使用了别名，只能对原信号赋值，不能对别名赋值。

force 命令的语法格式如下。

```
force [-freeze | -drive | -deposit] [-cancel <time>] [-repeat <time>]
<object_name> <value>[<time>] [, <value> <time> …]
```

下面是参数的详细介绍。

❑　-freeze。保持信号或变量的值，直到该信号或变量被重新 force 或 unforce，可选参数。

❑　-drive。赋予一个驱动至信号或变量，直到该信号或变量被重新 force 或 unforce，可选参数。

❑　-deposit。设置相应信号或变量值，直到该信号或变量被重新赋予一个驱动，或直到该信号或变量被重新 froce 或 unforce，可选参数。

❑　如果-freeze、-drive 或-deposit 参数都没有被使用，ModelSim 默认为-freeze。

❑　-cancel <time>。在间隔时间<time>后，取消 force 的操作，可选参数。

❑　-repeat <time>。在间隔时间<time>后，重复 force 的操作，可选参数。

❑　<object_name>。指定被 force 的信号或变量的名字，必要参数。

❑　<value>。指定被 force 的信号或变量的值，必要参数。

一个 verilog 一维的信号或变量可以被赋予直接字面的 bit 值序列，也可以被赋予数字。以下的值都可以被赋予。

❑　1111：字面的 bit 值序列。

❑　2#1111：二进制数值。

❑　10#15：十进制数值。

❑　16#F：十六进制数值。

下面举例说明，设计者可以根据例子来修改产生需要的激励波形。

在当前时间强制 input1 为 0。

```
force input1 0
```

强制 bus1 在 100ns 后赋值 01XZ。

```
force bus1 01XZ 100 ns
```

强制 bus1 在绝对时间（从仿真开始时间算）200 个时间单位后赋值 16#F。

```
force bus1 16#f @200
```

强制 input1 在 10 个时间单位后赋值 1，然后在 20 个时间单位后赋值 0，此周期重复 100 个时间单位。

```
force input1 1 10, 0 20 -r 100
```

和前面一个例子类似，只是制定时间单位 ns。

```
force input1 1 10 ns, 0 {20 ns} -r 100ns
```

强制信号 s，每 100 个时间单位 1 和 0 交替变化，持续时间为 1000 个时间单位，之后取消强制效果。

```
force s 1 0, 0 100 -repeat 200 -cancel 1000
```

在使用 force 命令时，设计者可以用一种直观的方法产生 force 命令，那就是在 ModelSim 的【Objects】窗口中右键单击需要赋值的信号，在弹出的菜单中选择【Modify】/【Force】命令，如图 6-24 所示。在弹出的【Force Selected Signal】窗口中，指定信号的值。比如，希望对 Cke 信号赋值 0，就在 Value 栏添入 0，如图 6-25 所示。单击 OK 按钮在"Transcript"窗口会出现如下对应的 force 命令：

```
force -freeze sim:/sdram_test_tb/sdram2/Cke 0 0
```

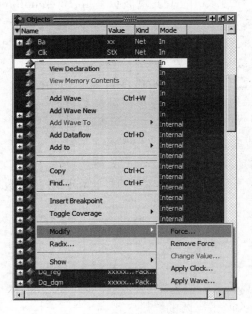

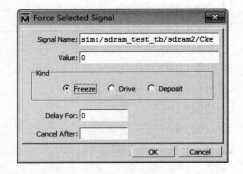

图 6-24　在图形界面下使用 force 命令　　　图 6-25　对指定的信号使用 force 命令赋值

设计者只需要将此命令复制到 DO 文件中修改后即可产生复杂的波形，如希望 rst_n 保持低电平 1us，然后恢复到高电平，可以使用如下的命令。可以看到在使用 ModelSim 命令时可以结合图形界面，这样设计者不用太关心命令语法，而可以把更多的注意力放到设计本身。

```
force -freeze sim:/sdram_test_tb/sdram2/Cke 0 0
run 1 us
force -freeze sim:/sdram_test_tb/sdram2/Cke 1 0
```

6.2.7　add wave 命令

add wave 是添加信号或变量到【Wave】窗口的重要命令,设计者将需要观察的信号或变量添加到【Wave】窗口才能更好地检查电路功能和定位错误。设计者还可以添加信号分隔符号,将不同类型的信号分类,便于观察。

add wave 命令的语法格式如下。

```
add wave [-allowconstants] [-color <standard_color_name>] [-<format>]
[-group  <group_name>[<sig_name1>  ...]]  [-divider  <divider_name>…]
{<object_name> {sig1 sig2 sig3 …}}] …] [-window<wname>]
```

下面是参数的详细介绍。

- ❑ -allowconstants。允许常量被添加到波形窗口,可选参数。一般的常量是不能添加到波形窗的,因为常量不会变化。
- ❑ -color <standard_color_name>。设置添加信号或变量波形的颜色,可选参数。<standard_color_name>可以是 Windows 的标准色彩名,或 RBG 值,如#357f77,或 2 字值,如"light blue"。
- ❑ -<format>。设置相应信号变量的格式,可选参数。格式定义如下,literal:直接显示字面值,如 1、0、25、F0;logic:显示逻辑值,如 U、X、0、1、Z、W、L、H 或"-"。
- ❑ -group <group_name> [<sig_name1>。将指定的信号汇成总线,总线名<group_name>,可选参数。
- ❑ -divider <divider_name>。在所有添加的信号前面添加到波形的是一个分隔符号,可选参数。
- ❑ <divider_name>指定分隔符名。
- ❑ <object_name>。指定被添加到波形的信号或变量的名字,必要参数。可以有多个信号或变量被添加。
- ❑ -window <wname>。指定被添加的波形窗口,可选参数。当有多个波形窗口时适用。

下面举例说明 add wave 命令的用法。

添加信号 out2 到波形窗口。信号以逻辑格式显示,颜色为金色。

```
add wave -logic -color gold out2
```

把 a_7 到 a_0 绑定成一个总线,命名为 address,以 16 进制显示添加到波形窗口。

```
add wave -hex {address {a_7 a_6 a_5 a_4 a_3 a_2 a_1 a_0}}
```

添加一个分隔符"-Example-"到波形窗口。

```
add wave -divider " -Example- "
```

类似 force 命令,设计者也可以在图形界面下先添加一个信号,通过修改【Transcript】窗口中命令来添加不同的信号,那就是在 ModelSim 的【Objects】窗口中右键单击需要添加到【Wave】窗口的信号，在弹出的菜单中选择【Add to】/【Wave】下的【Selected Signals】命令。如果设计者希望把该模块中的所有信号都添加，可以选择【Signals in Region】；如果希望添加整个设计中的所有信号，可以选择【Signals in Design】，如图 6-26 所示。

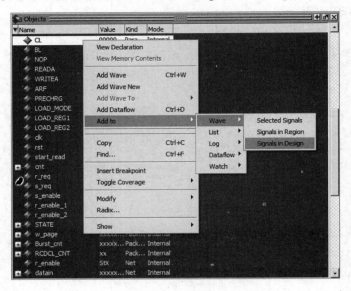

图 6-26　添加选定的信号

6.2.8　run 命令

run 命令是运行仿真的重要命令，可以指定仿真的时间。

run 命令的语法格式如下。

```
run [<timesteps>[<time_units>]] | [-all] | [-continue] | [-finish] | [-next]
| [-step] | [-over]
```

包括如下参数。

<timesteps>[<time_units>]。指定仿真运行的时间，时间的值可以是相对时间，也可以用@指定绝对时间，

可选参数。另外可选<time_units>可指定为 fs、ps、ns、s、ms 或 sec。

-all。指定一直运行仿真，可选参数。

-continue。继续已停止的仿真，可选参数。

-finish。"C Debug"模式适用，可选参数。保持仿真运行，但该命令返回，并调用函数。

-next。使仿真器在下一个事件后运行，可选参数。

-step。单步运行到下一个 HDL 事件，可选参数。

-over。运行跳过一个函数或过程，可选参数。

下面举例说明 run 命令的用法。

运行 1000 个时间单位：

```
run 1000
```

运行 10.4 ms：

```
run 10.4 ms
```

运行到 8000 个时间单位：

```
run @8000
```

6.2.9　DO 命令

DO 命令用于运行包括在脚本文件里面的命令。脚本文件可以指定为任何名称，只要使用了 DO 命令，对脚本文件的后缀名也没有强制性的限制，但是建议脚本文件保存为 *.do，如果在执行脚本文件时遇到错误就终止执行。

DO 命令的语法格式如下。

```
DO <filename>
```

<filename>。指定批处理或 TCL 脚本文件的名称，执行 DO 命令时必需使用该参数。可以使用绝对路径或相对路径指定文件。如果使用相对路径，路径需要和调用 DO 命令的当前工作目录相对应。

设计者经常会在一个脚本文件中再次使用 DO 命令调用另外的脚本文件，此时的相对路径是相对于调用脚本命令所在文件的路径，在这种嵌套调用的情况下最好使用相对路径。这样可以在需要时复制所有使用到的脚本文件而不需要修改路径。

使用 DO 命令的方法非常简单，如下所示。

运行 example.do 文件

```
DO example.do
```

6.2.10　宏命令

ModelSim 的宏命令也称 DO 文件，是一个简易的命令副本。ModelSim 中支持 DO 文件的创建、保存和使用，熟练使用 ModelSim 的宏命令可以大大节省编译和仿真过程中花费的时间。在本节中分为创建、保存和使用三个过程来介绍如何使用宏命令。

创建一个 DO 文件可以使用菜单栏中选项，执行【File】/【New】/【Source】/【Do】命令，如图 6-27 所示，会在 ModelSim 的 MDI 窗口中打开一个新的文件窗口，此窗口也属于源文件窗口。在打开的 DO 文件窗口中可以输入可使用的 Tcl 命令，编辑结束后使用保存命令，即可创建一个 DO 文件。当然，如果熟练掌握了 ModelSim 命令，完全可以在其他的文本编辑器中编译命令，保存成 DO 文件，只需要把后缀名统一成".do"即可被 ModelSim 识别为 DO 文件。

图 6-27　DO 文件编辑

除了使用以上的方式创建和保存 DO 文件外，还可以对 ModelSim 中使用过的命令进行保存。ModelSim 的【Transcript】窗口是命令的输入和提示信息的显示区域，在 ModelSim 中进行的操作，无论是否采用命令行操作，信息都会出现在这个窗口中，ModelSim 会自动的记录所有使用过的信息。这个窗口中的内容也是可以保存的，需要选中该窗口（标题栏显示为蓝色），在菜单中执行【File】/【Save as】命令，会弹出保存窗口，在该窗口中指定文件名即可，如图 6-28 所示。直接保存【Transcript】窗口的信息会被默认保存为文本格式，这是因为保存下来的信息有一些是提示信息（如用#开头的信息行），而且保存的信息是从当前 ModelSim 打开开始的所有命令信息，有一部分是不需要保存的，这时可以根据需要，在保存的文本文档中选择保留的部分，重新组成一个 DO 文件。

图 6-28　保存 DO 文件

执行一个 DO 文件有两种方式：菜单栏和命令行。使用菜单栏可以执行【Tool】/【Execute Macro】命令，打开一个浏览窗口，默认的文件格式是"*.tcl，*.do"，即 Tcl 文件和 DO 文件都可以作为宏文件打开，因为 DO 文件也是使用 Tcl 语言，这两种格式并没有任何问题。选择指定的宏文件后即可执行。如果使用命令行形式，可以使用 do 命令，例如，执行一个名为"my_Dofile.do"的宏文件，可以使用如下命令。

```
do my_Dofile.do
```

在设计过程中常常需要对一个设计单元进行反复调试和仿真，但是仿真时的设置是不变的，这时如果使用 DO 文件，把仿真中使用到的命令都保存下来，就可以节省大量的人力。

ModelSim 的仿真步骤为建立库、影射库、编译源代码到库、启动仿真、运行仿真，依次调用的命令为 vlib、vmap、vcom/vlog、vsim、run。下面以一个 DO 文件的例子来说明。

```
#创建库 test_clib、test_vlib、 test_tlib,
vlib /work/ModelSim/test_clib
vlib /work/ModelSim/test_vlib
vlib /work/ModelSim/test_tlib
#映射逻辑库名到物理库
```

```
vmap test_clib /work/ModelSim/test_clib
vmap test_vlib /work/ModelSim/test_vlib
vmap test_tlib /work/ModelSim/test_tlib
#编译各个库的源文件到各个库
#test_vlib
vcom -work test_vlib d:/ModelSim/test_vlib/hdl/blk_dpram4.vhd
vcom -work test_vlib d:/ModelSim/test_vlib/hdl/lut_dpram.vhd
vcom -work test_vlib d:/ModelSim/test_vlib/hdl/lut_srl.vhd
# test_clib
vcom -work test_clib d:/ModelSim/test_clib/hdl/constant_pkg.vhd
vcom -work test_clib d:/ModelSim/test_clib/hdl/srl_struct.vhd
vcom -work test_clib d:/ModelSim/test_clib/hdl/pfcheck_rtl.vhd
vcom -work test_clib d:/ModelSim/test_clib/hdl/gen_out.vhd
vcom -work test_clib d:/ModelSim/test_clib/hdl/look_up.vhd
vcom -work test_clib d:/ModelSim/test_clib/hdl/gen_struct.vhd
vcom -work test_clib d:/ModelSim/test_clib/hdl/conf.vhd
vcom -work test_clib d:/ModelSim/test_clib/hdl/asyn_blk.vhd
vcom -work test_clib d:/ModelSim/test_clib/hdl/test_top.vhd
#test_tlib
vcom -work test_tlib d:/ModelSim/test_tlib/hdl/config_pkg.vhd
vcom -work test_tlib d:/ModelSim/test_tlib/hdl/basic_arith_pkg.vhd
vcom -work test_tlib d:/ModelSim/test_tlib/hdl/pic_pkg.vhd
vcom -work test_tlib d:/ModelSim/test_tlib/hdl/check_imag.vhd
vcom -work test_tlib d:/ModelSim/test_tlib/hdl/io_opra.vhd
vcom -work test_tlib d:/ModelSim/test_tlib/hdl/bus_opra.vhd
vcom -work test_tlib d:/ModelSim/test_tlib/hdl/packet_generator.vhd
vcom -work test_tlib d:/ModelSim/test_tlib/hdl/packet_check.vhd
vcom -work test_tlib d:/ModelSim/test_tlib/hdl/cpu.vhd
vcom -work test_tlib d:/ModelSim/test_tlib/hdl/alu.vhd
vcom -work test_tlib d:/ModelSim/test_tlib/hdl/alu1.vhd
vcom -work test_tlib d:/ModelSim/test_tlib/hdl/bbq_test.vhd
vcom -work test_tlib d:/ModelSim/test_tlib/hdl/interface_bus.vhd
vcom -work test_tlib d:/ModelSim/test_tlib/hdl/blk_ram1.vhd
vcom -work test_tlib d:/ModelSim/test_tlib/hdl/test_top.vhd
#用 vsim 启动仿真，仿真顶层为 test_top，仿真的构造体为 rtl。时间解析度为 1ps
vsim -t ps test_tlib.test_top(rtl)
#调用 wave.do 添加信号到波形
DO wave.do
#运行仿真 1ms
run 1 ms
```

一般因为添加波形的命令较多，也经常变化，所以一般将添加波形的命令写到一个专门的 DO 文件里面，如以上的 wave.do。可以在仿真的 DO 文件里面调用这个 wave.do 文件。wave.do 文件的内容如下。

```
#如果有错误，继续执行下一条命令，而不停下来
onerror {resume}
add wave -noupdate -format Logic d:/test_lib/DO_test/reset_n
add wave -noupdate -format Logic d:/test_lib/DO_test/traffic_clk125m
add wave -noupdate -divider {New Divider}
add wave -noupdate -format Literal -radix hexadecimal d:/test_lib/DO_
test/qos
add wave -noupdate -format Literal -radix hexadecimal d:/test_lib/DO_test/
txout_pkt_d
add wave -noupdate -format Logic d:/test_lib/DO_test/txout_pkt_dv
add wave -noupdate -format Literal -radix unsigned d:/test_lib/DO_test/
txout_pkt_queue
add wave -noupdate -format Literal d:/test_lib/DO_test/txout_pkt_type
add wave -noupdate -format Literal -radix hexadecimal d:/test_lib/DO_test/
```

```
txout_pkt_type_ext
add wave -noupdate -divider {New Divider}
add wave -noupdate -format Literal -radix hexadecimal d:/test_lib/DO_test/
intertnal_com_pkt_d
add wave -noupdate -format Logic d:/test_lib/DO_test/intertnal_com_pkt_dv
add wave -noupdate -format Literal -radix hexadecimal d:/test_lib/DO_test/
intertnal_com_queue
add wave -noupdate -format Literal d:/test_lib/DO_test/intertnal_com_type
add wave -noupdate -format Literal -radix hexadecimal d:/test_lib/DO_test/
intertnal_com_type_ext
add wave -noupdate -divider {New Divider}
add wave -noupdate -format Literal -radix hexadecimal d:/test_lib/DO_test/
txin_pkt_d
add wave -noupdate -format Logic d:/test_lib/DO_test/txin_pkt_dv
add wave -noupdate -divider {New Divider}
add wave -noupdate -format Literal -radix hexadecimal d:/test_lib/DO_test/
pkt_dly_d
add wave -noupdate -format Logic d:/test_lib/DO_test/pkt_dly_dv
add wave -noupdate -divider {New Divider}
add wave -noupdate -format Literal -radix hexadecimal d:/test_lib/DO_test/
vlan_lut
add wave -noupdate -format Logic d:/test_lib/DO_test/vlan_fqos
add wave -noupdate -format Logic d:/test_lib/DO_test/vlan_int
add wave -noupdate -format Literal -radix hexadecimal d:/test_lib/DO_test/
ethtyp_lut
add wave -noupdate -format Logic d:/test_lib/DO_test/ethtyp_fqos
add wave -noupdate -format Logic d:/test_lib/DO_test/ethtyp_int
add wave -noupdate -format Logic d:/test_lib/DO_test/u_cls_gen/no_ip
add wave -noupdate -format Logic d:/test_lib/DO_test/u_cls_gen/no_vlan
add wave -noupdate -format Logic d:/test_lib/DO_test/u_cls_cfg/default_fqos
add wave -noupdate -format Logic d:/test_lib/DO_test/u_cls_cfg/default_int
TreeUpdate [SetDefaultTree]
#添加光标 Cursor 1 在 1088000 ps 的位置
WaveRestoreCursors {{Cursor 1} {1088000 ps} 0}
#配置所有波形的属性
configure wave -namecolwidth 150
configure wave -valuecolwidth 40
configure wave -justifyvalue left
configure wave -signalnamewidth 0
configure wave -snapdistance 10
configure wave -datasetprefix 0
configure wave -rowmargin 4
configure wave -childrowmargin 2
configure wave -griDOffset 0
configure wave -gridperiod 1
configure wave -griddelta 40
configure wave -timeline 0
#更新配置
update
```

6.3 ModelSim 仿真工具安装与使用

ModelSim 仿真工具是 Model 公司开发的。它支持 Verilog、VHDL 及其混合仿真，它可以将整个程序分步执行，使设计者直接看到程序下一步要执行的语句，而且在程序执行的任何步骤任何时刻都可以查看任意变量的当前值，可以在【Dataflow】窗口查看某一单元或模块的输入输出的连续变化等，比 Quartus 自带的仿真器功能强大得多，是目前业界最通用的仿真器之一。

6.3.1　ModelSim 的安装

ModelSim 的最新版本可以从互联网上免费得到，需要购买的只是 License 文件。ModelSim 的下载地址为 http://www.model.com/。打开网站页面后可以单击 Download，用户填写完一张表格后可以有一个小时的下载时间。

如果需要使用 SE 版本的 ModelSim，可以通过在线申请 License 文件的方法来获得 License 文件，执行【开始】/【程序】/【ModelSim SE 5.8c】/【Submit License Request】命令，会打开一个网页，填写信息以后单击 Submit 就可以在线申请 License 了。获得 License 文件以后，执行【开始】/【程序】/【Modelsim SE 5.8c】/【License Wizard】命令，在弹出的对话框里面指定 License 文件即可。

Altera 为了用户方便，直接发布了 Altera 版的 ModelSim，在安装 Quartus II 时，直接勾选安装 Altera 版的 ModelSim，即可在完成 Quartus II 安装后，使用 Altera 版的 ModelSim，无需 License 文件。

6.3.2　在 Quartus II 中直接调用 ModelSim 软件进行时序仿真

Quartus 软件支持直接调用 ModelSim 进行用户仿真，方便用户使用。用户不必再手动建立库、编译库、运行仿真，FPGA 开发工具可以根据用户的设计，自动生成脚本文件并调用 ModelSim 执行，这样就实现了对用户设计直接调用 ModelSim 直接仿真。

【例 6-1】　在 Quartus II 中直接调用 ModelSim 软件对隔离器进行仿真

下面是一个隔离器的设计，程序如下。

```
module atob (a,b);
input a ;
wire a ;
output b ;
wire b ;
assign  b = a;
endmodule
```

（1）双击桌面上 Quartus II 图标或者从开始菜单打开 Quartus II，检查 Quartus II 的 EDA 工具设置。单击 Quartus II 菜单【Tools】/【Options】命令，弹出如图 6-29 所示的【Options】窗口。选择【General】选项下的【EDA Tool Options】进行设置。如果安装的 ModelSim 针对 Altera 的版本，就在 "ModelSim-Altera" 后指定 ModelSim 可执行文件的位置，否则就在 "ModelSim" 后指定可执行文件的位置。在【ModelSim-Altera】栏添加运行路径："D:\altera\13.0sp1\modelsim_ase\win32aloem"。

（2）建立工程并添加设计代码。添加 Verilog HDL 文件 atob.v 文件。

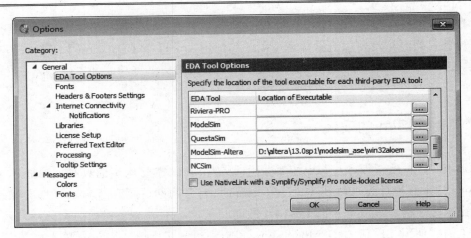

图 6-29　Quartus Options 设置窗口

（3）创建 Testbench 代码，Quartus 软件可以为用户的设计顶层自动生成一个 Testbench 的模板。用户只要对这个模板稍加改动就完成了 Testbench 的编写。执行【Processing】/【Start】/【Start Testbench Template Writer】命令即可生成 Testbench，如图 6-30 所示，其文件后缀名为"XXX.vt"，完成后会提示成功生成 Testbench，其文件存放在"工程文件夹/simulation/modelsim/atob.vt"中。

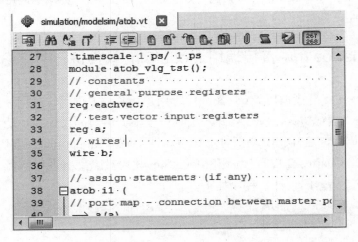

图 6-30　自动生成 Testbench 模板

（4）执行【Assignments】/【Settings】命令，弹出工程设置窗口。在【EDA Tool Settings】中选择【Simulation】项，即可进行工程仿真设置，界面如图 6-31 所示。在【Tool name】栏下拉菜单选择仿真工具，这里选择"ModelSim-Altera"。【EDA Netlist Writer settings】栏可以指定仿真的网表文件，可以指定输出网表的格式为 VHDL 或 Verilog HDL，还可以指定输出文件的路径。在【NativeLink settings】栏可以进行如下设置："None"，在启动 Quartus EDA 仿真后直接调出 ModelSim，不作任何操作；"Compile test bench"，在启动 Quartus EDA 仿真后编译 Testbench 及设计代码，并启动仿真。这个选项需要设置 Testbench 顶层源文件；"Script to compile test bench"，在启动 Quartus EDA 仿真后调出 ModelSim，执行仿真脚本，此设置需要指定仿真脚本。

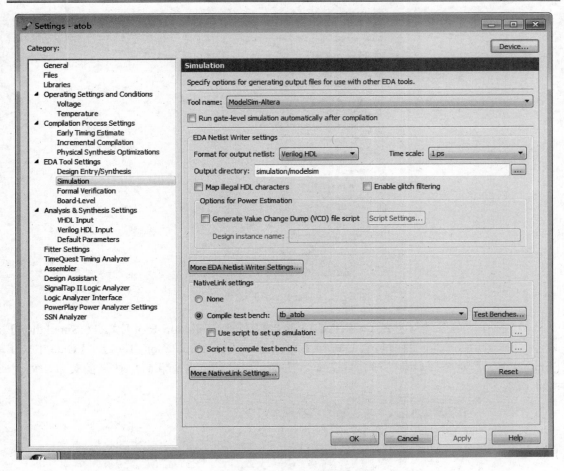

图 6-31　Quartus 工程设置窗口

（5）在【NativeLink settings】栏中选择【Compile test bench】选项，然后单击 `Test Benches...` 按钮，弹出如图 6-32 所示窗口。

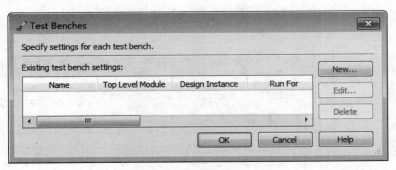

图 6-32　【Test Bench】窗口

（6）单击 `New...` 按钮，弹出【Test Bench】设置窗口，如图 6-33 所示。设置测试平台的名称，如 tb_atob；设置测试平台中顶层模块的名称，如 atob_vlg_tst；设置仿真结束时间，如 1000ns；设置添加测试文件，如 tb_atob.v。设置完毕后，单击 `OK` 按钮即完成了对设计仿真的设置。

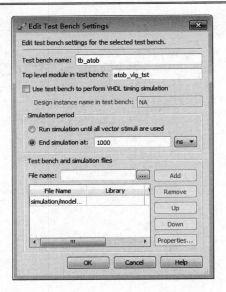

图 6-33 【Test Bench】设置窗口

（7）现在就可以进行仿真了，执行【Tools】/【RUN Simulation Tool】/【RTL Simulation】命令，启动功能仿真，即前仿真。执行【Tools】/【Run Simulation Tool】/【Gate Level Simulation…】命令，启动时序仿真，即后仿真。启动功能仿真和时序仿真的菜单，如图6-34 所示。

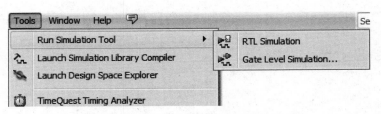

图 6-34 启动功能仿真和时序仿真的菜单

（8）在 ModelSim 工具中查看仿真结果。当仿真完成后，可以通过波形窗口查看仿真结果，如图 6-35 所示。

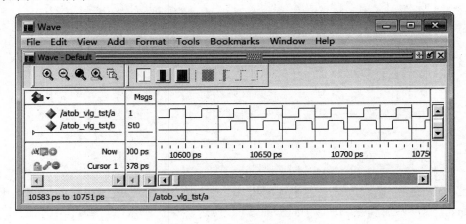

图 6-35 仿真波形窗口

6.3.3　使用 ModelSim 软件直接进行功能仿真

ModelSim 也可以不使用其他软件，直接对 HDL 程序进行仿真。使用 ModelSim 对设计的 HDL 程序进行仿真分为功能仿真和时序仿真两种。本节通过一个具体的实例讲解如何使用 ModelSim 对 HDL 工程进行功能仿真。

【例 6-2】　使用 ModelSim 软件对反相器直接进行功能仿真

这里使用的例子是一个反相器的设计，程序如下。

```
module anotb (a,b);
input a ;
wire a ;
output b ;
wire b ;
assign  b = ~a;
endmodule
```

（1）双击桌面 ModelSim-Altera 10.1d（Quartus II 13.0sp1）图标，启动 ModelSim 软件。

（2）新建工程。在 ModelSim 软件中，执行【File】/【New】/【Project】命令，打开如图 6-36 所示的新建工程对话框，在该对话框中填写工程名称，路径和库。

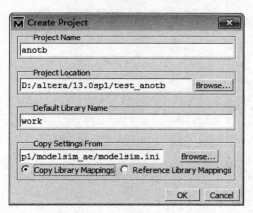

图 6-36　新建工程对话框

（3）单击 OK 按钮，弹出如图 6-37 所示的创建工程目录对话框。

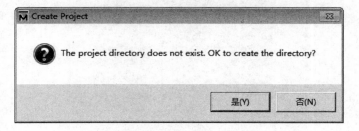

图 6-37　创建工程目录对话框

（4）然后单击 是(Y) 按钮，弹出如图 6-38 所示的添加工程项目对话框。

（5）在添加工程项目对话框中，选择【Create New File】项目，弹出如图6-39所示的添加新文件对话框，在【File Name】标签下的文本框中填入"anotb"，在【Add file as type】标签下选择"Verilog"，单击 OK 按钮，再单击 Close 按钮完成工程的建立。

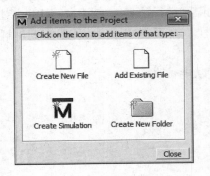

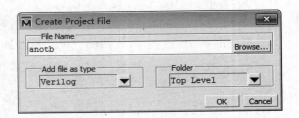

图 6-38　添加工程项目对话框　　　　　图 6-39　添加新文件对话框

（6）编辑文件。双击 anotb.v 文件，对 anotb.v 文件进行编辑，如图6-40所示，填写代码，单击 按钮完成文件内容添加。

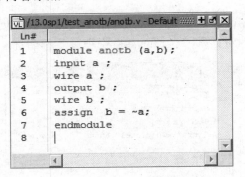

图 6-40　对 anotb.v 文件进行编辑

（7）编译文件。在文件上面单击右键，选择"Compile"选项下的"Compile All"，如图 6-41 所示。

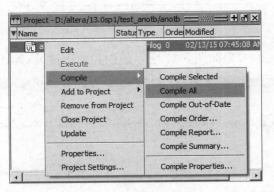

图 6-41　编译文件

📖　当文件窗口中的"Status"栏的问号图标变成一个勾的图标时，说明编译成功。

（8）仿真文件，在【Library】选项卡的 work 子目录里面选择 anotb，如图 6-42 所示。双击 anotb 文件图标，或者右键单击 anotb，选择【Simulate】项，就会自动完成仿真。

（9）查看波形。编译成功以后，在工作区的【sim】选项卡中，右键单击 anotb，选择【Add Wave】选项，为波形窗口添加信号，如图 6-43 所示。

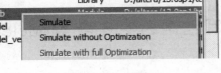

图 6-42 选择需要仿真的文件

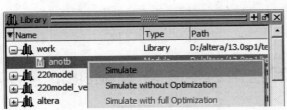

图 6-43 为波形窗口添加信号

（10）可在新弹出的波形窗口中看到已添加的信号，如图 6-44 所示。

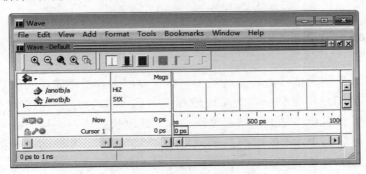

图 6-44 波形窗口

（11）在波形窗口，右键单击/anotb/a 变量，选择【Clock…】项，如图 6-45 所示，弹出如图 6-46 所示的【Define Clock】对话框，单击 OK 按钮。

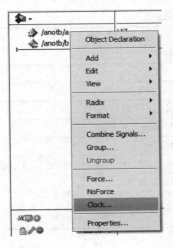

图 6-45 选择【Clock…】项

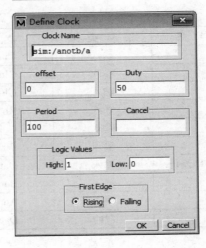

图 6-46 【Define Clock】对话框

（12）在 ModelSim 主界面，单击工具栏中的 图标就能看见仿真结果了，如图 6-47 所示。

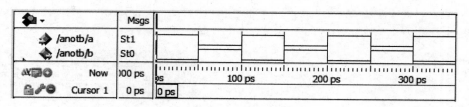

图 6-47　仿真结果

6.4　典型实例：SDRAM 读写控制的实现与 ModelSim 仿真

本节旨在通过分析 SDRAM 控制器，介绍了 SDRAM 的基本工作模式。最后使用 ModelSim 对读写控制器进行仿真，帮助读者进一步了解一个真实的器件模块是如何进行 ModelSim 仿真的。

6.4.1　SDRAM 简介

在高速实时或非实时信号处理系统当中，常常使用大容量存储器实现数据缓存。而大容量存储器的控制与使用是整个系统实现过程中的重点和难点之一。SDRAM（同步动态随即访问存储器）具有价格低廉、精密度高、读写速度快等优点，从而成为数据缓存器的首选存储介质。但是 SDRAM 的结构与 SRAM 有很大的差异，其控制时序和机制也比较复杂，这就限制了 SDRAM 的使用范围。下面首先对 SDRAM 进行简单介绍。

1. SDRAM信号

SDRAM 器件的信号可以分为控制、地址和数据信号 3 类，具体定义如表 6-1 所示。

表 6-1　SDRAM信号描述

信 号 名	信 号 类 型	信 号 描 述
CS	输入	Chip Enable，使能
CLK	输入	Clock，时钟
CKE	输入	Clock Enable，时钟使能
RAS	输入	Row Address Strobe，行地址选通
CAS	输入	Column Address Strobe，列地址选通
WE	输入	Write Enable，写使能
DQML、DQMH	输入	Data Mask for Lower，Upper Bytes，高低字节屏蔽
BA	输入	Bank Address，Bank 地址
A[0:10]	输入	Address，地址
DQ[0:15]	双向	Data，数据

2．SDRAM工作特性

通常一个 SDRAM 中包含几个 Bank，每个 Bank 的存储单元是按行和列寻址的。由于这种特殊的存储结构，SDRAM 有以下几个工作特性。

（1）SDRAM 的初始化。

SDRAM 在上电 100～200us 后，必须由一个初始化进程来配置 SDRAM 的模式寄存器，模式寄存器的值决定 SDRAM 的工作模式。

（2）访问存储单元。

为减少 I/O 引脚数量，SDRAM 复用了地址线。所以在读写 SDRAM 时，先由 ACTIVE 命令激活要读写的 Bank，并锁存行地址，然后在读写指令有效时锁存列地址。一旦 Bank 被激活后只有执行一次预充命令后才能再次激活同一 Bank。

（3）刷新和预充。

为了提高存储密度，SDRAM 采用硅片电容存储数据，电容总是倾向于放电，因此必须有定时的刷新周期以避免数据丢失。刷新周期可由（最小刷新周期÷时钟周期）计算获得。对 Bank 预充电或关闭已激活的 Bank，可预充特定 Bank 也可同时作用于所有 Bank，A10、BA0 和 BA1 用于选择 Bank。

（4）操作控制。

SDRAM 的具体控制命令由一些专用控制引脚和地址线辅助完成。CS、RAS、CAS 和 WR 在时钟上升沿的状态决定具体操作动作，地址线和 Bank 选择控制线在部分操作动作中作为辅助参数输入。

由于特殊的存储结构，SDRAM 操作指令比较多，不像 SRAM 一样只有简单的读写，具体操作指令如表 6-2 所示。

表 6-2　SDRAM命令真值表

功　能	命 令 字	CS	RAS	CAS	WE	BA	A10	A[0..9]
取消器件选择	DSEL	H	X	X	X	X	X	X
无操作	NOP	L	H	H	H	X	X	X
读操作	READ	L	H	L	H	V	L	V
读等待/自动预充电	READAP	L	H	L	H	V	H	V
写操作	WRITE	L	H	L	L	V	L	V
写等待/自动预充电	WRITEAP	L	H	L	L	V	H	V
Bank 激活	ACT	L	L	H	H	V	V	V
对指定 Bank 预充电	PRE	L	L	H	L	V	L	X
对所有 Bank 预充电	PALL	L	L	H	L	X	H	X
自动刷新	CBR	L	L	L	H	X	X	X
加载模式寄存器	MRS	L	L	L	L	V	V	V

由表 6-2 可以看到，虽然 SDRAM 的容量大、速度快，但是存在存储操作困难的问题。一般的解决方案有两种：一是直接控制 SDRAM 的读写时序实现数据的存储和读取；二是编写一个 SDRAM 的读写控制器，将 SDRAM 的读写简化成 SRAM 形式，通过几个命令完成 SDRAM 的读写。

3. SDRAM读写控制器

Altera、Xilinx、Lattice 等较大的 FPGA 制造厂商都编写了自己的 SDRAM 接口控制器。读者可以到官方网站去申请相关的控制器源代码。下面简单介绍其中一种,如图 6-48 所示是该 SDRAM 控制器总体设计框图和外部接口信号。在图 6-48 中,控制器右端接口信号均为直接与 SDRAM 对应管脚相连的信号,在表 6-1 中已做介绍,不再重复。控制器左端的接口信号为与 FPGA 相连的系统控制接口信号,定义如下。

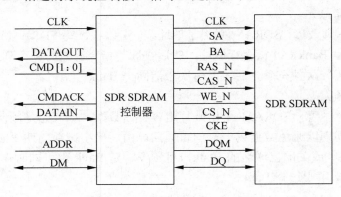

图 6-48　SDRAM 控制器框图

- ❏ CLK:系统时钟信号。
- ❏ ADDR:系统给出的 SDRAM 地址信号。
- ❏ DATAIN:系统用于写入 SDRAM 的数据信号。
- ❏ DATAOUT:系统用于从 SDRAM 读出的数据信号。
- ❏ CMD[1:0]、CMDACK:系统和控制器的命令交互信号,如表 6-2 所示。
- ❏ DM:数据 Mask 信号。

一般来说,SDRAM 的读写控制时序可以分为初始化、写寄存器、自动刷新、突发模式读、突发模式写、整页读及整页写等主要操作。具体的时序图可以查阅相关的器件数据手册,这里不再列出。SDRAM 的读写控制也可以由如图 6-48 所示的读写状态机表示。

在 FPGA 中,实现如图 6-49 所示的状态机,再利用已有的 SDR SDRAM 控制器即可实现对 SDRAM 器件的控制。

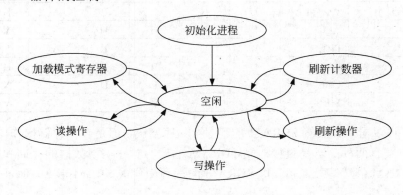

图 6-49　SDRAM 读写状态机

6.4.2　SDRAM 控制器的 ModelSim 仿真

实例就是通过利用已有的 SDRAM 控制器及 SDRAM 器件模型,由用户编写对 SDRAM 控制器的状态机控制后得到的仿真结果。

(1)双击桌面 ModelSim-Altera 10.1d 图标,启动 ModelSim 软件。

(2)创建工程。执行【File】/【New】/【Project】命令,在 ModelSim 中创建新工程,并设置工程的相关属性,如图 6-50 所示。

(3)添加设计输入。若要创建新的文件就选择【Create New File】图标,若要添加已经存在的文件就选择【Add Existing File】图标,本实例中使用已经存在的 SDRAM 控制器源文件作为设计输入,添加后,在 Workspace 浏览器中可以看到如图 6-51 的设计输入列表。

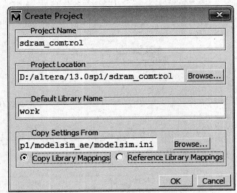

图 6-50　创建工程

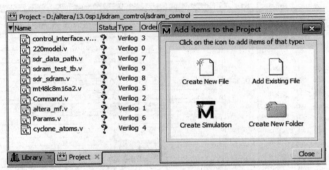

图 6-51　SDRAM 设计输入列表

(4)编译设计输入。在任意一个源文件上单击右键,选择【Compile】/【Compile All】项,或单击 ▦ 按钮,对所有的源文件进行编译。编译后,若有错误,ModelSim 会在信息栏中显示出来。这时只要双击该错误,ModelSim 就会自动打开该错误所在的文件,并定位到出现错误所在的位置附近。若编译正确通过,源文件后面的蓝色问号就替换成为绿色的对号,如图 6-52 所示。

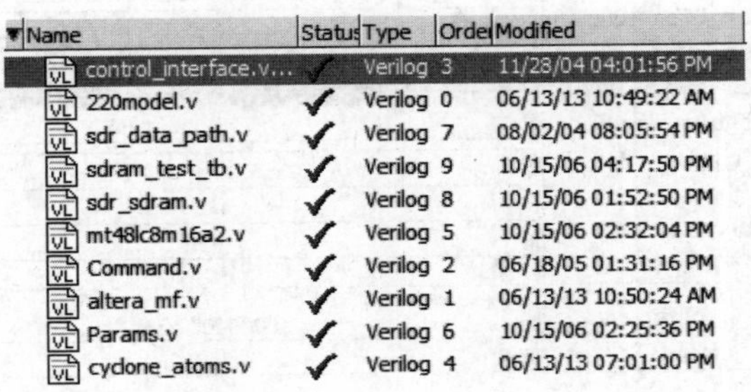

Name	Status	Type	Order	Modified
control_interface.v...	✓	Verilog	3	11/28/04 04:01:56 PM
220model.v	✓	Verilog	0	06/13/13 10:49:22 AM
sdr_data_path.v	✓	Verilog	7	08/02/04 08:05:54 PM
sdram_test_tb.v	✓	Verilog	9	10/15/06 04:17:50 PM
sdr_sdram.v	✓	Verilog	8	10/15/06 01:52:50 PM
mt48lc8m16a2.v	✓	Verilog	5	10/15/06 02:32:04 PM
Command.v	✓	Verilog	2	06/18/05 01:31:16 PM
altera_mf.v	✓	Verilog	1	06/13/13 10:50:24 AM
Params.v	✓	Verilog	6	10/15/06 02:25:36 PM
cyclone_atoms.v	✓	Verilog	4	06/13/13 07:01:00 PM

图 6-52　编译正确

（5）开始仿真。在工作区中选择"Library"标签页，单击 Work 左边的小加号。在弹出的子菜单里面找到仿真模块"sdram_test_tb"。双击或单击右键选择【Simulate】选项，ModelSim 就会自动运行仿真。右键单击顶层测试模块，选择【Add Wave】选项，将该仿真模块的所有实例添加至波形观察器中。添加后，ModelSim 将会自动打开一个波形观察器，并将顶层测试模块的所有寄存器和接口添加进去。回到 ModelSim 的界面，在命令输入窗口中输入"run 20us"，如图 6-53 所示，开始执行仿真。

图 6-53　执行仿真操作

（6）执行仿真后，经过相应的仿真时间，就可以在波形观察器中看见如图 6-54 所示的仿真结果。

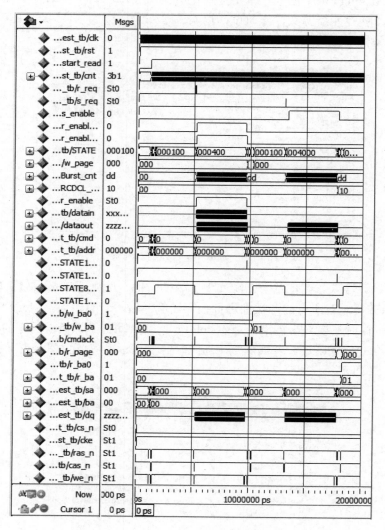

图 6-54　SDRAM 控制器仿真结果

6.5　思考与练习

1. 概念题

（1）简述 ModelSim 的优点。

（2）ModelSim 的主要命令有哪些？

（3）什么是 DO 文件，它在 ModelSim 软件中起到什么作用？

（4）如何在 Quartus II 中直接调用 ModelSim 软件进行仿真？

2. 操作题

（1）利用 ModelSim 软件对二端与门进行功能仿真。

（2）利用 ModelSim 软件对二端或门进行功能仿真。

第 7 章 面向验证和仿真的行为描述语句

随着设计规模的不断增大，验证任务在设计中所占的比例越来越大，已成为 Verilog HDL 设计流程中非常关键的一个环节，传统的验证手段已无法满足需求。事实上，Verilog HDL 语言有着非常强的行为建模能力，可以方便地写出高效、简洁的测试代码。验证包含了功能验证、时序验证及形式验证等诸多内容，其中，对于大多数急于可编程逻辑器件的应用来讲，不存在后端处理，因此功能验证占据了验证的绝大部分工作。本章首先介绍关于验证的一些基本概念，然后重点说明 Verilog HDL 仿真语句的使用方法。通过本章的学习，读者可以快速掌握 Verilog HDL 测试代码编写与使用。

7.1 验证与仿真概述

在 Verilog HDL 语言设计中，整个流程的各个环节都离不开验证，一般分为四个阶段：功能验证、综合后验证、时序验证和板级验证。其中前三个阶段只能在 PC 上借助 FPGA 工具软件，通过仿真手段完成；第四个步骤则将设计真正地运行在硬件平台（FPGA、ASIC 等）上，即可借助传统的调试工具（示波器、逻辑分析仪等）来验证系统功能，也可以通过灵活、先进的软件调试工具来直接调试硬件。

仿真是对所设计电路或系统输入测试信号，然后根据其输出信号和期望值是否一致，得到设计正确与否的结论。由于综合后验证主要通过察看 RTL 结构来检查设计，因此，常用的仿真包括功能仿真和时序仿真。Verilog HDL 语言不仅可以描述设计，还能提供对激励、控制、存储响应和设计验证的建模能力。Verilog HDL 测试代码主要用于产生测试激励波形及输出响应数据的收集。

要对设计进行仿真验证，必须有仿真软件的支持。按照对设计代码的处理方式，可将仿真工具分为编译型仿真软件和解释型仿真软件两大类。编译型仿真软件的速度相对较快，但需要预处理，因此不能即时修改；解释型仿真器的速度较慢，但可以随时修改仿真环境和条件。按照 HDL 语言类型，可将仿真软件分为 Verilog HDL 仿真器、VHDL 仿真器和混合仿真器三大类。

常用的仿真工具有 Mentor Graphic 公司的 ModelSim、Cadence 公司的 NC-Verilog 和 Verilog-XL 及 Xilinx 公司的 ISE-Simulator 等，都能提供 Verilog HDL 和 VHDL 的混合仿真。其中，ModelSim 属于基于编译的仿真软件，能快速完成功能和时序仿真。

验证与仿真是否准确与完备，在一定程度上决定了所设计系统的命运，可以说无缺陷的系统不是设计出来的，而是验证出来的。因此在大型系统设计中，验证和仿真所占用的时间往往是设计阶段所有时间的数倍。

7.1.1　收敛模型

收敛模型是验证过程的抽象描述，主要包括两方面内容：首先给出验证任务的说明；其次通过检查任务验证和转换是否收敛于共同的起点来证明转换的正确性。这里的转换是一个广义的概念，对于整个设计而言，是指从设计需求说明到最终硬件系统的转换，对于功能验证而言是指从需求说明到可综合的 Verilog HDL 代码的转换。对一个转换的验证只能通过同一个起点的另外一条收敛路径去完成对一个转换的验证，如图 7-1 所示。

图 7-1　转换和验证原理

因此，对于功能验证来讲，通过验证要保证可综合代码正确实现了设计需求。这就意味着验证和设计需要有共同的起点（这个起点就是设计需求说明书），否则，验证和设计也就没有共同的收敛点，实际上相当于没有做验证。

此外，在实际设计操作中，大多数读者处于收敛模型中的一个误区：代码设计者自己验证自己的设计。如果设计者集设计和验证任务于一身，其验证的起点是设计者自己对需求说明书的理解，而不是需求说明书本身，如图 7-2 所示，这就使得设计者只能验证自己是否正确地将对说明书的理解转换成了 Verilog HDL 代码，而不能验证自己是否正确理解了需求说明书。一旦出现理解错误，将不能被检查出来。

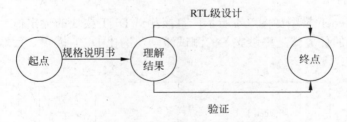

图 7-2　设计和验证合并的收敛模型

为了避免上述误区，实际中要求设计和验证相互独立，分别由不同的团队完成。设计者完成代码设计及模块级的验证，验证人员完成系统级的测试。这样，设计和验证的起点都是设计需求说明书。这样减少甚至消除由于主观理解不正确而引起的设计错误。

7.1.2　测试平台说明

完成所需硬件模块的 Verilog HDL 语言程序后，此时需要使用测试平台，来验证其实现的功能和性能与设计规范是否相吻合，这是设计人员的首要任务。

1．测试平台综述

一般来讲，完成设计的硬件都有一个顶层模块，该模块定义了系统中所有的外部接口，调用各底层模块并完成正确的连接，以实现层次化开发。要对所设计的硬件进行功能验证，就要对顶层模块的各个对外接口提供符合设计规范要求的测试输入，然后观察其输出和中间结构是否满足要求。在实践中，往往通过测试平台（Testbench）来为顶层模块输入激励，并例化 DUT（Device Under Test，被测试设计），且监视 DUT 的输出，如图 7-3 所示。

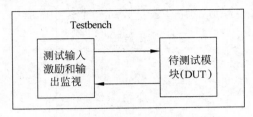

图 7-3　Testbench 示意图

对于简单的设计，直接利用仿真工具内嵌的波形编辑工具绘制激励，然后进行仿真验证；对于一般设计而言，特别是大型设计，则适合通过 Verilog HDL 语言编写 Testbench，通过软件工具比较结果，分析设计的正确性及 Testbench 自身的覆盖率，发现问题及时修改。

2．Testbench模型

Testbench 的概念为设计人员提出了一个高效、灵活的设计验证平台，其主要思想就是在不需要硬件外设的前提下，采用模块化的方法完成代码验证。Verilog HDL 还可以用来描述变化的测试信号，它可以对任何一个 DUT 模块进行动态的全面测试。此外，Testbench 设计好以后，可应用于各类验证，例如，功能验证和时序验证就采用同一个 Testbench。因此，如何高效、规范、完备地编写测试代码是本章的重点。

（1）传统模型

传统的 Testbench 模型如图 7-4 所示，直接测试 DUT 模块的输出值。从中可以看出，Testbench 最主要的任务就是提供完备的测试激励及例化 DUT 模块。后端的比较、检查任务则依赖 FPGA 工具。

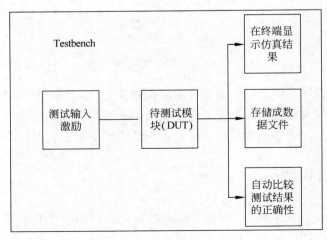

图 7-4　Testbench 的传统模型示意图

传统模型的优点是直观准确，能有效覆盖设计的全部功能。其缺点有两点：首先，需要事先计算期望输出，当数据通道比较复杂时，需要消耗很多时间去计算输出，从而难以使用随机测试信号，存在验证漏洞；其次，验证代码的可重用性很差。

（2）参考模型。

参考模型如图 7-5 所示，不仅要例化 DUT 模块，还要实现一个参考模块，然后为二者提供同样的输入，直接比较输出结果是否一致，得到验证结论。

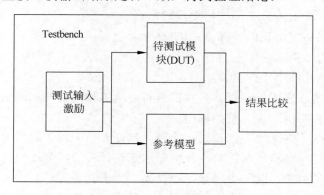

图 7-5　Testbench 参考模型示意图

参考模型的优点是具备良好的可重性，并且可以方便地使用随机测试向量。其缺点是需要对被测对象建立参考模型，从而使得前期的工作量非常大。因此，对于小型设计，效率反而不高，但适合于大型或复杂设计，特别是与数字信号处理有关的设计。

Verilog HDL 语言中所有语句和关键字操作，包括面向综合、面向仿真及系统级任务都可用于 Testbench 的书写，产生测试激励。

7.1.3　验证测试方法论

了解了如何利用 Testbench 来进行验证后，接着介绍基本的验证测试方法，只有这样才能在最短的时间内发现尽可能多的错误，并少走弯路，提高测试效率。当一个大规模的系统设计完成后，将不可避免地出现各种各样的错误，并且随着硬件复杂度的级数级增加，验证已成为硬件设计的瓶颈。高效、完备的测试成为必需要求。

其中，高效是指尽快发现错误，这是由越来越短的上市时间决定的，需要设计人员利用多种 FPGA 工具生成各类测试向量，以在尽可能短的时间内完成验证。完备则指发现全部错误，要求硬件测试要达到一定的覆盖率，包括代码的覆盖率和功能的覆盖率。

1．功能验证方法

目前的功能验证方法有很多种，下面主要介绍黑盒测试法、白盒测试法及灰盒测试法这三类主要验证方法。

（1）黑盒测试法。

对于 Verilog HDL 设计而言，从代码角度来看，可以把一个设计模块看作是一个构件；从硬件的角度来看，可以把一个设计模块看作一个集成块。但不论怎样，都可以把它看作一个黑盒，从而可以运用黑盒测试的有关理论和方法对它进行测试验证。

黑盒测试是把 Verilog HDL 设计看作一个"黑盒子",不考虑程序内部结构和特性,在程序接口进行测试。测试人员完全不考虑程序内部的逻辑结构和内部特性,只依据程序的需求规格说明书,检查程序的功能是否符合其功能说明。黑盒测试方法主要有等价类划分、边值分析、因果图、错误推测等,主要用于功能测试。黑盒测试方法在代码接口上进行测试,目的是发现以下几类错误。

- ❑ 是否有不正确或遗漏了的功能。
- ❑ 在接口上,输入能否正确地接受且输出正确的结果。
- ❑ 是否有数据格式错误或外部信息访问错误。
- ❑ 性能上是否能够满足要求。
- ❑ 是否有初始化或终止性错误。

用黑盒测试发现程序中的错误,必须在所有可能的输入条件和输出条件中确定测试数据,来检查程序是否都能产生正确的输出。

黑盒测试法的优点在于两点:首先,简单,验证人员无须了解程序的细节,只需要根据设计需求说明书搭建测试代码;其次,便于达到设计和验证分离的目的,保证测试人员不会受到设计代码的影响。其缺点则是可观性差,由于验证人员对内部的实现细节不太了解,无法对错误进行快速定位,在大规模设计中很难跟踪错误的来源。所以,黑盒测试法一般用于中、小规模设计。

(2)白盒测试法。

和黑盒测试相反,白盒测试要求验证人员对 Verilog HDL 设计内部的细节完成细致性检查,这种方法首先要求验证人员对设计熟悉,从而将测试对象看成一个打开的盒子,利用程序内部的逻辑结构及有关信息、设计或选择测试用例,对程序所有逻辑路径进行测试。通过在不同点检查程序状态,确定实际状态是否与预期的状态一致。因此,白盒测试又称为结构测试或逻辑驱动测试。白盒测试主要是想对程序模块进行如下检查。

- ❑ 对程序模块的所有独立的执行路径至少测试一遍。
- ❑ 对所有的逻辑判定,取"真"与取"假"的两种情况都能至少测一遍。

白盒测试法的优点在于容易观察和控制验证的进展情况,可以通过事先设置的观测点,在错误出现后很快定位问题的根源。其缺点则是需要耗费很长的时间去了解设计代码,且很难做到设计和验证分离,从而使得验证人员深受设计影响,从而无法全面验证设计功能的正确性。

(3)灰盒测试法。

灰盒测试是介于白盒测试与黑盒测试之间的一种测试方法。可以这样理解,灰盒测试关注输出对于输入的正确性,同时也关注内部表现,但这种关注不像白盒那样详细、完整,只是通过一些表征性的现象、事件和标志来判断内部的运行状态。在很多测试中,经常会出现输出正确、内部错误的情况,如果每次都通过白盒测试来操作,效率会很低,因此需要采取灰盒测试法。灰盒测试法的优缺点介于黑盒和白盒之间。

在实际应用中,验证人员经常在 Verilog HDL 代码之间插入测试点,以快速定位问题。下面通过一个流程分为 5 步的设计进行各类测试方法的分析。

① 黑盒测试法的方法只送进不同组合的最原始端输入,然后直接在 5 步流程的后的输出端收集数据,判断其是否正确,其特点是从宏观整体入手,不进入被测试模块。

② 白盒测试法,则采用分布式的方法,首先理解全部代码,然后测试 5 步流程中的

每一个细节，依次向上，完成每步流程的单独测试，最后从第一个流程开始，依次级联下一步流程，完成测试。其特点是容易观察并控制验证，但需要耗费大量的时间去理解程序。

③ 灰盒测试法，则在整体设计的关键处插入观测点，以每步流程为起点，单独测试；成功后再完成整体测试。这样，不仅可以快速定位错误，也减少了测试的工作量。

目前，大部分测试都基于灰盒测试。如果设计复杂，则加入关键信号的波形分析；否则，直接观测设计的最终输出。

2．时序验证方法

（1）时序验证说明。

在以往的小规模设计中，验证环节通常只需要做动态的门级时序仿真，就可同时完成对 DUT 的逻辑功能验证和时序验证。随着设计规模和速度的不断提高，要得到较高的测试覆盖率，就必须编写大量的测试向量，这使得完成一次门级时序仿真的时间越来越长。为了提高验证效率，有必要将 DUT 的逻辑功能验证和时序验证分开，分别采用不同的验证手段加以验证。

首先，电路逻辑功能的正确性，可以由 RTL 级的功能仿真来保证；其次，电路时序是否满足，则通过 STA（Static Timing Analysis，静态时序分析）得到。两种验证手段相辅相成，确保验证工作高效可靠地完成。时序分析的主要作用就是察看 FPGA 内部逻辑和布线的延时，验证其是否满足设计者的约束。在工程实践中，主要体现在以下几点。

❑ 确定芯片最高工作频率。

更高的工作频率意味着更强的处理能力，通过时序分析可以控制工程的综合、映射、布局布线等关键环节，减少逻辑和布线延迟，从而尽可能提高工作频率。一般情况下，当处理时钟高于 100MHz 时，必须添加合理的时序约束文件以通过相应的时序分析。

❑ 检查时序约束是否满足。

可以通过时序分析来察看目标模块是否满足约束，如果不能满足，可以通过时序分析器来定位程序中不满足约束的部分，并给出具体原因。然后，设计人员依此修改程序，直到满足时序约束为止。

❑ 分析时钟质量。

时钟是数字系统的动力系统，但存在抖动、偏移和占空比失真等三大类不可避免的缺陷。要验证其对目标模块的影响有多大，必须通过时序分析。当采用了全局时钟等优质资源后，如果仍然是时钟造成目标模块不满足约束，则需要降低所约束的时钟频率。

❑ 确定分配管脚特性。

FPGA 的可编程特性使电路板设计加工和 FPGA 设计可以同时进行，而不必等 FPGA 引脚位置完全确定后再进行，从而节省了系统开发时间。通过时序分析可以指定 I/O 引脚所支持的接口标准、接口速率和其他电气特性。

（2）静态时序分析说明。

早期的电路设计通常采用动态时序验证的方法来测试设计的正确性。但是随着 FPGA 工艺向着深亚微米技术的发展，动态时序验证所需要的输入向量将随着规模增大以指数增长，导致验证时间占据整个芯片开发周期的很大比重。此外，动态验证还会忽略测试向量没有覆盖的逻辑电路。因此 STA 应运而生，它不需要测试向量，即使没有仿真条件也能快速地分析电路中的所有时序路径是否满足约束要求。STA 的目的就是要保证 DUT 中所有路径满足内部时序单元对建立时间和保持时间的要求。信号可以及时地从任一时序路径的起点传递到终点，同时要求在电路正常工作所需的时间内保持恒定。整体上讲，静态时序分析具有不需要外部测试激励、效率高和全覆盖的优点，但其精确度不高。

STA 是通过穷举法抽取整个设计电路的所有时序路径，按照约束条件分析电路中是否有违反设计规则的问题，并计算出设计的最高频率。和动态时序分析不同，STA 仅着重于时序性能的分析，并不涉及逻辑功能。STA 是基于时序路径的，它将 DUT 分解为 4 种主要的时序路径。每条路径包含一个起点和一个终点，时序路径的起点只能是设计的基本输入端口或内部寄存器的时钟输入端，终点则只能是内部寄存器的数据输入端或设计的基本输出端口。

STA 的四类基本时序电路如下。

- 从输入端口到触发器的数据 D 端；
- 从触发器的时钟 CLK 端到触发器的数据 D 端；
- 从触发器的时钟 CLK 端到输出端口；
- 从输入端口到输出端口。

静态时序分析在分析过程中计算时序路径上数据信号的到达时间和要求时间的差值，以判断是否存在违反设计规则的错误。数据的到达时间指的是数据沿路从起点到终点经过的所有器件和连线延迟时间之和。要求时间是根据约束条件（包括工艺库和 STA 过程中设置的设计约束）计算出的从起点到达终点的理论时间，默认的参考值是一个时钟周期。如果数据能够在要求时间内到达终点，那么可以说这条路径是符合设计规则的。其计算公式如下。

$$Slack = Trequired\_time - Tarrival\_time$$

其中，Trequired_time 为约束时长，Tarrival_time 为实际时延，Slack 为时序裕量标志，正值表示满足时序，负值表示不满足时序。如果得到的 STA 报告中 Slack 为负值，此时序路径存在时序问题，是一条影响整个设计电路工作性能的关键路径。在逻辑综合、整体规划、时钟树插入、布局布线等阶段进行静态时序分析，就能及时发现并修改关键路径上存在的时序问题，达到修正错误、优化设计的目的。

3．覆盖率检查

覆盖率表征一个设计的验证所进行的程度，主要根据仿真时统计代码的执行情况，可以按陈述句、信号拴、状态机、可达状态、可触态、条件分支、通路和信号等进行统计分析，以提高设计可信度。覆盖率一般表示一个设计的验证进行到什么程度，也是一个决定功能验证是否完成的重要量化标准之一。覆盖主要指的是代码覆盖和功能覆盖。

（1）代码覆盖。

代码覆盖可以在仿真时由仿真器直接给出，主要用来检查 RTL 代码哪些没有被执行。使用代码覆盖可以有效地找出冗余代码，但是并不能很方便地找出功能上的缺陷。

（2）功能覆盖。

使用功能覆盖可以帮助设计人员找出功能上的缺陷。一般说来，对一个设计覆盖点的定义和条件约束是在验证计划中提前定义好的，然后在验证环境中具体编程实现，把功能验证应用在约束随机环境中可以有效检查是否所有需要出现的情况都已经遍历。功能验证与面向对象编程技术结合可以在验证过程中有效地增减覆盖点。这些覆盖点既可以是接口上的信号，也可以是模块内部的信号，因此既可以用在黑盒验证也可以用在白盒验证中。通过在验证程序中定义错误状态可以很方便地找出功能上的缺陷。下面通过实例说明代码覆盖和功能覆盖的区别。

【例 7-1】　条件语句的覆盖率测试说明实例

下面给出一段基于 if 语句的互斥条件语句，其代码如下。

```
if(cnt <3 && cnt > 5)     //互斥条件
    begin
        x = 1;            //语句1
    end
else
    begin
        x = 0;            //语句2
    end
```

由于代码覆盖率检查就是测试代码哪部分被执行了，哪部分没有执行，从而找出错误进一步修改测试条件。由于语句 1 的条件是互斥的，x=1 这条语句不会执行，因此无论加入什么测试向量，上段代码在测试中，x 的值一直是 0，这样便会去寻找为什么 x 不输出 1 的原因，从而发现 if 语句的互斥条件，从而发现错误并修改。

7.1.4　Testbench 结构说明

Testbench 模块没有输入输出，在 Testbench 模块内例化待测设计的顶层模块，并把测试行为的代码封装在内，直接对待测系统提供测试激励。下面给出了一个基本的 Testbench 结构模板。

```
module testbench;
    //数据类型声明
    //对被测试模块实例化
    //产生测试激励
    //对输出响应进行收集
endmodule
```

一般来讲，在数据类型声明时，和被测模块的输入端口相连的信号定义为 reg 类型，这样便于在 initial 语句和 always 语句块中对其进行赋值；和被测模块输出端口相连的信号定义为 wire 类型，便于进行检测。可以看出，除了没有输入输出端口，Testbench 模块和普通的 Verilog HDL 模块没有区别。Testbench 模块最重要的任务就是利用各种合法的语句，产生适当的时序和数据，以完成测试，并达到覆盖率要求。

下面给出一些在编写 Testbench 时需要注意的问题。

（1）Testbench 代码不需要可综合。

Testbench 代码只是硬件行为描述而不是硬件设计。第 5 章所介绍的语句全部面向硬件设计，必须是可综合语句，每一条代码都对应着明确的硬件结构，能被 EDA 工具所理解。而 Testbench 只用于在仿真软件中模拟硬件功能，不会被实现成电路，也不需要具备可综合性。因此，在编写 Testbench 时，需要尽量使用抽象层次高的语句，不仅具备高的代码书写效率，而且准确、仿真效率高。

（2）行为级描述优先。

如前所述，Verilog HDL 语言具备五个描述层次，分别为开关级、门级、RTL 行为级、算法级和系统级。虽然所有的 Verilog HDL 语言都可用于 Testbench 中，但是其中行为级描述代码具有以下显著优势。

❑ 降低了测试代码的书写难度，使得设计人员不需要理解电路的结构和实现方式，从而节约了测试代码开发时间。

❑ 行为级描述便于根据需要从不同的层次进行抽象设计。在高层描述中，设计会更加简单、高效，只有需要解析某个模块的详细结构时，才需要使用低层次的详细描述。

❑ 行为级仿真速度快。首先，各 FPGA 工具本身就支持 Testbench 中的高级数据结构和运算，其编译和运行速度快；其次，高层次的设计本身就是对电路处理的一种简化。

因此，书写 Testbench 代码时使用行为级描述语句。

（3）掌握结构化、程式化的描述方法。

结构化的描述有利于设计维护，由于在 Testbench 中，所有的 initial、always 以及 assign 语句都是同时执行的，其中每个描述事件都是基于时间"0"点开始的，因此可通过这些语句将不同的测试激励划分开来。一般不要将所有的测试都放在一个语句块中。

其次，对于常用的 Verilog HDL 测试代码，诸如时钟信号、CPU 读写寄存器、RAM 及用户自定义事件的延迟和顺序等应用，已经形成了程式化的标准写法，因此应当大量阅读这些优秀的仿真代码，积累程式化的描述方法，可有效提高设计 Testbench 的能力。

7.2   仿真程序执行原理

仿真程序执行原理从根本上说明了计算机的串行操作如何去模拟硬件电路的并行特征，以及可综合语句的执行过程，是真切理解 Verilog HDL 的基础。

由于 Verilog HDL 是用于硬件设计的，因此，可综合语句都对应着实实在在的硬件电路，本质上是一种并行语言。而 FPGA 软件都是运行在 PC 机上的，PC 上所有的程序都是串行执行的，CPU 在同一时刻执行执行一个任务，因此 FPGA 软件（包括仿真器）也必然是串行的。

在仿真中，Verilog HDL 语句也是串行执行的，其面向硬件的并行特性则通过其语言含义来实现的。虽然在仿真中所有代码是串行执行的，但由于语法语义的存在，并不会丢失代码的并行含义和特征。

从面向综合应用及面向仿真应用的角度来讲，深入理解 Verilog HDL 语义都可以大幅提高设计人员的编码能力。由于在 Verilog HDL 语言的 IEEE 标准中，其语义采用非形式化的描述方法，因此，不同厂家的仿真工具、综合语句的后台策略肯定存在差异，同一段代码在不同仿真软件的运行结果可能是不同的，也会导致设计人员对程序的理解产生偏差等问题。

仿真程序执行原理的关键元素，包括仿真时间、事件驱动、进程及调度等。下面分别对其进行说明。

1．仿真时间

仿真时间是指由仿真器维护的时间值，用来对仿真电路所用的真实时间进行建模。零时刻为仿真起始时刻。当仿真时间推进到某一个时间点时，该时间点就被称为当前仿真时间，而以后的任何时刻都被称为未来仿真时间。

仿真时间只是对电路行为的一个时间标记，和仿真程序在 PC 机上的运行时间没有关系。对于一个很复杂的程序，尽管只需要很短的仿真时间，也需要仿真器运行较长的时间；而对于简单的程序，既使仿真很长时间，也只需要短的运行时间。本质上，仿真时间是没有单位的，之所以会出现时间，则是由于 Verilog HDL 语言中`timescale 语句的定义导致。所有的仿真事件都是严格按照仿真时间向前推进的，也就是说，在恰当的时间执行恰当的操作。如果在同一仿真时刻有多个事件需要执行，那么首先需要根据它们之间的优先级来判定谁先执行。如果优先级相同，则不同仿真器的执行方式是不同的，有可能随机，也有可能按照代码出现的顺序来执行。大多数仿真器采用后一种方法。

2．事件驱动

如果没有事件驱动，控制仿真时间将不会前进。仿真时间只能被下列事件中的一种来推进。

- ❑ 定义过的门级或线传输延迟。
- ❑ 更新事件。
- ❑ 由"#"关键字引入的延迟控制。
- ❑ 由"always"关键字引入的事件控制。
- ❑ 由"wait"关键字引入的等待语句。

其中，第 1 种形式是由门级器件来决定的，无需讨论。更新事件是指线网、寄存器数值的任何改变。本章后续内容会对后三种形式及路径延迟的定义分别进行讲述。事实上，上述事件都是循环、相互触发，来共同推动仿真时间的前进的。

3．事件队列与调度

Verilog 具有离散事件时间仿真器的特性，也就是说，在离散的时间点，预先安排好各个事件，并将其按照时间顺序排成事件等待队列。最先发生的事件排在等待队列的最前面，而较迟发生的事件依次放在其后。仿真器总是为当前仿真时间移动整个事件队列，并启动相应的进程。在运行的过程中，有可能为后续进程生成更多的事件放置在队列中适当的位置。只有当前时刻所有的事件都运行结束后，仿真器才将仿真时间向前推进，去运行排在事件队列最前面的下一个事件。

在 Verilog 中，事件队列可以划分为 5 个不同的区域，不同的事件根据规定放在不同的区域内，按照优先级的高低决定执行的先后顺序，表 7-1 就列出了 Verilog 分层事件队列。其中，活跃事件的优先级最高（最先执行），而监控事件的优先级最低，而且在活跃事件中的各事件的执行顺序是随机的。

仿真器首先按照仿真时间对事件进行排序，然后在当前仿真时间里按照事件的优先级顺序进行排序。活跃事件是优先级最高的事件，非活跃事件的优先级次之，非阻塞赋值的优先级为第三，监控事件的优先级第四；将来事件的优先级最低。将来仿真时间内的所有事件都将暂存到将来事件队列中，当仿真进程推进到某个时刻后，该时刻所有的事件都会被加入当前仿真事件队列内。

表 7-1　Verilog HDL分层事件队列

当前仿真时间事件	活跃事件（顺序随机）	阻塞赋值 连续赋值 非阻塞赋值的右式计算 原语输入计算和输出改变 系统任务:$display
	非活跃事件	显式 0 延时阻塞赋值 Verilog PLI 的 call back 例程
	非阻塞赋值更新事件	非阻塞赋值产生一个非阻塞更新事件，被调度到当前仿真时间
	监控事件	$monitor 和$strobe 系统任务。 monitor events 有一个独特掷出，就是它不能生成任何其他事件。
将来仿真时间事件	将来事件	被调度到将来仿真时间的事件

由表 7-1 可以知道，阻塞赋值属于活跃事件，会立刻执行，这就是阻塞赋值"计算完毕，立刻更新"的原因。此外，由于在分层事件队列中，只有将活跃事件中排在前面的事件调出，并执行完毕后，才能够执行下面的事件。

7.3　延时控制语句

延时语句用于对各条语句的执行时间进行控制，从而快速满足用户的时序要求。Verilog HDL 语言中延时控制的语法格式有两类。

❑ #<延迟时间> 行为语句。

❑ #<延迟时间>。

其中，符号"#"是延时控制的关键字符，"<延迟时间>"可以是直接指定的延迟时间量，并以多少个仿真时间单位的形式给出。在仿真过程中，所有延时都根据时间单位定义。下面是带延时的连续赋值语句示例。

```
assign #2 Sum = A ^ B;  //#2 指 2 个时间单位。
```

使用编译指令将时间单位与物理时间相关联，这样的编译器指令需在模块描述前定义，如下所示。

```
` timescale 1ns /100ps
```

此语句说明延迟时间单位为 1ns，并且时间精度为 100ps（时间精度是指所有的延时必须被限定在 0.1ns 内）。如果此编译器指令所在的模块包含上面的连续赋值语句，#2 代表 2ns。如果没有这样的编译器指令，Verilog HDL 模拟器会指定一个缺省时间单位，IEEE Verilog HDL 标准中没有规定缺省时间单位，因此，由各 FPGA 工具厂家自行设定，默认时间单位为 ns。

在实际的仿真测试中，延时控制语句可以出现在任何赋值语句中，主要有下列三类应用方式。

（1）#<延迟时间常量> 行为语句。

在这种方式中，<延迟时间常量>后面直接跟着一条行为语句。仿真进程遇到这条语句后，并不会立即执行行为语句指定的操作，而是要等到<延迟时间值>所指定的时间过去之后，才开始执行行为语句的操作。下面给出一个操作实例。

【例 7-2】　"#"语句的应用实例 1

```verilog
`timescale 1ns / 1ps
module delay_demo1(q0_out, q1_out, q2_out);
output [7:0] q0_out, q1_out, q2_out;
reg [7:0] q0_out, q1_out, q2_out;
initial
    begin
        q0_out = 0;
        //循环体 1
        repeat(100)
            begin
                #5 q0_out = 1; //延迟语句 1
                #5 q0_out = 2; //延迟语句 2
            end
    end
initial
    fork
        //循环体 2
        repeat(100)
            begin
                #5 q1_out = 3; //延迟语句 3
                #5 q1_out = 4; //延迟语句 4
            end
        //循环体 3
        repeat(100)
            begin
                #5 q2_out = 5; //延迟语句 5
                #5 q2_out = 6; //延迟语句 6
            end
    join
endmodule
```

上述实例在 ModelSim 中的仿真结果如图 7-6 所示。实例总共有 6 条延迟控制语句。在仿真启动后，同时进入语句 1、语句 3 及语句 5，都延迟 5 个仿真时间单位后，同时执行语句 2、语句 4 及语句 6。这是因为在串行语句块"begin…end"中，语句是串行执行的，并行语句块"fork…join"却是并行执行的，因此，3 个循环体是同时并行执行的，而执行每个循环体都需要 10 个仿真时间单位。

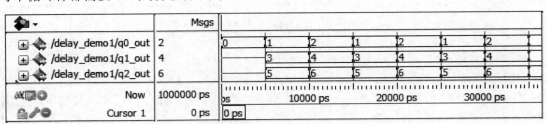

图 7-6　延时控制应用实例 1 的仿真结果

（2）# <延迟时间常量>。

在这种方式中，<延迟时间常量>后面没有出现任何行为语句，仿真进程遇到该语句后，也不执行任何操作，而是进入等待状态；等过了延迟时间后，再继续执行后续语句。由于在并行 fork…join 语句块和串行 begin…end 语句块进入仿真等待状态的影响是不同的，因此，其在两类语句块中产生的作用也是不同的，下面给出说明实例。

【例 7-3】 "#" 语句的应用实例 2

```
`timescale 1ns / 1ps
module delay_demo2(q0_out, q1_out);
output [7:0] q0_out, q1_out;
reg [7:0] q0_out, q1_out;
initial
    begin
        q0_out = 0;
        #100 q0_out = 1; //延迟语句1
        #100; //延迟语句2
        #100 q0_out = 10; //延迟语句3
        #300 q0_out = 20; //延迟语句4
    end
initial
    fork
        q1_out = 0;
        #100 q1_out = 1; //延迟语句5
        #100; //延迟语句6
        #200 q1_out = 10; //延迟语句7
        #300 q1_out = 20; //延迟语句8
    join
endmodule
```

上述实例在 ModelSim 中的仿真结果如图 7-7 所示。实例总共有 8 条延迟控制语句，其中，前 4 条在串行语句块执行，后 4 条在并行语句块中执行；延迟语句 2、延迟语句 6 为第二种用法，可以看出在串行块中，延迟语句 2 将下一条语句的执行延迟了指定的时间量。而在并行语句块中，语句 5、6、7、8 都在 0ns 时刻被执行，赋值操作分别在 100ns、100ns、200ns、300ns 处完成，语句 6 的操作不会对仿真结果产生任何影响，程序流控制在执行时间最长的语句 8 执行后结束。

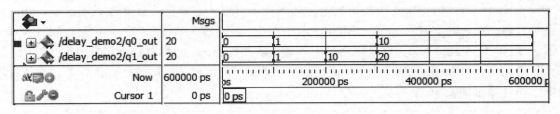

图 7-7　延时控制应用实例 2 的仿真结果

（3）# <延迟表达式> 行为语句。

在这种方式中，延迟时间是一个表达式或变量，不必将其局限于一个常量，这极大地增加了仿真程序的可移植性。由于延迟时间为表达式或变量，因此有可能在其对应的值出现负值及'z'或'x'。对于这种情况，Verilog HDL 语法规定，如果在延迟时间的变量或表达式中出现'z'或'x'比特，将其按照 0 来处理；如果代表延迟时间的变量或表达式的计算值为负值，则其实际的延时为零时延。下面给出一个应用实例。

【例 7-4】　"#"语句的应用实例 3

```
`timescale 1ns / 1ps
module delay_demo3(q0_out, q1_out);
output [7:0] q0_out, q1_out;
reg [7:0] q0_out, q1_out;
parameter delay_time = 100;
initial
    begin
        q0_out = 0;
        #delay_time q0_out = 1; //延迟语句 1
        #(delay_time/2); // 延迟语句 2
        #(delay_time*2) q0_out = 10; //延迟语句 3
        #300 q0_out = 20; //延迟语句 4
    end
initial
    begin
        q1_out = 0;
        #100; //延迟语句 5
        #(delay_time-5'bxxxxx) q1_out = 1; //延迟语句 6
        #100; //延迟语句 7
        #100 q1_out = 10; //延迟语句 8
        #50; //延迟语句 9
        #(delay_time - 200) q1_out = 20; //延迟语句 10
    end
endmodule
```

上述实例在 ModelSim 中的仿真结果如图 7-8 所示。从实例可以看出，在延迟控制语句的延迟表达式中出现 x、z 及负值后，其延迟值全部按照 0 来对待。

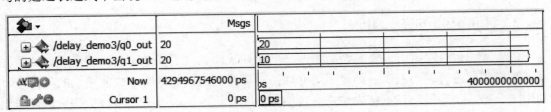

图 7-8　延时控制应用实例 3 的仿真结果

7.4　常用的行为仿真描述语句

虽然所有的 Verilog HDL 语句都可以在仿真代码中使用，但并不是每条语句都高效实用。本节介绍一些在 Testbench 中经常使用的行为描述语句，基于这些语句，可以设计出高效、规范的测试代码。

7.4.1　循环语句

在功能仿真代码中，所有的循环语句都具有非常重要的地位。

1. forever语句。

forever 循环语句连续执行过程语句。为跳出这样的循环，中止语句可以与过程语句共同使用。同时，在过程语句中必须使用某种形式的时序控制，否则，forever 循环将永远循环下去。forever 语句必须写在 initial 模块中，主要用于产生周期性波形。

forever 循环的语法如下。

```
forever
    begin
        …
    end
```

forever 语句的应用实例如下。

```
initial
    begin
        forever
            begin
                if(d) a = b + c;
                else a= 0;
            end
    end
```

⌂注意：在很多情况下要避免使用 forever 语句，因为只有可控制和有限的事件才是高效的，否则会增加 PC 机的 CPU 和内存资源消耗，从而降低仿真速度。但也有一个特例，就是时钟产生电路。这是因为时钟本身就是周期性的，但由于时钟只是单比特信号，因此不会对仿真速度造成太大影响。

2. 利用循环语句完成遍历

for、while 语句常用于完成遍历测试。当设计代码包含了多个工作模式，那么就需要对各种模式都进行遍历测试，如果手动完成每种模式的测试，则将造成非常大的工作量。利用 for 循环，通过循环下标来传递各种模式的配置，不仅可以有效减少工作量，还能保证验证的完备性，不会漏掉任何一种模式，其典型的应用模版如下。

```
parameter mode_num = 5;
//各种模式共同的测试参数
initial
    begin//各种模式不同的参数配置部分
        for (i = 0; i < (mode_num - 1); i = i + 1)
            begin
                case (i)
                    0 : begin
                        …
                        end
                    1 : begin
                        …
                        end
                    …
                endcase
            end
    end
```

由于仿真语句并不追求电路的可综合性，因此，推荐在多分支情况下使用 for 循环来简化代码的编写难度，并降低其出错概率。

3．利用循环语句实现次数控制

repeat 语句主要用于实现有次数控制的事件，其典型示例如下。

```
initial
    begin
        //初始化
        in_data = 0;
        wr = 0;
        repeat(10)//利用 repeat 语句将下面的代码执行 10 次
            begin
                wr = 1;
                in_data = in_data + 1;
                #10;
                wr = 0;
                #200;
            end
    end
```

4．循环语句的异常处理

通常，循环语句都会有一个"正常"的出口，如当循环次数达到了循环计数器所指定的次数或 while 表示式不再为真。然后，使用 disable 语句可以退出任何循环，能够终止任何 begin…end 块的执行，从紧接这个块的下一条语句继续执行。

disable 语句的典型示例如下。

```
begin:one_branch
    for(i = 0; i < n; i = i +1)
        begin:two_branch
            if (a = = 0) disable one
            disable two_branch;
        end
end
```

7.4.2　force 和 release 语句

force/release 语句可以用来跨越进程对一个寄存器或一个电路网络赋值，该结构一般用于强制特定的设计的行为。一旦一个强制值被释放，这个信号保持它的状态直到新的值被进程赋值。

force 语句可为寄存器类型和线网型变量强制赋值，当应用于寄存器时，寄存器当前值被 force 覆盖；当 release 语句应用于寄存器时寄存器当前值将保持不变，直到被重新赋值。当用于线网时，数值立即被 force 覆盖；当 release 语句应用于线网时，线网数值立即恢复到原来的驱动值。下面给出一个 force/release 语句的应用实例。

【例 7-5】　force/release 语句的应用实例

```
`timescale 1ns / 1ps
module tb_force;
reg [7:0] q0_out;
wire [7:0] q1_out;
```

```
initial
    begin
        q0_out = 0;
        #100;
        force q0_out = 0;
        #100;
        release q0_out;
    end
always #10 q0_out = q0_out + 1;
initial
    begin
        #100;
        force q1_out = 0;
        #100;
        release q1_out;
    end
assign q1_out = 127;
endmodule
```

实例在 ModelSim 中的仿真结果如图 7-9 所示。

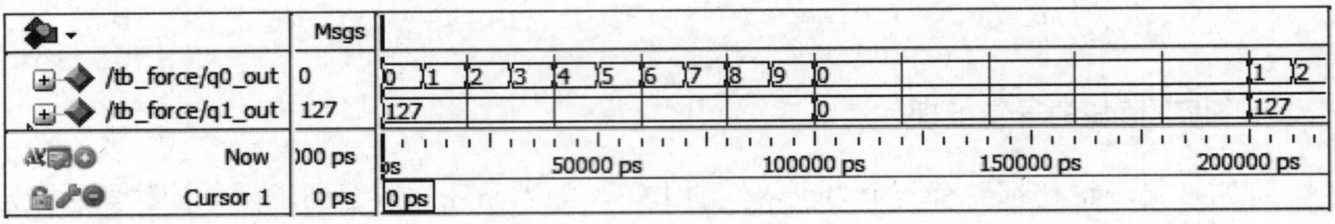

图 7-9　force/release 语句应用实例的仿真结果

7.4.3　wait 语句

wait 语句是一种不可综合的电平触发事件控制语句，有如下两种形式。

❑ wait（条件表达式）语句/语句块。

❑ wait（条件表达式）。

对于第一种形式，语句块可以是串行块（begin…end）或并行块（fork…join）。当条件表达式为"真（逻辑 1）"时，语句块立即得到执行，否则语句块要等到条件表达式为真再开始执行。例如，

```
wait(rst == 0)
    begin
        a = b
    end
```

所实现的功能就是等待复位信号 rst 变低后，将信号 b 的值赋给 a。如果在仿真进程中 rst 信号不为低，那么就暂停进程并等待。

在第二种形式中，没有包含执行的语句块。当仿真执行到 wait 语句，如果条件表达式为真，那么立即结束该 wait 语句的执行，仿真进程继续往下进行；如果 wait 条件表达式不为真，则仿真进程进入等待状态，直到条件表达式为真。下面给出一个 wait 语句的开发实例。

【例 7-6】　wait 语句的实例

```
`timescale 1ns / 1ps
module tb_wait;
```

```
reg [7:0] q0_out;
reg flag;
initial//initial 初始化语句块 1
    begin
        flag = 0;
        #100 flag = 1;
        #100 flag = 0;
    end
initial//initial 初始化语句块 2
    begin
        q0_out = 0;
        wait( flag == 1)
            begin //wait 语句
                q0_out = 100;
                #100;
            end
        q0_out = 255;
    end
endmodule
```

上述实例在 ModelSim 中的仿真结果如图 7-10 所示。实例实现了 initial 初始化语句块 2 中的 wait 语句直到 100ns 后，等待到 flag 信号为 1 后，才将 q0_out 的数值赋为 100，在此之前一直阻塞 initial 初始化语句块 2 的执行。

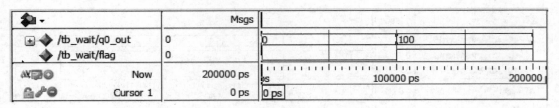

图 7-10　wait 语句实例的仿真结果

7.4.4　事件控制语句

在仿真进程中也存在电平触发和信号跳变沿触发两大类，描述方法和第 5 章 5.2 节触发事件控制的方法相同。此外，在仿真程序中还可通过 "@（事件表达式）" 事件来完成单次事件触发。例如，

【例 7-7】　利用 "@（事件表达式）" 事件来完成单次事件触发

```
`timescale 1ns / 1ps
module tb_event;
reg [7:0] cnt0;
reg [7:0] cnt1;
reg clk;
initial
    begin
        forever
            begin
                clk = 0;
                #5;
                clk = 1;
                #5;
            end
```

```
        end
initial//捕获信号上升沿
    begin
        cnt0 = 0;
        forever
            begin
            @(posedge clk) //捕获脉冲沿事件
                cnt0 = cnt0 + 1;
            end
    end
initial//捕获信号电平
    begin
        cnt1 = 0;
        forever
            begin
                @(clk) //捕获电平事件
                    begin
                        if(clk == 1) cnt1 = cnt1 + 1;
                    end
            end
    end
endmodule
```

上例在 ModelSim 中的仿真结果如图 7-11 所示，可以看出其正确完成了事件控制。

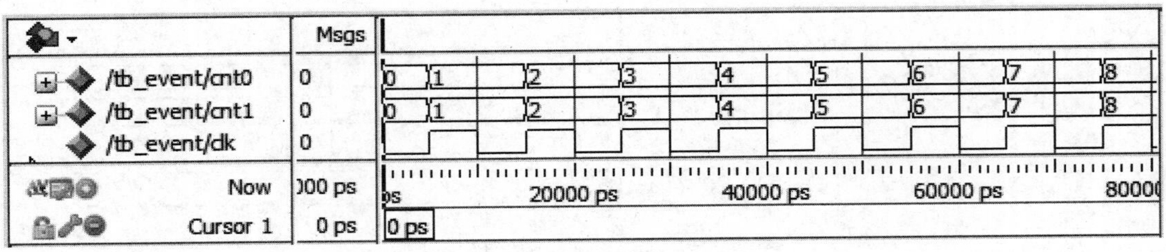

图 7-11　事件控制实例的仿真结果

如前所述，用于综合的语句完全可以用于仿真应用中，因此，仿真代码中信号跳变沿的捕获和电平事件捕获方法和面向综合的设计完全一致。

7.4.5　task 和 function 语句

task 语句和 function 语句在仿真程序中发挥了最大优势，可以将固定操作封装起来，配合延时控制语句，可精确模拟大多数常用的功能模块，具备良好的可重用性。下面给出一个 task 语句在 Verilog HDL 仿真代码中的演示实例。

【例 7-8】　基于 task 的 3 次方模块演示实例

```
`timescale 1ns / 1ps
module tb_tri;
parameter bsize = 8;
parameter clk_period = 2;
parameter cac_delay = 6;
reg [(bsize -1):0] din;
reg [(3*bsize -1) :0] dout;
task tri_demo;//定义完成 3 次方运算的 task
    input [(bsize -1):0] din;
```

```
    output [(3*bsize -1) :0] dout;
    #cac_delay  dout = din*din*din;
endtask
initial//在串行语句块中调用完成 3 次方运算的 task
    begin
        din = 0;
    end
    always # clk_period
    begin
        din = din + 10;
        tri_demo(din, dout);//任务调用语句
    end
endmodule
```

上述实例在 ModelSim 中的仿真结果如图 7-12 所示,正确地计算出输入数据的 3 次方,达到了设计要求。

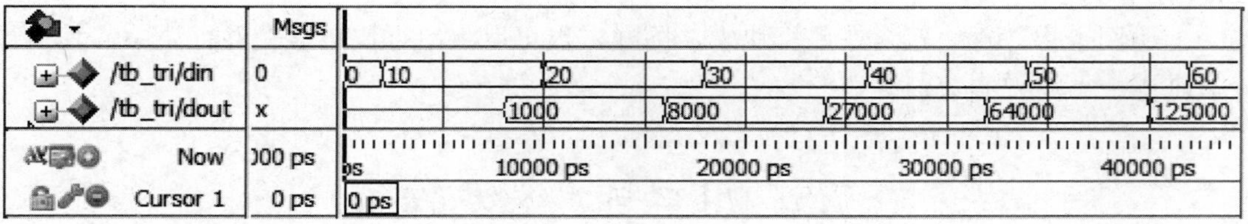

图 7-12　基于 task 的 3 次方模块的仿真结果

实质上,在仿真程序中,task 和 function 就完全是 C 语言中的内联函数,主要用于简化代码结构。

7.4.6　串行激励与并行激励语句

与可综合语句一样,begin…end 语句用于启动串行激励,如果希望在仿真的某一时刻同时启动多个任务,可以采用 fork…join 语法结构。fork…join 的语法格式如下。

```
fork
    时间控制 1  行为语句 1;
    …
    时间控制 n  行为语句 n;
join
```

其中,fork…join 块内被赋值的语句必须为寄存器型变量,其主要特点如下。

❑ 并行块内语句是同时开始执行的,当仿真进程进入到并行块之后,块内各条语句同时、独立地开始执行。

❑ 并行块语句中指定的延时控制都是相对于程序流程进入并行块的时刻的延时。

❑ 当并行块所有语句都执行完后,仿真程序进程才跳出并行块。整个并行块的执行时间等于执行时间最长的那条语句所执行的时间。

❑ 并行块可以和串行块混合嵌套使用。内层语句块可以看成外层语句块中的一条普通语句,内层语句块在何时得到执行由外层语句块的规则决定;而在内层语句块开始执行后,其内部各条语句的执行要遵守内层语句块的规则。

例如,在仿真进程开始 100 个时间单位后,希望同时启动发送和接收任务,可以采用

并行语句块"fork…join"，这样可以避免在发送完毕后再启动接收任务，造成数据丢失的现象。

```
initial
begin
    #100;
    fork
        send_task;
        receive_task;
    join
    ...
end
```

其中，fork…join 块被包含在 begin…end 块之内，其等效于单条赋值语句，在"#100"语句之后开始执行，内部的两个 task 是并行执行的，等两个任务都执行完毕后，跳出 fork…join 块，顺序执行后续语句。

上述例子将并行块包含在串行块中，同样，也可以将串行块包含在并行块中，其执行分析过程与上述说明类似。

7.5　用户自定义元件

Verilog HDL 语言提供了一种扩展基元的方法，允许用户自己定义元件（User Defined Primitives，UDP）。通过 UDP，可以把一块组合逻辑电路或时序逻辑电路封装在一个 UDP 内，并把这个 UDP 作为一个基本门元件来使用。注意 UDP 是不能综合的，只能用于仿真。

在定义语法上，UDP 定义和模块定义类似，但由于 UDP 和模块属于同级设计，所以 UDP 定义不能出现在模块内。UDP 定义可以单独出现在一个 Verilog 文件中或与模块定义同时处于某个文件中。

模块定义使用一对关键词"primitive-endprimitive"封装起来的一段代码，这段代码来定义该 UDP 的功能，这种功能的定义是通过表来实现的，即在这段代码中有一段处于关键词"table…endtable"之间的表，用户可以通过设置这个表来规定 UDP 的功能。

UDP 的定义格式如下。

```
primitive UDP_name(OutputName, List_of_inputs)
    Output_declaration
    List_of_input_declarations
    [Reg_declaration]
    [Initial_statement]
    table
        List_of_table_entries
    endtable
endprimitive
```

和 Verilog HDL 中的 module 模块相比，UDP 具备以下特点。

❑ UDP 的输出端口只能有一个，且必须位于端口列表的第一项，只有输出端口能定义为 reg 类型。

- ❑ UDP 的输入端口可有多个，一般时序电路 UDP 的输入端口最多至 9 个，组合电路 UDP 的输入端口可多至 10 个。
- ❑ 所有端口变量的位宽必须是 1 比特。
- ❑ 在 table 表项中，只能出现 0、1、x 三种状态，z 将被认为 x 状态。

根据 UDP 包含的基本逻辑功能，可以将 UDP 分为组合电路 UDP 和时序电路 UDP，这两类 UDP 的差别主要体现在 table 表项的描述上。

UDP 的调用和 Verilog HDL 中模块的调用方法相似，通过位置映射，其语法格式如下所示。

UDP 名 例化名 （连接端口 1 信号名，连接端口 2 信号名，…）；

📖 位置映射法必须按照 UDP 中定义的端口顺序来连接，第一个连接端口为输出端口。

下面给出 UDP 在实际中使用的实例。

1. 组合电路UDP元件

组合逻辑电路的功能列表类似真值表，规定了不同的输入值和对应的输出值，表中每一行的形式是"Output, Input1, Input2,…"，排列顺序和端口列表中的顺序相同。如果某个输入组合没有定义的输出，那么就把这种情况的输出置为 x。下面给出一个单比特乘法器的 UDP 开发实例。

【例 7-9】 单比特乘法器的 UDP 开发实例

```
primitive MUX2x1 (Z, Hab, Bay, Sel) ;
    output Z;
    input Hab,Bay, Sel;
    table// Hab Bay Sel : Z 注：本行仅作为注释。
        0 ? 1 : 0 ;
        1 ? 1 : 1 ;
        ? 0 0 : 0 ;
        ? 1 0 : 1 ;
        0 0 x : 0 ;
        1 1 x : 1 ;
    endtable
endprimitive
```

其中，字符?代表不必关心相应变量的具体值，即它可以是 0、1 或 x。此外，Verilog HDL 语言标准规定，如果 UDP 输入端口出现的 z 值按照 x 处理。表 7-2 列出了 UDP 原语中的可用选项。可以看出，其直接通过真值表来描述电路功能，和 FPGA 的工作原理是一致的，但遗憾的是，UDP 并不能用于可综合设计。

表 7-2　所有能够用于UDP原语中表项的可能值

符　号	意　义	符　号	意　义
0	逻辑 0	（AB）	由 A 变到 B
1	逻辑 1	*	与（??）相同
x	未知的值	r	上跳变沿，与（01）相同
?	0、1 或 x 中的任一个	f	下跳变沿，与（10）相同
b	0 或 1 中任选一个	p	（01）、（0x）和（x1）的任一种
-	输出保持	n	（10）、（1x）和（x0）的任一种

2. 时序电路UDP元件

UDP 除了可以描述组合电路外，还可以描述具有电平触发和边沿触发特性的时序电路。时序电路拥有内部状态序列，其内部状态必须用寄存器变量进行建模，该寄存器的值就是时序电路的当前状态，它的下一个状态是由放在基元功能列表中的状态转换表决定的，而且寄存器的下一个状态就是这个时序电路 UDP 的输出值。所以，时序电路 UDP 由两部分组成——状态寄存器和状态列表。定义时序 UDP 的工作也分为两部分——初始化状态寄存器和描述状态列表。

在时序电路的 UDP 描述中，[01, 0x, x1]代表信号的上升沿。下面给出一个上升沿 D 触发器的 UDP 开发实例。

【例 7-10】 通过 Verilog HDL 语言给出 D 触发器的 UDP 描述，并在模块中调用 UDP 组件

```
primitive D_Edge_FF(Q, Clk, Data) ;
    output Q ;
    reg Q ;
    input Data, Clk;
    initial Q = 0;
    table// Clk Data Q (State) Q(next )
        (01) 0 : ? : 0 ;
        (01) 1 : ? : 1 ;
        (0x) 1 : 1 : 1 ;
        (0x) 0 : 0 : 0 ;
        // 忽略时钟负边沿:
        (?0) ? : ? : - ;
        // 忽略在稳定时钟上的数据变化:
        ? (??): ? : - ;
    endtable
endprimitive
```

表项（01）表示从 0 转换到 1，表项（0x）表示从 0 转换到 x，表项（?0）表示从任意值（0、1 或 x）转换到 0，表项（??）表示任意转换。对任意未定义的转换，输出缺省为 x。假定 D_Edge_FF 为 UDP 定义，它现在就能够像基本门一样在模块中使用，如下面的 4 位寄存器所示。下面给出 D_Edge_FF 用户自定义元件的调用实例，用来实现一个 4 比特数据的寄存。

```
module Reg4 (Clk, Din, Dout) ;
input Clk ;
input [0:3] Din;
output [0:3] Dout; ,
//例化调用UDP
D_Edge_FF DLAB0 (Dout[0],Clk, Din[0])
DLAB1 (Dout[1],Clk, Din[1]),
DLAB2 (Dout[2],Clk, Din[2]),
DLAB3 (Dout[3],Clk, Din[3]);
endmodule
```

3. 混合电路UDP元件

在同一个表中能够混合电平触发和边沿触发项。在这种情况下，边沿变化在电平触发之前处理，即电平触发项覆盖边沿触发项。下面给出一段带异步清空的 D 触发器的 UDP

描述。

【例 7-11】　利用 Verilog HDL 语言完成异步清零 D 触发器的 UDP 描述

```
primitive D_Async_FF (Q, Clk, Clr, Data) ;
    output Q;
    reg Q;
    input Clr, Data, Clk;
    //定义混合 UDP 元件
    table// Clk Clr Data ( SQtate) Q( next )
        (01) 0 0 : ? : 0 ;
        (01) 0 1 : ? : 1 ;
        (0x) 0 1 : 1 : 1 ;
        (0x) 0 0 : 0 : 0 ;
        // 忽略时钟负边沿:
        (?0) 0 ? : ? : - ;
        (??) 1 ? : ? : 0 ;
        ? 1 ? : ? : 0;
    endtable
endprimitive
```

7.6　仿真激励的产生

要充分验证一个设计，需要模拟各种外部的可能情况，特别是一些边界情况，因为其最容易出问题。目前，主要有三种产生激励的方法。

- 直接编辑测试激励波形。
- 用 Verilog HDL 测试代码的时序控制功能，产生测试激励。
- 利用 Verilog HDL 语言的读文件功能，从文本文件中读取数据（该数据可以通过 C/C++、MATLAB 等软件语言生成）。

7.6.1　变量初始化

在 Verilog HDL 语言中，有两种方法可以初始化变量：一种是利用初始化变量；另外一种是在定义变量时直接赋值初始化。这两种初始化任务是不可综合的，在硬件平台中没有任何意义，但对于仿真过程却是必须要掌握的。

1. 变量初始化的必要性

由于 Verilog HDL 语言规定了 1、0、x 以及 z 这 4 类逻辑数值，对于 Testbench 中的变量，如果不进行初始化，会按照 "x" 来对待。这样，基于未初始化信号的累加及各类判断全部以 "x" 来完成，造成仿真错误。下面给出一个计数器设计由于未初始化而使得仿真失败的实例。

【例 7-12】　未初始化而造成的计数器仿真失败实例

```
`timescale 1ns / 1ps
module test_counter_demo;
reg clk;
wire [3:0] cnt;
counter_demo demo(clk, cnt);
```

```
initial
begin
    clk = 0;
end
always #10 clk=~clk;
endmodule
module counter_demo(clk, cnt);
input clk;
output [3:0] cnt;
reg [3:0] temp ;
always @(posedge clk)
    begin
        temp <=temp+1 ;
    end
assign cnt = temp;
endmodule
```

上述实例在 ModelSim 中的仿真结果如图 7-13 所示。

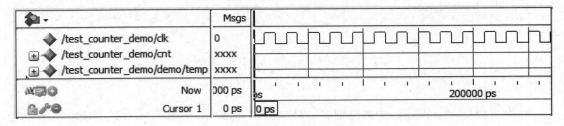

图 7-13　计数器仿真失败实例的仿真结果

实例可以看出，计数器输出全部为 x，但上述代码在硬件中可以正确实现计数器，只是验证程序不能从功能上验证其正确性。这是因为寄存器变量 temp 没有经过初始化，其数值为不定态 x，"temp<=temp+1" 操作结果也是不定态，从而无法得到正确的仿真结果。

2. 变量初始化的方法

通过上例可以看出，要想通过验证代码完成设计的功能测试，必须要完成变量的初始化。初始化工作即可以在 Testbench 中完成，也可以在面向综合的设计代码中完成。对于后者，所有的初始化在综合时会被忽略，不会影响代码的综合结果。因此基本原则是可综合代码中完成内部变量的初始化，Testbench 中完成可综合代码所需的各类接口信号的初始化。初始化的方法有两种：一种是通过 initial 语句块初始化；另外一种是在定义时直接初始化，下面对其分别介绍。

（1）initial 初始化。

在大多数情况下，Testbench 中变量初始化的工作通过 initial 过程块来完成，可以产生丰富的仿真激励；此外，也可用于可综合代码中。

initial 语句只执行一次，即在设计被开始模拟执行时开始（0 时刻），专门用于对输入信号进行初始化和产生特定的信号波形。一个 Testbench 可以包含多个 initial 语句块，所有的 initial block 都同时执行。注意 initial 语句中的变量必须为 reg 类型。

当 initial 语句块中有多条语句时，需要用 begin…end 或 fork…join 语句将其括起来。begin…end 中的语句为串行执行，而 fork…join 为并行执行。由于 fork…join 语句的控制难度较大，因此不推荐使用。建议读者尽量使用 begin…end 语句，如果信号较多，且处理冲突，可以使用多个 initial 语句块。本章会给出很多 initial 块在 Testbench 中的开发实例，下面先给出一个 initial 语句块在可综合代码中的应用。

【例 7-13】 带初始化的计数器实例

```
`timescale 1ns / 1ps
module test_counter_demo;
reg clk;
wire [3:0] cnt;
counter_demo2 demo(clk, cnt);
initial
begin
  clk = 0;
end
always #10 clk=~clk;
endmodule
module counter_demo2(clk, cnt);
input clk;
output [3:0] cnt;
reg [3:0] temp ;
initial
    begin
        temp = 0;
    end
always @(posedge clk)
    begin
        temp <= temp + 1;
    end
assign cnt = temp;
endmodule
```

实例可以看出，与实例 7-12 相比，代码添加了

```
initial
    begin
        temp = 0;
    end
```

语句段并未改变程序的逻辑结构，没有添加硬件结构上的初始化电路，仍然是一个标准的计数器。

上述实例在 ModelSim 中的仿者结果如图 7-14 所示，计数器的初始值为 0，表明 initial 语句达到了预期目标，实现了计数器功能。

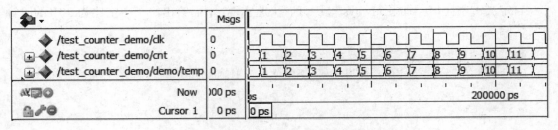

图 7-14　带初始化的计数器实例的仿真结果

（2）定义变量时初始化。

在定义变量时初始化的语法非常简单，直接用 "=" 在变量右端赋初值即可，如

```
reg [7:0] cnt = 8'b00000000;//就将 8 比特的寄存器变量 cnt 初始化为全 0 比特。
```

和 initial 语句比较，定义时初始化的方法功能比较单一，但使用方便。常用于可综合代码书写中，其目的是保证设计的硬件实现和软件仿真达到一致。如要完成例 7-12 中的变量 temp 初始化，将语句"reg [3:0] temp;"修改为下列语句。

```
reg [3:0] temp = 0;
```

7.6.2 时钟信号的产生

时钟是时序电路设计最关键的参数，而时序电路又获得了广泛应用，因此，本节专门介绍如何产生仿真验证过程所需要的各类时钟信号。

1. 普通时钟信号

所谓的普通时钟信号就指的是占空比为 50% 的时钟信号，也是最常用的时钟信号。普通时钟信号可通过 initial 语句和 always 语句产生，其方法如下。

（1）基于 initial 语句的方法。

```
parameter clk_period = 10;
reg clk;
initial
    begin
        clk = 0;
        forever #(clk_period/2) clk = ~clk;
    end
```

（2）基于 always 语句的方法。

```
parameter clk_period = 10;
reg clk;
initial
    clk = 0;
    always #(clk_period/2) clk = ~clk;
```

initial 语句用于初始化 clk 信号，否则就会出现对未知信号取反的情况，因而造成 clk 信号在整个仿真阶段都为未知状态。

2. 自定义占空比的时钟信号

自定义占空比信号通过 always 模块可以快速实现，下面给出一个占空比为 20% 的时钟信号代码。

```
parameter High_time = 5,Low_time = 20;
//占空比为 High_time/( High_time+ Low_time)
reg clk;
always
    begin
        clk = 1;
        #High_time;
        clk = 0;
        #Low_time;
    end
```

这里由于直接对 clk 信号赋值，所以不需要 initial 语句初始化 clk 信号。当然，这种方法可以用于产生普通时钟信号，只是代码行数较多而已。

3．相位偏移的时钟信号

相位偏移是两个时钟信号之间的相对概念。产生相移时钟的代码为

```
parameter High_time = 5, Low_time = 5, pshift_time = 2;
reg clk_a;
wire clk_b;
always
    begin
        clk_a = 1;
        # High_time;
        Clk_b = 0;
        # Low_time;
    end
assign # pshift_time clk_b = clk_a;
```

首先通过一个 always 模块产生参考时钟 clk_a，然后通过延迟赋值得到 clk_b 信号，其偏移的相位可通过 360*pshift_time%(High_time+Low_time)来计算，其中，%为取模运算。上述代码的相位偏移为 72 度。

4．固定数目的时钟信号

上述语句产生的时钟信号都是无限个周期的，也可以通过 repeat 语句来产生固定个数的时钟脉冲，其代码如下。

```
parameter clk_cnt = 5, clk_period = 2;
reg clk;
initial
    begin
        clk = 0;
        repeat (clk_cnt) #clk_period/2 clk = ~clk;
    end
```

上述代码的产生了 5 个周期的时钟。

7.6.3　复位信号的产生

复位信号不是周期信号，通常通过 initial 语句产生的值序列来描述。下面分别介绍异步和同步复位信号。

1．异步复位信号

异步复位信号的实现代码如下。

```
parameter rst_repiod = 100;
reg rst_n;
initial
    begin
        rst_n = 0;
        # rst_repiod;
        rst_n = 1;
    end
```

上述代码将产生低有效的复位信号 rst_n，其复位时间为 100 个仿真代码。

2．同步复位信号

同步复位信号的实现代码如下。

```
parameter rst_repiod = 100;
reg rst_n;
initial
    begin
        rst_n = 1;
        @( posedge clk);
        rst_n = 0;
        # rst_repiod;
        @( posedge clk);
        rst_n = 1;
    end
```

上述代码首先将复位信号 rst_n 初始化为 1，然后等待时钟信号 clk 的上升沿，将 rst_n 拉低，进入有效复位状态；然后经过 100 个仿真周期，等待下一个上升沿到来后，将复位信号置为 1。在仿真代码中，是不存在逻辑延迟的，因此，在上升沿对 rst_n 的赋值，能在同一个沿送到测试代码逻辑中。

在需要复位时间为时钟周期的整数倍时，可以将 rst_repiod 修改为时钟周期的 3 倍来实现，也可以通过下面的代码来完成。

```
parameter rst_num = 5;
initial
    begin
        rst_n = 1;
        @(posedge clk);
        rst_n = 0;
        repeat(rst_num) @(posedge clk);
        rst_n = 1;
    end
```

上述代码在 clk 的第一个上升沿开始复位，然后经过 5 个时钟上升沿后，在第 5 个时钟上升沿撤销复位信号，进入有效工作状态。

7.6.4　数据信号的产生

如前所述，数据信号既可以通过 Verilog HDL 语言的时序控制功能（#、initial、always 语句）来产生各类验证数据，也可以通过系统任务来读取计算机上已存在的数据文件。本小节主要介绍第一种方法，读取文件的方式将在后续章节进行介绍。

数据信号的产生主要有两种形式：一种是初始化和产生都在单个 initial 块中完成；另一种是初始化在 initial 语句中完成，而产生却在 always 语句块中完成。前者适合不规则数据序列，并且长度较短；后者适合具有一定规律的数据序列，长度不限。下面分别通过实例进行说明。

【例 7-14】　数据信号产生质数序列

产生位宽为 4 的质数序列{1、2、3、5、7、11、13}，并且重复 2 次，其中样值间隔为 4 个仿真时间单位。由于该序列无明显规律，因此利用 initial 语句最为合适，代码如下。

```
`timescale 1ns / 1ps
```

```
module tb_xulie1;
reg [3:0] q_out;
parameter sample_period = 4;
parameter queue_num = 2;
initial
    begin
        q_out = 0;
        repeat(queue_num)
            begin
                # sample_period q_out = 1;
                # sample_period q_out = 2;
                # sample_period q_out = 3;
                # sample_period q_out = 5;
                # sample_period q_out = 7;
                # sample_period q_out = 11;
                # sample_period q_out = 13;
            end
    end
endmodule
```

上述实例在 ModelSim 中的仿者结果如图 7-15 所示，正确地输出质数序列，达到了设计要求。

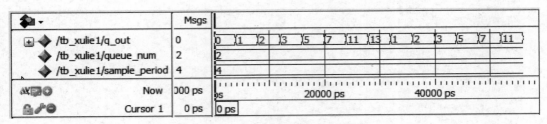

图 7-15　质数序列的仿真结果

【例 7-15】 数据信号产生偶数序列

产生位宽为 4 的偶数序列，并重复多次。由于该序列规律明显，因此，利用 always 语句最为方便，代码如下。

```
module tb_xulie2;
reg [3:0] q_out;
parameter sample_period = 4;
initial
    q_out = 0;
    always #sample_period q_out = q_out + 2;
endmodule
```

上述实例在 ModelSim 中的仿真结果如图 7-16 所示，正确地输出偶数序列，达到了设计要求。

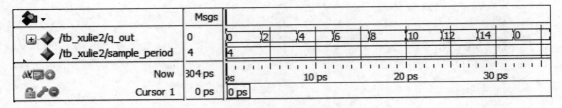

图 7-16　偶数序列的仿真结果

7.6.5 测试向量的产生

在测试模块中，测试向量的产生是测试问题中的一个重要部分，只有测试向量产生得完备，分析测试结果才有意义。如果有方法产生出期望的结果，可以用 Verilog 或其他工具自动地比较期望值和实际值。如果没有简易的方法产生期望的结果，那么明智地选择测试向量，可以简化仿真结果。当然，测试向量的产生是个在繁琐中追求特殊的情况。所以需要根据实际情况来选择测试向量。

【例 7-16】 16 位复数乘法器的代码仿真验证

（1）16 位复数乘法器测试文件 cmult_v.v 的代码为

```
`timescale 1ns / 1ps
module cmult_v;
//输入信号向量
reg clk;
reg [15:0] ar, ai, br ,bi ;
//输出信号向量
wire [31:0] qr, qi;
// 实例化待测的模块单元 (UUT)
cmultip uut (.clk(clk),.ar(ar),.ai(ai),.qr(qr),.br(br), .bi(bi), .qi(qi));
initial
    begin// 初始化输入向量
    clk = 0; ar = 0; ai = 0; br = 0; bi = 0;
    #100; //等待 100ns 后，全局 reset 信号有效
    ar = 20; ai = 10; br = 10; bi = 10;
    end
    always #5 clk = ~clk;
    always # 10 ar = ar + 1;
    always # 10 ai = ai + 1;
    always # 10 br = br + 1;
    always # 10 bi = bi + 1;
endmodule
```

（2）16 位复数乘法器设计文件 cmultip.v 的代码为

```
module cmultip(clk, ar, ai, qr, br, bi, qi);
input clk;
input [15 : 0] ar,br;
output [31 : 0] qr;
input [15 : 0] ai,bi;
output [31 : 0] qi;
wire [15 : 0] br_add_bi;
wire [15 : 0] ar_add_ai;
wire [15 : 0] ai_sub_br;
reg [31 : 0] arbrbiout;
reg [31 : 0] araibiout;
reg [31 : 0] aiarbrout;
//完成加法预处理
assign br_add_bi = br + bi;
assign ar_add_ai = ar + ai;
assign ai_sub_br = ai - ar;
//调用乘法器模块
always @(posedge clk)
    begin
        arbrbiout <= ar * br_add_bi;
```

```
        araibiout <= bi * ar_add_ai;
        aiarbrout <= br * ai_sub_br;
    end
// 完成加法后处理
assign qr = arbrbiout - araibiout;
assign qi = arbrbiout + aiarbrout;
endmodule
```

上述实例在 ModelSim 中的仿者结果如图 7-17 所示，正确地输出 16 位复数乘法结果，达到了设计要求。

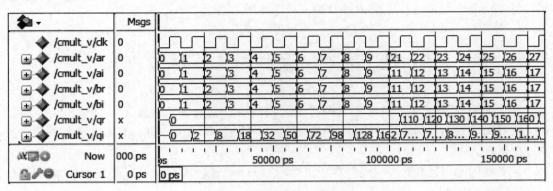

图 7-17　16 位复数乘法器的仿真结果

7.6.6　关于仿真效率的说明

和 C/C++等软件语言相比，Verilog HDL 行为级仿真代码的执行时间比较长，其主要原因是要通过串行软件代码完成并行语义的转化。随着代码的增加，会使得仿真验证过程非常漫长，从而导致仿真效率降低，成为整体设计的瓶颈。即便如此，不同的设计代码其仿真执行效率也是不同的，下面列出几个注意点，可以帮助设计人员提高 Verilog HDL 代码的仿真代码执行时间。

（1）减少层次结构。

仿真代码的层次越少，执行时间就越短。这主要是由于参数在模块端口之间传递需要消耗仿真器的执行时间。

（2）减少门级代码的使用。

由于门级建模属于结构级建模，自身参数建模已经比较复杂了，还需要通过模块调用的方式来实现，因此，建议仿真代码尽量使用行为级语句，建模层次越抽象，执行时间就越短。引申一点，在行为级代码中，尽量使用面向仿真的语句。例如，延迟两个仿真时间单位，最好通过"#2"实现，而不是通过深度为 2 的移位寄存器来实现。

（3）仿真精度越高，效率越低。

例如，包含`timescale 1ns / 1ps 定义的代码执行时间就比包含`timescale 1ns / 1ns 定义的代码执行时间长。

（4）进程越少，效率越高。

代码中的语句块越少仿真越快，例如，将相同的逻辑功能分布在两个 always 语句块中，其仿真执行时间就比利用一个 always 语句来实现的代码短。这是因为仿真器在不同进程之间进行切换也需要时间。

（5）减少仿真器的输出显示。

Verilog HDL 语言包含一些系统任务，可以在仿真器的控制台显示窗口输出一些提示信息。虽然其对于软件调试是非常有用的，但会降低仿真器的执行效率。因此，在代码中这一类系统任务不能随意使用。

从本质来讲，减少代码执行时间并不一定会提高代码的验证效率，因此，上述建议需要和仿真代码的可读性、可维护性及验证覆盖率等多方面结合起来考虑。

7.7 典型实例：全加器的验证与仿真

本实例旨在通过给定的工程实例"全加器的验证与仿真"来熟悉 ModelSim 软件的 Verilog HDL 语言设计输入、测试代码输入和编译流程，以及通过 ModelSim 软件对设计文件进行仿真。

全加器的原理比较简单，硬件实现也比较容易，通过门电路就可以完成全加器的设计，其设计代码 fulladd.v 文件如下。

```verilog
module fulladd(sum,c_out,a,b,c_in);
output sum,c_out;
input a,b,c_in;
wire s1,c1,c2;
xor (s1,a,b);
and (c1,a,b);
xor (sum,s1,c_in);
and (c2,s1,c_in);
or (c_out,c2,c1);
endmodule
```

通过设计代码可以看出，全加器有 3 个输入端，2 个输出端，首先为了在测试代码中使用输入端，需要将输入信号设成存储器型，其次为了测试全加器，就必须要在测试文件中进行全加器的调用，然后为了遍历输入端的所有状态，就需要考虑 3 输入端的所有组合的 8 种状态，即{a,b,c_in}输入端取 000 到 111，随后这 8 种状态肯定不能同时输入，因此，在每种状态输入之间需要加入一个时间间隔。最后仿真结束，在测试代码中加入停止指令，其测试代码 test.v 文件如下。

```verilog
module test;
wire sum,c_out;
reg a,b,c_in;
fulladd  fadd(sum,c_out,a,b,c_in);
initial
    begin
          a=0;b=0;c_in=0;
        #10 a=0;b=0;c_in=1;
        #10 a=0;b=1;c_in=0;
        #10 a=0;b=1;c_in=1;
        #10 a=1;b=0;c_in=0;
        #10 a=1;b=0;c_in=1;
        #10 a=1;b=1;c_in=0;
        #10 a=1;b=1;c_in=1;
```

```
        #10 $stop;
    end
endmodule
```

现在进行全加器的验证与仿真。

（1）在【开始】菜单栏中找到 ModelSim-Altera Edition 13.0.1.232 文件夹下的 ModelSim-Altera 10.1d(Quartus II 13.0sp1)图标，单击该图标启动 ModelSim，打开 ModelSim 软件，如图 7-18 所示。

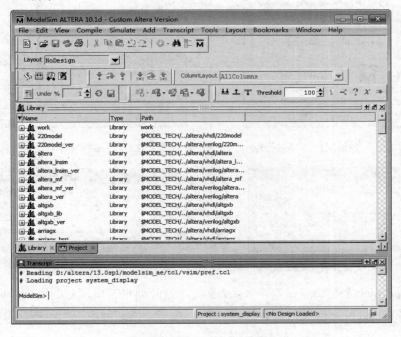

图 7-18　ModelSim 启动界面

（2）创建工程。执行【File】/【New】/【Project】命令，在 ModelSim 中创建新工程，并设置工程的相关属性，如图 7-19 所示。

（3）单击 OK 按钮，弹出如图 7-20 所示的创建工程目录对话框。

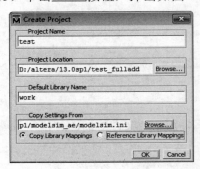

图 7-19　创建工程

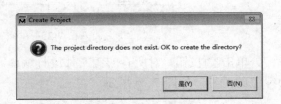

图 7-20　创建工程目录对话框

（4）单击 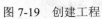 按钮，弹出如图 7-21 所示的添加工程项目对话框。

（5）在添加工程项目对话框，单击【Create New File】项目，弹出如图 7-22 所示的添加新文件对话框，在【File Name】标签下的文本框中填入"fulladd"，在【Add file as type】

标签下选择"Verilog",单击 OK 按钮,再次单击【Create New File】项目,弹出如图 7-23 所示的添加新文件对话框,在【File Name】标签下的文本框中填入"test",在【Add file as type】标签下选择"Verilog",单击 OK 按钮,再单击图 7-21 添加工程项目对话框的 Close 按钮完成工程的建立。就可以在工作区的【Project】窗口看到新加入的文件"fulladd.v"和"test.v"如图 7-24 所示。

图 7-21 添加工程项目对话框

图 7-22 添加新文件对话框 1

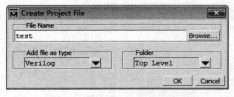

图 7-23 添加新文件对话框 2

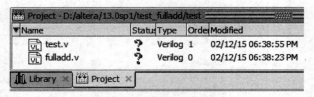

图 7-24 编译前的【Project】窗口

（6）在【Project】窗口中,双击 test.v 文件,打开编辑窗口,复制代码,单击 🖫 按钮,再双击 fulladd.v 文件,打开编辑窗口,复制代码,单击 🖫 按钮,如图 7-25 所示。

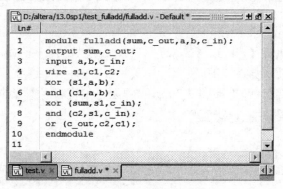

图 7-25 编辑窗口

（7）单击 ▦ 按钮,对所有的源文件进行编译。编译后,源文件后面的蓝色问号就替换成为绿色的对号,如图 7-26 所示。

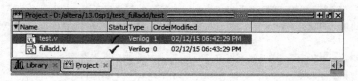

图 7-26 编译后的【Project】窗口

（8）在工作区中选择【Library】标签页，单击 Work 左边的小加号。在弹出的子菜单里面找到仿真模块 "test"。双击模块，ModelSim 就会自动运行仿真，如图 7-27 所示。

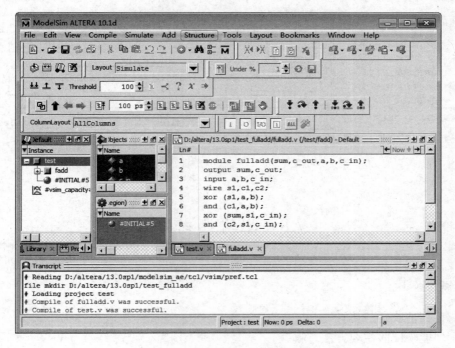

图 7-27　ModelSim 仿真选择界面

（9）在工作区中的【sim】标签页，选择顶层测试模块 test，单击右键，选择【Add Wave】项，ModelSim 将会自动打开一个波形观察器，并将顶层测试模块的所有寄存器和接口添加进去，弹出如图 7-28 的波形窗口。

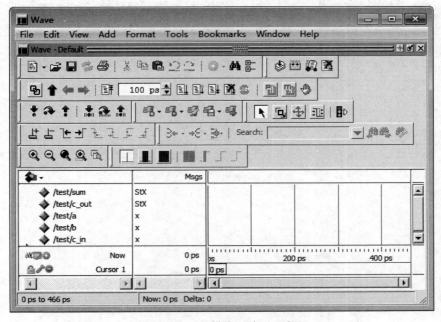

图 7-28　添加模块至波形观察器

（10）单击 ▤ 按钮，执行仿真，经过相应的仿真时间，就可以在波形观察器中出现如图 7-29 所示的仿真结果。

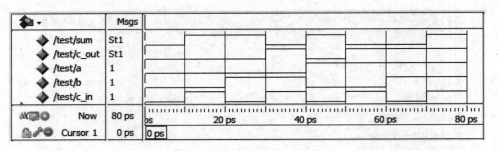

图 7-29　全加器的仿真结果

7.8　思考与练习

1．概念题

（1）什么是验证与仿真？

（2）功能验证的主要方法有哪些？

（3）简述仿真程序执行原理。

（4）行为描述语句中的并行激励语句都有哪些特点？

2．操作题

（1）利用 Verilog HDL 语言设计一个三分频时钟，并对其进行功能仿真。

（2）利用 Verilog HDL 语言设计一个同步 FIFO，并对其进行功能仿真。

第 8 章　Verilog HDL 语言设计进阶

Verilog HDL 语言为常用的屏幕显示、线网值动态监视、暂停和结束仿真等操作提供了标准的系统任务。编译预处理语句的作用在于通知综合器，哪些部分需要编译，哪些部分不需要进入编译。编译预处理语句和系统任务配合起来，可以通过一套程序达到不同参数设定的目的，读取不同的测试输入，并在关键分支上插入显示的系统任务，快速完成大规模测试平台的建立，并有效提高设计效率。同时，在设计中存在很多内在规律，总结并掌握这些规律对于深刻理解 Verilog HDL 语言编程有着重要意义。本章主要介绍 Verilog HDL 语言中系统任务和编译预处理语句的使用方法，以及 Verilog HDL 语言常用的设计规律。读者只有掌握系统任务、编译预处理语句含义和设计代码风格，才能将其在设计中灵活运用，达到事半功倍的效果。

8.1　系　统　任　务

在 Verilog HDL 语言中，以 "$" 字符开始的标识符表示系统任务或系统函数。系统任务和函数即在语言中预定义的任务和函数。和用户自定义任务和函数类似，系统任务可以返回 0 个或多个值，且系统任务可以带有延迟。系统任务的功能非常强大，主要分为以下几类。

- ❑ 显示任务（display task）；
- ❑ 文件输入/输出任务（File I/O task）；
- ❑ 时间标度任务（timescale task）；
- ❑ 仿真控制任务（simulation control task）；
- ❑ 时序验证任务（timing check task）；
- ❑ 仿真时间函数（simulation time function）
- ❑ 实数变换函数（conversion functions for real）；
- ❑ 概率分布函数（probabilistic distribution function）。

8.1.1　输出显示任务

输出显示任务指将各类信息输出到 Quartus II 信息显示区域以提示设计人员的系统任务，分为显示任务、探测监控任务及连续监控任务三大类，下面分别对其进行介绍。

1．显示任务

（1）语法说明。

显示系统任务用于信息显示和输出，这些系统任务进一步分为显示和写入任务、探测监控任务及连续监控任务。

　　显示和写入任务都能将信息显示出来，其区别在于显示任务将特定信息输出到标准输出设备，并且带有行结束字符，即自动换行；而写入任务输出特定信息时，不自动换行。显示任务的语法格式为

```
`task_name (format_specification1, argument_list1,
format_specification2, argument_list2,
...,
format_specificationN, argument_listN) ;
```

　　上述的 task_name 是指下面编译指令的一种：

　　$display，$displayb，$displayh，$displayo；$write，$writeb，$writeh，$writeo。

　　其中，$display、$displayb、$displayh、$displayo 为显示任务，$write、$writeb、$writeh 以及$writeo 为写入任务；"format_specification1" 为格式控制参数，"argument_list1" 为输出列表，包含期望显示的内容，既可以是数据，也可以是表达式。如果没有特定的参数格式说明，各任务的缺省值如下。

　　❑ $display 与$write：十进制数。

　　❑ $displayb 与$writeb：二进制数。

　　❑ $displayo 与$writeo：八进制数。

　　❑ $displayh 与$writeh：十六进制数。

　　格式控制参数 "format_specification1" 一般是用双引号括起来的字符串，包含两类信息，分别如下所示：由 "%"+格式字符组成，用于将输出的数据转换成指定的格式输出。表 8-1 给出了常用的几种输出模式。特殊字符的显示。表 8-2 给出了一些特殊字符，用于输出转换序列和特殊字符。

表 8-1　常用的输出格式

输 出 格 式	简 要 说 明
%h 或%H	将数据以 16 进制数的形式输出
%d 或%D	将数据以 10 进制数的形式输出
%o 或%O	将数据以 8 进制数的形式输出
%b 或%B	将数据以 2 进制数的形式输出
%c 或%C	将数据以 ASCII 码形式输出
%v 或%V	输出网络型数据信号强度
%m 或%M	输出等级层次的名字
%s 或%S	将数据以字符串的形式输出
%t 或%T	将数据以当前的时间格式输出
%e 或%E	将实数数据以指数的形式输出
%f 或%F	将实数数据以 10 进制的形式输出
%g 或%G	将数据以 10 进制数或指数的形式输出，无论何种格式都以最短的格式输出

表 8-2　常用的输出格式

换 码 序 列	简 要 说 明
\n	换行
\t	横向调格，跳到下一个输出区
\\	反斜杠字符\

换 码 序 列	简 要 说 明
\"	反斜杠字符"
\o	1~3 位八进制数代表的字符
%%	百分符号%

输出列表中的数据显示位宽是自动根据输出格式进行调整的。这样，在显示输出数据时，经过格式转换后，总是用最小的位宽来显示表达式的当前值。如果输出列表中的表达式含有不确定值，则遵循下列处理原则。

如果在输出格式为十进制的情况下，若所有比特的逻辑数值为不定或高阻，则其输出为小写的'x'、'z'；若其部分比特为不定或高阻，则其输出为大写的'X'、'Z'。如果输出格式为十六进制或八进制，每 4/3 比特代表着一个有效数据，若每位数字中所有比特的逻辑数值为不定或高阻，则该数字对应的输出为小写'x'、'z'；若其部分比特为不定或高阻，则其输出为大写的'X'、'Z'。如果输出格式为二进制，则每个比特都可以输出 1、0、x、z。

（2）应用实例。

下面给出一些$display 语句和$write 语句的应用实例来具体说明其使用方法。

❑　$display 语句

【例 8-1】　$display 的应用实例

```
module system_display;
initial begin
        $display (" 5 +10 = ", 5 +10);
        $display (" 5- 10 = %d", 5 -10);
        $displayb (" 10 -5 = ", 10 -5);
        $displayo (" 10 *5 = ", 10*5);
        $displayh (" 10 /5 = ", 10/5);
        $display (" 10 /-5 = %d", 10/-5);
        $display (" 10 %%3 = %d", 10%3);
        $display (" +5 = %d", +5);
        $display (" 4'b1001 = %d", 4'b1001);
        $display (" 4'b100x = %d", 4'b100x);
        $display (" 4'bxxxx = %d", 4'bxxxx);
        $display (" 4'b100z = %d", 4'b100z);
        $display (" 4'bzzzz = %d", 4'bzzzz);
    end
endmodule
```

上述程序在 ModelSim 中的仿真结果如图 8-1 所示。可以看出在输出格式为十进制时，如果表达式中的所有位为不定逻辑值，则输出结果为'x'；如果表达式中的部分位为不定逻辑值，则输出结果为大写的'X'；当表达式中的所有位为高阻逻辑值时，则输出结果为'z'；当表达式中的部分位为高阻逻辑值时，则输出结果为大写的'Z'。

在输出格式为 2 进制时，表达式的每一位都可以显示 1、0、x、z。当输出格式为 16 进制或 8 进制时，每 4 位或 3 位二进制数代表一位 16 进制数或 8 进制数；如果一位 16 进制数或 8 进制数所对应的 4 个或 3 个比特中，有一个为不定、高阻，则该 16 进制数或 8 进制数的输出为大写的'X'、'Z'；如果都为不定、高阻，则其输出为'x'、'z'。

```
# Loading work.system_display
VSIM 4> run -all
#   5 +10 =              15
#   5- 10 =              -5
#  10 -5 = 00000000000000000000000000000101
#  10 *5 = 00000000062
#  10 /5 = 00000002
#  10 /-5 =              -2
#  10 %3 =               1
#  +5 =              5
#  4'b1001 =  9
#  4'b100x =  X
#  4'bxxxx =  x
#  4'b100z =  Z
#  4'bzzzz =  z
```

图 8-1 $display 应用实例的仿真结果

❑ $write 语句

$write 语句和$display 语句最大的区别就在于$write 输出时不换行，因此在使用时要注意加入换行符 "\n"，确保输出内容便于区分。

【例 8-2】 $write 的应用实例

```
module system_write;
initial begin
        $write (" 5 +10 = ", 5 +10);
        $writeb (" 5- 10 = %d", 5 -10);
        $write (" 10 -5 = ", 10 -5);
        $write("\n");
        $write (" 5 +10 = %d \n", 5 +10);
        $writeb (" 5- 10 = ", 5 -10, "\n");
        $write (" 10 -5 = ", 10 -5, "\n");
    end
endmodule
```

上述程序在 ModelSim 中的仿真结果如图 8-2 所示。

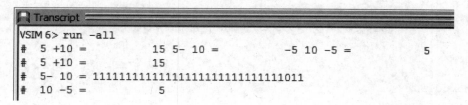

```
VSIM 6> run -all
#  5 +10 =              15 5- 10 =              -5 10 -5 =          5
#  5 +10 =              15
#  5- 10 = 11111111111111111111111111111011
#  10 -5 =          5
```

图 8-2 $write 应用实例的仿真结果

2．探测监控任务

探测任务用于在某时刻所有事件处理完后，在这个时间步的结尾输出一行格式化的文本。常用的系统任务如下。

$strobe，$strobeb，$strobeh，$strobeo

这些系统任务在指定时间显示模拟数据，但这种任务的执行是在该特定时间步结束时才显示模拟数据。"时间步结束"意味着对于指定时间步内的所有事件都已经处理了。探测监控任务的语法如下。

```
$strobe(<functions_or_signals>);
$strobe ("<string_and/or_variables>", <functions_or_signals>);
```

其中，这些系统任务的参数定义语法和$display 任务一样，但是$strobe 任务在被调用的时刻所有的赋值语句都完成了，才输出相应的文字信息。因此，$strobe 任务提供了另一种数据显示机制，可以保证数据只在所有赋值语句被执行完毕后才被显示。

【例 8-3】　$strobe 的应用实例

```
module strobe_demo;
reg a, b;
//initial 语句块 1
initial begin
        a = 0;
        $display("a by dispaly is :", a);        // displays 0
        $strobe("a by strobe is :", a);          // displays 1
        a = 1;
     end
//initial 语句块 2
initial begin
        b <= 0;
        $display("b by dispaly is :", b);        // displays x
        $strobe("b by strobe is :",b);           // displays 0
        #5;
        $display("#5 b by dispaly is :", b);     // displays 0
        $display("#5 b by strobe is :", b);      // displays 1
        b <= 1;
     end
endmodule
```

在 ModelSim 中执行上述程序，会得到如图 8-3 所示的结果。可以看出，在第一个 initial 语句块中，由于采用阻塞赋值，在 0 时刻，a 的值就为 0，因此，$display 语句输出 0；而在 0 时刻还有 a=1 赋值操作，因此，$strobe 语句输出为赋值完成后的 1。在第二个 initial 语句块中，赋值操作全部为非阻塞赋值，其赋值操作分为两步执行，因此在 0 时刻刚进入语句块时，b 的值并不是 0，因此，$display 语句执行后输出为 x，然后 b 的值变为 0，$strobe 输出赋值完成后的 1。在当仿真时间再往前推进到 5 时，根据同样的原理，$display 输出 0，$strobe 输出 1。

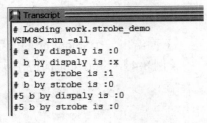

图 8-3　$strobe 应用实例的仿真结果

3. 连续监控任务

连续监控任务提供了监控和输出参数列表中表达式或变量值的功能，当一个或多个指定的线网或寄存器数值改变时，就输出一行文本。用于在测试设备中监控仿真行为。常用的连续监控任务关键字包括

$monitor, $monitorb, $monitorh, $monitoro, $monitoron, $monitoroff

其相应的语法格式为

```
$monitor(
format_specification1, argument_list1,
```

```
format_specification2, argument_list2,
...,
format_specificationN, argument_listN);
$monitoron;
$monitoroff;
```

其中，format_specification1 以及 argument_list1 和$display 语句中的相同，包括各类细节说明。只要输出列表中的数值有一个发生变化，就会启动该$monitor 任务，整个输出列表中的所有变量或表达式的值都会显示。如果在同一仿真时刻，有多个（两个或两个以上）参数表达式的值发生变化，则在该时刻只输出显示一次。典型的示例如下。

```
$monitor("a=%b, b=%b, out=%b\n", a, b, out);
```

$monitoron 和$monitoroff 这两个任务的作用是通过打开和关闭监控标志来控制、监控任务$monitor 的启动和停止，这样使得程序员可以很容易控制$monitor 的发生时间。在缺省情况下，监控任务在仿真的起始时刻就自动打开。这样，在多模块调试的情况下，会有多个模块调用$monitor，但是在任意时刻都只能有一个$monitor 任务被启动，因此，需要使用$monitoron 和$monitoroff 在特定时刻启动需要检测的模块，关闭其他模块，并在检测完毕后及时关闭，以便把$monitor 任务让给其他模块使用。

注意：$monitor 语句一旦出现，便会不间断地对被检测信号进行监视输出，不会停止下来，因此，最好不要用其来观测循环的周期信号。

此外，$monitor 语句的输出参数还可以是$time 系统函数，其格式如下。

```
$monitor($time,"d=%b", d);
```

其中，$time 会列出当前仿真时间，可位于任何输出列表之前或之后，因此，上述示例和下面的语句都可以输出当前仿真时间，只是仿真时间的显示位置不同。

```
$monitor("d=%b", d, $time);
```

下面给出一个$monitor 的应用实例。

【例 8-4】 $monitor 的应用实例

```
module system_monitor;
reg [3:0] a, b;
reg clk;
initial begin
        $monitor("Simulation time", $time," ns:", "a=%b, b=%b", a, b);
    end
initial begin
        a = 0;
        b = 0;
        clk = 0;
    end
always #4 clk = ~clk;
always @(posedge clk)
    begin
        if(a == 15) begin
            b <= b + 1;
            a <= 0;
                end
        else begin
            a <= a + 1;
```

```
          end
      end
endmodule
```

在 ModelSim 中完成上述程序的功能仿真时，就会产生图 8-4 所示的输出结果，可以看出，只要 a、b 信号的数值发生变化，$monitor 语句就会在信息显示窗口显示其对应的数值，达到了连续监测的目的。

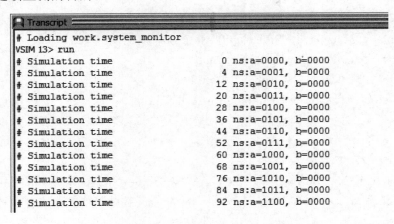

图 8-4　$monitor 应用实例的仿真结果

8.1.2　文件输入输出任务

为什么要使用 Verilog HDL 语言读取/写入文件呢？主要有下列 3 个优点：首先，将数据准备和分析的工作从 Testbench 中隔离出来，便于协同工作；其次，可通过其他软件工具 C/C++、MATLAB 等快速产生数据；第三，将数据写入文档后，可通过 C/C++、Excel 及 MATLAB 工具分析。因此，在测试代码中完成文件输入输出操作，是测试大型设计的必备手段。

1．文件操作语法

Verilog HDL 语言的文件操作和 C/C++语言类似，首先需要打开文件，然后对文件进行读/写操作，最后关闭文件。

（1）文件的打开和关闭。

❑　打开文件。

系统函数$fopen 用于打开一个文件，将文件和 integer 指针关联起来，其语法格式如下。

```
integer file_pointer = $fopen(file_name);
```

//系统函数$fopen 返回一个关于文件的整数(指针)。

此外，在 IEEE Verilog HDL-2001 标准中，还提供了三个独立功能的系统任务。

```
file = $fopenr("filename"); //以只读模式打开数据文件
file = $fopenw("filename"); //以只写模式打开数据文件
file = $fopena("filename"); //以读、模式打开数据文件，等效于$fopen
```

❑ 关闭文件。

系统任务$fclose 可用于关闭一个文件，格式如下。

```
$fclose(file_pointer);
```

（2）输出到文件。

显示、写入、探测和监控系统任务都有一个用于向文件输出的相应副本，该副本可用于将信息写入文件，这些系统任务如下。

❑ $fdisplay，$fdisplayb，$fdisplayh，$fdisplayo

❑ $fwrite，$fwriteb，$fwriteh，$fwriteo

❑ $fstrobe，$fstrobeb，$fstrobeh，$fstrobeo

❑ $fmonitor，$fmonitorb，$fmonitorh，$fmonitoro

所有这些任务的第一个参数是文件指针，其余的所有参数是带有参数表的格式定义序列，含义和相应的不带字符'f'的系统任务相同。

（3）从文件中读取数据。

Verilog HDL 语言中从文本读取数据有两大类方法：第一类为$fscanf 系统任务；第二类为$readmemb 和$readmemh 系统任务。上述两个任务都可以从文本文件中读取数据，并将数据加载到存储器。被读取的文本文件可以包含空白空间、注释和二进制（对于$readmemb）或十六进制（对于$readmemh）数字，每个数字由空白空间隔离。

❑ $fscanf 系统任务。

$fscanf 系统任务和 C 语言中的 fscanf 函数语法和功能相同，从一个流中执行格式化输入，其在 Verilog HDL 中的用法如下所列：

```
integer file, count;
count = $fscanf(file, format, args);
```

$fscanf 任务从与 file 关联的文件中接受输入并根据指定的 format 来解释输入，解析后的值会被装入数组 args 返回。如果读写数据错误，则返回值 count 为-1。

❑ $readmemb 和$readmemh 系统任务。

$readmemb 和$readmemh 是 Verilog HDL 语言中专门用于读取数据的系统任务，其使用格式主要有下面的 6 种。

❑ $readmemb（"<数据文件名>", <存储器名>）；

❑ $readmemb（"<数据文件名>", <存储器名>, <起始地址>）；

❑ $readmemb（"<数据文件名>", <存储器名>, <起始地址>, <结束地址>）；

❑ $readmemh（"<数据文件名>", <存储器名>）；

❑ $readmemh（"<数据文件名>", <存储器名>, <起始地址>）；

❑ $readmemh（"<数据文件名>", <存储器名>, <起始地址>, <结束地址>）；

这两个任务用语从指定文件中读取数据并载入到指定存储器中，可以在仿真时间任何时刻执行，被读取的文件只能包含下面的内容：空格、换行、制表符（tab 键）、换页、注释、二进制或十六进制数字。

对于$readmemb 而言，每个数字都为二进制形式；而对于$readmemh，数字将表示为十六进制。对于未知值（'x'、'X'）高阻值（'z'、'Z'）以及下划线（'_'），在 Verilog HDL 语言中都可以用来指定一个数字。空格符和注释可以用来区分这些数字。

当文件被读取时，遇到的每个数字都在存储器中分配到一个连续字单元，可通过在系统任务中设定起始地址或结束地址来进行寻址，也可以在数据文件中设定地址。

如果使用数据文件中的地址，可以在@字符后面跟一个十六进制数，可以大小写混合形式表示，但不允许存在空格，例如，

```
@hhh...h
```

如果在系统任务中定义了数据的起始地址和结束地址，则数据文件中的数据按照该起始地址开始存放到存储器中，直到该结束地址，而忽略存储器定义语句的起始地址和结束地址。如果在系统任务中只给出起始地址而没有结束地址，可以从所给的地址载入数据，将存储器中说明的最右侧作为结束地址。如果在系统任务中没有定义地址，并且在数据文件中没有地址说明，则将存储器生命中的最左侧地址作为缺省的起始地址。如果在系统任务和存储器定义中都定义了地址信息，则数据文件里的地址必须在系统任务中地址参数声明的范围之内，否则将提示错误信息，并且装载数据到存储器中的操作会被中断。

下面给出下 $readmemb 和 $readmemh 的应用示例。

```
reg [0:3] Mem_A [0:63];
initial
$readmemb ( "ones_and_zero.vec ", Mem_A) ;
//读入的每个数字都被指派给从 0 开始到 63 的存储器单元。
```

显式地址可以在系统任务调用中可选地指定，例如，

```
$readmemb( "rx. vex ", Mem_A, 15, 30 ) ;
//从文件"rx.vec"中读取的第一个数字被存储在地址 15 中，下一个存储在地址 16，并以此类
推直到地址 30。
```

2．文件操作实例

下面首先给出一个利用 $fscanf 任务完成文件读取的实例。由于 $fscanf 每次只能读取一个数据，因此，需要通过循环语句来控制。利用 $fscanf 任务读取文本，并将读取内容写入输出文本中，文件依次存入了 1~9 包括 0 这 10 个数据，每个数据通过空格间隔。

【例 8-5】　$fscanf 的应用实例

```
`timescale 1ns / 1ps
`define NULL 0
module file_scanf;
integer fp_r, fp_w;
integer flag;
reg [3:0] bin;
reg [15:0] data_in;
reg [15:0] cnt = 10;
initial
    begin : file_fscanf
        fp_r = $fopen("data_in.txt", "r");
        fp_w = $fopen("data_out.txt", "w");
        if (fp_r == `NULL) //如果文件打开错误
            disable file_fscanf; //立即退出
        if (fp_w == `NULL) //如果文件打开错误
            disable file_fscanf; //立即退出
        while (cnt > 0)
            begin
                flag = $fscanf(fp_r, "%d", data_in);
```

```
                    cnt = cnt - 1;
                    $write("%d", data_in, " ,");
                    $fwrite(fp_w, "%d\n", data_in );
                    #5;
                end
            $fclose(fp_r);
            $fclose(fp_w);
        end
endmodule
```

上述程序在 ModelSim 中的仿真结果如图 8-5 所示，给出了程序运行后信息显示区的输出信息，可以看到显示信息和文本文件中一致，表明程序代码的正确性。

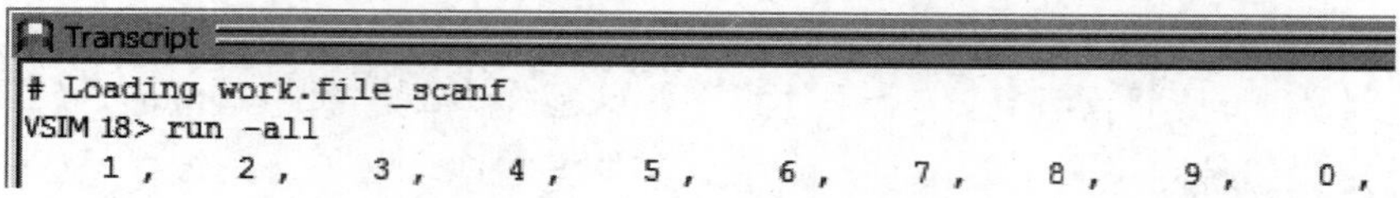

图 8-5 $fscanf 应用实例的信息显示区输出

利用系统任务读取数据的主要目的是用于完成代码仿真，因此，最重要的为 Testbench 提供波形激励，还需要在波形图中观察是否正确。图 8-6 给出了代码的波形仿真结果，可以看出，data_in 信号的波形确实是数据文件的 1~9 包括 0。

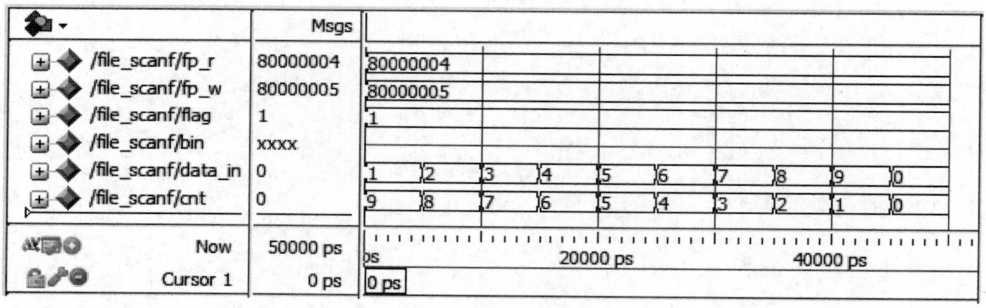

图 8-6 $fscanf 应用实例的仿真波形结果

由于$readmemb 或$readmemh 任务一次性将所有数据全部读入寄存器中，因此，首先需要一个二维数组来存取数据，然后将数组中数据依次传递给仿真输入。下面给出一个利用$readmemb 或$readmemh 来读取数据的实例，利用$readmemb 或$readmemh 任务读取文本，并将读取内容写入输出文本中。

【例 8-6】 $readmemh 的应用实例

```
`timescale 1ns/1ps
module readmemh_demo;
parameter data_period = 4;
parameter data_num = 10;
// Declare memory array that is twelve words of 32-bits each
reg [31:0] Mem [0:data_num - 1];
reg [31:0] data;
// Fill the memory with values taken from a data file
initial $readmemh("data_in.txt",Mem);
// Display the contents of memory
integer k;
initial begin
```

```
        #data_period;
        $display("Contents of Mem after reading data file:");
        for (k=0; k< data_num; k=k+1) begin
            data = Mem[k];
            #data_period;
            $display("%d:%h",k,Mem[k]);
        end
    end
endmodule
```

上述程序的仿真结果的控制台输出结果如图 8-7 所示。图中给出了程序运行后信息显示区的输出信息，可以看到显示信息和文本文件中的一致，表明程序代码的正确性。

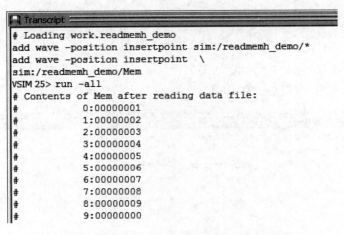

图 8-7　$readmemh 应用实例的控制台输出结果

图 8-8 给出了代码的波形仿真结果，可以看出 data_in 信号的波形确实是数据文件的 1～9 包括 0。

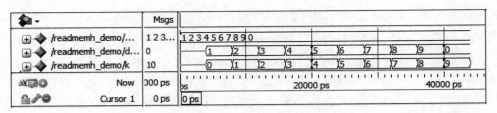

图 8-8　$readmemh 应用实例的仿真波形结果

8.1.3　时间标度任务

时间标度任务包括打印时间标度和设置时间格式这两类操作，分别对应着 $printtimescale 和$timeformat 任务，下面对其进行介绍。

1. 系统任务$printtimescale

该任务给出打印仿真代码中的的仿真时间单位和仿真时间最小可分辨精度，其语法格式分别如下。

```
$ printtimescale;
$ printtimescale (hier_path_to_module);
```

若$printtimescale 任务没有指定参数，则打印包含该任务调用的仿真模块的时间单位和精度，即包含该系统任务的模块。如果指定了模块的层次路径名为参数，则系统任务输出指定模块的时间单位和精度。下面给出$printtimescale 任务的应用实例。

【例 8-7】 $printtimescale 的应用实例

```
`timescale 1ns / 1ps
module printtimescale_demo;
initial
    begin
        $printtimescale(printtimescale_demo);
    end
endmodule
```

上述代码在 ModelSim 中的仿真结果如图 8-9 所示，可以看出，$printtimescale 任务输出了 printtimescale_demo 模块的仿真时间单位和最小分辨间隔。

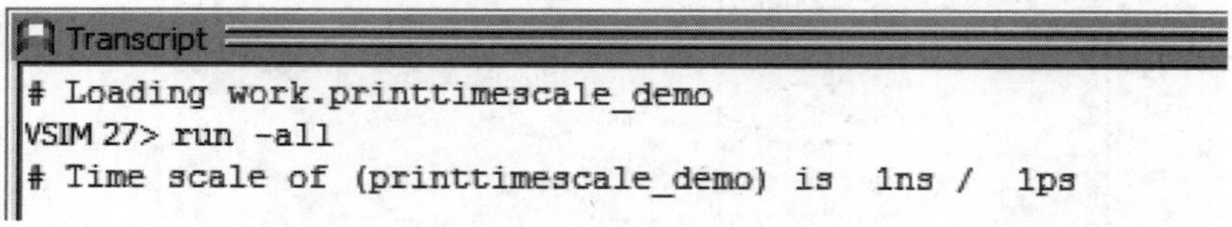

```
Transcript
# Loading work.printtimescale_demo
VSIM 27> run -all
# Time scale of (printtimescale_demo) is  1ns /  1ps
```

图 8-9 $printtimescale 应用实例的仿真结果

2. 系统任务$timeformat

$timeformat 任务用于设定当前的时间格式信息，使得$time 系统按照预定格式输出，其任务语法如下。

```
$timeformat(units_number, precision, suffix, numeric_field_width);
```

其中，units_number 是 0~15 之间的整数值，表示打印的时间单位，其含义如表 8-3 所示。precision 是在小数点后面要打印的小数位数；suffix 是在时间值后面打印的一个字符串；numeric_field_width 是打印的最小数量字符包括前面的空格，如果要求更多字符，那么打印的字符更多。如果没有指定变量，默认使用下面的值 units_number：仿真精度；precision 为 0；suffix 为空字符串；numeric_field_width 为 20 个字符。

用`timescale、$timeformat 和$realtime 带%t 指定和显示仿真时间；用$display、$monitor 或其他显示任务。下面给出时间标度任务的调用实例。

【例 8-8】 $timeformat 的应用实例

```
`timescale 1ns/1ps
module tb_test;
initial
    begin
        $display("Current simulation time is %t",$time);
        $timeformat(-10, 2, " x100ps", 20); // 20.12 x100ps
        $display("Current simulation time is %t",$time);
    end
endmodule
```

在 ModelSim 中执行上述代码，将会在控制台输出窗口显示$display 任务中%t 说明符的值，其结果如图 8-10 所示。如果没有指定$timeformat，%t 按照源代码中所有时间标度的最小精度输出。

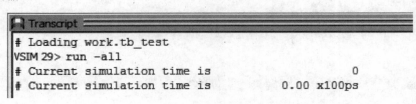

图 8-10　$timeformat 应用实例的仿真结果

表 8-3　units_number 的含义列表

数　　值	时间含义	数　　值	时间含义
0	1s	-1	100ms
-2	10ms	-3	1ms
-4	100us	-5	10us
-6	1us	-7	100ns
-8	10ns	-9	1ns
-10	100ps	-11	10ps
-12	1ps	-13	100fs
-14	10fs	-15	1fs

8.1.4　仿真控制任务

仿真控制任务包括仿真完成和暂停这两类操作，分别对应$finish 和$stop 任务，下面对其进行介绍。

1．系统任务$finish

$finish 任务的作用是退出仿真器，并将控制返回到操作系统，有两种用法：$finish;或$finish(n)；其中，$finish 可以带参数(0、1、2)，根据参数的值输出不同的特征信息，各参数的值为表 8-4 所示。如果不带参数，默认$finish 的参数值为 1。

表 8-4　$finish参数值说明列表

参数值 n	功　能　说　明
0	结束任务，不输出任何信息
1	结束任务，输出当前仿真时刻和位置
2	结束任务，输出当前仿真时刻、位置以及仿真过程中所用的内存和 CPU 时间的统计

2．系统任务$stop

$stop 任务的作用是将仿真器置成暂停模式，使仿真进程被挂起。在这一阶段，交互命令可能被发送到模拟器。该命令使用方法如下。

```
initial #500 $stop;
```

```
//500 个时间单位后，模拟停止。
```

下面给出$finish 和$stop 任务的典型应用模版，例如，

```
if (…) begin
$ stop; //在某一条件下中断仿真
end
```

又如：

```
# Ntime $finish; //在某一特定时刻，仿真结束
```

8.1.5 仿真时间函数

在 Verilog HDL 语言中，有两种类型的仿真时间函数$time、$realtime，通过这两个系统任务可以输出当前的仿真时刻，其中，

❑ $time：返回一个 64 位的整数来表示当前的仿真时刻值。

❑ $realtime：返回实型数来表示当前的仿真时刻值。

1. 系统任务$time

$time 任务返回一个 64 位的整型模拟时间值，其数值由调用模块中的`timescale 语句指定。下面给出一个$time 任务应用实例。

【例 8-9】 $time 的应用实例

```
`timescale 10ns /1ns
module time_demo;
reg tmp;
parameter p = 1.7;
initial
    begin
        $monitor ($time, "tmp= ", tmp);
        #p tmp = 0;
        #p tmp = 1;
        #p tmp = 0;
    end
endmodule
```

在 time_demo 模块中，time_demo 原本要在 17ns 时刻处将寄存器 tmp 的数值修改为 0，在 34ns 时刻处将 tmp 数值设置为 1，在 51ns 时刻处再将 tmp 设置为 0。程序在 ModelSim 中的仿真结果如图 8-11 所示，可以看出，$time 按模块 time_demo 的时间单位比例返回值和预想存在差异，其原因是$time 输出的时刻总是仿真时间单位的整数倍，所有的小数都需要取整。其中，仿真时间最小分辨率并不影响输出数值的取整操作。

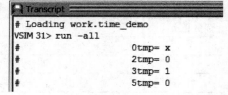

图 8-11 $time 的应用实例的仿真结果

2. 系统任务$realtime

$realtime 和$time 的作用相同，只是$realtime 返回的时间数字是一个实型数，当然该数字也是以时间尺度为基准的。下面给出一个$realtime 的应用实例。

【例 8-10】　$realtime 的应用实例

```
`timescale 10ns /1ns
module realtime_demo;
reg tmp;
parameter p = 1.7;
initial
    begin
        $monitor ($realtime, "tmp= ", tmp);
        #p tmp = 0;
        #p tmp = 1;
        #p tmp = 0;
    end
endmodule
```

程序和例 8-9 相比，只是将$time 替换成$realtime，其在 ModelSim 中的仿真结果如图 8-12 所示，可以看出，$realtime 将仿真时间经过尺度变换后输出，没有取整操作，返回的是一个实数。

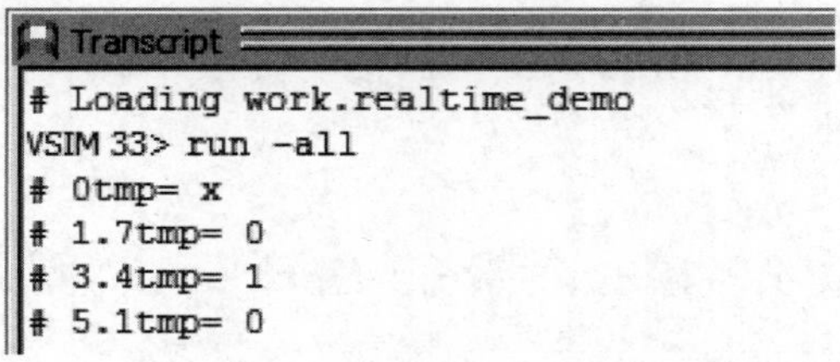

图 8-12　$realtime 的应用实例的仿真结果

8.1.6　数字类型变换函数

数字类型变换函数主要完成了数字格式的变换，其任务包括$rtoi、$itor、$realtobits 和 $bitstoreal 任务函数。

下列系统函数是数字类型变换的功能函数。

❑ $rtoi(real_value)：通过截断小数值将实数变换为整数。

❑ $itor(integer_value)：将整数变换为实数。

❑ $realtobits(real_value)：将实数变换为 64 位的实数向量表示法（实数的 IEEE 表示法）。

❑ $bitstoreal(bit_value)：将位模式变换为实数（与$realtobits 相反）。

下面给出一个数字类型变化的应用示例。

【例 8-11】　数字类型变换任务的应用示例

```
module zhuanhuan_demo;
reg [63:0] a , b, c, d;
initial
    begin
        $monitor("a= ", a, "\n", "b= ", b, "\n",
                 "c= ", c, "\n","d= ", d, "\n");
        a = $rtoi(3.14);
        b = $itor(a);
        c = $realtobits(3.14);
```

```
        d = $bitstoreal(c);
    end
endmodule
```

上述程序在 ModelSim 中的执行结果如图 8-13 所示，可以看出，由于$rtoi 任务有截断操作，因此，其输出数据经过$itor 不能恢复；由于$realtobits 和$bitstoreal 只是完成数据类型转换，因此，二者互为逆变换。

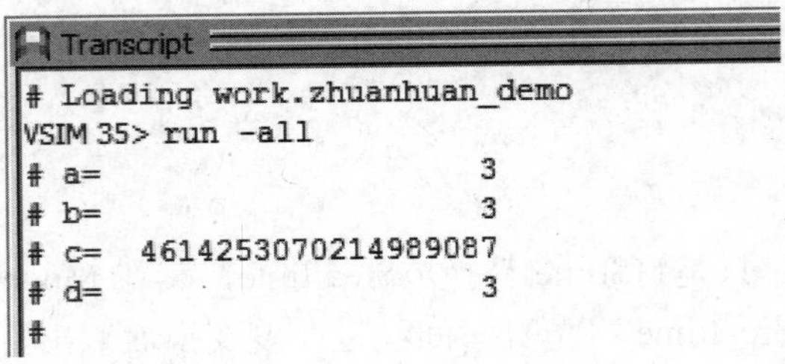

```
Transcript
# Loading work.zhuanhuan_demo
VSIM 35> run -all
# a=                      3
# b=                      3
# c=   4614253070214989087
# d=                      3
#
```

图 8-13 数据类型转换任务仿真结果

8.1.7 概率分布函数

Verilog HDL 语言也提供了随机数的系统函数$random，其语法如下所述。

```
$random[ (seed) ]
```

$random 任务根据种子变量（seed）的取值按 32 位的有符号整数形式返回一个随机数，其中，种子变量（必须是寄存器、整数或时间寄存器类型）控制函数的返回值，即不同的种子将产生不同的随机数。如果没有指定种子，每次$random 函数被调用时根据缺省种子产生随机数。$random 任务典型的语法如下所示。

```
integer seed, Rnum;
wire clk ;
initial  seed = 12;
always @ (clk)
Rnum= $random (seed) ;
```

上述代码在 clk 的每个边沿（包括上升沿和下降沿），$random 被调用并返回一个 32 位有符号整型随机数。如果数字在取值范围内，下述模运算符可产生-10～+10 之间的数字。

```
Rnum = $random(Seed) % 11;
```

如果未显式指定$random 任务的种子，则将随机选取任务种子，例如，

```
Rnum = $random ;
```

这就表明种子变量是可选的，注意，数字产生的顺序是伪随机排序的，即对于一个初始种子值产生相同的数字序列。

```
Rnum = {$random} % 11
```

则产生 0～10 之间的一个随机数，其中，并置操作符（{ }）将$random 函数返回的有符号整数变换为无符号数。

下列函数根据在函数名中指定的概率函数产生伪随机数，其代表着概率分布可通过函

数名来鉴别，这里就不再深入讨论。其中，所有函数的参数都必须是整数。

```
$dist_uniform (seed, start , end)
$dist_normal (seed , mean , standard_deviation, upper)
$dist_exponential (seed, mean)
$dust_poisson (seed , mean)
$dist_chi_square (seed , degree_of_freedom)
$dist_t (seed, degree_of_freedom)
$dist_erland(seed,k_stage,mean)
```

下面给出一个$random 任务的应用实例。

【例 8-12】　利用$random 任务生成随机宽度的脉冲序列

```
`timescale 1ns / 1ps
module random_demo;
reg dout;
integer delay1, delay2, num;
initial
    begin
        #10 dout = 0;
        num = 100;
        while (num > 0)
            begin
                num = num - 1;
                delay1 = {$random} % 10;
                delay2 = {$random} % 20;
                dout = 1;
                #delay1;
                dout = 0;
                #delay2;
            end
    end
endmodule
```

上例在 ModelSim 中的仿真结果如图 8-14 所示，其有效完成了随机宽度的脉冲信号，达到了设计要求。其中，num 为循环的次数；delay1 为每次循环中高电平持续的时间；delay2 为每次循环中低电平持续的时间。

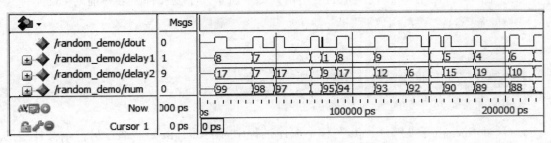

图 8-14　随机位宽脉冲设计仿真结果

8.2　编译预处理

编译预处理是指 Verilog HDL 编译系统会对一些特殊命令进行预处理，然后将预处理结果和源程序一起再进行通常的编译处理。编译预处理语句的作用在于通知综合器，哪些部分需要编译，哪些部分不需要进入编译。编译预处理语句和系统任务配合起来，可以通过一套程序就达到不同参数设定的目的，读取不同的测试输入，并在关键分支上插入显示的系统任务，快速完成大规模测试平台的建立，并有效提高设计效率。以"`"（反引号）开始的某些标识符是编译预处理语句。在 Verilog HDL 语言编译时，特定的编译器指令在整个编译过程中有效（编译过程可跨越多个文件），直到遇到其他不同编译程序指令。常用编译预处理语句如下。

- ❏ `define, `undef
- ❏ `ifdef, `else, `endif
- ❏ `default_nettype
- ❏ `include
- ❏ `resetall
- ❏ `timescale
- ❏ `unconnected_drive, `nounconnected_drive
- ❏ `celldefine, `endcelldefine

8.2.1 宏定义`define 语句

1. `define指令说明

`define 指令是一个宏定义命令，通过一个指定的标志符来代表一个字符串，可以增加 Verilog 代码的可读性和可维护性，找出参数或函数不正确或不允许的地方。

`define 指令像 C 语言中的#define 指令，可以在模块的内部或外部定义，编译器在编译过程中，遇到该语句将把宏文本替换为宏的名字。`define 的声明语法格式如下。

```
`define <macro_name> <Text>
```

对于已声明的语法，在代码中的应用格式如下所示，不要漏掉宏名称前的"`"。

```
`macro_name
```

例如，

```
`define MAX_BUS_SIZE 32
...
reg [ `MAX_BUS_SIZE - 1:0 ] AddReg;
```

一旦`define 指令被编译，其在整个编译过程中都有效。例如，通过另一个文件中的 `define 指令 MAX_BUS_SIZE 能被多个文件使用。`undef 指令取消前面定义的宏。例如，

```
`define WORD 16 // 建立一个文本宏替代。
...
wire [ `WORD : 1] Bus;
...
`undef WORD
//在`undef 编译指令后，WORD 的宏定义不再有效。
```

关于宏定义指令，有下面 8 条规则需要注意。

- ❑ 宏定义的名称可以是大写，也可以是小写，注意不要和变量名重复。
- ❑ 和所有编译器伪指令一样，宏定义在超过单个文件边界时仍有效（对工程中的其他源文件），除非被后面的`define、`undef 或`resetall 伪指令覆盖，否则，`define 不受范围限制。
- ❑ 当用变量定义宏时，变量可以在宏正文使用，并且在使用宏时，可以用实际的变量表达式代替。
- ❑ 通过用反斜杠 "\" 转义中间换行符，宏定义可以跨越几行，新的行是宏正文的一部分。
- ❑ 宏定义行末不需要添加分号 ";" 结束。
- ❑ 宏正文不能分离以下的语言记号：注释、数字、字符串、保留的关键字、运算符。
- ❑ 编译器伪指令不允许作为宏的名字。
- ❑ 宏定义中的本文也可以是一个表达式，并不仅用于变量名称替换。

2．`define和parameter的区别

`define 和 parameter 都可以用于完成文本替换的功能，但其存在本质上的不同，前者是编译之前就预处理，而后者是在正常编译过程中完成替换的。此外，`define 和 parameter 存在下列两点不同之处。

（1）作用域不同。

parameter 作用于声明的那个文件；`define 从编译器读到这条指令开始到编译结束都有效，或者遇到`undef 命令使之失效，可以应用于整个工程。如果要让 parameter 作用于整个项目，可以将如下声明写于单独文件，并用`include 让每个文件都包含声明文件。

`define 也可以写在代码的任何位置，而 parameter 则必须在应用之前定义。通常编译器都可以定义编译顺序，或者从最底层模块开始编译。因此写在最底层就可以了。

（2）传递功能不同。

parameter 可以用作模块例化时的参数传递，实现参数化调用；`define 语句则没有此作用。`define 语句可以定义表达式，而 parameter 只能用于定义变量。

3．`define开发实例

下面给出一个典型的宏定义开发实例。

【例 8-13】　宏定义的应用实例

```
module define_demo(clk, a, b, c, d, q);
`define bsize 9
`define c a + b
input clk;
input [`bsize:0] a, b, c, d;
output [`bsize:0] q;
reg [`bsize:0] q;
always @(posedge clk)
    begin
        q <= `c + d;
    end
endmodule
```

程序在 Quartus II 中综合后的 RTL 结构图如图 8-15 所示，其中，`c 意味着左端的加法

器，是表达式的宏定义，故 c[9..0]未接入实际电路；`bsize 定义了位宽，是变量的定义。

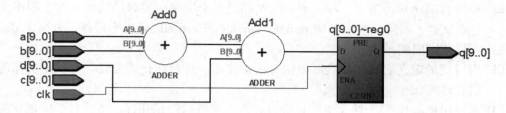

图 8-15　宏定义应用实例的综合后 RTL 结构图

上述程序在 Quartus II 中的仿真结果如图 8-16 所示，计算结果正确，从而验证了设计的正确性。

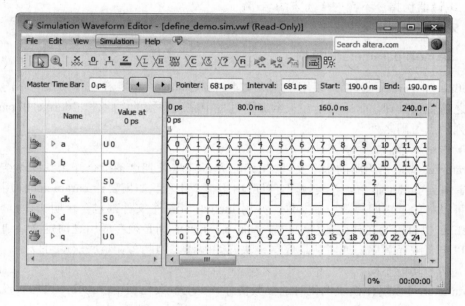

图 8-16　宏定义应用实例的仿真结果

8.2.2　条件编译命令`if 语句

条件编译指令包括`ifdef、`else 和`endif，其中，`ifdef 定义指定的宏是否决定条件编译 Verilog HDL 代码，其应用语法格式有下列两类。

```
`ifdef  MacroName//第一类
语句块；
`endif//第一类
`ifdef  MacroName//第二类
语句块 1；
`else
语句块 2；
`endif//第二类
```

可以看出，`else 程序指令对于`ifdef 指令是可选的。条件编译语句可以在程序的任何地方调用，其规则如下。

❑ 如果宏的名字已经用了`define 定义，那么只编译 Verilog 代码的第一个块。

❑ 如果没有定义宏的名字且出现`else 伪指令，那么只编译第二个块。

❑ 这些伪指令可以嵌套。

❑ 不被编译的代码都应是有效的 Verilog 代码。

条件编译的简单实例如下。

```
`ifdef WINDOWS
parameter WORD_SIZE = 16
`else
parameter WORD_SIZE = 32
endif
```

在编译过程中，如果已定义了名字为 WINDOWS 的文本宏，就选择第一种参数声明，否则选择第二种参数声明。

8.2.3　文件包含`include 语句

`include 编译器指令用于嵌入内嵌文件的内容，可在一个源文件 A 中将另外一个源文件 B 的全部内容包含进来，使得 A 可以使用 B 中的模块，如图 8-17 所示。

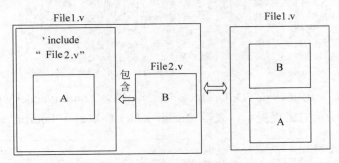

图 8-17　文件包含关系示意图

文件既可以用相对路径名定义，也可以用全路径名定义，例如，

```
`include "../../primitives.v"
```

编译时，这一行由文件 "../../primitives.v" 的内容替代。在实际开发中，`include 命令是很有用的，可以节省设计人员的重复劳动。关于文件说明，有下面几点需要注意。

❑ 一个`include 指令只能指定一个被包含的文件。如果要完成 N 个文件的包含，则需要调用 N 个`include 指令。

❑ 可以将多个`include 指令写在同一行，在`include 命令行只能出现空格和注释。如下面的写法是合格的。

　　`include "a.v" `include "b.v"

❑ 如果文件 A 包含了文件 B 和文件 C，则文件 C 可以直接利用文件 B 的内容，同样文件 B 也可以直接利用文件 C 的内容。

下面给出一个`include 指令的应用实例。

【例 8-14】 `include 语句的应用实例

在 D 盘根目录下创建一个.v 文件，并命名为 Onebit_adder，其中包含的内容如下。

```
module Onebit_adder(A,B,Cin,Sum,Cout);
input A,B,Cin;
output Sum,Cout;
wire S1,T1,T2,T3;
xor X1(S1,A,B);
xor X2(Sum,S1,Cin);
and A1(T3,A,B),A2(T2,B,Cin),A3(T1,A,Cin);
or o1(Cout,T1,T2,T3);
endmodule
```

然后在任意的目录下，创建一个 Fourbit_adder.v 的文件，作者本人在 D 盘创建了工程，并新建了 Fourbit_adder.v 文件，其内容如下。

```
`include "D:/Onebit_adder.v"
module Fourbit_adder(FA,FB,FCin,FSum,FCout);
parameter size=4;
input [size:1]FA,FB;
output[size:1]FSum;
input FCin;
output FCout;
wire [1:size-1]FTemp;
Onebit_adder
    FA1(.A(FA[1]),.B(FB[1]),.Cin(FCin),.Sum(FSum[1]),.Cout(FTemp[1])),
    FA2(.A(FA[2]),.B(FB[2]),.Cin(FTemp[1]),.Sum(FSum[2]),.Cout(FTemp[2])
),
    FA3(FA[3],FB[3],FTemp[2],FSum[3],FTemp[3]),
    FA4(FA[4],FB[4],FTemp[3],FSum[4],FCout);
endmodule
```

如果注释掉第一句`include "D:/Onebit_adder.v"，综合 Fourbit_adder.v 的程序，Quartus II 会给出如图 8-18 所示的错误提示，表明 Onebit_adder 模块对于 Fourbit_adder 是未知的。

Type	ID	Message
⊗	12006	Node instance "FA1" instantiates undefined entity "Onebit_adder"
⊗	12006	Node instance "FA2" instantiates undefined entity "Onebit_adder"
⊗	12006	Node instance "FA3" instantiates undefined entity "Onebit_adder"
⊗	12006	Node instance "FA4" instantiates undefined entity "Onebit_adder"
▷ ⊗		Quartus II 32-bit Analysis & Synthesis was unsuccessful. 4 errors, 0 warnings

图 8-18　错误提示信息

添加了`include "D:/Onebit_adder.v"后，在编译时，Fourbit_adder.v 中的内容等效为包含了两个模块，如下所示。

```
module Onebit_adder(A,B,Cin,Sum,Cout);
input A,B,Cin;
output Sum,Cout;
wire S1,T1,T2,T3;
xor X1(S1,A,B);
xor X2(Sum,S1,Cin);
and A1(T3,A,B),A2(T2,B,Cin),A3(T1,A,Cin);
or o1(Cout,T1,T2,T3);
endmodule
module Fourbit_adder(FA,FB,FCin,FSum,FCout);
parameter size=4;
input [size:1]FA,FB;
```

```
output[size:1]FSum;
input FCin;
output FCout;
wire [1:size-1]FTemp;
Onebit_adder
    FA1(.A(FA[1]),.B(FB[1]),.Cin(FCin),.Sum(FSum[1]),.Cout(FTemp[1])),
    FA2(.A(FA[2]),.B(FB[2]),.Cin(FTemp[1]),.Sum(FSum[2]),.Cout(FTemp[2])
),
    FA3(FA[3],FB[3],FTemp[2],FSum[3],FTemp[3]),
    FA4(FA[4],FB[4],FTemp[3],FSum[4],FCout);
endmodule
```

这样，Onebit_adder 对 Fourbit_adder 模块可见，可作为后者的子模块，完成层次化调用。Fourbit_adder.v 在 ISE 中可以正确综合，其仿真结果如图 8-19 所示。可以看出，Fourbit_adder 正确实现了一个两输入的 4 比特加法器。

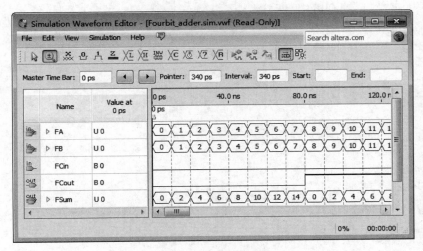

图 8-19　4 比特加法器的仿真结果

8.2.4　时间尺度`timescale 语句

在 Verilog HDL 模型中，所有时延都用单位时间表述。使用`timescale 编译器指令将时间单位与实际时间相关联，该指令用于定义时延的单位和时延精度。`timescale 编译器指令格式为

```
`timescale time_unit / time_precision
```

其中，time_unit 是一个用于测量的单位时间。time_precision 决定延时应该达到的精度，为仿真设置单位步距。time_unit 和 time_precision 由值 1、10、和 100 及单位 s、ms、us、ns、ps 和 fs 组成。例如，

```
`timescale 1ns/100ps
```

表示时延单位为 1ns，时延精度为 100ps。`timescale 编译器指令在模块说明外部出现，并且影响后面所有的时延值。例如，

```
`timescale 1ns/ 100ps
```

```
module AndFunc (Z, A, B);
output Z;
input A, B;
and # (5.22, 6.17 ) Al (Z, A, B);              //规定了上升及下降时延值
endmodule
```

编译器指令定义时延以 ns 为单位，并且时延精度为 1/10ns(100ps)。因此，时延值 5.22 对应 5.2ns，时延 6.17 对应 6.2ns。如果用如下的 `timescale 程序指令代替上例中的编译器指令。

```
`timescale 10ns/1ns
```

其中，5.22 对应 52ns，6.17 对应 62ns。在编译过程中，`timescale 指令影响编译器指令后面所有模块中的时延值，直至遇到另一个 `timescale 指令或 `resetall 指令。当一个设计中的多个模块带有自身的 `timescale 编译指令时，模拟器总是定位在所有模块的最小时延精度上，并且所有时延都相应的换算为最小时延精度。

【例 8-15】 `timescale 语句的应用实例

```
`timescale 1ns/ 100ps
module AndFunc (Z, A, B);
output Z;
input A, B;
and # (5.22, 6.17 ) Al (Z, A, B);
endmodule
`timescale 10ns/ 1ns
module TB;
reg PutA, PutB;
wire GetO;
initial
    begin
        PutA = 0;
        PutB = 0;
        #5.21 PutB = 1;
        #10.4 PutA = 1;
        #15 PutB = 0;
    end
AndFunc AF1(GetO, PutA, PutB);
endmodule
```

在这个例子中，每个模块都有自身的 `timescale 编译器指令。`timescale 编译器指令第一次应用于时延。因此，在第一个模块中，5.22 对应 5.2ns，6.17 对应 6.2ns；在第二个模块中 5.21 对应 52ns，10.4 对应 104ns，15 对应 150ns。如果仿真模块 TB，设计中的所有模块最小时间精度为 100ps。因此，所有延迟(特别是模块 TB 中的延迟)将换算成精度为 100ps。延迟 52ns 现在对应 520*100ps，104 对应 1040*100ps，150 对应 1500*100ps。更重要的是，仿真使用 100ps 为时间精度。如果仿真模块 AndFunc，由于模块 TB 不是模块 AddFunc 的子模块，模块 TB 中的 `timescale 程序指令将不再有效。

8.2.5 其他语句

除上述常用的编译预处理语句外，Verilog HDL 语言还包括下列预处理语句，由于其

应用范围并不广泛，因此只对其进行简单介绍。

1. `default_nettype语句

`default_nettype 用于为隐式线网指定线网类型，也就是将那些没有被说明的连线定义线网类型。

```
`default_nettype wand
```

该实例定义的缺省的线网为线与类型。因此，如果在此指令后面的任何模块中没有说明的连线，那么该线网被假定为线与类型。

2. `resetall语句

`resetall 编译器指令将所有的编译指令重新设置为缺省值。
例如，

```
`resetall
```

该指令使得缺省连线类型为线网类型。

3. `unconnected_drive语句

`unconnected_drive 和`nounconnected_drive 在模块实例化中，出现在这两个编译器指令间的任何未连接的输入端口或为正偏电路状态，或为反偏电路状态。

```
`unconnected_drive pull1
...
/*在两个程序指令间的所有未连接的输入端口为正偏电路状态（连接到高电平）*/
`nounconnected_drive
`unconnected_drive pull0
...
/*在两个程序指令间的所有未连接的输入端口为反偏电路状态（连接到低电平）*/
nounconnected_drive
```

4. `celldefine 语句

`celldefine 和`endcelldefine 这两个程序指令用于将模块标记为单元模块，其表示包含模块定义，如下例所示。

```
`celldefine
module FD1S3AX (D, CK, Z) ;
...
endmodule
`endcelldefine
```

8.3　Verilog HDL 语言的代码风格

目前，FPGA 的规模越来越大，HDL 代码的功能越来越复杂，代码的可移植性及时序、资源等指标的要求也越来越高，并且设计的稳定性也越来越被关注。与此同时，EDA 也越来越智能化，同一个程序经过不同的工具分析后可能会产生不同的结果。因此，代码的书写风格极大地影响着设计。优秀的代码风格可以减少错误，提高电路性能，达到事半功倍的效果。

代码风格有两层含义：其一是设计风格，对于特定电路，用哪一种形式的语言描述，才能将电路描述得更准确，综合以后产生的电路更为合理；另一个则是 Verilog 的代码书写习惯，包括模块、变量命名及换行格式等，主要为了提高代码的可读性。

8.3.1　Verilog HDL 语言的基本原则

Verilog HDL 语言的基本原则极大地影响 FPGA 的设计。合理地使用 Verilog HDL 语言原则可以减少错误，提高电路性能，达到事半功倍的效果。

1. 面积与速度的平衡互换原则

在 FPGA 设计领域，面积通常指的是 FPGA 的芯片资源，包括逻辑资源和 I/O 资源等。速度一般指的是 FPGA 工作的最高频率。和 DSP 或者 ARM 芯片不同，FPGA 设计的工作频率不是固定的，而是和设计本身的延迟紧密相连。

在实际设计中，使用最小的面积设计出最高的速度当然是每一个开发者追求的目标。但往往面积和速度是不可兼得的。想使用最低的成本设计出最高性能的产品是不现实的，只有兼顾面积和速度，在成本和性能之间有所取舍，才能够达到设计者的产品需求。

（1）速度换面积。

速度优势可以换取面积的节约。面积越小，就意味可以用越低的成本来实现产品的功能。所谓的速度优势指的是在整个 FPGA 设计中，有一部分模块的算法运行周期较其他部分快很多，这部分模块就相对于其他的部分具有速度优势。利用这部分模块的速度优势来降低整个 FPGA 设计的使用资源就是速度换面积原则的体现。

速度换面积原则在一些较复杂的算法设计中常会用到。在这些算法设计中，流水线设计通常是必须用到的技术。在流水线的每一级，会有同一个算法被重复使用，但是使用次数不同的现象。在正常的设计中，这些被重复使用但是使用次数不同的模块将会占用大量的 FPGA 资源。

随着 FPGA 技术的不断发展，FPGA 内部越来越多的内嵌了 DSP 乘法模块，为一些常用算法的实现提供了方便，也大大提高了运算的速度和能力。因此，在以往设计中那些被重复使用的算法模块的速度可以很高，即相对其他部分具有速度优势。

利用这个特点，重新对 FPGA 的设计进行改造。将被重复使用的算法模块提炼出最小的复用单元，并利用这个最小的高速单元代替原设计中被重复使用但次数不同的模块。当然在改造时必然会增加一些其他的资源来实现这个代替的过程。但是只要速度具有优势，增加的这部分逻辑依然能够实现降低面积、提高速度的目的。

如图 8-20 所示，是一个流水线的 n 个步骤，每个步骤都相应的运算一定次数的算法，每个步骤的算法都占用独立的资源实现。其中，运算次数方框的大小表示占用的设计资源。

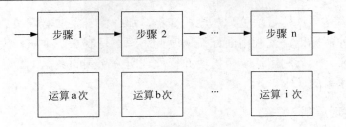

图 8-20　未使用速度换面积的流水线算法

　　假设这些算法中有可以复用的基本单元，并且具有速度优势，那么就可以使用如图 8-21 所示的方式实现面积的节省。在这种方法中，通过将算法提取出最小单元，配合算法次数计数器及流水线的输入输出选择开关，即可实现将原设计中复杂的算法结构简化的目的。

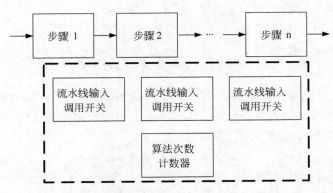

图 8-21　使用速度换面积的流水线算法

　　可以看到，速度换面积的关键是高速基本单元的复用。

（2）面积换速度。

　　面积换速度正好和速度换面积相反。在这种方法中，面积的复制可以换取速度的提高。支持的速度越高，意味着可以实现越高的产品性能。在某些应用领域，如军事、航天等，往往关注的是产品的性能，而不是成本。在这些产品中，可以采用并行处理技术，实现面积换速度。

　　如图 8-22 所示利用并行技术、面积（资源）复制的方法实现了高速的处理能力。

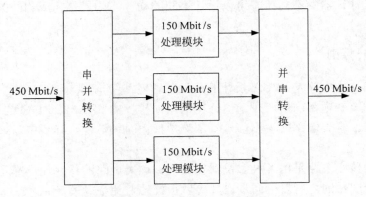

图 8-22　面积换速度实现并行高速处理

假设数据速率是乘法器模块处理速度的 3 倍，那么由于乘法器模块的数据吞吐量满足不了要求，在这种情况下，就利用面积换速度的思想，复制 3 个乘法器模块。首先将输入数据进行串并转换，然后利用这 3 个模块并行处理所分配到的数据，最后将处理结果并串转换，达到数据速率的要求。

2. 硬件可实现原则

在 FPGA 设计中，当采用 Verilog HDL 语言来描述一个硬件电路功能时，一定要保证代码描述的电路是硬件可实现的。Verilog HDL 语言的语法与 C 语言很相似，但是它们之间有本质的区别。

C 语言是基于过程的高级语言，编译后可以在 CPU 上运行。而 Verilog HDL 语言描述的本身就是硬件结构，编译后是硬件电路。因此，有些语句在 C 语言的环境中应用没有问题，但是在 HDL 语言环境下就会导致结果不正确或不理想。

如 for 语句，以下代码在 C 语言下是一段普通代码。

```
for (i=0; i<16; i++)
DoSomething();                    //实现函数的重复调用
```

在 C 语言下运行没有任何问题，但是在 Verilog HDL 的环境下编译就会导致综合后的资源严重浪费。所以 for 语句在 Verilog HDL 环境下一般只用来仿真或进行行为级的描述。for 语句在 HDL 语言中最常见的实现方式如下。

```
reg[3:0] counter;                 //调用次数计数器
always @ (posedge clk)            //计数器计数模块
if (syn_rst)
counter <= 4'b0;
else
counter <= counter + 1;
always @ (posedge clk) begin      //使用 case 语句实现分支调用，
case (counter)                    //配合计数器计数，各分支可使用同样的执行语句
4'b000: DoSomething;              //实现该语句的重复调用
4'b0001: DoSomething;             //等同于高级语言中的 for 语句
...
default: DoSomething;
endcase
end
```

在 counter 计数器的不同状态可以设计不同的动作。如果是完成相同的操作，就是循环 for 语句了。

3. 同步设计原则

同步电路和异步电路是 FPGA 设计的两种基本电路结构形式。

异步设计的核心电路由组合逻辑电路构成，如异步的 SRAM、FIFO 的读写控制信号，地址译码电路等。这类电路的输出信号不依赖于任何时钟信号。异步电路最大缺陷是会产生毛刺。

同步设计的核心电路是由各种触发器构成的。这类电路的任何输出都是在某个时钟的边沿驱动触发器产生的。所以，同步设计可以很好地避免毛刺的产生。

在专用芯片（ASIC）的设计过程中，同步设计一般会比异步设计占用更多的资源。但

是在 FPGA 设计过程中并不是这样。FPGA 内部的最小单元是 LE, 每个 LE 里面既包括了实现异步电路需要的查找表资源, 也包括了实现同步电路需要的寄存器资源。因此, 单纯地使用异步电路也并不会节省触发器的资源。或者说, 使用同步设计电路, 并不会带来 FPGA 资源的浪费。但是全同步的设计对于 FPGA 的仿真验证是有好处的。因为电路的所有动作都是在相同的时钟边沿来触发, 可以减少整个设计的延迟, 提高系统的工作频率。

同步设计时钟信号的质量和稳定性决定了同步时序电路的性能, FPGA 内部有专用的时钟资源, 如全局时钟布线资源、专用的时钟管理模块 DUL、PLL 等。目前商用的 FPGA 都是面向同步的电路设计而优化的, 同步时序电路可以很好地避免毛刺, 提倡在设计中全部使用同步逻辑电路。注意, 不同时钟域的接口需要进行同步。

8.3.2　Verilog HDL 语言的编写规范

在满足功能和性能目标的前提下, 增强代码的可读性、可移植性, 首要工作是在项目开发之前为整个设计团队建立一个命名约定和缩略语清单, 以文档形式记录下来, 并要求每位设计人员在代码编写过程中都要严格遵守。良好代码编写风格的通则概括如下。

1. 命名规则

选择有意义的信号和变量名, 对设计是十分重要的。命名包含信号或变量诸如出处、有效状态等基本含义。下面给出一些命名的规则。

❑ 用有意义而有效的名字。有效的命名有时并不是要求将功能描述出来, 如

```
for ( I = 0; I < 1024; I = I + 1 )
Mem[I] <= #1 32'b0;
```

for 语句中的循环指针 I 就没必要用 loop_index 作为指针名。

❑ 用连贯的缩写。

长的名字对书写和记忆会带来不便, 甚至错误。采用缩写时应注意同一信号在模块中的一致性, 如 Addr 对应 address, Pntr 对应 pointer, Clk 对应 clock, Rs 对应 reset。

❑ 高低电平原则。

用名字前加小写 n 表示低电平有效, 高电平有效的信号不得以下划线表示, 短暂的引擎信号建议采用高有效, 如 nRst, nTrdy,, nIrdy, nIdsel。

❑ 大小写原则。

名字一般首字符大写, 其余小写, 但 parameter, integer 定义的数值名可全部用大写, 两个词之间要用下划线连接。如 Packet_addr, Data_in, Mem_wr, Mem_ce。

❑ 添加有意义的后缀。

使信号名更加明确, 常用的后缀如表 8-5 所示。

表 8-5　后缀对照意义表

后　　缀	意　　义	后　　缀	意　　义
_clk	时钟信号	_xi	芯片原始输入信号
_next	寄存前的信号	_xo	芯片原始输出信号
_z	连到三态输出的信号	_xz	芯片的三态输出信号
_f	下降沿有效的寄存器	_xbio	芯片的双向信号

❑ 全局信号名字中应包含信号来源的一些信息。

解码模块（Decoder module）的地址为 D_addr[7:2]。

❑ 同一信号在不同层次应保持一致性。

❑ 自己定义的常数类型等用大写标识。

parameter CYCLE=100; CYCLE 为常数。

❑ 避免使用保留字。

如 in, out, x, z 等不能够作为变量、端口或模块名。

2. Module模块规则

模块（module）是 Verilog 描述硬件的基本设计单元。构建复杂的电子电路，主要是通过模块的相互连接调用来实现的。模块被包含在关键字 module、endmodule 之内。合理的模块规则对设计是十分重要的。下面给出一些模块的规则。

❑ 顶层模块应只是内部模块间的互连。

Verilog 设计一般都是层次型的，但在设计中会出现一个或多个模块，模块间的调用在所难免。可把设计比喻成树，被调用的模块就是树叶，没被调用的模块就是树根。那么在这个树根模块中，除了内部的互连和模块的调用外，尽量避免再做逻辑。如不能再出现对 reg 变量赋值等，这样做是为了更有效的综合。

❑ 每一个模块应在开始处注明文件名、功能描述、引用模块、设计者、设计时间及版权信息等。

```
/* ============================*/
Filename : XXX.v
Author   : XXX
Description : File description
Called by : Top module
Revision History : time  YY-MM-DD
Revision  : X.X
Email : XXX@163.com
/* ============================*/
```

❑ 采用信号映射法进行模块调用。

在 Verilog 中，有两种模块调用的方法：一种是位置映射法，严格按照模块定义的端口顺序来连接，不用注明原模块定义时规定的端口名，其语法为

被调用模块名 用户自定义调用名

（连接端口1 信号名，连接端口2 信号名，连接端口3 信号名,…）；

另一种为信号映射法，即利用“.”符号，表明原模块定义时的端口名，其语法为

被调用模块名 用户自定义调用名

(.端口1 信号名（连接端口1 信号名）,.端口2 信号名（连接端口2 信号名），

.端口3 信号名（连接端口3 信号名）,…）；

显然，信号映射法同时将信号名和被引用端口名列出来，不必严格遵守端口顺序，不仅降低了代码易错性，还提高了程序的可读性和可移植性。因此，在良好的代码中，严禁使用位置调用法，全部采用信号映射法。

❑ 不要对 input 进行驱动，在 module 内不要存在没有驱动的信号，更不能在模块端

口中出现没有驱动的输出信号，避免在仿真或综合时产生 warning ，干扰错误定位。

❑ 每行应限制在 80 个字符以内，以保持代码的清晰美观和层次感。一条语句占用一行，如果较长超出（80 个字符）则要换行。

❑ 时钟采样信号边沿应尽量一致。

用一个时钟的上沿或下沿采样信号，不能一会儿用上沿一会儿用下沿。如果既要用上沿又要用下沿，则应分成两个模块设计，建议在顶层模块中对 Clock 做非门，在层次模块中如果要用时钟下沿，就可以用非门产生的 Posedge Clk。这样的好处是在整个设计中采用同一种时钟沿触发，有利于综合，基于时钟的综合策略。

❑ 在模块中增加注释。

对信号、参量、引脚、模块、函数及进程等加以说明，便于阅读与维护。

❑ module 后名跟的模块名，应与文件名保持一致。

❑ 严格芯片级模块的划分。

只有顶层包括 IO 引脚，时钟产生模块、JTAG、芯片的内核应放到中间层，这样便于对每个模块加以约束仿真，对时钟也可以仔细仿真。

❑ 模块输出寄存器化。

对所有模块的输出加以寄存，使得输出的驱动强度和输入的延迟可以预测，从而使得模块的综合过程更简单。

❑ 将关键路径逻辑和非关键路径逻辑放在不同模块。

保证综合器可以对关键路径模块实现速度优化，而对非关键路径模块实施面积优化。在同一模块，综合器无法实现不同的综合策略。

3．变量与向量规则

❑ 一个 reg 变量只能在一个 always 语句中赋值。

❑ 向量有效位顺序的定义一般是从大数到小数。尽管定义有效位的顺序很自由，但如果采用毫无规则的定义，势必会给作者和读代码的人带来困惑。

Data[0:4]，其低位对应[4]，高位对应[0]，向量定义不好，建议采用 Data[4:0]格式。

❑ 在 PORT 中，对 net 和 register 类型的输出要做声明。如果一个信号名没做声明，Verilog 将假定它为一位宽的 wire 变量。

❑ 线网的多种类型。寄存器的类型。

4．表达式规则

❑ 用括号来表示执行的优先级。

尽管操作符本身有优先顺序，但用括号来表示优先级对读者更清晰更有意义。

```
If ((alpha < beta) && (gamma >= delta)) begin…end //比下面的表达更合意，
If (alpha < beta && gamma >= delta)  begin…end
```

❑ 用一个函数（function）来代替表达式的多次重复。

如果代码中发现多次使用一个特殊的表达式，那么就用一个函数来代替，这样在以后的版本升级时更便利。这种概念在做行为级的代码设计时同样适用，经常使用的一组描述可以写到一个任务（task）中。

5．if语句规则

❑ 向量比较时比较的向量要相等。

当比较向量时，Verilog 将对位数小的向量做 0 扩展，以使它们的长度相匹配。它的自动扩展为隐式的，建议采用显示扩展，这个规律同样适用于向量同常量的比较。

```
Reg Abc [7:0];
Reg Bca [3:0];
…
If (Abc = = {4'b0, Bca})begin
…
If (Abc = = 8'b0) begin
```

❑ 每一个 if 都应有一个 else 和它相对应。

在做硬件设计时，常要求条件为真时执行一种动作，而条件为假时执行另一动作，即使认为条件为假不可能发生。没有 else 可能会使综合出的逻辑和 RTL 级的逻辑不同，如果条件为假时不进行任何操作则用一条空语句。

```
always @(Cond)
begin
if (Cond)
DataOut <= DataIn;
End
// Else: …;
```

以上语句 DataOut 会综合成锁存器。

❑ 应注意 if…else if …else if …else 的优先级。

❑ 如果变量在 if…else 或 case 语句中做非完全赋值，则应给变量一个缺省值。即

```
V1 = 2'b00;
V2 = 2'b00;
V3 = 2'b00;
if (a = = b) begin
V1 = 2'b01;    //V3 is not assigned
V2 = 2'b10;
end
else if (a = = c) begin
V2 = 2'b10;    //V1 is not assigned
V3 = 2'b11;
end
else: …;
```

6．functions语句规则

❑ 在 function 函数的最后要给 function 函数赋值，如

```
function CompareVectors;  // (Vector1, Vector2, Length)
input [199:0] Vector1, Vector2;
input [31:0] Length;
//local variables
integer i;
reg Equal;
```

```
begin
i = 0;
Equal = 1;
while ((i<Length) && Equal) begin
if (Vector 2[i] !== 1'bx) begin
if (Vector1[i] !== Vector2[i])
Equal = 0;
else ;
end
i = i + 1;
end
CompareVectors = Equal;
end
endfunction //compareVectors
```

❑ 函数中避免使用全局变量，否则容易引起 HDL 行为级仿真和门级仿真的差异，如

```
function ByteCompare;
input [15:0] Vector1;
input [15:0] Vector2;
input [7:0] Length;
begin
if (ByteSel)
// compare the upper byte
else
// compare the lower byte
end
endfunction  // ByteCompare
```

上面函数中使用了全局变量 ByteSel，可能无意在别处修改了，导致错误结果。最好直接在端口加以定义。注意，函数与任务的调用均为静态调用。

7. 阻塞赋值与非阻塞赋值规则

❑ 对组合逻辑建模采用阻塞式赋值；
❑ 对时序逻辑建模采用非阻塞式赋值；
❑ 用多个 always 块分别对组合和时序逻辑建模；
❑ 尽量不要在同一个 always 块里面混合使用"阻塞赋值"和"非阻塞赋值"；
❑ 如果在同一个 always 块里面既为组合逻辑又为时序逻辑建模，应使用"非阻塞赋值"，不要在同一个 always 块里面混合使用"阻塞赋值"和"非阻塞赋值"；
❑ 当为锁存器（latch）建模，使用"非阻塞赋值"。

8. 组合与时序逻辑规则

❑ 如果一个事件持续几个时钟周期，设计时就用时序逻辑代替组合逻辑。

```
Wire Ct_24_e4; //it ccarries info. Last over several clock cycles
Assign Ct_24_e4 = (count8bit[7:0] >= 8'h24) & (count8bit[7:0] <= 8'he4);
```

那么，这种设计将综合出两个 8 比特的加法器，而且会产生毛刺，对于这样的电路要采用时序设计，代码如下。

```
Reg Ct_24_e4;
Always @(poseddge Clk or negedge Rst_)
Begin
If (!Rst_)
Ct_24_e4 <= 1'b0;
Else if (count8bit[7:0] = = 8'he4)
Ct_24_e4 <= #u_dly 1'b0;
Else if (count8bit[7:0] = = 8'h23)
Ct_24_e4 <= #u_dly 1'b1;
Esle ;
```

❑ 组合逻辑内部总线不要悬空，在 default 状态要把它上拉或下拉。

```
wire   OE_default;
assign  OE_default = !(oe1 | oe2 | oe3);
assign  bus[31:0] = oe1 ? Data1[31:0] : oe2 ? Data2[31:0] :oe3 ? Data3[31:0] :
           oe_default ? 32'h0000_0000 :32'hzzzz_zzzz;
```

9．宏定义规则

❑ 为了保持代码的可读性，常用"`define"做常数声明。

❑ "`define"应放在一个独立的文件中。

参数(parameter)必须在一个模块中定义，不要传递参数到模块（仿真测试向量例外）。"`define"可以在任何地方定义，要把所有的"`define"定义在一个文件中，在编译原代码时首先要把这个文件读入，如果希望宏的作用域仅在一个模块中就用参数来代替。

10．注释规则

❑ 对更新的内容更新要做注释。

❑ 每一个模块都应在模块开始处做模块级的注释。

❑ 在模块端口列表中出现的端口信号，都应做简要的功能描述。

8.3.3　Verilog HDL 语言的处理技巧

此外，在 Verilog HDL 程序设计中，也有许多细节处理技巧，其重要性不比设计原则低，特别是在要求较高的代码设计中，包括反相操作、存储单元的选择、触发器资源分配技术等，下面对其进行介绍。

1．信号反相的处理策略

在处理反相信号时，设计时应尽可能地遵从分散反相原则，即应使用多个反相器分别反相，每个反相器驱动一个负载，这个原则无论对时钟信号还是对其他信号都是适用的。因为在 FPGA 设计中，反相是被吸收到 CLB 或 IOB 中的，使用多个反相器并不占用更多的资源，而使用一个反相器将信号反相后驱动多个负载却往往会多占资源，而且延迟也增加了。

首先，如果输入信号需要反相，则应尽可能地调用输入带反相功能的符号，而不是用分离的反相器对输入信号进行反相。例如，如图 8-23 所示电路是对逻辑的两种设计电路。两者对比，最优的方案为采用如图 8-23（b）所示电路，即直接调用 AND2B1，而不要用如图 8-23（a）所示的电路，用分离的非门对输入信号 C 反相后，再连接到 AND3 的输入。因为在前一种做法中，由于函数发生器用查表方式实现逻辑，C 的反相操作是不占资源的，也没有额外延迟；而后一种做法中，C 的反相操作与 AND3 操作可能会被分割到不同的逻辑单元中实现，从而消耗额外的资源，增加额外的延迟。

（a）非优化反相设计　　　　　　　　　　（b）优化反相设计

图 8-23　两种反相设计电路比较

其次，如果一个信号反相后驱动了多个负载，则应将反相功能分散到各负载中实现。而不能采用传统 TTL 电路设计，采用集中反相驱动多个负载来减少所用的器件的数量。因为在 FPGA 设计中，集中反相驱动多个负载往往会多占一个逻辑块或半个逻辑块,而且延迟也增加了。分散信号的反相往往可以与其他逻辑在同一单元内完成而不消耗额外的逻辑资源。

2. 子模块内部使用时钟的处理策略

不要在子模块内部使用计数器分频产生所需时钟，因为各模块内部各自分频会导致时钟管理混乱，不仅使得时序分析变得复杂，产生较大的时钟漂移，并且浪费了宝贵的时序裕量，降低了设计可靠性。推荐使用由一个专门的子模块来管理系统时钟，产生其他模块所需的各个时钟信号的方式。

3. 存储单元选择策略

锁存器和寄存器都是数字电路的基本存储单元，但锁存器是电平触发的存储器，而触发器是边沿触发的存储器。

从本质上说，锁存器和 D 触发器的逻辑功能基本相同，都可存储数据，且锁存器所需的门逻辑更少，具备更高的集成度。但锁存器首先对毛刺敏感，不能异步复位，因此在上电后处于不确定的状态。其次，锁存器会使静态时序分析变得非常复杂，不具备可重用性。最后，在 FPGA 片中，基本单元是由查找表和触发器组成的，若生成锁存器反而需要更多的资源。故在电路设计中，要对锁存器特别谨慎，如果设计经过综合后产生出和设计意图不一致的锁存器，则将导致设计错误，包括仿真和综合。因此，在设计中为了不影响电路的时序性能，应该尽量避免使用锁存器。

4. 触发器资源的分配技术

由于 FPGA 是一种触发器密集型可编程器件，因此，系统的逻辑设计就应该充分利用触发器资源，尽可能降低每个组合逻辑操作的复杂度。

应尽量使用库中的触发器资源。因为 FPGA 触发器资源丰富，而且开发系统在划分逻辑块时，对 D 触发器等元件直接利用 CLB 中的触发器；而对自建触发器则认为是组合电路，需要使用 CLB 中的组合逻辑电路构成，这样既占用更多的 CLB，又浪费了 CLB 的触发器资源。将两种方法进行比较，每使用一个自建 D 触发器比使用库中 D 触发器的电路多占用 2～3 个 CLB。

同时，在设计状态机时，应该尽量使用独热码状态编码方案，不用二进制状态编码方案。独热码状态编码方案是表示每个状态由 1 位触发器来表示，而二进制状态编码方案是用 LgN/Lg2 位触发器来表示 N 个状态。由于二进制状态编码的稳定度较低，独热码状态编码方案对于触发器资源丰富的 FPGA 芯片十分适用。

5．仿真代码的运用

仿真代码实际上是 HDL 行为级描述的一种应用。它是一种不考虑实际硬件的实现，只为产生仿真向量的理想的逻辑抽象，它所产生的信号可以具有理想的时空顺序。其逻辑范畴不受具体物理器件实现的限制。建议仿真代码中有关信号时间顺序的安排应放在 initial 语句块中，被测模块的实例引脚连接使用端口对应风格。仿真代码可以使用循环结构、可以使用函数、任务、用户定义原语。仿真代码产生的仿真向量要具有典型性，向量的覆盖面要大，对于逻辑边界一定要有对应的仿真向量，对于可能的数据路径也要找出相应的输入向量遍历它。仿真环境一般包括各器件的实例调用、时钟的模型和各信号的时空安排。为了对信号进行特定的时空安排可以在 Verilog 语法范围内使用，对信号的数值和出场顺序进行任意逻辑的处理，并且可以对信号的状态进行记录、观测、调整，仿真工具一般为用户内置了不少系统调用，常用的调用如下。

- ❑ $time：找到当前的仿真时间。
- ❑ $display, $monitor：显示和监视信号值的变化。
- ❑ $stop：暂停仿真。
- ❑ $finish：结束仿真。
- ❑ $readmemb：从外部文件向内部寄存器读数据。
- ❑ $dumpfile：打开记录数据变化的数据文件。
- ❑ $dumpvars：选择需要记录的变量。
- ❑ $dumpflush：把记录在数据文件中的资料转送到硬盘保存。

8.4　思考与练习

1．概念题

（1）什么是系统任务？它有什么特征？

（2）什么是编译预处理任务？

（3）简述宏定义`define 语句的使用方法。

2．操作题

（1）利用 Verilog HDL 语言完成文档数据的转存，即从 data_in.txt 文件读取数据，并将数据转存到另一个文件 data_out.txt 中。

（2）编写一个四位全加器程序，利用$display 和$fwrite 任务函数对编写代码进行测试，测试结果显示在【Transcript】文本框内，并将其存入"log.txt"文本中，要求遍历四位全加器所有输入可能值。

第 9 章　外设接口和综合系统设计

本章介绍数字系统的外设接口和综合系统设计范例，接口实验包括数码管显示接口、LCD 液晶显示接口、VGA 显示接口、RS232 串行通信接口和 PS2 键盘接口等实验范例，综合系统设计包括实时温度采集系统和实时红外采集系统等设计系统。通过本章的学习，读者可以了解 FPGA 在设计实现方面的优势，掌握 FPGA 内部模块之间的接口设计方法，帮助读者深入学习理解 FPGA 的设计思想和方法。

9.1　外设接口实验

FPGA 的一个重要的应用领域是接口逻辑设计。标准的外设接口协议是开放的，因此不具备保密性和安全性。在某些应用场合，设计者需要在标准接口协议的基础上，重新设计接口协议来提高保密性或其他方面的性能。FPGA 芯片灵活的可编程特性可以帮助设计者实现这些自定义的协议。

9.1.1　数码管显示接口实验

本小节介绍的设计实例为数码管显示接口实验，该实例的目的在于学习复杂数字系统的设计方法，掌握数码管显示接口的设计方法。

1. 数码管显示接口实验内容

本实验采用动态扫描原理，在八位数码管上实现数字电子钟。要求电子时钟具有 24 小时正常计时功能，以及调时、调分、整点报时和定点闹铃功能。其中，小时、分钟和秒各用两个数码管显示，小时、分钟和秒之间用"-"来显示。

2. 数码管显示接口实验目的

- ❑ 本小节旨在设计实现 FPGA 与数码管的接口，帮助读者进一步了解数码管的工作原理和设计方法。
- ❑ 掌握数字电路中计数、分频、译码、显示及时钟脉冲振荡器等组合逻辑电路与时序逻辑电路的综合应用。
- ❑ 掌握数字钟电路设计方法及数字钟的扩展应用，提升使用 Verilog 语言编程与系统设计的能力。

3. 设计原理

数码管是一类价格便宜，使用简单，通过对其不同的管脚输入相对的电流使其发亮从而用数字显示时间、日期、温度等所有可用数字表示内容的参数器件。在电器特别是家电领域应用极为广泛，如显示屏、空调、热水器、冰箱等。

数码管可分为共阴极和共阳极两类，如图 9-1 所示。数码管经常用来显示十进制或十六进制的数，所以在数据显示之前，首先要进行二进制到十进制或十六进制的转换。将其转换成十进制的或十六进制的数。

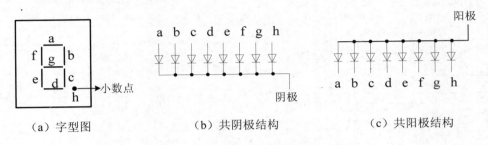

（a）字型图　　　　　（b）共阴极结构　　　　　（c）共阳极结构

图 9-1　LED 数码管外形及等效电路

数码管实际上是由七个发光管组成日字形构成的，加上小数点就是 8 个。这些段分别由字母 a，b，c，d，e，f，g，h 来表示。当数码管特定的段加上电压后，这些特定的段就会发亮，以形成我们眼睛看到的字样。共阳极数码管的 8 个发光二极管的阳极（二极管正端）连接在一起。通常，公共阳极接高电平（一般接电源），其他管脚接段驱动电路输出端。当某段驱动电路的输出端为低电平时，则该端所连接的字段导通并点亮。根据发光字段的不同组合可显示出各种数字或字符。此时，要求段驱动电路能吸收额定的段导通电流，还需根据外接电源及额定段导通电流来确定相应的限流电阻。共阴极数码管的 8 个发光二极管的阴极（二极管负端）连接在一起。通常，公共阴极接低电平（一般接地），其他管脚接段驱动电路输出端。当某段驱动电路的输出端为高电平时，则该端所连接的字段导通并点亮，根据发光字段的不同组合可显示出各种数字或字符。此时，要求段驱动电路能提供额定的段导通电流，还需根据外接电源及额定段导通电流来确定相应的限流电阻。

要使数码管显示出相应的数字或字符，必须使段数据口输出相应的字形编码。字型码各位定义为数据线 D0 与 a 字段对应，D1 与 b 字段对应……依此类推。如使用共阳极数码管，数据为 0 表示对应字段亮，数据为 1 表示对应字段暗；如使用共阴极数码管，数据为 0 表示对应字段暗，数据为 1 表示对应字段亮。如要显示 "0"，共阳极数码管的字型编码应为 11000000B（即 C0H）；共阴极数码管的字型编码应为 00111111B（即 3FH）。以此类推，可求得数码管字形编码如表 9-1 所示。

显示的具体实施是通过编程将需要显示的字型码存放在程序存储器的固定区域中，构成显示字型码表。当要显示某字符时，通过查表指令获取该字符所对应的字型码。

数码管动态扫描显示是数码管应用最广的显示方式，动态扫描显示是将所有数码管的 8 个显示笔划 a，b，c，d，e，f，g，h 的同名端连在一起，另外为每个数码管的公共极 COM 增加位元选通控制电路，位元选通由各自独立的 I/O 线控制，当控制器输出字形码时，所有数码管都接收到相同的字形码，但究竟是哪个数码管会显示出字形，取决于控制器对位元选通 COM 端电路的控制，所以只要将需要显示的数码管的选通控制打开，该位元就显示出字形，没有选通的数码管就不会亮。通过分时轮流控制各个 LED 数码管的 COM 端，就使各个数码管轮流受控显示，这就是动态扫描显示。在轮流显示过程中，每位元数码管的点亮时间为 1～2ms，由于人的视觉暂留现象及发光二极体的余辉效应，尽管实际上各位数码管并非同时点亮，但只要扫描的速度足够快，给人的印象就是一组稳定的显示资料，不会有闪烁感。

表 9-1　数码管字形编码

显示数字	共阴数码管的字型编码		共阳数码管的字型编码	
	h→g→f→e→d→c→b→a	十六进制	h→g→f→e→d→c→b→a	十六进制
0	0→0→1→1→1→1→1→1	3F	1→1→0→0→0→0→0→0	C0
1	0→0→0→0→0→1→1→0	06	1→1→1→1→1→0→0→1	F9
2	0→1→0→1→1→0→1→1	5B	1→0→1→0→0→1→0→0	A4
3	0→1→0→0→1→1→1→1	4F	1→0→1→1→0→0→0→0	B0
4	0→1→1→0→0→1→1→0	66	1→0→0→1→1→0→0→1	99
5	0→1→1→0→1→1→0→1	6D	1→0→0→1→0→0→1→0	92
6	0→1→1→1→1→1→0→1	7D	1→0→0→0→0→0→1→0	82
7	0→0→0→0→0→1→1→1	07	1→1→1→1→1→0→0→0	F8
8	0→1→1→1→1→1→1→1	7F	1→0→0→0→0→0→0→0	80
9	0→1→1→0→1→1→1→1	6F	1→0→0→1→0→0→0→0	90
A	0→1→1→1→0→1→1→1	77	1→0→0→0→1→0→0→0	88
B	0→1→1→1→1→1→0→0	7C	1→0→0→0→0→0→1→1	83
C	0→0→1→1→1→0→0→1	39	1→1→0→0→0→1→1→0	C6
D	0→1→0→1→1→1→1→0	5E	1→0→1→0→0→0→0→1	A1
E	0→1→1→1→1→0→0→1	79	1→0→0→0→0→1→1→0	86
F	0→1→1→1→0→0→0→1	71	1→0→0→0→1→1→1→0	8E

4．设计方法

采用文本编辑法，利用 Verilog HDL 语言来描述多功能电子钟，代码如下。

（1）分频程序 divclk.v，是对 FPGA 电路板晶振提供的 50MHz 的频率进行分频，得到 4Hz、1kHz 的两个频率，便于接下来主程序中进行计时与数码管扫描使用。

```verilog
module divclk(
        clk,          //FPGA 电路板晶振 50MHz 输入
        RST_N,   //复位按键输入
        clk_4Hz,     //4Hz 时钟信号输出
        clk_1k       //1kHz 时钟信号输出
        );
input clk;
input RST_N;
output clk_4Hz,clk_1k;
reg[22:0] count_n;
reg[14:0] count_1k;
reg clk_4Hz,clk_1k;
always @(posedge clk or negedge RST_N)
    begin
        if (!RST_N)
            begin
                count_n <= 23'b0;
                clk_4Hz <= 0;
            end
        else if (count_n == 23'd6250000)
            begin
```

```
                    count_n <= 0;
                    clk_4Hz <= ~clk_4Hz; // 4HZ 信号产生
                end
            else
                count_n <= count_n +1'b1;
        end
always @(posedge clk or negedge RST_N)
    begin
        if (!RST_N)
            begin
                count_1k <= 24'b0;
                clk_1k <= 0;
            end
        else if (count_1k == 15'd25000)
            begin
                count_1k <= 0;
                clk_1k <= ~clk_1k; // 1000HZ 信号产生
            end
        else
            count_1k <= count_1k +1'b1;
    end
endmodule
```

（2）消抖模块 KEY_TEST.v，通过 4 个按键实现电子钟的所有功能，按键要加消抖模块，通过延时消除按键的抖动，得到平稳的输入。

```
module KEY_TEST(
            clk,//系统晶振输入
            RST_B,//复位按键输入
            KEY_B,//需要消抖的信号输入
            LED_B//完成消抖的信号输出
            );
input clk;  //系统时钟
input RST_B;      //全局复位，低电平有效
input [2:0] KEY_B;  //按键输入，低电平有效
output [2:0] LED_B; //LED 灯输出
wire clk;
wire RST_B;
wire [2:0] KEY_B;
reg [2:0] LED_B;
reg [19:0] TIME_CNT;     //计数器，记录按键次数
reg [2:0] KEY_REG;  //每个周期存储一次输入按键值
reg [2:0] LED_B_N;
wire [19:0] TIME_CNT_N;
wire [2:0] KEY_REG_N;
wire [2:0] PRESS;
assign PRESS = KEY_REG & (~KEY_REG_N);
//当有按键下时，保存按键值
always @ (posedge clk or negedge RST_B)
    begin
        if(!RST_B)
            KEY_REG <= 3'b111;
        else
            KEY_REG <= KEY_REG_N;
    end
assign KEY_REG_N = (TIME_CNT == 20'h0) ? KEY_B : KEY_REG;
//记录按键时间
always @ (posedge clk  or negedge RST_B)
    begin
```

```
        if(!RST_B)
            TIME_CNT <= 20'h0;
        else
            TIME_CNT <= TIME_CNT_N;
    end
assign TIME_CNT_N = TIME_CNT +1'h1;
always @ (posedge clk or negedge RST_B)
    begin
        if(!RST_B)
            LED_B <= 3'b111;
        else
            LED_B <= LED_B_N;
    end
always @ (*)
    begin
        case(PRESS)
            4'b001 : LED_B_N = {LED_B[2:1]  , (~LED_B[0])          };
            4'b010 : LED_B_N = {LED_B[2] ,(~LED_B[1]) , LED_B[0]};
            4'b100 : LED_B_N = { (~LED_B[2]) , LED_B[1:0]          };
            default: LED_B_N = LED_B;
        endcase
    end
endmodule
```

（3）主程序 clock.v，实现电子钟的所有功能。电子钟在正常工作下对 1Hz 的频率计数，实现了秒、分、时的计时和进位，在校时部分：进入校时状态，通过按三个键分别对时、分、秒进行校对。按键每按一次加。在报时部分：若到整点，在 56 秒时开始产生三短一长的整点报时信号；闹铃部分，到设定时间时，从 0 秒开始进行了 20 秒的整点报时。在数码管显示部分：将计时或闹铃的时间显示在 8 段共阳极数码管上，显示形式形如 17-25-33，时分秒各两位，中间用"-"连接。显示时间的数码管均用动态扫描显示来实现。

clk：系统晶振 50Mhz 输入，产生 1Hz 的时基信号 clk_1Hz 和 1024Hz 的闹铃音、报时音的时钟信号 clk_1k。

key_1：功能控制按键输入，设置 m 值，为 0 计时功能；为 1 闹铃功能；为 2 手动调时功能。

key_2：选择按键输入，在手动调时功能时，选择是调整小时，还是分钟；若长时间按住该键，还可使秒信号清零，用于精确调时。

key_3：调整按键输入，在手动调时功能时，每按一次，计数器加 1；如果长按，则连续快速加 1，用于快速调时和定时。

RST_N：全局复位按键输入，恢复到出厂设置。

alert：扬声器的信号输出，用于产生闹铃音和报时音；闹铃音为持续 20 秒的急促的"嘀嘀嘀"音，若按住"change"键，则可取消报时功能；整点报时音为"嘀嘀嘀嘀—嘟"四短一长音。

SEG：数码管段选输出端。

SEL：数码管位选输出端。

LD_alert：LED 灯输出，指示是否设置了闹铃功能。

LD_hour：LED 灯输出，指示当前调整的是小时信号。

LD_min：LED 灯输出，指示当前调整的是分钟信号。

hour,min,sec：中间变量，此三信号分别输出并显示时、分、秒信号，皆采用 BCD 码计数，分别驱动 6 个数码管显示时间。

```
module
clock(clk,key_1,key_2,key_3,RST_N,alert,SEG,SEL,LD_alert,LD_hour,LD_min
);
input clk,key_1,key_2,key_3;//key_1: mode   key_2: turn   key_3: change
input RST_N;
output alert,LD_alert,LD_hour,LD_min;
output[7:0] SEG,SEL;
reg[7:0] hour1,min1,sec1,ahour,amin,hour,min,sec;
reg[1:0] m,fm,num1,num2,num3,num4;
reg[1:0] loop1,loop2,loop3,loop4,sound;
reg LD_hour,LD_min;
reg clk_1Hz,clk_2Hz,minclk,hclk;
reg alert1,alert2,ear;//ear 信号用于产生或屏蔽声音
reg count1,count2,counta,countb;
reg[7:0] SEG_REG;
reg[3:0] SEG_BUF;
reg[7:0] SEL_REG;
reg[14:0] DIS_COUNTER;
reg[3:0] DIS_STATUS;
wire ct1,ct2,cta,ctb,m_clk,h_clk;
wire mode,turn,change;
wire clk_4Hz,clk_1k;
divclk Q1(.clk(clk),.RST_N(RST_N),.clk_4Hz(clk_4Hz),.clk_1k(clk_1k));
KEY_TEST Q2(.clk(clk),.RST_B(RST_N),
            .KEY_B({key_3,key_2,key_1}),
            .LED_B({mode,turn,change}) );
always @(posedge clk_4Hz)
begin
    clk_2Hz<=~clk_2Hz;
    if(sound==3) begin sound<=0; ear<=1; end
    else begin sound<=sound+1; ear<=0; end
end
always @(posedge clk_2Hz)
    clk_1Hz<=~clk_1Hz;//由 4Hz 的输入时钟产生 1Hz 的时基信号
always @(negedge mode)  //mode 信号控制系统在三种功能间转换
    begin
        if(m==2)m<=0;
        else m<=m+1;
    end
always @(negedge turn)
    fm<=~fm;
always //该进程产生 count1,count2,counta,countb 四个信号
    begin
        case(m)
            2: begin    if(fm)
                        begin count1<=change; {LD_min,LD_hour}<=2; end
                    else
                        begin counta<=change; {LD_min,LD_hour}<=1; end
                    {count2,countb}<=0;
                end
            1: begin    if(fm)
                        begin count2<=change; {LD_min,LD_hour}<=2; end
                    else
                        begin countb<=change; {LD_min,LD_hour}<=1; end
                    {count1,counta}<=2'b00;
                end
            default: {count1,count2,counta,countb,LD_min,LD_hour}<=0;
        endcase
```

```
        end
always @(negedge clk_4Hz)
//如果长时间按下"change"键,则生成"num1"信号用于连续快速加1
    if(count2)  begin
                if(loop1==3) num1<=1;
                else begin loop1<=loop1+1; num1<=0; end
            end
    else            begin loop1<=0; num1<=0; end
always @(negedge clk_4Hz) //产生 num2 信号
    if(countb)  begin
                if(loop2==3) num2<=1;
                else begin loop2<=loop2+1; num2<=0; end
            end
    else        begin loop2<=0; num2<=0; end
always @(negedge clk_4Hz)
    if(count1)  begin
                if(loop3==3) num3<=1;
                else begin loop3<=loop3+1; num3<=0; end
            end
    else        begin loop3<=0; num3<=0; end
always @(negedge clk_4Hz)
    if(counta)  begin
                if(loop4==3) num4<=1;
                else begin loop4<=loop4+1; num4<=0; end
            end
    else        begin loop4<=0; num4<=0; end
assign ct1=(num3&clk_4Hz)|(!num3&m_clk); //ct1 用于计时、校时中的分钟计数
assign ct2=(num1&clk_4Hz)|(!num1&count2); //ct2 用于定时状态下调整分钟信号
assign cta=(num4&clk_4Hz)|(!num4&h_clk); //cta 用于计时、校时中的小时计数
assign ctb=(num2&clk_4Hz)|(!num2&countb); //ctb 用于定时状态下调整小时信号
always @(posedge clk_1Hz) //秒计时和秒调整进程
    if(!(sec1^8'h59)|turn&(!m))
        begin
            sec1<=0;
            if(!(turn&(!m))) minclk<=1;
        end
//按住"turn"按键一段时间,秒信号可清零,该功能用于手动精确调时
    else
        begin
            if(sec1[3:0]==4'b1001)
                begin sec1[3:0]<=4'b0000; sec1[7:4]<=sec1[7:4]+1; end
            else sec1[3:0]<=sec1[3:0]+1;
            minclk<=0;
        end
assign m_clk=minclk||count1;
always @(posedge ct1) //分计时和分调整进程
    begin
        if(min1==8'h59)
            begin min1<=0; hclk<=1; end
        else
            begin
                if(min1[3:0]==4'b1001)
                    begin min1[3:0]<=4'b0000; min1[7:4]<=min1[7:4]+1; end
                else min1[3:0]<=min1[3:0]+1;
                hclk<=0;
            end
        end
assign h_clk=hclk||counta;
always @(posedge cta) //小时计时和小时调整进程
    if(hour1==8'h23) hour1<=0;
```

```
    else if(hour1[3:0]==4'b1001)
        begin
            hour1[7:4]<=hour1[7:4]+1;
            hour1[3:0]<=4'b0000;
        end
    else    hour1[3:0]<=hour1[3:0]+1;
always @(posedge ct2)  //闹钟定时功能中的分钟调节进程
    if(amin==8'h59)
        amin<=0;
    else if(amin[3:0]==4'b1001)
        begin
            amin[3:0]<=4'b0000;
            amin[7:4]<=amin[7:4]+1;
        end
    else    amin[3:0]<=amin[3:0]+1;
always @(posedge ctb)  //闹钟定时功能中的小时调节进程
    if(ahour==8'h23)
        ahour<=0;
    else if(ahour[3:0]==4'b1001)
        begin
            ahour[3:0]<=4'b0000;
            ahour[7:4]<=ahour[7:4]+1;
        end
    else ahour[3:0]<=ahour[3:0]+1;
always  //闹铃功能
    if((min1==amin)&&(hour1==ahour)&&(amin|ahour)&&(!change))
    //若按住"change"键不放，可屏蔽闹铃音
        if(sec1<8'h20)  alert1<=1; //控制闹铃的时间长短
        else                    alert1<=0;
    else alert1<=0;
always  //时、分、秒的显示控制
    case(m)
        3'b00: begin hour<=hour1; min<=min1; sec<=sec1; end
        //计时状态下的时、分、秒显示
        3'b01: begin hour<=ahour; min<=amin; sec<=8'hzz; end
        //定时状态下的时、分、秒显示
        3'b10: begin hour<=hour1; min<=min1; sec<=8'hzz; end
        //调时状态下的时、分、秒显示
    endcase
always@(posedge clk)
    begin
        DIS_COUNTER<=DIS_COUNTER+1'b1;
        if(DIS_COUNTER==15'b111111111111111)
            begin
                DIS_STATUS=DIS_STATUS+1'b1;
                if(DIS_STATUS==4'd8) DIS_STATUS=0;
            end
    end
always@(posedge clk)
    begin
        case(DIS_STATUS)
            4'd0:SEG_BUF<=sec[3:0];
            4'd1:SEG_BUF<=sec[7:4];
            4'd2:SEG_BUF<=4'd14;
            4'd3:SEG_BUF<=min[3:0];
            4'd4:SEG_BUF<=min[7:4];
            4'd5:SEG_BUF<=4'd14;
            4'd6:SEG_BUF<=hour[3:0];
            4'd7:SEG_BUF<=hour[7:4];
        endcase
```

```
        end
always@(posedge clk)
    begin
        case(SEG_BUF)
            4'd0:SEG_REG<=8'hc0;     //0
            4'd1:SEG_REG<=8'hf9;     //1
            4'd2:SEG_REG<=8'ha4;     //2
            4'd3:SEG_REG<=8'hb0;     //3
            4'd4:SEG_REG<=8'h99;     //4
            4'd5:SEG_REG<=8'h92;     //5
            4'd6:SEG_REG<=8'h82;     //6
            4'd7:SEG_REG<=8'hf8;     //7
            4'd8:SEG_REG<=8'h80;     //8
            4'd9:SEG_REG<=8'h90;     //9
            4'd14:SEG_REG<=8'hbf;
            4'd15:SEG_REG<=8'h92;
            default:SEG_REG<=8'hzz;
        endcase
    end
always@(posedge clk)
    begin
        case(DIS_STATUS)
            4'd0:SEL_REG<=8'b00000001;
            4'd1:SEL_REG<=8'b00000010;
            4'd2:SEL_REG<=8'b00000100;
            4'd3:SEL_REG<=8'b00001000;
            4'd4:SEL_REG<=8'b00010000;
            4'd5:SEL_REG<=8'b00100000;
            4'd6:SEL_REG<=8'b01000000;
            4'd7:SEL_REG<=8'b10000000;
            default:SEL_REG<=6'hzz;
        endcase
    end
assign SEG=SEG_REG;
assign SEL=SEL_REG;
assign LD_alert=(ahour|amin)?1:0; //指示是否进行了闹铃定时
assign alert=((alert1)?clk_1k&clk_4Hz:0)|alert2; //产生闹铃音或整点报时音
always //产生整点报时信号 alert2
    begin
        if((min1==8'h59)&&(sec1>8'h54)||(!(min1|sec1)))
            if(sec1>8'h54)  alert2<=ear&clk_1k; //产生短音
            else                alert2<=!ear&clk_1k; //产生长音
        else alert2<=0;
    end
endmodule
```

9.1.2 LCD 液晶显示接口实验

本小节介绍的设计实例为 LCD 液晶显示接口实验,该实例目的在于学习复杂数字系统的设计方法,掌握 LCD 液晶显示接口的设计方法。

1. LCD液晶接口实验内容

本实验采用状态机原理,在 LCD1602 液晶屏上实现数字与字符的显示。要求实现在液晶屏的第二行上显示 "Welcome to study", 同时使得液晶屏第一行左侧的第一位显示 0~9 的循环计数,同时设置复位键,在循环过程中按下复位键可从 0 重新循环显示。

2．LCD液晶显示接口实验目的

- 本小节旨在设计实现 FPGA 与 LCD 液晶的接口，学习字符型液晶显示器运行机制，帮助读者进一步了解 LCD 液晶的工作原理和设计方法。
- 熟练掌握状态机的使用。
- 掌握利用 FPGA 设计驱动的基本思想与方法，提升使用 Verilog 语言编程与系统设计的能力。

3．设计原理

LCD 是 Liquid Crystal Display(液晶显示器)的简称，LCD 的构造是在两片平行的玻璃当中放置液态的晶体，两片玻璃中间有许多垂直和水平的细小电线，透过通电与否来控制杆状水晶分子改变方向，将光线折射出来产生画面。液晶屏(LCD)通常分为点阵型和字符型两种。字符型的液晶屏相对于数码管来说，可以显示更多的内容和字符，人机界面更为友好，而且操作简单，因此得到了广泛应用。不同厂家的字符型 LCD 虽然型号不同，但是操作方法基本是一致的。

字符型 LCD 一般会根据显示字符的数量来确定型号，如 LCD1602 表示这个液晶可以显示 2 行字符，每行为 16 个。LCD1602 是应用最广泛的字符型液晶屏。下面以 1602 为例来介绍字符型 LCD 显示接口的设计方法。

（1）1602 液晶的引脚功能介绍。

LCD1602 型液晶模块采用 14 针标准接口，各个管脚的定义如表 9-2 所示。

表 9-2 1602 型液晶模块的管脚配置表

管　脚	符　　号	说　　明
1	VSS	电源地
2	VDD	电源正极
3	V0	对比度调整端，接正电源时对比度最弱，接地电源时对比度最高，对比度过高时会产生"鬼影"，使用时可以通过一个 10K 的电位器调整对比度
4	RS	寄存器选择，高电平时选择数据寄存器，低电平时选择指令寄存器
5	RW	读写信号线，高电平时进行读操作，低电平时进行写操作。当 RS 和 RW 共同为低电平时可以写入指令或显示地址，当 RS 为低电平、RW 为高电平时可以读忙信号，当 RS 为高电平、RW 为低电平时可以写入数据
6	E	使能端，当 E 端由高电平跳变成低电平时，液晶模块执行命令
7～14	D0～D7	8 位双向数据线
15	BLA	背光源正极
16	BLK	背光源负极

（2）1602 液晶的标准字库。

1602 液晶模块内带标准字库，内部的字符发生存储器（CGROM）已经存储了 160 个 5×7 点阵字符，部分 CGROM 中字代码与字符图形对应关系表如表 9-3 所示。这些字符包括阿拉伯数字、英文字母的大小写及常用的符号等。每一个字符都有一个固定的代码，如大写的英文字母 "A" 的代码是 0100_0001B（41H）。显示时，模块把地址 41H 中的点阵字符图形显示出来，就能看到字母 "A"。在编程时，只需要输入相应字符的地址，液晶屏就会输出相应的字符。

表 9-3 CGROM中字代码与字符图形对应关系表

高位 低位	0010	0100	0101	0110	0111	1010
0000		0	θ	P	\	p
0001	!	1	A	Q	a	q
0010	"	2	B	R	b	r
0011	#	3	C	S	c	s
0100	$	4	D	T	d	t
0101	%	5	E	U	e	u
0110	&	6	F	V	f	v
0111	>	7	G	W	g	w
1000	(	8	H	X	h	x
1001	)	9	I	Y	i	y
1010	"	:	J	Z	j	z
1011	+	;	K	[	k	{
1100	>	<	L	￥	l	|
1101	-	=	M	]	m	}
1110	.	>	N	^	n	⊢
1111	/	?	O	_	o	→

（3）1602 液晶模块内部的控制指令。

FPGA 对液晶模块的写操作、屏幕和光标的操作都是通过指令编程来实现的。1602 型液晶的操作指令表如表 9-4 所示。操作指令的解释如下。

指令 1：清显示，指令码 01H，光标复位到地址 00H 位置。

指令 2：光标复位，光标返回到地址 00H。

指令 3：光标和显示模式设置。I/D：光标移动方向，高电平右移，低电平左移；S：屏幕上所有文字是否左移或者右移。高电平表示有效，低电平则无效。

指令 4：显示开关控制。D：控制整体显示的开与关，高电平表示开显示，低电平表示关显示；C：控制光标的开与关，高电平表示有光标，低电平表示无光标；B：控制光标是否闪烁，高电平闪烁，低电平不闪烁。

指令 5：光标或显示移位。S/C：高电平时移动显示的文字，低电平时移动光标。

指令 6：功能设置命令。DL：高电平时为 4 位总线，低电平时为 8 位总线；N：低电平时为单行显示，高电平时双行显示；F：低电平时显示 5x7 的点阵字符，高电平时显示 5x10 的点阵字符。

指令 7：字符发生器 RAM 地址设置。

指令 8：DDRAM 地址设置。

指令 9：读忙信号和光标地址。BF：为忙标志位，高电平表示忙，此时模块不能接收命令或者数据，如果为低电平表示不忙。

指令 10：写数据。

指令 11：读数据。

（4）1602 液晶模块的内部显示地址。

液晶显示模块是一个慢显示器件，所以在执行每条指令之前，一定要确认模块的忙标志为低电平，表示不忙，否则此指令失效。要显示字符时要先输入显示字符地址，也就是告诉模块在哪里显示字符。表 9-5 是 1602 的内部显示地址。

表 9-4　1602 型液晶模块的指令表

序号	指　　令	RS	RW	D7	D6	D5	D4	D3	D2	D1	D0
1	清显示	0	0	0	0	0	0	0	0	0	1
2	光标返回	0	0	0	0	0	0	0	0	1	*
3	光标或显示模式	0	0	0	0	0	0	0	1	I/D	S
4	显示开/关控制	0	0	0	0	0	0	1	D	C	B
5	光标或字符移位	0	0	0	0	0	1	S/C	R/L	*	*
6	功能设置命令	0	0	0	0	0	DL	N	F	*	*
7	字符发生器地址设置	0	0	0	1	字符发生器地址(AGG)					
8	DDRAM 地址设置	0	0	1	显示数据存储器 DDRAM 的地址(ADD)						
9	读忙标志或地址	0	1	BF	计数器地址(AC)						
10	写数据到 RAM	1	0	要写的数据							
11	从 RAM 读数据	1	1	读出的数据							

表 9-5　1602 的内部显示地址

位置	1	2	3	4	5	6	7	8	9	10	11	12	13	14	15	16	行数
地址	00	01	02	03	04	05	06	07	08	09	0A	0B	0C	0D	0E	0F	一行
地址	40	41	42	43	44	45	46	47	48	49	4A	4B	4C	4D	4E	4F	二行

第二行第一个字符的地址是 40H，想要将光标定位在第二行第一个字符的位置的话，由于写入显示地址时要求最高位 D7 恒定为高电平 1，则实际写入的数据应该是 01000000B(40H)+10000000B(80H)=11000000B(C0H)。

（5）1602 液晶的一般初始化过程。

要想让 LCD1602 正常工作的话，需要先对液晶进行初始化复位过程，其过程如下。

- ❑　延时一段时间；
- ❑　写指令 38H：显示模式设置；
- ❑　写指令 08H：显示关闭；
- ❑　写指令 01H：显示清屏；
- ❑　写指令 06H：显示光标移动设置；
- ❑　写指令 0CH：显示开及光标设置。

4. 设计方法

LCD1602 液晶通过状态机实现，液晶的状态转换是 IDLE（00H）lcd_rs 为低电平，即写命令状态 → DISP_SET（38H）显示模式设置 → DISP_OFF（08H）显示关闭 → CLR_SCR(01H) 显示清屏 → CURSOR_SET1(06H) 显示光标移动位置 → CURSOR_SET2（0CH）显示开关及光标设置 → ROW1_ADDR（80H）写第一行起始地址 →（XXH）共 16 个字节，lcd_rs 为高电平，即写数据状态 → ROW2_ADDR（C0H）写第二行起始地址，lcd_rs 为低电平，即写命令状态 →（XXH）共 16 个字节，lcd_rs 为高电平，即写数据状态，然后返回 ROW1_ADDR（80H）写第一行起始地址，并 lcd_rs 为低电平，即写命令状态，依次循环。

通过主时钟分频产生 1Hz 信号，用以控制变量 a 累加 1 操作，当 a 值大于 0x39(数字 9

对应的 ASCII 码值）时，a 值赋值回 0x30（数字 0 对应的 ASCII 码值），实现了从数字 0~9 的循环变化，a 值实时赋值给液晶第一行存储器的[7:0]，液晶循环显示，实现了液晶屏上 0~9 的变化显示。FPGA 只是对液晶进行写入操作，不进行检忙操作，而 lcd_rw 一直为低电平处于写状态。

采用文本编辑法，利用 Verilog HDL 语言来描述 LCD 液晶显示，代码如下。

```verilog
module lcd1602_test(
                input CLOCK_50M,//板载时钟50MHz
                input Q_KEY,//板载按键RST
                output [7:0] LCD1602_DATA,//LCD1602数据总线
                output LCD1602_E,//LCD1602使能
                output LCD1602_RS,//LCD1602指令数据选择
                output LCD1602_RW//LCD1602读写选择
                );
//1602液晶每行16位，每位8bit，液晶每行显示存储空间为0~(8*16-1)=0-127
reg [7:0] a=8'h30;//首先赋值为ASCII码的0
reg [32:0] cnt=0;
reg CLOCK_s=0;
reg [127:8] b="                ";//先将第一行显示为空
wire [127:0] row1_val =  "Welcome to study";
wire [127:0] row2_val;
assign row2_val[127:8]= b;
assign row2_val[7:0] = a;    //用a值赋值给液晶屏第一行最左侧的第一位
always @ (posedge CLOCK_50M)
    begin
        if(cnt<25000000) cnt<=cnt+1;
        else
            begin
                cnt<=0;
                CLOCK_s=~CLOCK_s;//产生1Hz信号
            end
    end
always @ (posedge CLOCK_s, negedge Q_KEY)
    begin
        if(!Q_KEY)  a <= 8'h30;//按键按下清零
        else
            begin
                if(a<8'h39) a<= a+8'h01;//0-9循环累加
                else        a <= 8'h30; //大于9，被置为0
                //因为是ASCII码，所有数字0，ASCII码对应是30H
            end
    end
// 例化LCD1602驱动
lcd1602_drive u0(
                .clk(CLOCK_50M),
                .rst_n(Q_KEY),
                // LCD1602 Input Value
                .row1_val(row1_val),
                .row2_val(row2_val),
                // LCD1602 Interface
                .lcd_data(LCD1602_DATA),
                .lcd_e(LCD1602_E),
                .lcd_rs(LCD1602_RS),
                .lcd_rw(LCD1602_RW)
);
endmodule
```

```verilog
module lcd1602_drive(
                input clk,//50MHz 时钟
                input rst_n,//复位信号
                // LCD1602 Input Value
                input [127:0] row1_val,//第一行字符
                input [127:0] row2_val,//第二行字符
                // LCD1602 Interface
                output reg [7:0] lcd_data,//数据总线
                output lcd_e,//使能信号
                output reg lcd_rs,//指令、数据选择
                output lcd_rw//读、写选择
                );
reg [15:0] cnt;//分频模块
always @ (posedge clk, negedge rst_n)
    if (!rst_n)
        cnt <= 0;
    else
        cnt <= cnt + 1'b1;
// 500Khz ~ 1MHz 皆可
wire lcd_clk = cnt[15]; // (2^15 / 50M) = 1.31ms
//格雷码编码：共 40 个状态
parameter IDLE          = 8'h00;
//写指令，初始化
parameter DISP_SET      = 8'h01;//显示模式设置
parameter DISP_OFF      = 8'h03;//显示关闭
parameter CLR_SCR       = 8'h02;//显示清屏
parameter CURSOR_SET1   = 8'h06;//显示光标移动设置
parameter CURSOR_SET2   = 8'h07;//显示开及光标设置
//显示第一行
parameter ROW1_ADDR     = 8'h05;//写第 1 行起始地址
parameter ROW1_0        = 8'h04;
parameter ROW1_1        = 8'h0C;
parameter ROW1_2        = 8'h0D;
parameter ROW1_3        = 8'h0F;
parameter ROW1_4        = 8'h0E;
parameter ROW1_5        = 8'h0A;
parameter ROW1_6        = 8'h0B;
parameter ROW1_7        = 8'h09;
parameter ROW1_8        = 8'h08;
parameter ROW1_9        = 8'h18;
parameter ROW1_A        = 8'h19;
parameter ROW1_B        = 8'h1B;
parameter ROW1_C        = 8'h1A;
parameter ROW1_D        = 8'h1E;
parameter ROW1_E        = 8'h1F;
parameter ROW1_F        = 8'h1D;
//显示第二行
parameter ROW2_ADDR     = 8'h1C;//写第 2 行起始地址
parameter ROW2_0        = 8'h14;
parameter ROW2_1        = 8'h15;
parameter ROW2_2        = 8'h17;
parameter ROW2_3        = 8'h16;
parameter ROW2_4        = 8'h12;
parameter ROW2_5        = 8'h13;
parameter ROW2_6        = 8'h11;
parameter ROW2_7        = 8'h10;
parameter ROW2_8        = 8'h30;
```

```verilog
parameter ROW2_9      = 8'h31;
parameter ROW2_A      = 8'h33;
parameter ROW2_B      = 8'h32;
parameter ROW2_C      = 8'h36;
parameter ROW2_D      = 8'h37;
parameter ROW2_E      = 8'h35;
parameter ROW2_F      = 8'h34;
reg [5:0] current_state, next_state;//现态、次态
always @ (posedge lcd_clk, negedge rst_n)
    if(!rst_n)  current_state <= IDLE;
    else        current_state <= next_state;
always
    begin
        case(current_state)
            IDLE        : next_state = DISP_SET;
            // 写指令，初始化
            DISP_SET    : next_state = DISP_OFF;
            DISP_OFF    : next_state = CLR_SCR;
            CLR_SCR     : next_state = CURSOR_SET1;
            CURSOR_SET1 : next_state = CURSOR_SET2;
            CURSOR_SET2 : next_state = ROW1_ADDR;
            // 显示第一行
            ROW1_ADDR   : next_state = ROW1_0;
            ROW1_0      : next_state = ROW1_1;
            ROW1_1      : next_state = ROW1_2;
            ROW1_2      : next_state = ROW1_3;
            ROW1_3      : next_state = ROW1_4;
            ROW1_4      : next_state = ROW1_5;
            ROW1_5      : next_state = ROW1_6;
            ROW1_6      : next_state = ROW1_7;
            ROW1_7      : next_state = ROW1_8;
            ROW1_8      : next_state = ROW1_9;
            ROW1_9      : next_state = ROW1_A;
            ROW1_A      : next_state = ROW1_B;
            ROW1_B      : next_state = ROW1_C;
            ROW1_C      : next_state = ROW1_D;
            ROW1_D      : next_state = ROW1_E;
            ROW1_E      : next_state = ROW1_F;
            ROW1_F      : next_state = ROW2_ADDR;
            // 显示第二行
            ROW2_ADDR   : next_state = ROW2_0;
            ROW2_0      : next_state = ROW2_1;
            ROW2_1      : next_state = ROW2_2;
            ROW2_2      : next_state = ROW2_3;
            ROW2_3      : next_state = ROW2_4;
            ROW2_4      : next_state = ROW2_5;
            ROW2_5      : next_state = ROW2_6;
            ROW2_6      : next_state = ROW2_7;
            ROW2_7      : next_state = ROW2_8;
            ROW2_8      : next_state = ROW2_9;
            ROW2_9      : next_state = ROW2_A;
            ROW2_A      : next_state = ROW2_B;
            ROW2_B      : next_state = ROW2_C;
            ROW2_C      : next_state = ROW2_D;
            ROW2_D      : next_state = ROW2_E;
            ROW2_E      : next_state = ROW2_F;
            ROW2_F      : next_state = ROW1_ADDR;
            default     : next_state = IDLE ;
        endcase
    end
always @ (posedge lcd_clk, negedge rst_n)
```

```
    begin
        if(!rst_n)
            begin
                lcd_rs   <= 0;
                lcd_data <= 8'hxx;
            end
        else
            begin
                case(next_state)// 写 lcd_rs
                    IDLE         : lcd_rs <= 0;
                    // 写指令，初始化
                    DISP_SET    : lcd_rs <= 0;
                    DISP_OFF    : lcd_rs <= 0;
                    CLR_SCR     : lcd_rs <= 0;
                    CURSOR_SET1 : lcd_rs <= 0;
                    CURSOR_SET2 : lcd_rs <= 0;
                    // 写数据，显示第一行
                    ROW1_ADDR   : lcd_rs <= 0;
                    ROW1_0      : lcd_rs <= 1;
                    ROW1_1      : lcd_rs <= 1;
                    ROW1_2      : lcd_rs <= 1;
                    ROW1_3      : lcd_rs <= 1;
                    ROW1_4      : lcd_rs <= 1;
                    ROW1_5      : lcd_rs <= 1;
                    ROW1_6      : lcd_rs <= 1;
                    ROW1_7      : lcd_rs <= 1;
                    ROW1_8      : lcd_rs <= 1;
                    ROW1_9      : lcd_rs <= 1;
                    ROW1_A      : lcd_rs <= 1;
                    ROW1_B      : lcd_rs <= 1;
                    ROW1_C      : lcd_rs <= 1;
                    ROW1_D      : lcd_rs <= 1;
                    ROW1_E      : lcd_rs <= 1;
                    ROW1_F      : lcd_rs <= 1;
                    // 写数据，显示第二行
                    ROW2_ADDR   : lcd_rs <= 0;
                    ROW2_0      : lcd_rs <= 1;
                    ROW2_1      : lcd_rs <= 1;
                    ROW2_2      : lcd_rs <= 1;
                    ROW2_3      : lcd_rs <= 1;
                    ROW2_4      : lcd_rs <= 1;
                    ROW2_5      : lcd_rs <= 1;
                    ROW2_6      : lcd_rs <= 1;
                    ROW2_7      : lcd_rs <= 1;
                    ROW2_8      : lcd_rs <= 1;
                    ROW2_9      : lcd_rs <= 1;
                    ROW2_A      : lcd_rs <= 1;
                    ROW2_B      : lcd_rs <= 1;
                    ROW2_C      : lcd_rs <= 1;
                    ROW2_D      : lcd_rs <= 1;
                    ROW2_E      : lcd_rs <= 1;
                    ROW2_F      : lcd_rs <= 1;
                endcase
                case(next_state)//写 lcd_data
                    IDLE         : lcd_data <= 8'hxx;
                    // 写指令，初始化
                    DISP_SET    : lcd_data <= 8'h38;
                    DISP_OFF    : lcd_data <= 8'h08;
                    CLR_SCR     : lcd_data <= 8'h01;
                    CURSOR_SET1 : lcd_data <= 8'h06;
```

```
                    CURSOR_SET2 : lcd_data <= 8'h0C;
                    // 写数据，显示第一行
                    ROW1_ADDR  : lcd_data <= 8'h80;
                    ROW1_0     : lcd_data <= row1_val[127:120];
                    ROW1_1     : lcd_data <= row1_val[119:112];
                    ROW1_2     : lcd_data <= row1_val[111:104];
                    ROW1_3     : lcd_data <= row1_val[103: 96];
                    ROW1_4     : lcd_data <= row1_val[ 95: 88];
                    ROW1_5     : lcd_data <= row1_val[ 87: 80];
                    ROW1_6     : lcd_data <= row1_val[ 79: 72];
                    ROW1_7     : lcd_data <= row1_val[ 71: 64];
                    ROW1_8     : lcd_data <= row1_val[ 63: 56];
                    ROW1_9     : lcd_data <= row1_val[ 55: 48];
                    ROW1_A     : lcd_data <= row1_val[ 47: 40];
                    ROW1_B     : lcd_data <= row1_val[ 39: 32];
                    ROW1_C     : lcd_data <= row1_val[ 31: 24];
                    ROW1_D     : lcd_data <= row1_val[ 23: 16];
                    ROW1_E     : lcd_data <= row1_val[ 15:  8];
                    ROW1_F     : lcd_data <= row1_val[  7:  0];
                    // 写数据，显示第二行
                    ROW2_ADDR  : lcd_data <= 8'hC0;
                    ROW2_0     : lcd_data <= row2_val[127:120];
                    ROW2_1     : lcd_data <= row2_val[119:112];
                    ROW2_2     : lcd_data <= row2_val[111:104];
                    ROW2_3     : lcd_data <= row2_val[103: 96];
                    ROW2_4     : lcd_data <= row2_val[ 95: 88];
                    ROW2_5     : lcd_data <= row2_val[ 87: 80];
                    ROW2_6     : lcd_data <= row2_val[ 79: 72];
                    ROW2_7     : lcd_data <= row2_val[ 71: 64];
                    ROW2_8     : lcd_data <= row2_val[ 63: 56];
                    ROW2_9     : lcd_data <= row2_val[ 55: 48];
                    ROW2_A     : lcd_data <= row2_val[ 47: 40];
                    ROW2_B     : lcd_data <= row2_val[ 39: 32];
                    ROW2_C     : lcd_data <= row2_val[ 31: 24];
                    ROW2_D     : lcd_data <= row2_val[ 23: 16];
                    ROW2_E     : lcd_data <= row2_val[ 15:  8];
                    ROW2_F     : lcd_data <= row2_val[  7:  0];
                endcase
            end
        end
assign lcd_e  = lcd_clk; //数据在时钟高电平被锁存
assign lcd_rw = 1'b0;    //LCD1602 只进行写操作
endmodule
```

9.1.3　VGA 显示接口实验

本小节介绍的设计实例为 VGA 显示接口实验，该实例的目的在于学习复杂数字系统的设计方法，掌握 VGA 显示接口的设计方法。

1. VGA接口实验内容

本实验通过 FPGA 控制 VGA 接口，在 CRT 显示器上实现彩色框的显示。其中，CRT显示器背景设置为蓝色，内部矩形框设置为绿色，正中间小矩形设置为红色。

2. VGA显示接口实验目的

❑ 本小节旨在设计实现 FPGA 与 VGA 的接口，帮助读者进一步了解 VGA 的工作原理和设计方法。

☐ 熟练掌握时序控制的方法。

☐ 掌握利用 FPGA 设计驱动的基本思想与方法，提升使用 Verilog 语言编程与系统设计的能力。

3. 设计原理

VGA(Video Graphics Array)视频图形阵列是 IBM 于 1987 年提出的一个使用模拟信号的电脑显示标准。VGA 接口是一种 D 型接口，上面共有 15 针孔，分成三排，每排五个。其中，除了 2 根 NC(Not Connect)信号、3 根显示数据总线和 5 个 GND 信号处，比较重要的是 3 根 RGB 彩色分量信号和 2 根扫描同步信号 HSYNC 与 VSYNC。VGA 接口是显卡上应用最为广泛的接口类型，多数的显卡都带有此种接口。其排列如图 9-2 所示，接口定义如表 9-6 所示。VGA 接口中彩色分量采用 RS-343 电平标准。RS-343 电平标准的峰值电压为 1V。对于普通的 VGA 显示器，其引出线共含 5 个信号：R、G、B：三基色信号；HS：行同步信号；VS：场同步信号。

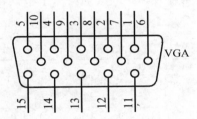

图 9-2 VGA 管脚排列图

表 9-6 VGA接口管脚定义

管　脚	定　义	管　脚	定　义	管　脚	定　义
1	红基色 R	6	红基色地	11	地址码
2	绿基色 G	7	绿基色地	12	地址码
3	蓝基色 B	8	蓝基色地	13	行同步 HS
4	地址码	9	NC(保留)	14	场同步 VS
5	NC(自测试)	10	数字地	15	地址码

FPGA 的管脚只有高电平和低电平两种状态，因此对于每个色彩分量信号也仅有两种状态。这样 3 个色彩分量就可以组合出 8 种颜色，如表 9-7 所示。

表 9-7 简化的VGA接口色彩对照表

VGA_R	VGA_G	VGA_B	对应的显示颜色
0	0	0	黑色
0	0	1	绿色
0	1	0	蓝色
0	1	1	蓝绿色
1	0	0	红色
1	0	1	品红色
1	1	0	黄色
1	1	1	白色

显示是用逐行扫描的方式解决，阴极射线枪发出电子束打在涂有荧光粉的荧光屏上，产生 GRB 三基色，合成一个彩色像素。扫描从屏幕的左上方开始，从左到右，从上到下，进行扫描，每扫完一行，电子束回到屏幕的左边下一行的起始位置，期间 CRT 对电子束进行消隐，每行结束时，用行同步信号进行行同步；扫描完所有行，用场同步信号进行场同步，并使扫描回到屏幕的左上方，同时进行场消隐，预备下一场的扫描。

VGA 信号的时序由视频电气标准委员会（VESA）规定。VGA 显示器是基于 CRT 使用调幅模式，移动电子束（或阴极射线）在荧光屏上显示信息。在 CRT 显示器中，电流的波形通过蹄形磁铁产生磁场，使得电子束偏转，光栅在显示屏上横向显示，水平方向从左至右，垂直方向从上至下。当电子束向正方向移动时，信息才显示，即从左至右、从上至下。如果电子束从后返回左或顶边，显示屏并不显示任何信息。在消隐周期—电子束重新分配和稳定于新的水平或垂直位时，丢失了许多信息。显示协议定义了电子束的大小及通过显示屏的频率，该频率是可调的。现在的 VGA 显示屏支持多种显示协议，VGA 控制器通过协议产生时序信号来控制光栅。控制器产生同步脉冲 TTL 电平来设置电流通过偏转磁铁的频率，以确保像素或视频数据在适当时间送给电子枪。如表 9-8 所示给出了不同的分辨率和刷新率的 VGA 时序关系。

表 9-8　常见分辨率的VGA时序参数表

显示模式及刷新率	像素时钟/MHz	水平方向（以像素计算）				垂直方向（以行计算）			
		有效视频信号	同步前	同步信号	同步后	有效视频信号	同步前	同步信号	同步后
640×480 60Hz	25.175	640	16	96	48	480	10	2	33
800×600 60Hz	50.000	800	67	120	52	600	25	6	56
1024×76860Hz	65.000	1024	24	136	160	768	3	6	29

其中，像素时钟定义了显示像素信息的有效时间段。VS 信号定义显示的更新频率，或刷新屏幕信息的频率。最小的刷新频率取决于显示器的亮度和电子束的强度，实际频率一般在 50～120Hz 之间。给定的刷新频率的水平线的数量定义了水平折回频率。

4．设计方法

显示从左到右（受水平同步信号 HSYNC 控制）、从上到下（受垂直同步信号 VSYNC 控制）做有规律的移动。屏幕从左上角一点开始，从左到右逐点扫描（显示），每扫描完一行，又重新回到屏幕左边下一行起始位置开始扫描。扫描完所有行，形成一帧时，用场同步信号进行场同步，扫描又回到屏幕左上方。完成一行扫描所需的时间称为水平扫描时间，其倒数称为行频率；完成一帧（整屏）扫描所需时间称为垂直扫描时间，其倒数为垂直扫描频率，又称为刷新频率，即刷新一屏的频率。一般采用 60Hz。

因为输出显示模式选取 800×600，刷新率选取 60Hz，对于行同步信号的时序表来说，前 187 个计数点表示在消影区，即还没开始进入显示区，从 188 开始进入显示区，到 987 结束，后面的 52 个计数点又在消影区。当行计数器计满一行 1039 个点时清零，场计数器加 1。当计满一行时，行同步信号会拉低一个 120 个时钟周期的低脉冲。

对于场同步信号。同样，前 31 个计数点和后 56 个计数点表示在消影区，是不显示的，中间从 31 到 631 进入显示区。当场计数器计满 687 行时，一帧结束，场计数器清零。计满一个场之后会有 6 个场周期的低脉冲出现，这个低脉冲不是时钟周期，而是相当于场计数器计 6 行的时间。

时序确定好后就要确定显示区域，即只有在行计数器计到 187 到 987，场计数器计到 31 到 631 时才是有效区域，再通过需要显示的图形，确定显示区域内图像对应颜色的基准，定义好红绿蓝三基色就可以得到我们想显示的界面了。

采用文本编辑法，利用 Verilog HDL 语言来描述 VGA 接口显示，代码如下。

clk：板载时钟 50MHz 输入。

rst_n：复位按键输入。

hsync：行同步信号输出。

vsync：场同步信号输出。

vga_r：红基色输出。

vga_g：绿基色输出。

vga_b：蓝基色输出。

```verilog
module vga_dis(clk,rst_n,hsync,vsync,vga_r,vga_g,vga_b);
input clk; //50MHz
input rst_n; //低电平复位
output hsync; //行同步信号
output vsync; //场同步信号
output vga_r;
output vga_g;
output vga_b;
reg[10:0] x_cnt; //行坐标
reg[9:0] y_cnt; //列坐标
always @ (posedge clk or negedge rst_n)
    if(!rst_n) x_cnt <= 11'd0;
    else if(x_cnt == 11'd1039) x_cnt <= 11'd0;
    else x_cnt <= x_cnt+1'b1;
always @ (posedge clk or negedge rst_n)
    if(!rst_n) y_cnt <= 10'd0;
    else if(y_cnt == 10'd665) y_cnt <= 10'd0;
    else if(x_cnt == 11'd1039) y_cnt <= y_cnt+1'b1;
wire valid; //有效显示区标志
assign valid = (x_cnt >= 11'd187) && (x_cnt < 11'd987)
        && (y_cnt >= 10'd31) && (y_cnt < 10'd631);
wire[9:0] xpos,ypos; //有效显示区坐标
assign xpos = x_cnt-11'd187;
assign ypos = y_cnt-10'd31;
reg hsync_r,vsync_r; //同步信号产生
always @ (posedge clk or negedge rst_n)
    if(!rst_n) hsync_r <= 1'b1;
    else if(x_cnt == 11'd0) hsync_r <= 1'b0; //产生 hsync 信号
    else if(x_cnt == 11'd120) hsync_r <= 1'b1;
always @ (posedge clk or negedge rst_n)
    if(!rst_n) vsync_r <= 1'b1;
    else if(y_cnt == 10'd0) vsync_r <= 1'b0; //产生 vsync 信号
    else if(y_cnt == 10'd6) vsync_r <= 1'b1;
assign hsync = hsync_r;
assign vsync = vsync_r;
//显示一个矩形框
wire a_dis,b_dis,c_dis,d_dis; //矩形框显示区域定位
assign a_dis = ( (xpos>=200) && (xpos<=220) )
        && ( (ypos>=140) && (ypos<=460) );
```

```
assign b_dis = ( (xpos>=580) && (xpos<=600) )
             && ( (ypos>=140) && (ypos<=460) );
assign c_dis = ( (xpos>=220) && (xpos<=580) )
             && ( (ypos>140)  && (ypos<=160) );
assign d_dis = ( (xpos>=220) && (xpos<=580) )
             && ( (ypos>=440) && (ypos<=460) );
//显示一个小矩形
wire e_rdy; //矩形的显示有效矩形区域
assign e_rdy = ( (xpos>=385) && (xpos<=415) )
             && ( (ypos>=285) && (ypos<=315) );
//r,g,b控制液晶屏颜色显示,背景显示蓝色,矩形框显示红蓝色
assign vga_r = valid ? e_rdy : 1'b0;          //中间小矩形显示红色
assign vga_g = valid ? (a_dis|b_dis|c_dis|d_dis):1'b0;   //矩形框显示绿色
assign vga_b = valid ? ~(a_dis|b_dis |c_dis|d_dis):1'b0;  //背景为蓝色
endmodule
```

9.1.4 RS-232C 串行通信接口实验

本小节介绍的设计实例为 RS-232C 串行通信接口实验，该实例的目的在于学习复杂数字系统的设计方法，掌握 RS-232C 串行通信接口的设计方法。

1. RS-232C串行通信接口实验内容

本实例以 FPGA 作为 UART 控制器，设计实现了 FPGA 通过 RS-232C 串行通信接口与 PC 机的通信。最终实现 PC 机通过 RS-232C 串行通信接口发送数据到 FPGA，FPGA 再将接收数据通过 RS-232C 串行通信接口转发回 PC 机。

2. RS-232C串行通信接口实验目的

❑ 本小节旨在设计实现 FPGA 与 RS-232C 串行通信的接口，帮助读者进一步了解 RS-232C 串行通信的工作原理和设计方法。
❑ 熟悉系统中控制电路的设计。
❑ 掌握利用 FPGA 设计驱动的基本思想与方法，提升使用 Verilog 语言编程与系统设计的能力。

3. 设计原理

（1）RS-232C 接口概述。

RS-232C 标准最初是为远程通信连接数据终端设备 DTE（Data Terminal Equipment）与数据通信设备 DCE（Data Communication Equipment）而制定的。这个标准的制定，并未考虑计算机系统的应用要求。目前，RS-232C 广泛地应用于计算机与终端或外设之间的近端连接标准。显然，这个标准的有些规定和计算机系统是不一致的，甚至是相矛盾的。

RS-232C 标准中所提到的"发送"和"接收"，都是站在 DTE 立场上，而不是站在 DCE 的立场来定义的。由于在计算机系统中，往往是 CPU 和 I/O 设备之间传送信息，两者都是 DTE，因此双方都能发送和接收。RS-232C 标准（协议）的全称是 EIA-RS-232C 标准，其中，EIA（Electronic Industry Association）代表美国电子工业协会，RS（Recommended Standard）代表推荐标准，232 是标识号，C 代表 RS232 的最新一次修改（1969 年）。

（2）RS-232C 接口的电气标准。

RS-232C 对电器特性、逻辑电平和各种信号线功能都做了规定。RS-232C 采用的不是 TTL 电平的接口标准，而是负逻辑，即逻辑"1"为-3V～-15V，逻辑"0"为+3V～+15V。在 TXD 和 RXD 上：逻辑 1（MARK）=-3V～-15V，逻辑 0（SPACE）=+3～+15V；在 RTS、CTS、DSR、DTR 和 DCD 等控制线上：信号有效(接通，ON 状态，正电压)=+3V～+15V，信号无效（断开，OFF 状态，负电压）=-3V～-15V。

由以上定义可以看出，信号无效的电平低于-3V，也就是当传输电平的绝对值大于 3V 时，电路可以有效地检查出来，介于-3～+3V 之间的电压无意义，低于-15V 或高于+15V 的电压也认为无意义，因此，实际工作时，应保证电平的绝对值在（3～15）V 之间。

RS-232C 是用正负电压来表示逻辑状态，与 TTL 以高低电平表示逻辑状态的规定不同。因此，为了能够同计算机接口或终端的 TTL 器件连接，必须在 RS-232C 与 TTL 电路之间进行电平和逻辑关系的变换，常用的有 MAX232。

（3）RS-232C 的通信协议。

所谓"串行通信"是指外设和计算机间使用一根数据信号线(另外需要地线，可能还需要控制线)，数据在一根数据信号线上一位一位地进行传输，每一位数据都占据一个固定的时间长度。

这种通信方式使用的数据线少，在远距离通信中可以节约通信成本，当然，其传输速度比并行传输慢。由于 FPGA 与接口之间按并行方式传输，接口与外设之间按串行方式传输，因此，在串行接口中，必须要有"接收移位寄存器"（串→并）和"发送移位寄存器"（并→串）。典型的串行接口的结构如图 9-3 所示。

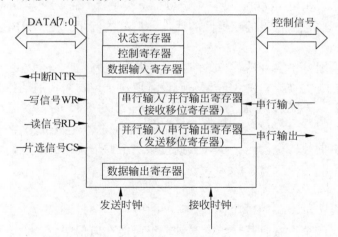

图 9-3　串行接口模块的结构示意图

在数据输入过程中，数据一位一位地从外设进入接口的"接收移位寄存器"，当"接收移位寄存器"中已接收完 1 个字符的各位后，数据就从"接收移位寄存器"进入"数据输入寄存器"。FPGA 从"数据输入寄存器"中读取接收到的字符，并行读取，即 D7～D0 同时被读至累加器中；"接收移位寄存器"的移位速度由"接收时钟"确定。

在数据输出过程中，FPGA 把要输出的字符（并行地）送入"数据输出寄存器"，"数据输出寄存器"的内容传输到"发送移位寄存器",然后由"发送移位寄存器"移位,把数据一位一位地送到外设。"发送移位寄存器"的移位速度由"发送时钟"确定。

接口中的"控制寄存器"用来容纳 FPGA 送给此接口的各种控制信息,这些控制信息决定接口的工作方式。能够完成上述串并转换功能的电路,通常称为"通用异步收发器"(UART:Universal Asynchronous Receiver and Transmitter),包括双缓存发送数据寄存器、并行转串行装置、双缓存输入数据寄存器和串行转并行装置。

RS232 通信协议基本结构如图 9-4 所示,起始位低,停止位高。波特率范围是 300~115200 bit/s;八位数据位;一位或两位停止位;奇校验、偶校验或无校验位。

起始位   数据位   停止位

图 9-4　RS232 通信协议基本结构

在传输进行过程中,双方明确传送的具体方式,否则双方就没有一套共同的译码方式,从而无法了解对方所传过来信息的意义。因此双方为了进行通信,必须遵守一定的通信规则,这个共同的规则就是通信端口的初始化。通信端口的初始化必须对以下参数进行设置。

❑ 波特率

波特率是一个衡量通信速度的参数。它表示每秒钟传送的 bit 的个数。如 300 波特表示每秒钟发送 300 个 bit。当提到时钟周期时,就是指波特率,如果协议需要 4800 波特率,那么时钟是 4800 Hz。这意味着串口通信在数据线上的采样率为 4800 Hz。通常电话线的波特率为 14 400,28 800 和 36 600。波特率可以远远大于这些值,但是波特率和距离成反比。高波特率常常用于放置的很近的仪器间的通信,典型的例子就是 GPIB 设备的通信。

❑ 数据位

数据位是衡量通信中实际数据位的参数。当计算机发送一个信息包,实际的数据不会是 8 位的,标准的值是 5、7 和 8 位。如何设置取决于用户想传送的信息。比如,标准的 ASCII 码是 0~127(7 位)。扩展的 ASCII 码是 0~255(8 位)。如果数据使用简单的文本(标准 ASCII 码),那么,每个数据包使用 7 位数据。每个包是指一个字节,包括开始/停止位,数据位和奇偶校验位。由于实际数据位取决于通信协议的选取,术语"包"指任何通信的情况。

❑ 停止位

停止位用于表示单个包的最后一位。典型的值为 1、1.5 和 2 位。由于数据是在传输线上定时的,并且每一个设备有其自己的时钟,很可能在通信中两台设备间出现了小小的不同步。因此停止位不仅仅是表示传输的结束,并且提供计算机校正时钟同步的机会。适用于停止位的位数越多,不同时钟同步的容忍程度越大,但是数据传输率同时也越慢。

❑ 奇偶校验位

奇偶校验位在串口通信中是一种简单的检错方式。有四种检错方式:偶、奇、高和低。当然没有校验位也是可以的。对于偶和奇校验的情况,串口会设置校验位(数据位后面的一位),用一个值确保传输的数据有偶个或奇个逻辑高位。例如,如果数据是 011,那么对于偶校验,校验位为 0,保证逻辑高的位数是偶数个。如果是奇校验,校验位为 1,这样就有 3 个逻辑高位。高位和低位不真正地检查数据,简单置位逻辑高或逻辑低校验。这样使得接收设备能够知道一个位的状态，有机会判断是否有噪声干扰了通信或是否传输和接收数据是否不同步。

4．设计方法

RS-232C 串行通信接口程序可分为四个子模块，分别是串口接收模块、串口接收波特率控制模块、串口发送模块、串口发送波特率控制模块。其中，串口接收模块根据串口帧格式将 PC 机向 FPGA 发送的串口数据依次读取下来，完成串转并的操作，将串口接收线上的数据存入一个八位的寄存器中，并且，串口接收模块会给串口接收波特率控制模块提供相应的使能信号，使得接收波特率控制模块会给串口接收模块反馈相应的满足一定时序要求的串口数据采样信号，最后，串口接收模块还会给串口发送模块提供一个发送使能信号（实际上是表示接收完成的一个信号），使得在 FPGA 完整地接收到一个单位的数据后，串口发送模块再将数据送出去，而在其他时间，发送使能信号无效时，串口接收模块将持续发送高电平信号；串口接收波特率控制模块根据串口接收模块提供的使能信号，再根据指定的波特率，输出满足波特率要求的采样信号，将这个采样信号输出给串口接收模块，从而串口模块能够从串口接收数据线上取得正确的数据锁存起来；串口发送模块在 FPGA 接收到一个完整的单位数据时（串口发送模块通过串口接收模块发出的使能信号知道这一点），再按照串口数据帧格式将这个数据发送出去，并且和接收模块类似，要使发送模块发送的数据满足串口数据帧格式，必须需要一个控制信号，这个信号由串口发送波特率控制模块提供，串口发送模块也必须给这个发送波特率控制模块提供相应的使能信号，这个使能信号在串口发送时期使能，其余时间均无效。

> 💬注意：上面的串口发送波特率控制模块和串口接收波特率控制模块在具体实现时，都是用同一个 Verilog 模块进行例化的，但是，进行例化时，前面提到的那个使能信号是不同的，并且它们输出的数据的流向也是不同的，所以，实际上，这是两个完全独立的模块，这种方法称为逻辑复制。

（1）串口接收模块 uart_rx.v。

```verilog
`timescale 1ns / 1ps
module uart_rx( //串口接收模块
          clk,rst_n,
          rs232_rx,clk_bps,
          bps_start,rx_int,rx_data
          );
input clk;            //50MHz 主时钟
input rst_n;          //低电平复位信号
input rs232_rx;       //RS232 接收数据信号
input clk_bps;        //此时 clk_bps 的高电平为接收数据的中间采样点
output bps_start;     //接收到数据后，波特率时钟启动信号置位
output[7:0] rx_data;  //接收数据寄存器，保存直至下一个数据来到
output rx_int;        //接收数据中断信号,接收到数据期间始终为高电平,传送给
                      //串口发送模块，使得串口正在进行接收数据的时候，发送模块不工作,
                      //避免了一个完整的数据(1 位起始位、8 位数据位、1 位停止位)还没有
                      //接收完全时，发送模块就已经将不正确的数据传送出去
//边沿检测程序,检测 rs232_rx 信号，即串口线上传向 FPGA 的信号的下降沿
//这个下降沿信号表示一个串口数据帧的开始
reg rs232_rx0,rs232_rx1,rs232_rx2,rs232_rx3;   //接收数据寄存器，滤波用
```

```
wire neg_rs232_rx; //表示数据线接收到下降沿
always @ (posedge clk or negedge rst_n) begin
        if(!rst_n)
            begin
                rs232_rx0 <= 1'b0;
                rs232_rx1 <= 1'b0;
                rs232_rx2 <= 1'b0;
                rs232_rx3 <= 1'b0;
            end
        else
            begin
                rs232_rx0 <= rs232_rx;
                rs232_rx1 <= rs232_rx0;
                rs232_rx2 <= rs232_rx1;
                rs232_rx3 <= rs232_rx2;
            end
end
//下面的下降沿检测可以滤掉<20ns-40ns 的毛刺(包括高脉冲和低脉冲毛刺),
//这里就是用资源换稳定(当然我们的有效低脉冲信号肯定是远远大于 40ns 的)
assign neg_rs232_rx = rs232_rx3 & rs232_rx2 & ~rs232_rx1 & ~rs232_rx0;
//接收到下降沿后 neg_rs232_rx 置高一个时钟周期
reg bps_start_r;
assign bps_start = bps_start_r;
reg[3:0] num;   //移位次数
reg rx_int;     //接收数据中断信号,接收到数据期间始终为高电平
always @ (posedge clk or negedge rst_n)
    if(!rst_n)
        begin
            bps_start_r <= 1'b0;
            rx_int <= 1'b0;
        end
    else if(neg_rs232_rx)
        begin      //接收到串口接收线 rs232_rx 的下降沿标志信号
            bps_start_r <= 1'b1;     //启动串口准备数据接收
            rx_int <= 1'b1;          //接收数据中断信号使能
        end
    else if(num==4'd12)
        begin      //接收完有用数据信息
            bps_start_r <= 1'b0;     //数据接收完毕,释放波特率启动信号
            rx_int <= 1'b0;          //接收数据中断信号关闭
        end
reg[7:0] rx_data_r;      //串口接收数据寄存器,保存直至下一个数据来到
assign rx_data = rx_data_r;
reg[7:0] rx_temp_data;  //当前接收数据寄存器
always @ (posedge clk or negedge rst_n)
    if(!rst_n)
        begin
            rx_temp_data <= 8'd0;
            num <= 4'd0;
            rx_data_r <= 8'd0;
        end
    else
        begin    //接收数据处理
            if(clk_bps)
                begin
                //读取并保存数据,接收数据为一个起始位,8bit 数据,1 或 2 个结束位
                    num <= num+1'b1;
                    case (num)
                        4'd1: rx_temp_data[0] <= rs232_rx; //锁存第 0bit
```

```
                        4'd2: rx_temp_data[1] <= rs232_rx;   //锁存第 1bit
                        4'd3: rx_temp_data[2] <= rs232_rx;   //锁存第 2bit
                        4'd4: rx_temp_data[3] <= rs232_rx;   //锁存第 3bit
                        4'd5: rx_temp_data[4] <= rs232_rx;   //锁存第 4bit
                        4'd6: rx_temp_data[5] <= rs232_rx;   //锁存第 5bit
                        4'd7: rx_temp_data[6] <= rs232_rx;   //锁存第 6bit
                        4'd8: rx_temp_data[7] <= rs232_rx;   //锁存第 7bit
                        default: ;
                    endcase
                end
            else if(num == 4'd12)
                begin//我们的标准接收模式下只有 1+8+1(2)=11bit 的有效数据
                 num <= 4'd0;          //接收到 STOP 位后结束,num 清零
                 rx_data_r <= rx_temp_data;//把数据锁存到数据寄存器 rx_data 中
                end
        end
endmodule
```

（2）波特率控制模块 speed_select.v

```verilog
`timescale 1ns / 1ps
module speed_select(
            clk,rst_n,
            bps_start,clk_bps
            );
input clk;  // 50MHz 主时钟
input rst_n;     //低电平复位信号
input bps_start;    //接收到数据后,波特率时钟启动信号置位
            //或者开始发送数据时,波特率时钟启动信号置位
output clk_bps; // clk_bps 的高电平为接收或者发送数据位的中间采样点
//以下波特率分频计数值可参照上面的参数进行更改计算方法:
//以 9600bps 为例,9600bps 表示每秒 9600bit,则传输 1bit 需要 10^9/9600=104166ns,
//所以在我们使用 50MHz 的时钟频率的前提下,需要 104166/20=5208 个时钟周期
//5208 个时钟周期内传送了 1bit 位,则在中间的时刻处,进行取样(接收模块)或者
//将中间时刻作为发送数据的数据改变点(发送模块)
`define BPS_PARA    5207//波特率为 9600 时的分频计数值
`define BPS_PARA_2  2603//波特率为 9600 时的分频计数值的一半,用于数据采样
reg[12:0] cnt;       //分频计数
reg clk_bps_r;      //波特率时钟寄存器
always @ (posedge clk or negedge rst_n)
    if(!rst_n) cnt <= 13'd0;
    else if((cnt == `BPS_PARA) || !bps_start) cnt <= 13'd0; //波特率计数清
零
    else cnt <= cnt+1'b1;    //波特率时钟计数启动
always @ (posedge clk or negedge rst_n)
    if(!rst_n) clk_bps_r <= 1'b0;
    else if(cnt == `BPS_PARA_2) clk_bps_r <= 1'b1;
    //clk_bps_r 高电平为接收数据位的中间采样点,同时也作为发送数据的数据改变点
    else clk_bps_r <= 1'b0;
assign clk_bps = clk_bps_r;
endmodule
```

（3）串口发送模块 uart_tx.v。

```verilog
`timescale 1ns / 1ps
module uart_tx(
            clk,rst_n,
```

```verilog
                rx_data,rx_int,rs232_tx,
                clk_bps,bps_start
                );
input clk;          // 50MHz 主时钟
input rst_n;            //低电平复位信号
input clk_bps;          // clk_bps_r 高电平作为发送数据的数据改变点
input[7:0] rx_data; //接收数据寄存器
input rx_int;
output rs232_tx;        // RS232 发送数据信号
output bps_start;       //接收或要发送数据，波特率时钟启动信号置位
//边沿检测，检测 rx_int 信号的下降沿，rx_int 信号的下降沿表示接收完全
reg rx_int0,rx_int1,rx_int2;        //rx_int 信号寄存器，捕捉下降沿滤波用
wire neg_rx_int;    // rx_int 下降沿标志位
always @ (posedge clk or negedge rst_n)
    begin
        if(!rst_n)
            begin
                rx_int0 <= 1'b0;
                rx_int1 <= 1'b0;
                rx_int2 <= 1'b0;
            end
        else
            begin
                rx_int0 <= rx_int;
                rx_int1 <= rx_int0;
                rx_int2 <= rx_int1;
            end
    end
//捕捉到下降沿后，neg_rx_int 拉高保持一个主时钟周期
assign neg_rx_int =  ~rx_int1 & rx_int2;
reg[7:0] tx_data;   //待发送数据的寄存器
reg bps_start_r;
assign bps_start = bps_start_r;
reg[3:0] num;
always @ (posedge clk or negedge rst_n)
    begin
        if(!rst_n)
            begin
                bps_start_r <= 1'b0;
                tx_data <= 8'd0;
            end
        else if(neg_rx_int)
            begin//接收数据完毕，准备把接收到的数据发回去
                bps_start_r <= 1'b1;
                tx_data <= rx_data;
                //把接收到的数据存入发送数据寄存器，进入发送数据状态中
            end
        else if(num==4'd11)
            begin//数据发送完成，复位
            bps_start_r <= 1'b0;
            end
    end
reg rs232_tx_r;
assign rs232_tx = rs232_tx_r;
always @ (posedge clk or negedge rst_n)
    begin
        if(!rst_n)
            begin
                num <= 4'd0;
```

```
                            rs232_tx_r <= 1'b1;
                 end
          else
              begin
                 if(clk_bps)
                     begin
                         num <= num+1'b1;
                         case(num)
                           4'd0: rs232_tx_r <= 1'b0;    //发送起始位
                           4'd1: rs232_tx_r <= tx_data[0]; //发送bit0
                           4'd2: rs232_tx_r <= tx_data[1]; //发送bit1
                           4'd3: rs232_tx_r <= tx_data[2]; //发送bit2
                           4'd4: rs232_tx_r <= tx_data[3]; //发送bit3
                           4'd5: rs232_tx_r <= tx_data[4]; //发送bit4
                           4'd6: rs232_tx_r <= tx_data[5]; //发送bit5
                           4'd7: rs232_tx_r <= tx_data[6]; //发送bit6
                           4'd8: rs232_tx_r <= tx_data[7]; //发送bit7
                           4'd9: rs232_tx_r <= 1'b1;    //发送结束位
                           default: rs232_tx_r <= 1'b1;
                         endcase
                     end
                 else if(num==4'd11)
                     num <= 4'd0;    //复位
              end
      end
endmodule
```

（4）顶层模块 uart_top.v。

```
`timescale 1ns / 1ps
module uart_top(clk,rst_n,rs232_rx,rs232_tx);
input clk;          // 50MHz 主时钟
input rst_n;        //低电平复位信号
input rs232_rx;     // RS232 接收数据信号
output rs232_tx;    //  RS232 发送数据信号
wire bps_start1,bps_start2; //接收到数据后，波特率时钟启动信号置位
wire clk_bps1,clk_bps2;     // clk_bps_r 高电平为接收数据位的中间采样点，同时也
作为发送数据的数据改变点
wire[7:0] rx_data;  //接收数据寄存器，保存直至下一个数据来到
wire rx_int;        //接收数据中断信号，接收到数据期间始终为高电平
speed_select  speed_rx(
                .clk(clk),  //波特率选择模块
                .rst_n(rst_n),
                .bps_start(bps_start1),
                .clk_bps(clk_bps1)
                );
uart_rx     uart_rx1(
                .clk(clk),  //接收数据模块
                .rst_n(rst_n),
                .rs232_rx(rs232_rx),
                .rx_data(rx_data),
                .rx_int(rx_int),
                .clk_bps(clk_bps1),
                .bps_start(bps_start1)
                );
speed_select  speed_tx(
                .clk(clk),  //波特率选择模块
                .rst_n(rst_n),
```

```
                        .bps_start(bps_start2),
                        .clk_bps(clk_bps2)
                        );
uart_tx      uart_tx2(
                        .clk(clk),    //发送数据模块
                        .rst_n(rst_n),
                        .rx_data(rx_data),
                        .rx_int(rx_int),
                        .rs232_tx(rs232_tx),
                        .clk_bps(clk_bps2),
                        .bps_start(bps_start2)
                        );
endmodule
```

9.1.5 PS2 键盘接口实验

本小节介绍的设计实例为 PS2 键盘接口实验，该实例目的在于学习复杂数字系统的设计方法，掌握 PS2 键盘接口的设计方法。

1. 键盘接口实验内容

本实验以通用的 PS2 键盘为输入，设计一个能够识别 PS2 键盘输入编码的电路，并将键值显示在 LCD1602 液晶屏上，当同时按下 Shift 键和其他按键时，可在液晶屏上实现大小写的切换显示。

2. 键盘接口实验目的

❑ 本小节旨在设计实现 FPGA 与 PS2 键盘的接口，帮助用户进一步了解 PS2 键盘的工作原理和设计方法。
❑ 熟练掌握状态机的使用。
❑ 掌握利用 FPGA 设计驱动的基本思想与方法，提升使用 Verilog 语言编程与系统设计的能力。

3. 设计原理

（1）PS2 接口的基本概念。

PS2 的命名来自于 1987 年 IBM 所推出的个人电脑 Personal System 2 系列。PS2 接口主要用于主机和键盘及鼠标的连接。PS2 接口是一种 6 针的圆形接口，如图 9-5 所示。它们分别是 Clock（时钟脚）、Data（数据脚）、+5V（电源脚）、Ground（电源地）和 NC（保留），其信号定义如表 9-9 所示。在 PS2 设备与 PC 机的物理连接上只要保证这四根线一一对应就可以了。PS2 设备靠 PC 的 PS2 端口提供+5V 电源，另外两个脚 Clock（时钟脚）和 Data（数据脚）都是集电极开路的，所以必须接大阻值的上拉电阻。它们平时保持高电平，有输出时才被拉到低电平，之后自动上浮到高电平。

图 9-5   PS2 接口示意图

表 9-9　PS2 接口信号定义

管　　脚	定　　义	管　　脚	定　　义	管　　脚	定　　义
1	数据线	3	电源地线	5	时钟
2	保留	4	电源+5V	6	保留

PS2 通讯协议是一种双向同步串行通讯协议。通讯的两端通过 Clock（时钟脚）同步，并通过 Data（数据脚）交换数据。任何一方如果想抑制另外一方通讯时，只需要把 Clock（时钟脚）拉到低电平一般两设备间传输数据的最大时钟频率是 33kHz，大多数 PS2 设备工作在 10～20kHz。推荐值在 15kHz 左右，也就是说，Clock（时钟脚）高、低电平的持续时间都为 40us。每一数据帧包含 12 个位，具体含义如表 9-10 所列。

表 9-10　数据帧格式说明

1 个起始位	8 个数据位	1 个奇偶校验位	1 个停止位	1 个应答位
总是逻辑 0	低位(LSB)在前	奇校验	总是逻辑 1	仅用在主机对设备的通讯中

其中，如果数据位中 1 的个数为偶数，校验位就为 1；如果数据位中 1 的个数为奇数，校验位就为 0；总之，数据位中 1 的个数加上校验位中 1 的个数总为奇数，因此总进行奇校验。

（2）PS2 设备发送数据到 PC 的通信时序。

当 PS2 设备要发送数据时，需要发送的数据事先要写入数据缓冲区，一般 PS2 键盘有16 个字节的缓冲区，而 PS2 鼠标的缓冲区只存储最后一个要发送的数据包。之后，检查时钟脚 Clock，判断其逻辑电平的高低。如果 Clock 是低电平，则说明 PC 禁止通信，PS2 设备需要等待重新获得总线的控制权。如果 Clock 为高电平，PS2 设备便开始将数据发送到PC 上。发送时一般都是按照数据帧格式顺序发送的。其中数据位在 Clock 为高电平时准备好，在 Clock 的下降沿被 PC 读入。从 PS2 设备向 PC 机发送一个字节可按照下面的步骤进行。

❑ 检测时钟线电平，如果时钟线为低，则延时 50us；
❑ 检测判断时钟信号是否为高电平，为高电平，则向下执行，为低电平，则返回上一步操作；
❑ 检测数据线是否为高电平，如果为高电平则继续执行，如果为低电平，则放弃发送（此时 PC 机在向 PS2 设备发送数据，所以 PS2 设备要转移到接收程序处接收数据）；
❑ 延时 20us（如果此时正在发送起始位，则应延时 40us）；
❑ 输出起始位 '0' 到数据线上。注意，在送出每一位后都要检测时钟线，以确保 PC机没有抑制 PS2 设备，如果有则中止发送；
❑ 输出 8 个数据位到数据线上；
❑ 输出校验位；
❑ 输出停止位 '1'；
❑ 延时 30us（如果在发送停止位时释放时钟信号则应延时 50us）。

通过以下步骤可发送单个位。

- ❑ 准备数据位（将需要发送的数据位放到数据线上）；
- ❑ 延时 20us；
- ❑ 把时钟线拉低；
- ❑ 延时 40us；
- ❑ 释放时钟线；
- ❑ 延时 20us。

（3）PC 机发送数据到 PS2 设备的通信时序。

PC 机要发送数据到 PS2 设备，则 PC 机要先把时钟线和数据线置为请求发送的状态。PC 机通过下拉时钟线大于 100us 来抑制通讯，并且通过下拉数据线发出请求发送数据的信号，然后释放时钟。当 PS2 设备检测到需要接收的数据时，它会产生时钟信号并记录下面 8 个数据位和一个停止位。主机此时在时钟线变为低时准备数据到数据线，并在时钟上升沿锁存数据。而 PS2 设备则要配合 PC 机才能读到准确的数据。具体连接步骤如下。

- ❑ 等待时钟线为高电平；
- ❑ 判断数据线是否为低，为高则错误退出，否则继续执行；
- ❑ 读地址线上的数据内容，共 8 个 bit，每读完一个位，都应检测时钟线是否被 PC 机拉低，如果被拉低则要中止接收；
- ❑ 读地址线上的校验位内容，1 个 bit；
- ❑ 读停止位；
- ❑ 如果数据线上为 '0'（即还是低电平），PS2 设备继续产生时钟，直到接收到 '1' 且产生出错信号为止（因为停止位是 '1'，如果 PS2 设备没有读到停止位，则表明此次传输出错）；
- ❑ 输出应答位；
- ❑ 检测奇偶校验位，如果校验失败，则产生错误信号以表明此次传输出现错误；
- ❑ 延时 45us，以便 PC 机进行下一次传输。

（4）PS2 键盘的编码。

PS2 键盘上包含了一个大型的按键矩阵，它们是由安装在键盘电路板上的处理器，也叫"键盘编码器"来监视的。不同键盘其键盘编码器是不同的，但是它们的作用都是监视哪些按键被按下或释放，并传送按键的扫描码数据到主机。如果有必要，处理器处理按键抖动并在它的 16 字节缓冲区里缓冲数据。主机一般有一个键盘控制器，负责解码所有来自键盘的数据。最初 IBM 使用 Intel 的 8042 微控制器作为它的键盘控制器，现在已经被兼容设备取代并整合到主板的芯片组中。本小节使用 FPGA 实现键盘控制器功能。

按键扫描码分为通码（Make Code）和断码（Break Code），当一个按键被按下时，键盘会将该键的通码发送给主机，当持续按住该按键，键盘将持续发送该键的通码；当一个按键释放时，键盘将该键的断码发送给主机。每个按键被分配了唯一的通码和断码，这样主机通过查找唯一的扫描码就可以测定是哪个按键。每个键一整套的通断码组成了"扫描码集"。有三套标准的扫描码集，分别是第一套、第一套和第三套。现在常用的键盘默认使用第二套扫描码集。键盘各个按键的第二套扫描码集的通码和断码，如表 9-11 所示。

表 9-11　第二套键盘扫描码对照表

KEY	MAKE	BREAK	KEY	MAKE	BREAK	KEY	MAKE	BREAK
A	1C	F0,1C	9	46	F0,46	[	54	F0,54
B	32	F0,32	`	0E	F0,0E	INSERT	E0,70	E0,F0,70
C	21	F0,21	-	4E	F0,4E	HOME	E0,6C	E0,F0,6C
D	23	F0,23	=	55	F0,55	PG UP	E0,7D	E0,F0,7D
E	24	F0,24	\	5D	F0,5D	DELETE	E0,71	E0,F0,71
F	2B	F0,2B	BKSP	66	F0,66	END	E0,69	E0,F0,69
G	34	F0,34	SPACE	29	F0,29	PG DN	E0,7A	E0,F0,7A
H	33	F0,33	TAB	0D	F0,0D	U ARROW	E0,75	E0,F0,75
I	43	F0,43	CAPS	58	F0,58	L ARROW	E0,6B	E0,F0,6B
J	3B	F0,3B	L SHFT	12	F0,12	D ARROW	E0,72	E0,F0,72
K	42	F0,42	L CTRL	14	F0,14	R ARROW	E0,74	E0,F0,74
L	4B	F0,4B	L GUI	E0,1F	E0,F0,1F	NUM	77	F0,77
M	3A	F0,3A	L ALT	11	F0,11	KP /	E0,4A	E0,F0,4A
N	31	F0,31	R SHFT	59	F0,59	KP *	7C	F0,7C
O	44	F0,44	R CTRL	E0,14	E0,F0,14	KP -	7B	F0,7B
P	4D	F0,4D	R GUI	E0,27	E0,F0,27	KP +	79	F0,79
Q	15	F0,15	R ALT	E0,11	E0,F0,11	KP ENTER	E0,5A	E0,F0,5A
R	2D	F0,2D	APPS	E0,2F	E0,F0,2F	KP .	71	F0,71
S	1B	F0,1B	ENTER	5A	F0,5A	KP 0	70	F0,70
T	2C	F0,2C	ESC	76	F0,76	KP 1	69	F0,69
U	3C	F0,3C	F1	05	F0,05	KP 2	72	F0,72
V	2A	F0,2A	F2	06	F0,06	KP 3	7A	F0,7A
W	1D	F0,1D	F3	04	F0,04	KP 4	6B	F0,6B
X	22	F0,22	F4	0C	F0,0C	KP 5	73	F0,73
Y	35	F0,35	F5	03	F0,03	KP 6	74	F0,74
Z	1A	F0,1A	F6	0B	F0,0B	KP 7	6C	F0,6C
0	45	F0,45	F7	83	F0,83	KP 8	75	F0,75
1	16	F0,16	F8	0A	F0,0A	KP 9	7D	F0,7D
2	1E	F0,1E	F9	01	F0,01	]	5B	F0,5B
3	26	F0,26	F10	09	F0,09	;	4C	F0,4C
4	25	F0,25	F11	78	F0,78	'	52	F0,52
5	2E	F0,2E	F12	07	F0,07	,	41	F0,41
6	36	F0,36	PRT SCRN	E0,12, E0,7C	E0,F0,7C, E0,F0,12	.	49	F0,49
7	3D	F0,3D	SCROLL	7E	F0,7E	/	4A	F0,4A
8	3E	F0,3E	PAUSE	E1,14,77,E1F0,14,F0,77	-NONE			

根据扫描码的不同，将按键分为以下三类（扫描码用十六进制数表示）。

❑ 第一类按键，通码为 1 个字节，其断码为 0xF0+通码，比如，A 键通码为 0x1C，断码为 0xF0+0x1C。

❑ 第二类按键，通码为 2 个字节 0xE0+0xXX，其断码为 0xE0+0xF0+0xXX，如右边的 Ctrl 键通码为 0xE0+0x14，，断码为 0xE0+0xF0+0x14。

❑ 第三类是两个特殊按键，PRT SCRN 键的通码为 0xE0+0x12+0xE0+0x7C，断码为

0xE0+0xF0+0x7C+0xE0+0xF0+0x12；Pause 键的通码为 0xE1+0x14+0x77+0xE1+ 0xF0 +0x14+0xF0+0x77 没有断码。

4. 设计方法

为了简化设计，FPGA 控制器只接收键盘数据而不发送任何命令给键盘，将接收到的键盘扫描码在 LCD 液晶上显示。此情况可以设置 PS2 的 clock 和 data 都为输入端口。同时为了进一步简化设计，通码比断码要简单，同样可以区分出键盘键值，因此设计采用通码来检测键盘值，并通过状态机构成的 LCD 液晶显示程序，在 LCD1602 液晶上显示出键盘按键码。采用文本编辑法，利用 Verilog HDL 语言来描述 PS2 键盘接口显示，代码如下。

（1）PS2 扫描码检测程序 ps2_scan.v，是通过 FPGA 控制器对 PS2 键盘输出的通码进行读取，提取出 PS2 键盘传输数据和传输数据完毕状态信息，便于接下来在主程序中进行读取键盘值在 LCD 液晶显示使用。

```verilog
module ps2_scan(clk,
            rst_n,
            PS2_CLK,
            PS2_DAT,
            ps2_state,
            ps2_byte
            );
input clk;              // FPGA 电路板晶振 50MHz 输入
input rst_n;              //复位按键输入，低电平有效
input PS2_CLK;           //PS2 键盘时钟输入
input PS2_DAT;           //PS2 键盘数据输入
output ps2_state;        //传输数据完毕状态信息输出
output [7:0] ps2_byte;//PS2 键盘传输数据输出
// 当 50M 时钟信号上升沿一次，判断一次是否有复位信号
//有复位信号就赋值 ps2_clk0,ps2_clk1 为 0
//如果没有就赋值 ps2_clk0,ps2_clk1 为键盘时钟信号(下降沿接收相应数据)
reg ps2_clk0,ps2_clk1;
wire ps2_clk_neg;
always@(posedge clk or negedge rst_n)
    begin
        if(!rst_n)
            begin
                ps2_clk0 <= 1'b0;
                ps2_clk1 <= 1'b0;
            end
        else
            begin
                ps2_clk0 <= PS2_CLK;
                ps2_clk1 <= ps2_clk0;
            end
    end
assign ps2_clk_neg = ~ps2_clk0 & ps2_clk1;
//ps2_clk_neg 即为 PS2 时钟信号下降沿的有效信号。
//然后，利用一个寄存器和计数器，存储 8 位有效数据帧。
// 接受来自 PS2 键盘的数据存储器，上升沿接收
//1 位起始位，8 位数据位，1 位奇偶校验位，1 位停止位，1 位应答位
reg [7:0] ps2_key_data;      // 来自 PS2 的数据寄存器
reg [4:0] num;               //寄存器
reg [7:0] temp_data;         //接收断码, // 当前接受数据寄存器
always@(posedge clk or negedge rst_n)
```

```
begin
    if(!rst_n)//复位
        begin
            ps2_key_data <= 8'd0;
            temp_data <= 8'd0;
            num <= 5'd0;
        end
    else if(ps2_clk_neg)     //ps2_clk_neg 下降沿信号
        begin
            case(num)
        //按时序写个状态机，接收到键盘数据(通码)
            5'd0  :   num <= num + 1'b1;              //起始位
        //八位数据位
            5'd1 : begin
                    ps2_key_data[0] <= PS2_DAT;  //bit0
                    num <= num + 1'b1;
                end
            5'd2 : begin
                    ps2_key_data[1] <= PS2_DAT;  //bit1
                    num <= num + 1'b1;
                end
            5'd3 : begin
                    ps2_key_data[2] <= PS2_DAT;  //bit2
                    num <= num + 1'b1;
                end
            5'd4 : begin
                    ps2_key_data[3] <= PS2_DAT;  //bit3
                    num <= num + 1'b1;
                end
            5'd5 : begin
                    ps2_key_data[4] <= PS2_DAT;  //bit4
                    num <= num + 1'b1;
                end
            5'd6 : begin
                    ps2_key_data[5] <= PS2_DAT;  //bit5
                    num <= num + 1'b1;
                end
            5'd7 : begin
                    ps2_key_data[6] <= PS2_DAT;  //bit6
                    num <= num + 1'b1;
                end
            5'd8 : begin
                    ps2_key_data[7] <= PS2_DAT;  //bit7
                    num <= num + 1'b1;
                end
            5'd9 : num <= num + 1'b1;             //奇偶校验位
            5'd10: begin
                    if(ps2_key_data == 8'hf0)
                    //有按键放开,断码出现,准备发送
                        num <= num + 1'b1;   //接收断码
                    else
                        num <= 5'd0;         //停止位
                end
                    //receive break code, 收到断码
            5'd11:      num <= num + 1'b1;        //起始位
            5'd12: begin
                    temp_data[0] <= PS2_DAT;   //bit0
                    num <= num + 1'b1;
                end
```

```
                    5'd13: begin
                            temp_data[1] <= PS2_DAT;      //bit1
                            num <= num + 1'b1;
                        end
                    5'd14: begin
                            temp_data[2] <= PS2_DAT;      //bit2
                            num <= num + 1'b1;
                        end
                    5'd15: begin
                            temp_data[3] <= PS2_DAT;      //bit3
                            num <= num + 1'b1;
                        end
                    5'd16: begin
                            temp_data[4] <= PS2_DAT;      //bit4
                            num <= num + 1'b1;
                        end
                    5'd17: begin
                            temp_data[5] <= PS2_DAT;      //bit5
                            num <= num + 1'b1;
                        end
                    5'd18: begin
                            temp_data[6] <= PS2_DAT;      //bit6
                            num <= num + 1'b1;
                        end
                    5'd19: begin
                            temp_data[7] <= PS2_DAT;      //bit7
                            num <= num + 1'b1;
                        end
                    5'd20: num <= num + 1'b1;                //奇偶校验位
                    5'd21: num <= 5'd0;                      //停止位
                    default : num <= 5'd0;                   //停止位
                endcase
            end
    end
//Shift 按键为上档键，按住该键可以切换大小写字母和字符、数字。
reg Shift; //Shift 标志位
always@(posedge clk or negedge rst_n)
    begin
        if(!rst_n)
            Shift <= 1'b0;                        //Shift 为 0 表示小写字母
        else if(ps2_key_data == 8'h12)
            Shift <= 1'b1;                        //Shift 为 1 表示大写字母
        else if(temp_data == 8'h12)
            Shift <= 1'b0;
    end
reg ps2_state;                                    //rising edge
reg key_valid;                                    //断码标志位
reg [7:0] ps2_temp_data;                          //保存当前转换的数据
always@(posedge clk or negedge rst_n)
    begin
        if(!rst_n)
            begin
                ps2_state <= 1'b0;
                key_valid <= 1'b0;
            end
        else if(num == 5'd10)
            begin
                if(ps2_key_data == 8'hf0 | ps2_key_data == 8'h12) //Shift
                // Shift 键的通码"8' h12"，Shift 键的断码"8' hf08' h12"
```

```
                    key_valid <= 1'b1;                    //Shift 按键无效
               else
                   begin
                       if(!key_valid)
                           begin
                               ps2_temp_data <= ps2_key_data;
                           //将键盘数据赋给当前转换的数据
                               ps2_state <= 1'b1;    //状态上拉
                           end
                       else
                           begin
                               key_valid <= 1'b0;
                               ps2_state <= 1'b0;    //状态下拉
                           end
                   end
           end
       else if(num == 5'd0)
           ps2_state <= 1'b0;                         //状态下拉
   end
reg [7:0] ps2_ascii;                                  //转换 ASCII 码
always@({shift,ps2_temp_data})                        //只要有键按下就进行转换
   begin
       case({shift,ps2_temp_data})
           9'h115: ps2_ascii <= 8'h51; //Q  //shift 和相应按键一起按下
           9'h11d: ps2_ascii <= 8'h57; //W
           9'h124: ps2_ascii <= 8'h45; //E
           9'h12d: ps2_ascii <= 8'h52; //R
           9'h12c: ps2_ascii <= 8'h54; //T
           9'h135: ps2_ascii <= 8'h59; //Y
           9'h13c: ps2_ascii <= 8'h55; //U
           9'h143: ps2_ascii <= 8'h49; //I
           9'h144: ps2_ascii <= 8'h4f; //O
           9'h14d: ps2_ascii <= 8'h50; //P
           9'h11c: ps2_ascii <= 8'h41; //A
           9'h11b: ps2_ascii <= 8'h53; //S
           9'h123: ps2_ascii <= 8'h44; //D
           9'h12b: ps2_ascii <= 8'h46; //F
           9'h134: ps2_ascii <= 8'h47; //G
           9'h133: ps2_ascii <= 8'h48; //H
           9'h13b: ps2_ascii <= 8'h4a; //J
           9'h142: ps2_ascii <= 8'h4b; //K
           9'h14b: ps2_ascii <= 8'h4c; //L
           9'h11a: ps2_ascii <= 8'h5a; //Z
           9'h122: ps2_ascii <= 8'h58; //X
           9'h121: ps2_ascii <= 8'h43; //C
           9'h12a: ps2_ascii <= 8'h56; //V
           9'h132: ps2_ascii <= 8'h42; //B
           9'h131: ps2_ascii <= 8'h4e; //N
           9'h13a: ps2_ascii <= 8'h4d; //M
           9'h015: ps2_ascii <= 8'h71; //q
           9'h01d: ps2_ascii <= 8'h77; //w
           9'h024: ps2_ascii <= 8'h65; //e
           9'h02d: ps2_ascii <= 8'h72; //r
           9'h02c: ps2_ascii <= 8'h74; //t
           9'h035: ps2_ascii <= 8'h79; //y
           9'h03c: ps2_ascii <= 8'h75; //u
           9'h043: ps2_ascii <= 8'h69; //i
           9'h044: ps2_ascii <= 8'h6f; //o
           9'h04d: ps2_ascii <= 8'h70; //p
           9'h01c: ps2_ascii <= 8'h61; //a
```

```
            9'h01b: ps2_ascii <= 8'h73; //s
            9'h023: ps2_ascii <= 8'h64; //d
            9'h02b: ps2_ascii <= 8'h66; //f
            9'h034: ps2_ascii <= 8'h67; //g
            9'h033: ps2_ascii <= 8'h68; //h
            9'h03b: ps2_ascii <= 8'h6a; //j
            9'h042: ps2_ascii <= 8'h6b; //k
            9'h04b: ps2_ascii <= 8'h6c; //l
            9'h01a: ps2_ascii <= 8'h7a; //z
            9'h022: ps2_ascii <= 8'h78; //x
            9'h021: ps2_ascii <= 8'h63; //c
            9'h02a: ps2_ascii <= 8'h76; //v
            9'h032: ps2_ascii <= 8'h62; //b
            9'h031: ps2_ascii <= 8'h6e; //n
            9'h03a: ps2_ascii <= 8'h6d; //m
            9'h016: ps2_ascii <= 8'h31; //1
            9'h01e: ps2_ascii <= 8'h32; //2
            9'h026: ps2_ascii <= 8'h33; //3
            9'h025: ps2_ascii <= 8'h34; //4
            9'h02e: ps2_ascii <= 8'h35; //5
            9'h036: ps2_ascii <= 8'h36; //6
            9'h03d: ps2_ascii <= 8'h37; //7
            9'h03e: ps2_ascii <= 8'h38; //8
            9'h046: ps2_ascii <= 8'h39; //9
            9'h045: ps2_ascii <= 8'h30; //0
            9'h116: ps2_ascii <= 8'h21; //!
            9'h11e: ps2_ascii <= 8'h40; //@
            9'h126: ps2_ascii <= 8'h23; //#
            9'h125: ps2_ascii <= 8'h24; //$
            9'h12e: ps2_ascii <= 8'h25; //%
            9'h136: ps2_ascii <= 8'h5e; //^
            9'h13d: ps2_ascii <= 8'h26; //&
            9'h13e: ps2_ascii <= 8'h2a; //*
            9'h146: ps2_ascii <= 8'h28; //(
            9'h145: ps2_ascii <= 8'h29; //)
            9'h04e: ps2_ascii <= 8'h2d; //-
            9'h055: ps2_ascii <= 8'h3d; //=
            9'h054: ps2_ascii <= 8'h5b; //[
            9'h05b: ps2_ascii <= 8'h5d; //]
            9'h05d: ps2_ascii <= 8'h5c; //"\"
            9'h04c: ps2_ascii <= 8'h3b; //;
            9'h052: ps2_ascii <= 8'h27; //'
            9'h041: ps2_ascii <= 8'h2c; //,
            9'h049: ps2_ascii <= 8'h2e; //.
            9'h04a: ps2_ascii <= 8'h2f; ///
            9'h00e: ps2_ascii <= 8'h60; //`
            9'h14e: ps2_ascii <= 8'h5f; //_
            9'h155: ps2_ascii <= 8'h2d; //+
            9'h154: ps2_ascii <= 8'h7b; //"{"
            9'h15b: ps2_ascii <= 8'h7d; //}
            9'h15d: ps2_ascii <= 8'h7c; //|
            9'h14c: ps2_ascii <= 8'h3a; //:
            9'h152: ps2_ascii <= 8'h22; //"
            9'h141: ps2_ascii <= 8'h3c; //<
            9'h149: ps2_ascii <= 8'h3e; //>
            9'h14a: ps2_ascii <= 8'h3f; //?
            9'h10e: ps2_ascii <= 8'h7e; //~
            9'h066,9'h166: ps2_ascii <= 8'h08; //Backspace
            9'h05a,9'h15a: ps2_ascii <= 8'h0d; //Enter
            9'h029,9'h129: ps2_ascii <= 8'h20; //
            default: ps2_ascii <= 8'h00; //null
```

```
        endcase
    end
assign ps2_byte = ps2_ascii;  //转换的结果最后赋给 ps2_byte 输出
endmodule
```

（2）LCD1602 液晶驱动显示程序 lcd1602_drive.v。

```
module lcd1602_drive(
    input clk,    //50MHz 时钟
    input rst_n, //复位信号
    input[7:0] data_in, //输入数据
    // LCD1602 Interface
    output reg [7:0] lcd_data, //数据总线
    output lcd_e,  //使能信号
    output reg lcd_rs, //指令、数据选择
    output lcd_rw  //读、写选择
                );
reg[127:0]    row1_val = "                ";//LCD 第一行数据
wire[127:0]   row2_val = "Welcome to study";//LCD 第二行数据
reg [15:0] cnt;//分频模块计数
always @ (posedge clk, negedge rst_n)
    if (!rst_n)
        cnt <= 0;
    else
        cnt <= cnt + 1'b1;
wire lcd_clk = cnt[15];//(2^15/50M)= 1.31ms=763.36KHz 在 500Khz ~ 1MHz 皆可
parameter CLK_FREQ = 'D50_000_000; //系统时钟 50MHZ
parameter CLK_out_FREQ1 = 'd2;    //1s frequent
reg [31:0] DCLK_DIV1; //液晶字符循环显示用
reg clkout1;
always @(posedge clk)
    begin
        if(DCLK_DIV1 < (CLK_FREQ / CLK_out_FREQ1))
            DCLK_DIV1 <= DCLK_DIV1+1'b1;
        else
            begin
                DCLK_DIV1 <= 0;
                clkout1 <= ~clkout1;
            end
    end// 分频模块 结束
//LCD1602 驱动模块开始格雷码编码：共 40 个状态
parameter IDLE          = 8'h00;        // 写指令，初始化
parameter DISP_SET      = 8'h01;        // 显示模式设置
parameter DISP_OFF      = 8'h03;        // 显示关闭
parameter CLR_SCR       = 8'h02;        // 显示清屏
parameter CURSOR_SET1   = 8'h06;        // 显示光标移动设置
parameter CURSOR_SET2   = 8'h07;        // 显示开及光标设置
// 显示第一行
parameter ROW1_ADDR     = 8'h05;        // 写第一行起始地址
parameter ROW1_0        = 8'h04;
parameter ROW1_1        = 8'h0C;
parameter ROW1_2        = 8'h0D;
parameter ROW1_3        = 8'h0F;
parameter ROW1_4        = 8'h0E;
parameter ROW1_5        = 8'h0A;
parameter ROW1_6        = 8'h0B;
parameter ROW1_7        = 8'h09;
parameter ROW1_8        = 8'h08;
```

```
parameter ROW1_9        = 8'h18;
parameter ROW1_A        = 8'h19;
parameter ROW1_B        = 8'h1B;
parameter ROW1_C        = 8'h1A;
parameter ROW1_D        = 8'h1E;
parameter ROW1_E        = 8'h1F;
parameter ROW1_F        = 8'h1D;
// 显示第二行
parameter ROW2_ADDR     = 8'h1C;                // 写第二行起始地址
parameter ROW2_0        = 8'h14;
parameter ROW2_1        = 8'h15;
parameter ROW2_2        = 8'h17;
parameter ROW2_3        = 8'h16;
parameter ROW2_4        = 8'h12;
parameter ROW2_5        = 8'h13;
parameter ROW2_6        = 8'h11;
parameter ROW2_7        = 8'h10;
parameter ROW2_8        = 8'h30;
parameter ROW2_9        = 8'h31;
parameter ROW2_A        = 8'h33;
parameter ROW2_B        = 8'h32;
parameter ROW2_C        = 8'h36;
parameter ROW2_D        = 8'h37;
parameter ROW2_E        = 8'h35;
parameter ROW2_F        = 8'h34;
reg [5:0] current_state, next_state;    // 现态、次态
always @ (posedge lcd_clk, negedge rst_n)
    if(!rst_n) current_state <= IDLE;
    else        current_state <= next_state;
always
    begin
        case(current_state)
            IDLE        : next_state = DISP_SET;
            //写指令，初始化
            DISP_SET    : next_state = DISP_OFF;
            DISP_OFF    : next_state = CLR_SCR;
            CLR_SCR     : next_state = CURSOR_SET1;
            CURSOR_SET1 : next_state = CURSOR_SET2;
            CURSOR_SET2 : next_state = ROW1_ADDR;
            //显示第一行
            ROW1_ADDR   : next_state = ROW1_0;
            ROW1_0      : next_state = ROW1_1;
            ROW1_1      : next_state = ROW1_2;
            ROW1_2      : next_state = ROW1_3;
            ROW1_3      : next_state = ROW1_4;
            ROW1_4      : next_state = ROW1_5;
            ROW1_5      : next_state = ROW1_6;
            ROW1_6      : next_state = ROW1_7;
            ROW1_7      : next_state = ROW1_8;
            ROW1_8      : next_state = ROW1_9;
            ROW1_9      : next_state = ROW1_A;
            ROW1_A      : next_state = ROW1_B;
            ROW1_B      : next_state = ROW1_C;
            ROW1_C      : next_state = ROW1_D;
            ROW1_D      : next_state = ROW1_E;
            ROW1_E      : next_state = ROW1_F;
            ROW1_F      : next_state = ROW2_ADDR;
            //显示第二行
            ROW2_ADDR   : next_state = ROW2_0;
            ROW2_0      : next_state = ROW2_1;
```

```
            ROW2_1       : next_state = ROW2_2;
            ROW2_2       : next_state = ROW2_3;
            ROW2_3       : next_state = ROW2_4;
            ROW2_4       : next_state = ROW2_5;
            ROW2_5       : next_state = ROW2_6;
            ROW2_6       : next_state = ROW2_7;
            ROW2_7       : next_state = ROW2_8;
            ROW2_8       : next_state = ROW2_9;
            ROW2_9       : next_state = ROW2_A;
            ROW2_A       : next_state = ROW2_B;
            ROW2_B       : next_state = ROW2_C;
            ROW2_C       : next_state = ROW2_D;
            ROW2_D       : next_state = ROW2_E;
            ROW2_E       : next_state = ROW2_F;
            ROW2_F       : next_state = ROW1_ADDR;
            default      : next_state = IDLE ;
        endcase
    end
always @ (posedge lcd_clk, negedge rst_n)
    begin
        if(!rst_n)
            begin
                lcd_rs   <= 0;
                lcd_data <= 8'hxx;
            end
        else
            begin
                case(next_state)//写 lcd_rs
                    IDLE         : lcd_rs <= 0;
                    //写指令，初始化
                    DISP_SET     : lcd_rs <= 0;
                    DISP_OFF     : lcd_rs <= 0;
                    CLR_SCR      : lcd_rs <= 0;
                    CURSOR_SET1  : lcd_rs <= 0;
                    CURSOR_SET2  : lcd_rs <= 0;
                    // 写数据，显示第一行
                    ROW1_ADDR    : lcd_rs <= 0;
                    ROW1_0       : lcd_rs <= 1;
                    ROW1_1       : lcd_rs <= 1;
                    ROW1_2       : lcd_rs <= 1;
                    ROW1_3       : lcd_rs <= 1;
                    ROW1_4       : lcd_rs <= 1;
                    ROW1_5       : lcd_rs <= 1;
                    ROW1_6       : lcd_rs <= 1;
                    ROW1_7       : lcd_rs <= 1;
                    ROW1_8       : lcd_rs <= 1;
                    ROW1_9       : lcd_rs <= 1;
                    ROW1_A       : lcd_rs <= 1;
                    ROW1_B       : lcd_rs <= 1;
                    ROW1_C       : lcd_rs <= 1;
                    ROW1_D       : lcd_rs <= 1;
                    ROW1_E       : lcd_rs <= 1;
                    ROW1_F       : lcd_rs <= 1;
                    // 写数据，显示第二行
                    ROW2_ADDR    : lcd_rs <= 0;
                    ROW2_0       : lcd_rs <= 1;
                    ROW2_1       : lcd_rs <= 1;
                    ROW2_2       : lcd_rs <= 1;
                    ROW2_3       : lcd_rs <= 1;
                    ROW2_4       : lcd_rs <= 1;
                    ROW2_5       : lcd_rs <= 1;
```

```verilog
                    ROW2_6       : lcd_rs <= 1;
                    ROW2_7       : lcd_rs <= 1;
                    ROW2_8       : lcd_rs <= 1;
                    ROW2_9       : lcd_rs <= 1;
                    ROW2_A       : lcd_rs <= 1;
                    ROW2_B       : lcd_rs <= 1;
                    ROW2_C       : lcd_rs <= 1;
                    ROW2_D       : lcd_rs <= 1;
                    ROW2_E       : lcd_rs <= 1;
                    ROW2_F       : lcd_rs <= 1;
                endcase
                case(next_state)//写 lcd_data
                    IDLE         : lcd_data <= 8'hxx;
                    // 写指令，初始化
                    DISP_SET     : lcd_data <= 8'h38;
                    DISP_OFF     : lcd_data <= 8'h08;
                    CLR_SCR      : lcd_data <= 8'h01;
                    CURSOR_SET1  : lcd_data <= 8'h06;
                    CURSOR_SET2  : lcd_data <= 8'h0C;
                    // 写数据，显示第一行
                    ROW1_ADDR    : lcd_data <= 8'h80;
                    ROW1_0       : lcd_data <= data_in;
                    ROW1_1       : lcd_data <= row1_val[119:112];
                    ROW1_2       : lcd_data <= row1_val[111:104];
                    ROW1_3       : lcd_data <= row1_val[103: 96];
                    ROW1_4       : lcd_data <= row1_val[ 95: 88];
                    ROW1_5       : lcd_data <= row1_val[ 87: 80];
                    ROW1_6       : lcd_data <= row1_val[ 79: 72];
                    ROW1_7       : lcd_data <= row1_val[ 71: 64];
                    ROW1_8       : lcd_data <= row1_val[ 63: 56];
                    ROW1_9       : lcd_data <= row1_val[ 55: 48];
                    ROW1_A       : lcd_data <= row1_val[ 47: 40];
                    ROW1_B       : lcd_data <= row1_val[ 39: 32];
                    ROW1_C       : lcd_data <= row1_val[ 31: 24];
                    ROW1_D       : lcd_data <= row1_val[ 23: 16];
                    ROW1_E       : lcd_data <= row1_val[ 15:  8];
                    ROW1_F       : lcd_data <= row1_val[  7:  0];
                    // 写数据，显示第二行
                    ROW2_ADDR    : lcd_data <= 8'hC0;
                    ROW2_0       : lcd_data <= row2_val[127:120];
                    ROW2_1       : lcd_data <= row2_val[119:112];
                    ROW2_2       : lcd_data <= row2_val[111:104];
                    ROW2_3       : lcd_data <= row2_val[103: 96];
                    ROW2_4       : lcd_data <= row2_val[ 95: 88];
                    ROW2_5       : lcd_data <= row2_val[ 87: 80];
                    ROW2_6       : lcd_data <= row2_val[ 79: 72];
                    ROW2_7       : lcd_data <= row2_val[ 71: 64];
                    ROW2_8       : lcd_data <= row2_val[ 63: 56];
                    ROW2_9       : lcd_data <= row2_val[ 55: 48];
                    ROW2_A       : lcd_data <= row2_val[ 47: 40];
                    ROW2_B       : lcd_data <= row2_val[ 39: 32];
                    ROW2_C       : lcd_data <= row2_val[ 31: 24];
                    ROW2_D       : lcd_data <= row2_val[ 23: 16];
                    ROW2_E       : lcd_data <= row2_val[ 15:  8];
                    ROW2_F       : lcd_data <= row2_val[  7:  0];
                endcase
            end
        end
assign lcd_e  = lcd_clk;              // 数据在时钟高电平被锁存
assign lcd_rw = 1'b0;                 // 只写
```

```
endmodule// LCD1602 驱动模块 结束
```

（3）主程序 PS2.v，例化 PS2 扫描码检测程序 ps2_scan.v 和 LCD1602 液晶驱动显示程序 lcd1602_drive.v，通过 FPGA 实现键盘控制器功能，以通用的 PS2 键盘为输入，PS2 键盘按下按键，在 LCD 液晶屏上显示其按键键值，当同时按下 Shift 键和其他按键时，可在液晶屏上实现大小写的切换显示。

clk：板载时钟频率 50MHz 输入。

rst_n：复位按键输入，低电平有效。

PS2_LKC：键盘的输入时钟，输入管脚，下降沿有效。

PS2_DAT：键盘输送数据的端口，输入管脚，其按位传输数据，一帧共 11 位，1 位起始位，8 位数据位，1 位奇偶校验位，1 位停止位，无应答位。

LCD1602_DATA：LCD1602 数据总线，输出八位数据。

LCD1602_E：LCD1602 使能端，输出管脚，数据在时钟高电平被锁存。

LCD1602_RS：LCD1602 指令数据选择，输出管脚，0 为写指令，1 为写数据。

LCD1602_RW：LCD1602 读写选择，输出管脚，为 0，LCD 为只写模式。

```
module PS2(
            input CLOCK_50M,//板载时钟 50MHz
            input Q_KEY,     //板载按键 RST
            // LCD1602 Interface
            output [7:0] LCD1602_DATA,//LCD1602 数据总线
            output LCD1602_E,//LCD1602 使能
            output LCD1602_RS,//LCD1602 指令数据选择
            output LCD1602_RW,//LCD1602 读写选择
            //PS2 的读写接口
            input rst_n,  //PS2 复位端
            input PS2_CLK,//PS2 时钟端
            input PS2_DAT //PS2 数据端
            );
wire ps2_state;      //state transmit data
wire[7:0] ps2_byte; //ps2 按键按下的结果存储区
// 例化 LCD1602 驱动
lcd1602_drive u0(
            .clk(CLOCK_50M),
            .rst_n(Q_KEY),
            //PS2 按键输入数据
            .data_in(ps2_byte),
            //LCD1602 Interface
            .lcd_data(LCD1602_DATA),
            .lcd_e(LCD1602_E),
            .lcd_rs(LCD1602_RS),
            .lcd_rw(LCD1602_RW)
            );
//PS2 扫描数据模块
 ps2_scan scan(
            .clk(CLOCK_50M),
            .rst_n(rst_n),
            .PS2_CLK(PS2_CLK),
            .PS2_DAT(PS2_DAT),
            .ps2_state(ps2_state),
            .ps2_byte(ps2_byte)
            );
endmodule
```

9.2 综合系统设计

在现代电子系统中，数字系统所占的比例越来越大，现代电子系统发展的趋势就是数字化和集成化。FPGA 作为可编程 ASIC 器件，在系统设计中发挥着重要作用。本节将通过实例说明 FPGA 在综合系统设计中的应用。

9.2.1 实时温度采集系统

本小节介绍的设计系统为实时温度采集系统，该实例的目的在于学习复杂数字系统的设计方法，掌握数字系统设计的设计方法。

1. 实时温度采集系统实验内容

本实验设置 FPGA 管脚为双向引脚，通过此管脚控制和采集 DS18B20 数字温度信息，并将信息显示在 LCD1602 液晶屏上。同时提取的温度信息与设定的报警温度进行比较，若大于报警温度，则报警 LED 亮。

2. 实时温度采集系统实验目的

❑ 本小节旨在设计实现实时温度采集系统，帮助读者进一步了解温度采集系统和液晶的工作原理和设计方法。

❑ 学习字符型液晶显示器的控制原理，熟练掌握状态机和 task 任务函数的使用。

❑ 掌握利用 FPGA 设计驱动的基本思想和方法。

❑ 掌握数字系统的设计方法与数字系统的扩展应用，提升使用 Verilog 语言编程与系统设计的能力。

3. 设计原理

DS18B20 是美国 DALLAS 半导体公司继 DS1820 之后最新推出的一种改进型智能温度传感器。与传统的热敏电阻相比，它能够直接读出被测温度并且可根据实际要求通过简单的编程实现 9～12 位的数字值读数方式。可以分别在 93.75ms 和 750ms 内完成 9 位和 12 位的数字量，并且从 DS18B20 读出的信息或写入 DS18B20 的信息仅需要一根口线（单线接口）读写，温度变换功率来源于数据总线，总线本身也可以向所挂接的 DS18B20 供电，而无需额外电源。因而使用 DS18B20 可使系统结构更趋简单，可靠性更高。它在测温精度、转换时间、传输距离和分辨率等方面较 DS1820 有了很大的改进，方便使用的同时得到更令人满意的效果。

DS18B20 测量温度时使用特有的温度测量技术。DS18B20 内部的低温度系数振荡器能产生稳定的频率信号；同样，高温度系数振荡器则将被测温度转换成频率信号。当计数门打开时，DS18B20 进行计数，计数门开通时间由高温度系数振荡器决定。芯片内部还有斜率累加器，可对频率的非线性度加以补偿。测量结果存入温度寄存器中。

18B20 共有如下三种形式的存储器资源。

- ROM：只读存储器，用于存放 DS18B20ID 编码，其前八位是单线系列编码，后面 48 位是芯片唯一的序列号，最后 8 位是以上 56 位的 CRC 码。DS18B20 共 64 位 ROM。
- RAM：数据暂存器，数据掉电后丢失，共 9 个字节，每个字节 8 位，第 1、2 个字节是温度转换后的数据值信息。
- EEPROM：非易失性记忆体，用于存放需要长期保存的数据，上下限温度报警值和校验数据。

由于 DS18B20 单线通信功能是分时完成的，它有严格的时隙概念，因此，读写时序很重要。系统对 DS18B20 的各种操作必须按协议进行。操作协议为初始化 DS18B20（发复位脉冲）→发 ROM 功能命令→发存储器操作命令→读取数据与处理数据。

（1）初始化。

单总线上的所有处理均从初始化序列开始。初始化序列包括总线主机发出一复位脉冲，接着由从属器件送出存在脉冲。存在脉冲通知总线控制器 DS1820 在总线上并且已准备就绪。

- 先将数据线置高电平"1"。
- 延时（该时间要求得不是很严格，但是尽可能的短一点）。
- 数据线拉到低电平"0"。
- 延时 750 微秒（该时间的时间范围为 480～960 微秒）。
- 数据线拉到高电平"1"。
- 延时等待（如果初始化成功则在 15～60 毫秒时间之内产生一个由 DS18B20 所返回的低电平"0"。据该状态可以来确定它的存在，但是应注意不能无限地进行等待，不然会使程序进入死循环，所以要进行超时控制）。
- 若 CPU 读到了数据线上的低电平"0"后，还要做延时，其延时的时间从发出的高电平算起最少要 480 微秒。
- 将数据线再次拉高到高电平"1"后结束。

（2）发 ROM 功能命令。

控制器发送 ROM 指令：ROM 指令共 5 条，每一个工作周期只能发一条，读 ROM，符合 ROM，跳过 ROM，搜索 ROM 和报警搜索。

- Read ROM（读 ROM）[33H]

此命令允许总线主机读 DS18B20 的 8 位产品系列编码，唯一的 48 位序列号，以及 8 位的 CRC。此命令只能在总线上仅有一个 DS18B20 的情况下可以使用。如果总线上存在多于一个的从属器件，那么当所有从属器件同时发送时将发生数据冲突的现象（漏极开路会产生线与的结果）。

- Match ROM（符合 ROM）[55H]

此命令后继以 64 位的 ROM 数据序列，允许总线主机对多点总线上特定的 DS18B20 寻址。只有与 64 位 ROM 序列严格相符的 DS18B20 才能对后继的存储器操作命令作出响应。所有与 64 位 ROM 序列不符的从片将等待复位脉冲。此命令在总线上有单个或多个器件的情况下均可使用。

- Skip ROM（跳过 ROM）[CCH]

在单点总线系统中，此命令通过允许总线主机不提供 64 位 ROM 编码而访问存储器操作来节省时间。如果在总线上存在多于一个的从属器件而且在 Skip ROM 命令之后发出读命令，那么由于多个从片同时发送数据，会在总线上发生数据冲突（漏极开路下拉会产生线与的效果）。

❑ Search ROM（搜索 ROM）[F0H]

当系统开始工作时，总线主机可能不知道单线总线上的器件个数或不知道其 64 位 ROM 编码。搜索 ROM 命令允许总线控制器用排除法识别总线上的所有从机的 64 位编码。

❑ Alarm Search（报警搜索）[ECH]

此命令的流程与搜索 ROM 命令相同。但是，仅在最近一次温度测量出现报警的情况下，DS18B20 才对此命令作出响应。报警的条件定义为温度高于 TH 或低于 TL。只要 DS18B20 一上电，报警条件就保持在设置状态，直到另一次温度测量显示出非报警值或改变 TH 或 TL 的设置，使得测量值再一次位于允许的范围之内。储存在 EEPROM 内的触发器值用于报警。

一般电路只挂接单个 18B20 芯片时，可以使用跳过 ROM 指令[CCH]。

（3）存储器操作命令。

ROM 指令后，紧接着就是发送存储器操作指令了。DS18B20 有六条存储器操作命令，存储器操作命令表如表 9-12 所示。

表 9-12　RAM指令表

指　　令	代　码	功　　　能
温度变换	44H	启动 DS1820 进行温度转换，12 位转换时最长为 750ms（9 位为 93.75ms）。结果存入内部 9 字节 RAM 中
读暂存器	BEH	读内部 RAM 中 9 字节的内容
写暂存器	4EH	发出向内部 RAM 的 3、4 字节写上、下限温度数据命令，紧跟该命令之后，是传送两字节的数据
复制暂存器	48H	将 RAM 中第 3、4 字节的内容复制到 EEPROM 中
重调 EEPROM	B8H	将 EEPROM 中内容恢复到 RAM 中的第 2、3 字节
读供电方式	B4H	读 DS1820 的供电模式。寄生供电时 DS1820 发送"0"，外接电源供电 DS1820 发送"1"

一般电路对 18B20 芯片进行存储器操作时，使用温度变换指令[44H]和读暂存器[BEH]。

（4）读取数据与处理数据。

❑ 数据读取

若要读出当前的温度数据，需要执行两次工作周期，第一个周期为复位，跳过 ROM 指令，执行温度转换存储器指令等待 500us 温度转换时间，当温度转换命令发布后，经转换所得的温度值以二字节补码形式存放在高速暂存存储器的第 0 和第 1 个字节。紧接着执行第二个周期为复位，跳过 ROM 指令，执行读 RAM 的存储器，主机可通过单线接口读到该数据，读取时低位在前，高位在后。

DS18B20 在进行读写操作时需要满足一定的时序要求。对于 DS18B20 的写操作，在写数据时间间隙的前 15us 总线需要被控制器拉置低电平，而后则将是芯片对总线数据的采样时间，采样时间在 15～60us，采样时间内如果控制器将总线拉高则表示写 1，如果控制器将总线拉低则表示写 0。每一位的发送都应该有一个至少 15us 的低电平起始位随后的数据 0 或 1 应该在 45us 内完成。整个位的发送时间应该保持在 60～120us，否则不能保证正常通信。对于 DS18B20 的读操作，读时隙时也是必须先由主机产生至少 1us 的低电平，表示读时间的起始。随后在总线被释放后的 15us 中 DS18B20 会发送内部数据位。通信时，字节的读或写是从高位开始的，即 A7 到 A0。控制器释放总线，也相当于将总线置 1。

❑ 数据处理

温度的测量以 12 位转化为例，DS18B20 温度采集转化后得到用二进制补码读数形式提供的 12 位数据，以 0.0625℃/LSB 形式表达，存储在 DS18B20 的两个 8 比特的 RAM 中，二进制中的前面 5 位是符号位，如果测得的温度大于或等于 0，这 5 位为 0，只要将测到的数值乘以 0.0625 即可得到实际温度；如果温度小于 0，这 5 位为 1，测到的数值需要取反加 1 再乘以 0.0625 即可得到实际温度。温度转换计算方法如下。

当 DS18B20 采集温度，输出为 07D0H，则实际温度=07D0H*0.0625=2 000*0.0625=125.0℃。

当 DS18B20 采集温度，输出为 FC90H，应先将 11 位数据位取反加 1 得到 370H（符号位不变，也不作为计算），则实际温度=370H*0.0625=880*0.0625=55.0℃。

4．设计方法

对于实时温度采集系统，DS18B20 温度传感器驱动程序主要是通过状态机和 task 任务函数来实现，任务函数把所有操作分成了复位函数，写操作函数和读操作函数。系统的温度采集过程是由状态机来切换，其状态顺序为初始化状态（调用复位函数）→跳过 ROM 指令状态（调用写操作函数，写入指令 CCH）→执行温度转换状态（调用写操作函数，写入指令 44H）→两个延迟状态（共同组成了等待温度转换时间）→复位状态（调用复位函数）→跳过 ROM 指令（调用写操作函数，写入指令 CCH）→执行读 RAM 存储器状态（BEH）→读取高速暂存存储器的第零个字节内容状态（调用读操作函数）→数据存储状态（数据放入寄存器 Resultl）→读取高速暂存存储器的第一个字节内容状态（调用读操作函数）→数据存储状态（数据放入寄存器 Resulth）→数据处理状态（对 Resultl 和 Resulth 进行处理，得需要的 12 位数据信息）→返回初始化状态，进行下次温度读取。主程序主要完成了 DS18B20 温度传感器驱动程序和 LCD1602 液晶程序的连接，以及产生 DS18B20 温度传感器驱动程序需要的 1MHz 信号，即周期为 1us，便于驱动程序进行时序控制。采用文本编辑法，利用 Verilog HDL 语言来描述实时温度采集系统，代码如下。

（1）温度传感器驱动 DS18B20_Driver.v。

```
module DS18B20_Driver(
                rst_n,
                Clk_En,
                clk,
                data,
                IC_Data
                );
input rst_n,Clk_En,clk;//rst_n 未起作用，Clk_En 时钟使能，clk1Mhz
output [11:0] data; //数据输出
inout reg IC_Data;  //DS18B20 信号
reg[4:0] i,j;   //一个字 8 个位，多出一个数量级已用于判断
parameter NUM_DAS=1;   //DS18B20 的个数。
parameter state_0  = 0;
parameter state_1  = 1;
parameter state_2  = 2;
```

```
parameter state_3    = 3;
parameter state_4    = 4;
parameter state_5    = 5;
parameter state_6    = 6;
parameter state_7    = 7;
parameter state_8    = 8;
parameter state_9    = 9;
parameter state_10   = 10;
parameter state_11   = 11;
parameter state_12   = 12;
parameter state_13   = 13;
parameter state_14   = 14;
parameter state_15   = 15;
always@(negedge clk or negedge rst_n)
    begin
        if(!rst_n)
            begin
            end
        else
            if(Clk_En)  CmdSETDS18B20;
    end
assign data = Result;         //结果输出
reg Flag_Rst;                      //复位完成标志
reg [4:0] Rststate;          //复位状态
reg [10:1] CountRstStep;     //复位计数器
task Rst_DS18B20;
    begin
        case(Rststate)
        state_0 :    //总线拉高,保持一个周期即1us
            begin
                Flag_Rst <= 0;  //复位进行中
                IC_Data  <= 1'b1;    //总线拉高
                Rststate <= state_1;
                CountRstStep <= 0;
            end
        state_1 :
            begin
                IC_Data <= 1'b0;                //总线拉低
                if(CountRstStep > 600) //拉低时间600us
                    begin
                        CountRstStep <= 0;  //计数器清零
                        Rststate <= state_3;
                    end
                else
                    begin
                        CountRstStep <= CountRstStep + 1;
                        Rststate <= state_1;     //计时未到
                    end
            end
        state_3 :
            begin
                IC_Data <= 1'bz;    //释放总线
                CountRstStep<=0;
                Rststate <= state_4;
            end
        state_4 :
            begin
                if(CountRstStep>15)
                    begin
```

```
                        CountRstStep<=0;
                        Rststate<=state_5;
                end
            else
                begin
                        CountRstStep<=CountRstStep+1;
                        Rststate <= state_4;
                end
        end
    state_5 :
        begin
            if(IC_Data == 1'b0) //初始化完成
                begin
                        CountRstStep <= 0;
                        Rststate <= state_6;      //结束

                end
            else
                begin
                        if(CountRstStep > 45)
                        begin
                                CountRstStep <= 0;
                                Rststate <= state_0;      //复位失败
                        end
                        else
                        begin
                                CountRstStep <= CountRstStep + 1;
                                Rststate <= state_5;
                        end
                end
        end
    state_6:
        begin
            if(CountRstStep>=60)
                begin
                        if(IC_Data==1'b0)
                            begin
                                    CountRstStep<=0;
                                    Rststate<=state_7;
                            end
                        else
                            begin
                                    CountRstStep<=0;
                                    Rststate<=state_0;
                            end
                end
            else
                begin
                        CountRstStep<=CountRstStep+1;
                        Rststate<=state_6;
                end
        end
        state_7 :
        begin
            if(CountRstStep == 420)
                begin
                        CountRstStep <= 0;
                        Rststate <= state_8;
                end
            else
                begin
```

```
                          CountRstStep <= CountRstStep + 1;
                          Rststate <= state_7;
                   end
          end
      state_8 :
          begin
              Flag_Rst <= 1;              //初始化完成
              CountRstStep <= 0;
              Rststate <= state_0;        //回到原点
          end
      default :
          begin
              Rststate <= state_0;
              CountRstStep <= 0;
          end
      endcase
  end
endtask
reg Flag_Write;         //写命令完成标志与写位
reg[4:0] Writestate;    //写命令状态
task Write_DS18B20;
input [7:0] dcmd;    //命令
reg[7:0] indcmd;
reg wBit;
    begin
        case(Writestate)
        state_0 :
            begin
                Flag_Write <= 0;      //写命令过程中
                Writestate <= state_1;
                indcmd <= dcmd;
                i <= 0;
            end
        state_1 :
            begin
                if(i < 8)
                    begin
                        wBit_DS18B20(dcmd[i]);
                        if(Flag_wBit)    //写完1位
                            begin
                                indcmd = indcmd >> 1;//右移1位
                                i <= i + 1; //位数加1
                            end
                        Writestate <= state_1;  //重复加写位
                    end
                else    //写完8位
                    begin
                        Writestate <= state_2;
                        i <= 0;
                    end
            end
        state_2 :
            begin
                Flag_Write <= 1;      //写命令完毕
                indcmd <= 0;
                Writestate <= state_0;
            end
        default :
            begin
```

```
                        Flag_Write <= 0;
                        Writestate <= state_0;
                end
        endcase
    end
endtask
reg Flag_wBit;                    //写位完成标志
reg[4:0] WriteBitstate;//写位命令
reg[8:1] CountWbitStep;//写位计数器
task wBit_DS18B20;
input wiBit;        //位信息
    begin
        case(WriteBitstate)
        state_0 :
            begin
                Flag_wBit <= 0; //写位进行中
                IC_Data <= 1'b1;
                WriteBitstate <= state_1;
                CountWbitStep <= 0;
            end
        state_1 :
            begin
                IC_Data <= 1'b0;      //总线拉低
                if(wiBit)   WriteBitstate <= state_2;   //写 1 的命令
                else            WriteBitstate <= state_4;    //写 0 的命令
            end
        state_2 :
            begin
                if(CountWbitStep >= 3) //维持低电平 3us
                    begin
                        CountWbitStep <= 0;
                        IC_Data <= 1'b1;
                        WriteBitstate <= state_3;
                    end
                else
                    begin
                        CountWbitStep <= CountWbitStep + 1;
                        WriteBitstate <= state_2;
                    end
            end
        state_3 :
            begin
                if(CountWbitStep >= 60) //维持拉高电平 60us
                    begin
                        CountWbitStep <= 0;
                        WriteBitstate <= state_6;
                    end
                else
                    begin
                        CountWbitStep <= CountWbitStep + 1;
                        WriteBitstate <= state_3;
                    end
            end
        state_4 :
            begin
                if(CountWbitStep >= 60)//维持低电平 60us
                    begin
                        CountWbitStep <= 0;
                        WriteBitstate <= state_5;
```

```
                        end
                else
                    begin
                        IC_Data <= 1'b0;
                        CountWbitStep <= CountWbitStep + 1;
                        WriteBitstate <= state_4;
                    end
            end
        state_5 :
            begin
                if(CountWbitStep >= 3)  //拉高总线 3us
                    begin
                        CountWbitStep <= 0;
                        WriteBitstate <= state_6;
                    end
                else
                    begin
                        IC_Data <= 1'b1;
                        CountWbitStep <= CountWbitStep + 1;
                        WriteBitstate <= state_5;
                    end
            end
        state_6 :
            begin
                Flag_wBit <= 1; //写位命令完毕
                CountWbitStep <= 0;
                WriteBitstate <= state_0;
            end
        default :
            begin
                Flag_wBit <= 0;
                CountWbitStep <= 0;
                WriteBitstate <= state_0;
            end
        endcase
    end
endtask
reg[7:0] ResultDS18B20;
reg temp[7:0];
reg Flag_Read;          //读命令标志
reg [4:0] Readstate;    //读命令标志
reg t;
task Read_DS18B20; //读一个字节
    begin
        case(Readstate)
        state_0 :
            begin
                Flag_Read <= 0; //读命令进行中
                Readstate <= state_1;
                j <= 0;
            end
        state_1 :
            begin
                if( j < 8 )
                    begin
                        rBit_DS18B20;   //temp[j]<=IC_Data;
                        if(Flag_rBit)
                        begin
                            j <= j + 1;
                        end
            end
```

```
                        Readstate <= state_1;
                    end
                else
                    begin
                        j <= 0;
                        Readstate <= state_2;
                    end
        end
    state_2 :
        begin
            if(j<8)begin
                    ResultDS18B20[j]<=temp[j];
                    j<=j+1;
                    Readstate <= state_2;
                    end
            else
            Readstate <= state_3;
        end
    state_3 :
        begin
            Flag_Read <= 1; //读命令完成
            Readstate <= state_0;
        end
    default:
        begin
            Flag_Read <= 0;
            Readstate <= state_0;
        end
    endcase
    end
endtask
reg Flag_rBit; //读位命令标志
reg[4:0] ReadBitstate; //读位命令状态
reg[6:1] CountRbitStep; //读位命令计时器
task rBit_DS18B20;
    begin
        case(ReadBitstate)
        state_0 :
            begin
                Flag_rBit <= 0;      //读位命令进行中
                IC_Data <= 1'b1;
                CountRbitStep <= 0;
                ReadBitstate <= state_1;
            end
        state_1 :
            begin
                if(CountRbitStep >= 2)      //保持低电平 3us
                    begin
                        IC_Data <= 1'bz;   //改为输入
                        CountRbitStep <= 0;
                        ReadBitstate <= state_2;
                    end
                else
                    begin
                        IC_Data <= 1'b0;    //总线拉低
                        CountRbitStep <= CountRbitStep + 1;
                        ReadBitstate <= state_1;
                    end
            end
        state_2 :
```

```
                begin
                    if(CountRbitStep >= 10)        //维持输入状态10us
                        begin
                            temp[j] <= IC_Data;
                            CountRbitStep <= 0;
                            ReadBitstate <= state_3;
                        end
                    else
                        begin
                            CountRbitStep <= CountRbitStep + 1;
                            ReadBitstate <= state_2;
                        end
                end
        state_3 :
            begin
                if(CountRbitStep >= 60) //维持60us输入
                    begin
                        CountRbitStep <= 0;
                        ReadBitstate <= state_4;
                    end
                else
                    begin
                        CountRbitStep <= CountRbitStep + 1;
                        ReadBitstate <= state_3;
                    end
            end
        state_4 :
            begin
                Flag_rBit <= 1; //读位命令完毕
                CountRbitStep <= 0;
                ReadBitstate <= state_0;
            end
        default :
            begin
                Flag_rBit <= 0;
                CountRbitStep <= 0;
                ReadBitstate <= state_0;
            end
        endcase
    end
endtask
reg Flag_CmdSET;
reg [4:0] CmdSETstate;
reg [16:1] Count65535;
reg [5:1] Count12;
reg[7:0] Resultl,Resulth;
reg [15:0]Result;
task CmdSETDS18B20;
    begin
        case(CmdSETstate)
        state_0 :
            begin
                Flag_CmdSET <= 0;
                Rst_DS18B20;
                if(!Flag_Rst)
                    CmdSETstate <= state_0;
                else
                    CmdSETstate <= state_1; //fix
            end
        state_1 :
            begin
```

```
            Write_DS18B20(8'hcc);//
            if(!Flag_Write)
                CmdSETstate <= state_1;
            else
                CmdSETstate <= state_2;
        end
    state_2 :
        begin
            Write_DS18B20(8'h44);//convert t;
            if(!Flag_Write)CmdSETstate <= state_2;
            else
                begin
                    CmdSETstate <= state_3;
                    Count65535<=0;
                    Count12<=0;
                end
        end
    state_3 :
        begin
            if(Count65535 == 65535)
                begin
                    Count65535 <= 0;
                    CmdSETstate <= state_4;//fix
                end
            else
                begin
                    Count65535 <= Count65535 + 1;
                    CmdSETstate <= state_3;
                end
        end
    state_4 :
        begin
            if(Count12 == 12)
                begin
                    Count12 <= 0;
                    CmdSETstate <= state_5;
                end
            else
                begin
                    Count12 <= Count12 + 1;
                    CmdSETstate <= state_3;
                end
        end
    state_5 :
        begin
            Rst_DS18B20;
            if(!Flag_Rst)
                CmdSETstate <= state_5;
            else
                CmdSETstate <= state_6;
        end
    state_6 :
        begin
            Write_DS18B20(8'hcc);
            if(!Flag_Write)
                CmdSETstate <= state_6;
            else
                CmdSETstate <= state_7;
        end
    state_7 :
        begin
```

```
                    Write_DS18B20(8'hbe);//
                    if(!Flag_Write)
                        CmdSETstate <= state_7;
                    else
                        CmdSETstate <= state_8;
                end
            state_8 :
                begin
                    Read_DS18B20;
                    if(!Flag_Read)
                        CmdSETstate <= state_8;
                    else
                        CmdSETstate <= state_9;
                end
            state_9 :
                begin
                    Resultl = ResultDS18B20;
                    CmdSETstate <= state_10;
                end
            state_10 :
                begin
                    Read_DS18B20;
                    if(!Flag_Read)
                        CmdSETstate <= state_10;
                    else
                        CmdSETstate <= state_11;
                end
            state_11 :
                begin
                    Resulth = ResultDS18B20;
                    CmdSETstate <= state_12;
                end
            state_12 :
                begin
                    Result[15:8]=Resulth[3:0];
                    Result[7:0]=Resultl[7:0];
                    CmdSETstate <= state_13;
                end
            state_13 :
                begin
                    Flag_CmdSET <= 1;
                    CmdSETstate <= state_0;
                end
            default :
                begin
                    Flag_CmdSET <= 0;
                    CmdSETstate <= state_0;//fix
                end
        endcase
    end
endtask
endmodule
```

（2）液晶驱动程序 LCD1602_Driver.v。

```
module LCD1602_Driver(
                clk,
                rst_n,
                data_in,
                lcd_data,
                lcd_e,
```

```verilog
                        lcd_rs,
                        lcd_rw
                        );
input clk;//50MHz 时钟
input rst_n;        //复位信号
input [11:0] data_in;  //输入数据
output reg [7:0] lcd_data; //数据总线
output lcd_e;   //使能信号
output reg lcd_rs; //指令、数据选择
output lcd_rw; //读、写选择
reg Flag;   //温度正负判断标志位
wire [23:0]Data_OUT; //数据转换完成后的数据
reg [127:0]row1_val="The Temperature:"; //1602 第一行显示
reg [127:0]row2_val;
wire [7:0]row_temp;
assign row_temp=Flag? 8'h2D:8'h2B; //显示温度的正负号
//数据转换
integer T,data_reg;
reg [3:0]Data0,Data1,Data2,Data3,Data4,Data5;
reg T_reg;
always @(data_in)
    begin
        if(data_in[11]==0)
            begin
                T=data_in;
                Flag=0;
            end
        else
            begin
                T=12'h800-data_in[10:0];
                Flag=1;
            end
    T_reg=T;
    data_reg=(T*1000000)/16;
    Data5=data_reg/10000000;
    Data4=(data_reg%10000000)/1000000;
    Data3=((data_reg%10000000)%1000000)/100000;
    Data2=(((data_reg%10000000)%1000000)%100000)/10000;
    Data1=((((data_reg%10000000)%1000000)%100000)%10000)/1000;
    Data0=(((((data_reg%10000000)%1000000)%100000)%10000)%1000)/100;
        if(Data1>=5)    Data1<=5;
        else                    Data1<=0;
    end
assign Data_OUT={Data5,Data4,Data3,Data2,Data1,Data0};
reg [15:0] cnt; //分频模块计数
always @ (posedge clk, negedge rst_n)
    if(!rst_n)
        cnt <= 0;
    else
        cnt <= cnt + 1'b1;
wire lcd_clk = cnt[15]; //(2^15/50M)= 1.31ms=763.36KHz 在 500Khz ~ 1MHz 皆可
//LCD1602 驱动模块开始, 格雷码编码: 共 40 个状态
parameter IDLE          = 8'h00;
// 写指令, 初始化
parameter DISP_SET    = 8'h01;              // 显示模式设置
parameter DISP_OFF    = 8'h03;              // 显示关闭
parameter CLR_SCR     = 8'h02;              // 显示清屏
parameter CURSOR_SET1 = 8'h06;                // 显示光标移动设置
```

```
parameter CURSOR_SET2  = 8'h07;              // 显示开及光标设置
// 显示第一行
parameter ROW1_ADDR    = 8'h05;              // 写第一行起始地址
parameter ROW1_0       = 8'h04;
parameter ROW1_1       = 8'h0C;
parameter ROW1_2       = 8'h0D;
parameter ROW1_3       = 8'h0F;
parameter ROW1_4       = 8'h0E;
parameter ROW1_5       = 8'h0A;
parameter ROW1_6       = 8'h0B;
parameter ROW1_7       = 8'h09;
parameter ROW1_8       = 8'h08;
parameter ROW1_9       = 8'h18;
parameter ROW1_A       = 8'h19;
parameter ROW1_B       = 8'h1B;
parameter ROW1_C       = 8'h1A;
parameter ROW1_D       = 8'h1E;
parameter ROW1_E       = 8'h1F;
parameter ROW1_F       = 8'h1D;
// 显示第二行
parameter ROW2_ADDR    = 8'h1C;              // 写第二行起始地址
parameter ROW2_0       = 8'h14;
parameter ROW2_1       = 8'h15;
parameter ROW2_2       = 8'h17;
parameter ROW2_3       = 8'h16;
parameter ROW2_4       = 8'h12;
parameter ROW2_5       = 8'h13;
parameter ROW2_6       = 8'h11;
parameter ROW2_7       = 8'h10;
parameter ROW2_8       = 8'h30;
parameter ROW2_9       = 8'h31;
parameter ROW2_A       = 8'h33;
parameter ROW2_B       = 8'h32;
parameter ROW2_C       = 8'h36;
parameter ROW2_D       = 8'h37;
parameter ROW2_E       = 8'h35;
parameter ROW2_F       = 8'h34;
reg [5:0] current_state, next_state;    // 现态、次态
always @ (posedge lcd_clk, negedge rst_n)
    if(!rst_n)  current_state <= IDLE;
    else            current_state <= next_state;
always
    begin
        case(current_state)
            IDLE        : next_state = DISP_SET;
            //写指令，初始化
            DISP_SET    : next_state = DISP_OFF;
            DISP_OFF    : next_state = CLR_SCR;
            CLR_SCR     : next_state = CURSOR_SET1;
            CURSOR_SET1 : next_state = CURSOR_SET2;
            CURSOR_SET2 : next_state = ROW1_ADDR;
            // 显示第一行
            ROW1_ADDR   : next_state = ROW1_0;
            ROW1_0      : next_state = ROW1_1;
            ROW1_1      : next_state = ROW1_2;
            ROW1_2      : next_state = ROW1_3;
            ROW1_3      : next_state = ROW1_4;
            ROW1_4      : next_state = ROW1_5;
            ROW1_5      : next_state = ROW1_6;
            ROW1_6      : next_state = ROW1_7;
```

```
            ROW1_7      : next_state = ROW1_8;
            ROW1_8      : next_state = ROW1_9;
            ROW1_9      : next_state = ROW1_A;
            ROW1_A      : next_state = ROW1_B;
            ROW1_B      : next_state = ROW1_C;
            ROW1_C      : next_state = ROW1_D;
            ROW1_D      : next_state = ROW1_E;
            ROW1_E      : next_state = ROW1_F;
            ROW1_F      : next_state = ROW2_ADDR;
             // 显示第二行
            ROW2_ADDR   : next_state = ROW2_0;
            ROW2_0      : next_state = ROW2_1;
            ROW2_1      : next_state = ROW2_2;
            ROW2_2      : next_state = ROW2_3;
            ROW2_3      : next_state = ROW2_4;
            ROW2_4      : next_state = ROW2_5;
            ROW2_5      : next_state = ROW2_6;
            ROW2_6      : next_state = ROW2_7;
            ROW2_7      : next_state = ROW2_8;
            ROW2_8      : next_state = ROW2_9;
            ROW2_9      : next_state = ROW2_A;
            ROW2_A      : next_state = ROW2_B;
            ROW2_B      : next_state = ROW2_C;
            ROW2_C      : next_state = ROW2_D;
            ROW2_D      : next_state = ROW2_E;
            ROW2_E      : next_state = ROW2_F;
            ROW2_F      : next_state = ROW1_ADDR;
            default     : next_state = IDLE ;
        endcase
    end
reg [3:0]data_0=4'b0;
always @ (posedge lcd_clk, negedge rst_n)
    begin
        row2_val[127:120]=row_temp;
        row2_val[119:112]={data_0,Data_OUT[23:20]}+8'h30;
        row2_val[111:104]={data_0,Data_OUT[19:16]}+8'h30;
        row2_val[103:96]=8'h2E; //小数点
        row2_val[95:88] ={data_0,Data_OUT[15:12]}+8'h30;
        row2_val[87:80]={data_0,Data_OUT[11:8]}+8'h30;
        row2_val[79:72]=8'hDF;//显示温度标志
        row2_val[71:64]=8'h43;
        row2_val[63:0] = "        ";
    end
always @ (posedge lcd_clk, negedge rst_n)
    begin
        if(!rst_n)
            begin
                lcd_rs   <= 0;
                lcd_data <= 8'hxx;
            end
        else
            begin   //写lcd_rs
                case(next_state)
                    IDLE        : lcd_rs <= 0;
                    // 写指令，初始化
                    DISP_SET    : lcd_rs <= 0;
                    DISP_OFF    : lcd_rs <= 0;
                    CLR_SCR     : lcd_rs <= 0;
                    CURSOR_SET1 : lcd_rs <= 0;
                    CURSOR_SET2 : lcd_rs <= 0;
```

```
                // 写数据，显示第一行
                ROW1_ADDR    : lcd_rs <= 0;
                ROW1_0       : lcd_rs <= 1;
                ROW1_1       : lcd_rs <= 1;
                ROW1_2       : lcd_rs <= 1;
                ROW1_3       : lcd_rs <= 1;
                ROW1_4       : lcd_rs <= 1;
                ROW1_5       : lcd_rs <= 1;
                ROW1_6       : lcd_rs <= 1;
                ROW1_7       : lcd_rs <= 1;
                ROW1_8       : lcd_rs <= 1;
                ROW1_9       : lcd_rs <= 1;
                ROW1_A       : lcd_rs <= 1;
                ROW1_B       : lcd_rs <= 1;
                ROW1_C       : lcd_rs <= 1;
                ROW1_D       : lcd_rs <= 1;
                ROW1_E       : lcd_rs <= 1;
                ROW1_F       : lcd_rs <= 1;
                // 写数据，显示第二行
                ROW2_ADDR    : lcd_rs <= 0;
                ROW2_0       : lcd_rs <= 1;
                ROW2_1       : lcd_rs <= 1;
                ROW2_2       : lcd_rs <= 1;
                ROW2_3       : lcd_rs <= 1;
                ROW2_4       : lcd_rs <= 1;
                ROW2_5       : lcd_rs <= 1;
                ROW2_6       : lcd_rs <= 1;
                ROW2_7       : lcd_rs <= 1;
                ROW2_8       : lcd_rs <= 1;
                ROW2_9       : lcd_rs <= 1;
                ROW2_A       : lcd_rs <= 1;
                ROW2_B       : lcd_rs <= 1;
                ROW2_C       : lcd_rs <= 1;
                ROW2_D       : lcd_rs <= 1;
                ROW2_E       : lcd_rs <= 1;
                ROW2_F       : lcd_rs <= 1;
        endcase
        case(next_state)//写 lcd_data
                IDLE         : lcd_data <= 8'hxx;
                // 写指令，初始化
                DISP_SET     : lcd_data <= 8'h38;
                DISP_OFF     : lcd_data <= 8'h08;
                CLR_SCR      : lcd_data <= 8'h01;
                CURSOR_SET1  : lcd_data <= 8'h06;
                CURSOR_SET2  : lcd_data <= 8'h0C;
                // 写数据，显示第一行
                ROW1_ADDR    : lcd_data <= 8'h80;
                ROW1_0       : lcd_data <= row1_val[127:120];
                ROW1_1       : lcd_data <= row1_val[119:112];
                ROW1_2       : lcd_data <= row1_val[111:104];
                ROW1_3       : lcd_data <= row1_val[103: 96];
                ROW1_4       : lcd_data <= row1_val[ 95: 88];
                ROW1_5       : lcd_data <= row1_val[ 87: 80];
                ROW1_6       : lcd_data <= row1_val[ 79: 72];
                ROW1_7       : lcd_data <= row1_val[ 71: 64];
                ROW1_8       : lcd_data <= row1_val[ 63: 56];
                ROW1_9       : lcd_data <= row1_val[ 55: 48];
                ROW1_A       : lcd_data <= row1_val[ 47: 40];
                ROW1_B       : lcd_data <= row1_val[ 39: 32];
                ROW1_C       : lcd_data <= row1_val[ 31: 24];
```

```
                     ROW1_D      : lcd_data <= row1_val[ 23: 16];
                     ROW1_E      : lcd_data <= row1_val[ 15:  8];
                     ROW1_F      : lcd_data <= row1_val[  7:  0];
                     // 写数据，显示第二行
                     ROW2_ADDR   : lcd_data <= 8'hC0;
                     ROW2.0      : lcd_data <= row2_val[127:120];
                     ROW2_1      : lcd_data <= row2_val[119:112];
                     ROW2_2      : lcd_data <= row2_val[111:104];
                     ROW2_3      : lcd_data <= row2_val[103: 96];
                     ROW2_4      : lcd_data <= row2_val[ 95: 88];
                     ROW2_5      : lcd_data <= row2_val[ 87: 80];
                     ROW2_6      : lcd_data <= row2_val[ 79: 72];
                     ROW2_7      : lcd_data <= row2_val[ 71: 64];
                     ROW2_8      : lcd_data <= row2_val[ 63: 56];
                     ROW2_9      : lcd_data <= row2_val[ 55: 48];
                     ROW2_A      : lcd_data <= row2_val[ 47: 40];
                     ROW2_B      : lcd_data <= row2_val[ 39: 32];
                     ROW2_C      : lcd_data <= row2_val[ 31: 24];
                     ROW2_D      : lcd_data <= row2_val[ 23: 16];
                     ROW2_E      : lcd_data <= row2_val[ 15:  8];
                     ROW2_F      : lcd_data <= row2_val[  7:  0];
                 endcase
             end
     end
assign lcd_e  = lcd_clk;                 // 数据在时钟高电平被锁存
assign lcd_rw = 1'b0;                    // 只写
endmodule// LCD1602 驱动模块结束
```

（3）主程序 ds18b20.v 文件。

```
module ds18b20( led,
            clk,
            Rst_n,
            CLK_EN,
            DQ_Data,
            LCD_RS,
            LCD_RW,
            LCD_EN,
            LCD_Data
            );
output reg led;   //led
parameter a =11'b00101000000;  //320(11'b00101000000)*0.0625=20 度
reg b;
input Rst_n,CLK_EN,clk;
output wire LCD_RS;
output wire LCD_RW;
output wire LCD_EN;
output wire [7:0]   LCD_Data;
inout DQ_Data;
wire [11:0]Data_Tmp;    //DS18B20 测量后的数据，作为一个变量传给 1602 做显示
wire Flag;
reg [31:0]DCLK_DIV; //时钟分频计数
parameter CLK_FREQ = 'D50_000_000; //系统时钟 50MHZ
parameter DS18B20_FREQ = 'D2_000_000;//AD_CLK 输出时钟 2_000_000/2HZ = 1MHZ
reg DS18B20_clk;    //DS18B20 时钟
always@(*)   //比较用于判断温度是否超限，超限则灯亮，报警
    begin
    if(Data_Tmp[10:0]>a)
            begin
```

```
                led=1'b1;
                end
    else    begin
                led=1'b0;
                end
    end
initial
    begin
        DCLK_DIV<=1'b0;
        DS18B20_clk<=1'b0;
    end
always @(posedge clk)
    begin
        if(DCLK_DIV < (CLK_FREQ / DS18B20_FREQ))
            DCLK_DIV <= DCLK_DIV+1'b1;
        else
            begin
                DCLK_DIV <= 0;
                DS18B20_clk <= ~DS18B20_clk;     //二分频，输出 1MHz
            end
    end
//DS18B20 实例化
DS18B20_Driver  DS18B20(
                .rst_n(Rst_n),
                .Clk_En(CLK_EN),
                .clk(DS18B20_clk),
                .data(Data_Tmp),
                .IC_Data(DQ_Data)
                );
LCD1602_Driver LCD1602(
                .clk(clk),// 50MHz 时钟
                .rst_n(Rst_n),// 复位信号
                .data_in(Data_Tmp),// 输入数据
                .lcd_data(LCD_Data),// 数据总线
                .lcd_e(LCD_EN),// 使能信号
                .lcd_rs(LCD_RS),// 指令、数据选择
                .lcd_rw(LCD_RW)// 读、写选择
                );
endmodule
```

9.2.2   实时红外采集系统

本小节介绍的设计系统为实时红外采集系统，该实例目的在于学习复杂数字系统的设计方法，掌握数字系统设计的设计方法。

1. 实时红外采集系统实验内容

本实验通过红外一体化接收头接收遥控器按键信息，通过 FPGA 控制器识别此信息，并将遥控器按键编号显示在数码管上。

2. 实时红外采集系统实验目的

❑ 本小节旨在设计实现实时红外采集系统，帮助读者进一步了解红外采集系统和数码管的工作原理和设计方法。

- 学习数码管的控制原理，熟练掌握遥控器编码机制。
- 掌握利用状态机设计采集时序的基本思想和方法。
- 掌握数字系统的设计方法与数字系统的扩展应用，提升使用 Verilog 语言编程与系统设计的能力。

3．设计原理

人的眼睛能看到的可见光按波长从长到短排列，依次为红、橙、黄、绿、青、蓝、紫。其中，红光的波长范围为 0.62～0.76 μm；紫的波长范围为 0.38～0.46 μm。比紫光波长还短的光叫紫外线，比红光波长还长的光叫红外线。红外线遥控就是利用波长为 0.76～1.5 μm 之间的近红外线来传送控制信号的。

红外线遥控是目前使用最广泛的一种通信和遥控手段。工业设备中，在高压、辐射、有毒气体、粉尘等环境下，采用红外线遥控不仅完全可靠而且能有效地隔离电气干扰。

通用红外遥控系统由发射和接收两部分组成，使用编解码专用集成芯片来进行控制操作，发射部分包括键盘矩阵、编码调制、LED 红外发射器；接收部分包括光电转化放大器、解调、解码部分电路。

发射部分的主要元件为红外发光二极管。它实际上是一只特殊的发光二极管，由于其内部材料不同于普通发光二极管，因而在其两端施加一定电压时，它便发出的是红外线而不是可见光。大量使用的红外发光二极管发出的红外线波长为 940nm 左右，外形与普通发光二极管相同，只是颜色不同。

红外遥控是以调制的方式发射数据，就是把数据和一定频率的载波进行"与"操作，这样既可以提高发射效率又可以降低电源功耗。

调制载波频率一般在 30～60khz 之间，大多数使用的是 38 kHz，占空比 1/3 的矩形波，这是由发射端所使用的 455kHz 晶振决定的。在发射端要对晶振进行整数分频，分频系数一般取 12，所以调制载波频率为 455 kHz÷12≈37.9 kHz≈38 kHz。

发射端的命令码必须通过调制才能被发射管以红外线的形式释放到开放空间。脉冲个数编码可以很方便地实现对载波频率的幅度调制，其原理如图 9-6 所示。命令码与载波信号的乘积便是可以用于发射的已调信号。

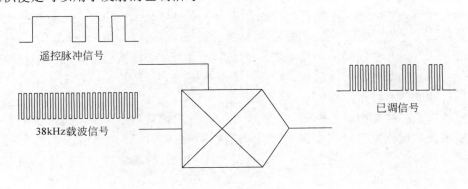

图 9-6　发射原理

为了提高发射效率，达到降低电源功耗的目的，红外遥控发射系统一般采用带有专用集成发射芯片的电视遥控器来进行发射遥控编码信号。通常彩电遥控信号的发射就是将某个按键所对应的控制指令和系统码（由 0 和 1 组成的序列），调制在 38KHz 的载波上，然后经放大、驱动红外发射管将信号发射出去。不同公司的遥控芯片，采用的遥控码格式也不同。较普遍的有两种：一种是 NEC 标准；另一种是 PHILIPS 标准。下面以 NEC 的 uPD6121G 组成发射电路为例说明编码原理。

遥控载波的频率为 38kHz（占空比为 1:3）；当某个按键按下时，系统首先发射一个完整的全码，如果键按下超过 108 ms 仍未松开，接下来发射的代码（连发代码）将仅由起始码（9 ms）和结束码（2.5 ms）组成。其中，一个完整的全码由引导码、32 位串行二进制码和停止码共同构成。引导码是由 9 ms 高电平和 4.5 ms 低电平组成；停止码是由 0.56 ms 高电平和持续的低电平组成；32 位串行二进制码的前 16 位为用户识别码，由两组一样的 8 位用户码构成，不随按键的不同而变化。它是为了表示特定用户而设置的一个辨识标志以区别不同机种和不同用户发射的遥控信号，防止误操作。后 16 位码随着按键的不同而改变，是按键的识别码。前 8 位为键码的正码，后 8 位为键码的反码，用于核对数据是否接收准确。连发代码是在持续按键时发送的码。它告知接收端，某键是在被连续地按着。

遥控信号不是用高电平或低电平来表示"1"或"0"的，而是通过脉宽来表示的，对于二进制信号"0"用"0.56 ms 高电平＋0.565 ms 低电平=1.125 ms"表示；对于二进制信号"1"用"0.56 ms 高电平＋1.69 ms 低电平=2.25 ms"表示。

遥控器的型号不同其按下按键对应键值也不同，本设计遥控器对应用户码为 00H，按键对应的数据码如表 9-13 所示。

表 9-13　遥控器按键与数据码对照表

按　　键	数　据　码	按　　键	数　据　码	按　　键	数　据　码
关机键	45H	ENTER 键	46H	播放键	47H
RPT 键	44H	定时键	40H	BACK 键	43H
EQ 键	07H	VOL-键	15H	VOL+键	09H
0 键	16H	后退键	19H	快进键	0DH
1 键	0CH	2 键	18H	3 键	5EH
4 键	08H	5 键	1CH	6 键	5AH
7 键	42H	8 键	52H	9 键	4AH

红外接收电路通常被厂家集成在一个元件中，成为一体化红外接收头。内部电路包括红外监测二极管、放大器、限幅器、带通滤波器、积分电路和比较器等。红外监测二极管监测到红外信号，然后把信号送到放大器和限幅器，限幅器把脉冲幅度控制在一定的水平，而不论红外发射器和接收器的距离远近。交流信号进入带通滤波器，带通滤波器可以通过 30khz 到 60khz 的负载波，通过解调电路和积分电路进入比较器，比较器输出高低电平，还原出发射端的信号波形。

红外接收头的种类很多，引脚定义也不相同，一般都有三个引脚，包括供电脚、接地和信号输出脚。根据发射端调制载波的不同应选用相应解调频率的接收头。红外接收头内部放大器的增益很大，很容易引起干扰，因此，在接收头的供电脚上需加上滤波电容，一般在 22 uf 以上。同时，厂家建议在供电脚和电源之间接入 330Ω电阻，进一步降低电源干扰。

4．设计方法

对于时钟分频和计数部分，从 NEC 的规范中不难发现最小的电平持续 0.56 ms，而在进行采样时，一般都会对最小电平采样 16 次。也就是说，要对 0.56 ms 最少采样 16 次。0.56 ms/16=35 us，而板载主时钟为 50 MHz，即时钟周期为 20ns，所以需要的分频次数为：35 000/20=1 750，在设计中我们利用了两个 counter；一个 counter 用于计 1 750 次时钟主频；另一个 counter 用于计算分频之后，同一种电平所 scan 到的点数，这个点数最后会用来判断是 leader 的 9ms 还是 4.5ms，或是数据的 0 还是 1。

对于主体部分，FPGA 检测红外接收一体化探头，采用状态机来检测和获取红外数据，当有红外数据信息进入系统后，先判断是否为一个完整的全码，若不是重新检测红外信息，若是则进行正确处理，开始接收数据信息，因为数据信息是串行发送，寄存器采用每接收一位信息向左移位一次，判断是否超过 32 位数据或接收到结束位信息，将数据码从寄存器中提取出，显示在数码管上。

clk：FPGA 电路板晶振 50MHz 输入。

rst_n：复位按键输入。

IR：红外（HS0038）信号输入。

led_cs：数码管位选输出。

led_db：数码管段选输出。

采用文本编辑法，利用 Verilog HDL 语言来描述实时温度采集系统，代码如下。

```verilog
module ir(clk,rst_n,IR,led_cs,led_db);
input clk;
input rst_n;
input IR;
output [7:0] led_cs;
output [7:0] led_db;
reg [3:0] led_cs;
reg [7:0] led_db;
reg [7:0] led1,led2,led3,led4;
reg [15:0] irda_data;
reg [31:0] get_data;      // 用于存放红外 32 位信息
reg [5:0]  data_cnt;      // 32 位红外数据计数器
reg [2:0]  cs,ns;
reg error_flag;           // 32 bytes data 期间，数据错误标志
reg irda_reg0;            //为了避免亚稳态，避免驱动多个寄存器，这一个不使用
reg irda_reg1;            //这个才可以使用，以下程序中代表 irda 的状态
reg irda_reg2;        //为了确定 irda 的边沿，再存一次寄存器，代表 irda 的前一状态
wire irda_neg_pulse;      //确定 irda 的下降沿
wire irda_pos_pulse;      //确定 irda 的上升沿
wire irda_chang;          //确定 irda 的跳变沿
always @ (posedge clk) //在此采用跟随寄存器
    if(rst_n==0)
        begin
            irda_reg0 <= 1'b0;
            irda_reg1 <= 1'b0;
            irda_reg2 <= 1'b0;
        end
    else
        begin
            irda_reg0 <= IR;
            irda_reg1 <= irda_reg0;
            irda_reg2 <= irda_reg1;
        end
assign irda_chang = irda_neg_pulse | irda_pos_pulse;  //IR 接收信号的改变，
```

上升或下降

```verilog
assign irda_neg_pulse = irda_reg2 & (~irda_reg1);    //IR 接收信号 irda 下降沿
assign irda_pos_pulse = (~irda_reg2) & irda_reg1;     //IR 接收信号 irda 上升沿
reg [10:0] counter;   //分频 1750 次
reg [8:0]  counter2;  //计数分频后的点数
wire check_9ms;  // check leader 9ms time
wire check_4ms;  // check leader 4.5ms time
wire low;         // check  data="0" time
wire high;        // check  data="1" time
always @ (posedge clk)//分频 1750 计数
    if (rst_n==0)
        counter <= 11'd0;
    else if (irda_chang)  //irda 电平跳变了，就重新开始计数
        counter <= 11'd0;
    else if (counter == 11'd1750)
        counter <= 11'd0;
    else
        counter <= counter + 1'b1;
always @ (posedge clk)
    if (rst_n==0)
        counter2 <= 9'd0;
    else if (irda_chang)  //irda 电平跳变了，就重新开始计数
        counter2 <= 9'd0;
    else if (counter == 11'd1750)
            counter2 <= counter2 +1'b1;
assign check_9ms = ((217 < counter2) & (counter2 < 297));  //257 增加稳定性，
取一定范围
assign check_4ms = ((88 < counter2) & (counter2 < 168));  //128
assign low  = ((6 < counter2) & (counter2 < 26));        // 16
assign high = ((38 < counter2) & (counter2 < 58));        // 48
// generate statemachine 状态机参量
        parameter IDLE     = 3'b000,  //初始状态
                  LEADER_9  = 3'b001,  //9ms
                  LEADER_4  = 3'b010,  //4ms
                  DATA_STATE = 3'b100;  //传输数据
always @ (posedge clk)
    if (rst_n==0)
        cs <= IDLE;
    else
        cs <= ns; //状态位
always @ ( * )
        case(cs)
            IDLE:
                if (~irda_reg1)
                    ns = LEADER_9;
                else
                    ns = IDLE;
            LEADER_9:
                if (irda_pos_pulse) //leader 9ms check
                    begin
                        if (check_9ms)
                            ns = LEADER_4;
                        else
                            ns = IDLE;
                    end
                else//完备的 if…else，防止生成 latch
                    ns =LEADER_9;
            LEADER_4:
                if (irda_neg_pulse) // leader 4.5ms check
```

```
                        begin
                            if (check_4ms)
                                ns = DATA_STATE;
                            else
                                ns = IDLE;
                        end
                    else
                        ns = LEADER_4;
                DATA_STATE:
                    if ((data_cnt == 6'd32) & irda_reg2 & irda_reg1)
                        ns = IDLE;
                    else if (error_flag)
                        ns = IDLE;
                    else
                        ns = DATA_STATE;
                default:ns = IDLE;
            endcase
always @ (posedge clk) //状态机中的输出,用时序电路来描述
    if (rst_n==0)
        begin
            data_cnt <= 6'd0;
            get_data <= 32'd0;
            error_flag <= 1'b0;
        end
    else if (cs == IDLE)
        begin
            data_cnt <= 6'd0;
            get_data <= 32'd0;
            error_flag <= 1'b0;
        end
    else if (cs == DATA_STATE)
        begin
            if (irda_pos_pulse)  // low 0.56ms check
                begin
                    if (!low)  //error
                        error_flag <= 1'b1;
                end
            else if (irda_neg_pulse) //check 0.56ms/1.68ms data 0/1
                begin
                    if (low)
                        get_data[0] <= 1'b0;
                    else if (high)
                        get_data[0] <= 1'b1;
                    else
                        error_flag <= 1'b1;
                    get_data[31:1] <= get_data[30:0];
                    data_cnt <= data_cnt + 1'b1;
                end
        end
always @ (posedge clk)
    if (rst_n==0)
        irda_data <= 16'd0;
    else if ((data_cnt ==6'd32) & irda_reg1)
        begin//提取数据码,其他的低8位为数据反码,最高8位为用户码,次高8位为用户
反码
        led2[7]<=get_data[8];
        led2[6]<=get_data[9];
        led2[5]<=get_data[10];
        led2[4]<=get_data[11];
        led2[3]<=get_data[12];
        led2[2]<=get_data[13];
```

```
                led2[1]<=get_data[14];
                led2[0]<=get_data[15];
            end
//四个数码管共用一个 8 位数据线，所以采用四个数码管快速轮流显示的方法
//initial led_cs = 4'b0001;
integer i="0";
always @(posedge clk)
    begin
        if(rst_n==0)
            begin
            led_cs <= 4'b0001;
            end
        else if(i==2000)
            begin
                if (led_cs==4'b1000)
                    begin
                        led_cs<=4'b0001;
                        i<=0;
                    end
                else
                    begin
                        led_cs<=led_cs <<1;
                        i<=0;
                    end
            end
        else i<=i+1;
    end
always @(posedge clk)
    if(rst_n==0)
        begin
        led_db = 8'hff;//共阳数码管复位
        end
    else
        begin
        case(led2)
            8'h16: led_db=8'b11000000;//0C=0
            8'h0c: led_db=8'b11111001;//F9=1
            8'h18: led_db=8'b10100100;//A4=2
            8'h5e: led_db=8'b10110000;//B0=3
            8'h08: led_db=8'b10011001;//99=4
            8'h1c: led_db=8'b10010010;//92=5
            8'h5a: led_db=8'b10000010;//82=6
            8'h42: led_db=8'b11111000;//F8=7
            8'h52: led_db=8'b10000000;//80=8
            8'h4a: led_db=8'b10010000;//90=9
            8'h45: led_db=8'b00000000;//全亮
        endcase
        end
endmodule
```